YANCAO GONGYE SHENGWU JISHU

烟草工业生物技术

许春平 龙章德 杨 蕾 邹严颉 刘远上 田 数 著

中国纺织出版社有限公司

图书在版编目（CIP）数据

烟草工业生物技术／许春平等著 . --北京：中国
纺织出版社有限公司，2025. 2. -- ISBN 978-7-5229
-2367-3

Ⅰ . TS424

中国国家版本馆 CIP 数据核字第 2025A4D208 号

责任编辑：罗晓莉　国　帅　　责任校对：寇晨晨
责任印制：王艳丽

中国纺织出版社有限公司出版发行
地址：北京市朝阳区百子湾东里 A407 号楼　邮政编码：100124
销售电话：010—67004422　传真：010—87155801
http://www.c-textilep.com
中国纺织出版社天猫旗舰店
官方微博 http://weibo.com/2119887771
三河市宏盛印务有限公司印刷　各地新华书店经销
2025 年 2 月第 1 版第 1 次印刷
开本：710×1000　1/16　印张：23.75
字数：480 千字　定价：98.00 元

本书编委会

许春平　郑州轻工业大学

龙章德　广西中烟工业有限责任公司

杨　蕾　云南中烟工业有限责任公司

邹严颉　红塔烟草（集团）有限责任公司昭通卷烟厂

刘远上　河北中烟工业有限责任公司

田　数　内蒙古昆明卷烟有限责任公司

伍锦鸣　广东中烟工业有限责任公司

席高磊　河南中烟工业有限责任公司

郑松锦　河北中烟工业有限责任公司

闫洪喜　浙江中烟工业有限责任公司

佘世科　安徽中烟工业有限责任公司

王永红　陕西中烟工业有限责任公司

任胜超　广东中烟工业有限责任公司

郝　辉　河南中烟工业有限责任公司

张　鹏　中国农业科学院烟草研究所

曲利利　郑州轻工业大学

前　　言

　　生物技术是 21 世纪最有前景的高科技技术之一，在农业、医药、化工和食品等产业中得到了广泛应用。工业生物技术是在工业规模的生产过程中使用或部分使用的生物技术，是生物技术和工业工程技术的融合，主要应用于各种轻工业发酵产品、生物材料和生物能源的制造等。烟草制品是以烟叶为原料制成的嗜好性消费品，在烟梗处理、烟叶醇化和发酵、薄片加工、烟用香精香料制备和烟草微生物菌种库构建等研究开发方面涉及工业生物技术，如通过微生物或酶降低烟梗的纤维素或木质素含量，烟叶醇化和发酵工艺，烟草有害成分如烟碱、亚硝胺的生物降解，烟草薄片的生物处理技术，烟用香料的生物合成等。本书依托于著者多年的工作研究成果，将工业生物技术及其产品应用于烟草工业中，对改善烟气品质和提高卷烟质量有显著效果，产生了重大的经济效益，提升了烟草行业的科技水平，为发展"中式卷烟"提供了有自主知识产权的核心技术。

　　本书第 1 章主要介绍了利用生物技术提高烟草梗丝的利用率，从烟梗、烟叶中筛选专门降解烟梗中纤维素、果胶的酶产生菌，并发酵制备出高活性的酶溶液。同时从仓储烟叶、茶叶中筛选合适烟梗的产香微生物，利用微生物—生物酶双重处理发酵烟梗，改善烟梗的物理化学性质，提高其工业可用性。第 2 章主要介绍了烟叶的工业生物处理技术，通过筛选功能微生物，包括金花菌、西方许旺酵母、烟碱及淀粉降解菌等对烟叶分别进行发酵处理，在减少其不利成分的同时提高烟叶品质。同时探讨了生物处理技术对上部与低次烟叶化学成分的影响与相关性分析，以及如何通过优化发酵条件来改善烟叶的感官质量。第 3 章主要介绍了烟草薄片的工业生物加工技术，通过生物技术提高薄片质量，研究了生物酶解与美拉德反应偶联技术，显著改善了烟草薄片的品质。同时，对果胶质降解菌进行了筛选、鉴定与优化，有效提升了烟草薄片的加工效率和产品质量。第 4 章主要探讨了利用微生物发酵技术制备烟用香精香料的原理及工艺优化方法，通过微生物发酵开发新型烟用天然香料，增加烟气的丰富性，改善卷烟的香气质量。研究包括筛选发酵菌株、优化发酵条件、分析发酵产物化学成分及其对卷烟感官质量的影响。第 5 章主要论述了烟草中功能性菌株的分离鉴定技术，初步建立有特种功效烟用烟草菌种库的研究工作。

　　本书第 1 章由广西中烟工业有限责任公司龙章德、红塔烟草（集团）有限责任公司昭通卷烟厂邹严颉、内蒙古昆明卷烟有限责任公司田数完成，第 2 章由云南中烟工业有限责任公司杨蕾、河北中烟工业有限责任公司郑松锦、陕西中烟工业有限责任公司王永红完成，第 3 章由郑州轻工业大学许春平、河北中烟工业有限责任公司刘远上、浙江中烟工业有限责任公司闫洪喜完成，第4章由广东中烟工业有限责任公司伍锦鸣和任胜超、河南中烟工业有限责任公司席高磊和郝辉完成，第5章由中国农业科学院烟草研究所张鹏、安徽中烟工业有限责任公司佘世科、郑州轻工业大学曲利利完成。研究生王富申、赵尔婉、高原、周旺等在实验和写作方面做了很多工作，在此表示感谢。

由于时间仓促和作者水平有限，疏漏和错误之处在所难免，敬请读者勘误和指正。

著者

2024 年 11 月

目　　录

彩图资源

第1章 烟梗的工业生物处理技术

1.1 概述

1.1.1 背景及意义

烟梗作为烟草原料的一种，是目前高档卷烟生产企业无法完全消化的低质原料，但又是一种富含多种化学成分（包括多种有效天然成分）的自然资源。烟梗目前主要用于制备梗丝及烟草薄片，然后再将梗丝和薄片掺兑到叶组中，用于卷烟的生产。

随着烟草行业减害降焦压力的增加，国内外学者对梗丝的研究逐渐增多，梗丝在卷烟配方中起着重要的作用，是减害降焦的主要手段之一。一方面，梗丝能降低卷烟焦油、烟碱和 CO 等有害成分的含量，从而降低卷烟的危害；另一方面，梗丝能提高烟丝的填充值，降低卷烟的单箱耗丝量，从而降低生产成本。由于梗丝中的细胞壁物质（果胶、纤维素、半纤维素和木质素等）含量较多而香味物质含量很少，感官品质存在刺激性大、杂气重、香气质量较差的缺点，在形态及色泽方面与叶丝也存在较大差异。因此，梗丝更多是使用在低档卷烟中，在高档卷烟中不使用或用量很少，在卷烟中的掺配比例也比较低，导致每年都有大量烟梗废弃。随着减害降焦工作的不断推进，对梗丝的需求量越来越大，对梗丝的质量要求也越来越高，因此，改善梗丝的质量具有重要的意义。

从梗丝的化学成分特性来看，由于梗丝中含有大量果胶等细胞壁物质，而香味物质和潜香类物质含量很少，导致梗丝没有烟香、具有很重的木质气等杂气，使其添加量受到较大限制，所以烟梗丝一般只能用于低档卷烟。另外，从减害降焦方面看，我国以 7 种有害成分释放量整体表征卷烟烟气危害性：CO、HCN、NNK、NH_3、B[a]P、巴豆醛和苯酚。在叶组中掺兑梗丝可以减少 HCN、NNK、NH_3、B[a]P 和苯酚的产生，但是会使 CO 和巴豆醛的释放量增加。CO 主要由含碳化合物不完全燃烧，蛋白质、羧酸类、羰基化合物等物质的热解以及 CO_2 的还原而产生。而巴豆醛主要由烟草中羰基化合物、纤维素、糖、果胶、蜡质以及氨基酸热裂解产生。因此，减少梗丝中的果胶、纤维素等物质，一方面可以减少梗丝的杂气，改善梗丝的舒适性，提高梗丝的品质；另一方面可以减少 CO 和巴豆醛的释放量，有利于减害降焦工作的推进。由此可以看出，梗丝在卷烟中的应用将变得越来越重要，提高梗丝的质量，才能增加梗丝的使用量，保证产品的质量，达到降低成本以及减害降焦的目标。因此，提高梗丝的质量变得尤为重要，也是当务之急的研究工作。

1.1.2 研究进展

1.1.2.1 烟梗的化学组成特性

烟梗是烟叶的粗硬叶脉，占叶重的 25% ~ 30%。与烟叶相比较，烟梗在化学成分组成以及含量方面存在较大的差异，烤烟烟梗主要化学组分含量如表 1-1 所示。

表 1-1　烟梗主要化学组分含量

主要组分	细胞壁物质	果胶质	纤维素	蛋白质	总氮	淀粉	烟碱
含量/%	30 ~ 45	8 ~ 20	10 ~ 20	3 ~ 8	1 ~ 2	1 ~ 5	0.1 ~ 0.3

由表 1-1 可以看出，烟梗中的非水溶性物质主要是细胞壁物质，果胶质、纤维素和蛋白质的含量也较高。与烟叶相比较，烟梗化学组成的特征是总糖、总氮以及烟碱含量相对较低，细胞壁物质含量较高。研究结果表明，纤维素有烧纸味，果胶有木质气，杂气重、对口腔刺激、余味差等燃吸缺点，还会改变烟气状态。蛋白质含量过高会有烧羽毛气味，对烟气和吸味也会造成不良影响。淀粉含量较高时，会影响燃吸时的燃烧速度，使燃烧不完全，还会产生糊焦味。若能将细胞壁等物质进行降解，变不利成分为有利于烟草吸味的成分，则对提高烟梗物料的利用率有较大的实用意义。

烟草中有机酸种类繁多、结构多样，有脂肪酸、环脂酸、芳香酸、羟基酸、多元酸、杂环酸等。其中 10 碳以下的一元酸均为挥发酸，10 碳以上的一元酸多为半挥发酸，挥发酸是烟草品质最重要的贡献物质之一，半挥发酸是烤烟中重要的酸性潜香性成分，能改善烟气酸碱度，使烟气的吃味醇和芳香。彭艳等于 2009 年报道，挥发性、半挥发性有机酸在叶片和烟梗中的分布及含量存在明显差异。除十六酸外，绝大多数挥发性、半挥发性有机酸在叶片中的含量明显高于烟梗，其中有 4 种脂肪酸在烟梗中的含量不到叶片含量的一半，如比较重要的挥发性酸异戊酸和 3-甲基戊酸，它们在烟梗中的含量分别仅为叶片含量的 43% 与 25%，而苯甲酸和辛酸分别为 49% 和 45%，戊酸、己酸和壬酸在烟梗中的含量均不及叶片含量的 65%，异丁酸和丁酸不及 80%。但半挥发性酸在烟梗中的含量均达到了叶片含量的 80% 以上，而十六酸在烟叶和烟梗中含量相差不大。在部位间挥发性、半挥发性有机酸总量无论是烟叶还是烟梗均表现出中部叶最高，上部叶次之，下部叶最低；从烟叶和烟梗中含量的比较来看，挥发性、半挥发性有机酸在叶片中的含量明显高于烟梗，其在烟梗中的平均含量为叶片平均含量的 81%。

烟叶中存在种类繁多、含量极少的各种香味物质。彭黎明等对叶片与烟梗中各类香味物质含量进行了比较。发现烟梗中大多数香味成分的含量明显比叶片的低；叶片中醛类物质的含量略高于烟梗，是烟梗含量的 1.13 倍；酮物质的含量较高，是烟梗含量的 3.51 倍，醛、酮类物质总量是烟梗的 1.75 倍；叶片中醇类和酯类物质的含量较高，分别是烟梗含量的 3.34 倍和 5.10 倍；叶片中醛酮、酯和醇等中性香味成分的总量（不含新植二烯）高于烟梗，是烟梗含量的 2.42 倍；叶片中挥发酸的含量是烟梗的 2.45 倍，酸性成分是烟梗的 1.32倍；虽然烟梗中吡啶的含量高于叶片，但叶片中碱性成分的总量仍高于烟梗，是烟梗含量的 1.40 倍；叶片中，酸性、碱性和中性成分的总量是烟梗的1.57 倍。

总的来说，烟梗中木质素、果胶、纤维素等细胞壁物质含量比较高，总糖、总氮以及烟碱含量相对较低，有机酸、醛、酯和醇等香味物质、潜香类物质的种类与烟叶中的差不多，但是含量比烟叶中的少，而这也导致梗丝在感官质量表现上呈现出杂气较重、烟香少、余味较差等特点，也使梗丝难以大量进入卷烟配方中，导致大量的烟梗被废弃。

1.1.2.2 提高梗丝质量的研究进展

近年来，为提高梗丝的质量，许多科技人员从工艺技术、化学方法以及生物方法等不同角度对梗丝进行了研究。其中，生物方法由于反应条件温和、反应专一以及成本低等特点而备受关注，成为提高梗丝质量研究的重要方向。

周璿等先利用碱氧处理降低细胞壁物质含量并提高梗丝和酶的反应活性，再利用生物酶催化降解蛋白质、淀粉和纤维素。梗丝经处理后，填充值提高了 27.6%，总糖含量提高至 15.2%，糖碱比提高了 49.5%，细胞壁物质含量降低了 42.3%；21种主要香气成分含量总计提高 25.7%；感官评吸表明，梗丝经处理后木质气味减弱，刺激性降低，烟气协调性较好，香气量较足。巩效伟等于 2013 年报道，果胶酶可有效降低细胞壁物质含量，细胞壁物质总量最高下降幅度为 6.84%，其中对果胶的降解效果明显。果胶酶处理后，还原糖含量明显升高，美拉德反应产物的总量明显提高，与对照相比，增幅最高为 67.2%。

林翔等利用复合酶对烟梗的梗丝进行处理，催化降解其中的蛋白质、淀粉和纤维素。结果表明，梗丝经复合酶处理后，总糖含量提高至 22.8%，糖氮比和糖碱比均得到了提高；主要香气成分的总量提高了 27%，其中美拉德反应产物含量提高了159%，类胡萝卜素降解产物含量提高了 65.8%。经复合酶处理后，梗丝的香气品质得到了改善，感官质量总体有了较大提高。肖瑞云等研究了不同复合酶对烟梗化学成分和感官评吸的影响。结果表明，不同复合酶处理后，烟梗的化学成分含量以及相互间的协调性指标均有改善。林凯基于现有制梗丝技术和洗梗工艺条件通过加酶洗梗处理，对烟梗的主要组成成分进行适量降解。结果表明，果胶酶以及纤维素酶对烟梗的降解效果非常显著。周元清等研究表明，采用木质素降解微生物及木质素降解酶可以明显去除烟梗的木质气和刺激性，梗丝填充值增加 35.2%~42.8%，木质素含量明显降低。陈兴等将从醇化烤烟烟叶表面分离得到的微生物菌株 V35

（*Bacillus pumilus Van*35）制成菌剂用于梗丝处理。经30℃处理48h后，梗丝的总糖和还原糖含量较对照均有上升，总氮含量下降，纤维素和果胶含量较对照降低，总挥发性香气物质总量较对照有上升。感官评吸结果表明，V35菌剂能降低梗丝杂气和刺激性，提升梗丝香气量。陈兴等选取了果胶酶、纤维素酶、半纤维素酶、漆酶、中性蛋白酶和糖化酶6种生物酶作为复合酶组合用于梗丝处理。梗丝处理后，其细胞壁物质、常规化学成分及挥发性香气成分含量均有改善，梗丝的感官质量也均有提升，其中高质量浓度复合酶的综合效果最好。徐达等采用复合植物水解酶、果胶酶、蛋白酶、淀粉酶组成复合酶酶解梗丝，梗丝经酶解后，水溶性总糖含量提高了23.31%，果胶的含量降低了17.26%，且填充值提高可达10%，对其主要致香成分进行分析可知，美拉德反应产物的总量提高了196.3%，4种巨豆三烯酮和β-大马酮分别提高了37.01%和50.77%，将其替代未处理的梗丝并掺配到卷烟叶组中，卷烟的焦油量下降0.25mg，木质气和刺激性明显减轻，香气质量、协调性均有提高。孙培健等利用醇溶液对烟梗或梗片进行提取，然后再将醇提液回加到由该烟梗或梗片制成的梗丝中，相比传统梗丝，通过醇提将烟梗中的糖、烟碱、色素、香味成分等对烟草吸味存在积极作用的物质提取出来，之后再回加到梗丝中，并通过水洗结合酸解、酶解将烟梗中的大分子（如果胶、蛋白质等）等对烟草吸味不利的化合物去除，进而实现梗丝感官品质的提升，评吸结果显示所制备的梗丝杂气减轻、刺激性降低，香气余味得到提高。巩效伟等分别利用产香微生物枯草芽孢杆菌、西姆芽孢杆菌和短小芽孢杆菌及其复合微生物菌剂对梗丝进行处理，对梗丝的常规化学成分、致香成分和感官品质进行了分析，发现梗丝的总糖和还原糖含量显著提升，其中菌剂处理后梗丝的总糖含量上升最显著，达到22.75%，复合菌剂处理后梗丝的还原糖含量增加最为显著，达到19.05%；挥发性香气成分的含量有所增加，以复合菌剂处理样品提升最高，达141.466μg/g，改善了烟梗抽吸品质。

生物酶和微生物在梗丝发酵应用研究中各有自己的优点，生物酶的优点在于底物的专一性，而微生物生长过程中，可以合成出不同种类的生物酶来促进烟梗中木质素、纤维素、蛋白质以及果胶等大分子化合物的分解和转化，还可以通过次生代谢产生致香成分以及潜香类物质，从而改善梗丝的抽吸品质。采用单一或多种生物活性制剂对处理烟梗及其制品的内在品质进行改善，提高梗丝的工业可用性，已经成为烟草行业的研究热点。

1.1.3　研究内容

研究人员利用生物酶法、微生物发酵法对梗丝进行了研究，取得了一定的成果，但由于缺乏更深入的研究，还没能真正地将研究成果应用到生产中。主要原因在于梗丝的化学成分组成有比较大的缺陷，如果胶、纤维素和木质素等细胞壁物质含量很高，总糖、还原糖、香味物质以及潜香类物质含量较少，在感官质量方面表现为杂气重、口感舒适性差以及余味重等。因此，单单利用果胶酶或木质素降解酶部分降解梗丝中的果胶或木质素，并不能显著提高梗丝的质量。本研究针对梗丝化学成分组成和感官质量方面存在的缺点，首次提出利用微生物—酶双重发酵法综合提高梗丝的质量。拟利用果胶酶、纤维素酶以及木质素酶等同时发酵梗丝，将果胶、纤维素和木质素等大分子物质降解为半乳糖醛酸、葡萄糖等小分子物质，减少梗丝的杂气来源，改善口感舒适性和余味；同时筛选合适的产香微生物与果胶酶等同时发酵梗丝，通过微生物—酶双重发酵，减少梗丝的杂气，改善梗丝的口感舒适性，增加梗丝的香气，提高梗丝的质量和工业可用性。项目的完成对提高卷烟品质具有重要意义。

利用微生物中的酶可以降解梗丝中的果胶、蛋白质、淀粉以及纤维素等物质，增加还原糖含量、改善梗丝的糖碱比。由于影响因素比较复杂，酶技术在梗丝加工中的应用尚未成熟。省去酶分离步骤，直接利用产酶微生物发酵处理梗丝也是一个重要的研究方向。建立一个成熟的烟梗处理办法，能有效提高烟梗质量，进一步增益于烟制品，既杜绝了浪费，又提高了烟制品的品质。

1.2　实验及检测方法

1.2.1　实验内容

1.2.1.1　高效降解梗丝中果胶、纤维素生物酶生产菌的筛选与发酵应用

（1）从烟叶、烟梗中筛选专门降解烟叶、烟梗中果胶的果胶酶生产菌，利用果胶酶生产菌发酵生产高浓度、高活力的果胶酶，研究果胶酶发酵降解梗丝中果胶质的可行性。

（2）从烟梗、烟叶中筛选专门降解烟梗中纤维素的纤维素酶生产菌，利用纤维素酶生产菌发酵生产高浓度、高活力的漆酶，研究纤维素酶发酵降解梗丝中纤维素的可行性。

（3）对果胶酶和纤维素酶组合发酵提高梗丝质量进行研究。利用果胶酶和纤维素酶同时发酵梗丝，将梗丝中果胶、纤维素等大分子物质降解为半乳糖醛酸、葡萄糖等小分子物质，减少梗丝的杂气来源，改善口感舒适性和余味。

1.2.1.2　产香微生物的筛选与发酵应用

（1）从仓储烟叶中筛选可以改善梗丝香气谐调性的产香微生物，对产香微生物进行发酵优化，利用产香微生物发酵梗丝，改善梗丝香气的谐调性。

（2）从茶叶中筛选可以改善梗丝香气谐调性的茶叶金花菌，对金花菌进行优化，利用金花菌发酵梗丝，增加梗丝烟香协调性。

筛选合适的产香微生物与果胶酶和纤维素酶同时发酵梗丝，利用微生物—酶双

重发酵，减少梗丝的杂气，改善梗丝的口感舒适性，增加梗丝的香气，提高梗丝的质量和工业可用性。

（3）优化酶法及微生物法发酵梗丝，改善梗丝质量的方法。并进行中试研究，得到采用生物技术改善梗丝质量的生产工艺。

1.2.2 材料与方法

1.2.2.1 实验材料

（1）培养基。

1）蔗糖察氏培养基（表1-2）。

表1-2 蔗糖察氏培养基

种类	用量	种类	用量
NaCl	32g	蔗糖	20g
NH_4NO_3	3g	琼脂	15g
$MgSO_4$	0.5g	H_2O	1000mL
K_2HPO_4	1g	—	—

2）茶叶浸出液培养基。取5g茶叶置于100mL双蒸水中，沸水浴并不断搅拌5min使茶叶成分浸出，用8层纱布过滤，121℃湿热灭菌20min。

3）烟粉培养基。取2g烟叶，用高速粉碎机磨成粉并加入100mL双蒸水，121℃湿热灭菌20min。

4）烟梗培养基。取3g烟草梗丝并加入100mL双蒸水，121℃湿热灭菌20min。

5）果胶培养基（表1-3）。

表1-3 果胶培养基

微量元素溶液		种类	用量
种类	用量	果胶	3g
$CaCl_2$	0.05g	$NaNO_3$	2g
$CuSO_4$	0.07g	KH_2PO_4	3g
$MnSO_4 \cdot H_2O$	0.08g	NaCl	0.5g
$Na_2MoO_4 \cdot 2H_2O$	0.1g	$MgSO_4 \cdot 7H_2O$	0.5g
		$FeSO_4 \cdot 7H_2O$	0.01g
		微量元素溶液	0.5mL
用少量0.1mol/L HCl溶解，定容至100mL		琼脂	15g
		H_2O	1000mL

6）PDA 培养基（表 1-4）。将指定量生马铃薯切成小块，放入双蒸水中煮软，取出并用干净的 8 层纱布包住，挤出的水分即为浸出液，加入指定量蔗糖，配制固体培养基时需加入 1.5%琼脂粉，121℃湿热灭菌 20min 后即可用于培养。

表 1-4　PDA 培养基

种类	用量	种类	用量
生马铃薯	200g	琼脂	1g
蔗糖	10g	H_2O	1000mL

7）愈创木酚 PDA 培养基。在刚配制好、未灭菌的 PDA 培养基中加入 0.01%愈创木酚和 1.5%琼脂粉，121℃湿热灭菌 20min 后即可用于培养。

8）苯胺蓝 PDA 培养基。在刚配制好、未灭菌的 PDA 培养基中加入 0.05%水溶苯胺蓝染色剂和 1.5%琼脂，121℃高压湿热灭菌 20min 后即可用于培养。

9）纤维素察氏培养基（表 1-5）。

表 1-5　纤维素察氏培养基

种类	用量	种类	用量
NaCl	32g	羧甲基纤维素钠（CMC-Na）	10g
NH_4NO_3	3g	琼脂	15g
$MgSO_4$	0.5g	H_2O	1000mL
K_2HPO_4	1g	—	—

10）淀粉察氏培养基（表 1-6）。

表 1-6　淀粉察氏培养基

种类	用量	种类	用量
NaCl	32g	可溶性淀粉	10g
NH_4NO_3	3g	琼脂	15g
$MgSO_4$	0.5g	H_2O	1000mL
K_2HPO_4	1g	—	—

11）果胶酶筛选培养基（表 1-7）。

表 1-7　果胶酶筛选培养基

种类	用量
果胶	3g

续表

种类		用量	
$(NH_4)_2SO_4$		5g	
KH_2PO_4		4g	
$K_2HPO_4 \cdot 3H_2O$		13. g	
NaCl		0.5g	
$MgSO_4 \cdot 7H_2O$		0.5g	
$FeSO_4 \cdot 7H_2O$		0.01g	
琼脂		15g	
H_2O		1000mL	
微量元素溶液（100mL）	$CaCl_2$	0.05g	0.5mL
	$CuSO_4$	0.07g	
	$MnSO_4 \cdot H_2O$	0.08g	
	$Na_2MoO_4 \cdot 2H_2O$	0.1g	
	0.1mol/L HCl	少量	

12）刚果红固体培养基：未灭菌的果胶培养基（1L）中加入 0.15g 刚果红，121℃湿热灭菌 20min。

（2）溶液和试剂。

1）1L 贮存液配方（表 1-8、表 1-9）。

表 1-8　贮存液配方

种类	配制方法
1%果胶溶液	取 1g 果胶溶于 pH 5.0 的柠檬酸—柠檬酸钠缓冲液中，定容至 100mL
1%羧甲基纤维素钠（CMC-Na）溶液	取 1g 羧甲基纤维素钠溶于 pH 5.0 的柠檬酸—柠檬酸钠缓冲液中，定容至 100mL
0.1mol/L pH 3.6 柠檬酸—柠檬酸钠缓冲液	0.1mol/L 柠檬酸与 0.1mol/L 柠檬酸钠按 14.9∶5.1 比例混合
0.1mol/L pH 5.0 柠檬酸—柠檬酸钠缓冲液	0.1mol/L 柠檬酸与 0.1mol/L 柠檬酸钠按 8.2∶11.8 比例混合
TAE 电泳缓冲液	贮存液浓度为工作液浓度的 50 倍，需要电泳时用双蒸水把贮存液稀释成 1 倍浓度的工作液

表 1-9　TAE 电泳缓冲液

种类	用量	种类	用量
Tris	54g	EDTA	0.5mol/L 20mL
硼酸	27.5g	H_2O	1000mL

2）真菌提取液：分别配制 10 倍贮存浓度的以下（表 1-10）溶液，取所需量并用双蒸水将各溶液稀释至 1 倍工作液浓度，调节 pH 至 8.0。

表 1-10　真菌提取液

种类	用量	种类	用量
Tris-HCl	40mL	EDTA	10mL
NaAc	20mL	SDS	1%

3）福林酚试剂：购于国药化学试剂集团有限公司。

4）DNS 试剂：称取 3,5-二硝基水杨酸钠（购于西格玛公司）3.15g，溶于 131mL、2mol/L 氢氧化钠溶液中，并向此溶液中加入 250mL 含 92.5g 酒石酸钾钠的热水溶液，再加入 2.5g 结晶酚和 2.5g 亚硫酸氢钠，搅拌溶解，定容至 500mL，放置 8~14d，过滤后备用。

1.2.2.2　酶活力测定

分别测定真菌在两种培养基中的酶活力曲线。

（1）2% 蔗糖察氏液体培养基：取滤去菌丝体的稀释 5 倍的不同时间段发酵液作为待测酶液。

（2）烟粉液体培养基：取 8 层纱布过滤的稀释 5 倍的不同时间段发酵液作为待测酶液。

1.2.2.3　果胶活力的测定

采用 DNS 法测定。

（1）标准曲线绘制。

1）配制 1mg/mL 的半乳糖醛酸标准液溶液。

2）按照表 1-11 对半乳糖醛酸标准液进行梯度稀释。

表 1-11　半乳糖醛酸梯度稀释液配制表

编号	0	1	2	3	4	5	6	7	8	9	10	11
半乳糖醛酸标准液/mL	0	0.1	0.2	0.3	0.4	0.5	0.6	0.7	0.8	0.9	1.0	1.1
H_2O/mL	2	1.9	1.8	1.7	1.6	1.5	1.4	1.3	1.2	1.1	1.0	0.9

3）每管加入 2mL DNS，沸水浴 5min 后，立即用流水冷却，加入蒸馏水定容至 25mL，在 540nm 处测定吸光值。

4）以半乳糖醛酸溶液浓度为横坐标，吸光度为纵坐标，绘制标准曲线。

（2）酶反应。

1）取稀释酶液，一部分置于沸水浴中灭活 10min。

2）吸取 1.5mL、1% 果胶溶液于试管中，加入 0.5mL 粗酶稀释液（空白对照加入灭活的稀释酶液），于 50℃ 水浴精确反应 30min 后取出。

（3）定糖。

1）在上述试管中立即加入 2mL DNS 试剂，混匀，沸水浴反应 5min 显色后，以流水冷却。

2）定容至 25mL，在波长 540nm 处测定吸光值。

（4）酶活力定义。

在上述反应条件下，将 1mL 酶液每小时水解底物生成半乳糖醛酸（mg）的能力定义为一个酶活力单位（U）。

（5）酶活力计算公式。

$$\frac{半乳糖醛酸（mg）×酶溶液定容总体积（mL）×粗酶液稀释倍数}{酶液加入量（mL）×时间（h）}（mg/h）$$

1.2.2.4　纤维素酶酶活力测定

采用 DNS 法测定。

（1）标准曲线绘制。

1）配制 1mg/mL 的葡萄糖标准液溶液。

2）按照表 1-12 对葡萄糖标准液进行梯度稀释。

表 1-12　葡萄糖梯度稀释液配制表

编号	0	1	2	3	4	5	6	7	8	9	10
葡萄糖标准液/mL	0	0.25	0.5	0.75	1	1.25	1.5	1.75	2	2.25	2.5
H_2O/mL	2.5	2.25	2	1.75	1.5	1.25	1	0.75	0.5	0.25	0

3）每管加入 2mL DNS，沸水浴 5min 后，立即用流水冷却，加入蒸馏水定容至 25mL，在 540nm 处测定吸光值。

4）以葡萄糖溶液浓度为横坐标，吸光度为纵坐标，绘制标准曲线。

（2）酶反应。

1）取稀释酶液，一部分置于沸水浴中灭活 10min。

2）吸取 2mL、1% 羧甲基纤维素钠溶液于试管中，加入 0.5mL 粗酶稀释液（空白对照加入灭活的稀释酶液），于 50℃ 水浴精确反应 30min 后取出。

（3）定糖。

1）立即在上述试管中加入 2.5mL DNS 试剂，混匀，沸水浴反应 5min 显色，流水冷却。

2）定容至 20mL，在波长 520nm 处测定吸光值。

（4）酶活力定义：在上述反应条件下，1h 水解羧甲基纤维素钠生成 1mg 葡萄糖的酶量，为一个纤维素酶酶活力单位。

（5）酶活力计算公式：

$$\frac{葡萄糖含量（mg）\times 酶溶液定容总体积（mL）\times 粗酶液稀释倍数}{酶液加入量（mL）\times 时间（h）}（mg/h）$$

1.2.3　菌株筛选与鉴定

1.2.3.1　功能真菌的筛选及方法

（1）菌株的分离提取。将 1g 茶叶剪碎放入装有 200mL、2% 蔗糖察氏液体培养基的三角瓶中，放入摇床中，在 30℃、180r/min 培养 42h，然后取培养液用无菌水梯度稀释 1~4 倍，取 70μL 稀释倍数为 2、3、4 的菌液涂布在 2% 蔗糖察氏培养基平板上，培养 48h 后平板上长出细小单菌落，挑取不同形态的菌种接种到果胶培养基平板上，在 30℃ 培养箱中培养 36h，筛选产生透明圈的菌株并接种到液体果胶培养基中，置于 30℃、180r/min 摇床上培养 48h，得到可以降解果胶的菌株。

将果胶降解菌菌株接种到纤维素培养基平板上，在 30℃ 培养箱中培养 36h，筛选产生透明圈的菌株并接种到液体纤维素培养基中，置于 30℃、180r/min 摇床上培养 48h，得到可以降解果胶和纤维素的菌株。

将果胶降解菌菌株接种到木质素培养基平板上，在 30℃ 培养箱中培养 36h，筛选产生透明圈的菌株并接种到液体木质素培养基中，置于 30℃、180r/min 摇床上培养 48h，得到可以降解果胶和木质素的菌株。

（2）菌株的培养。用酒精灯火焰对接种环进行彻底灭菌后，挑取适量孢子涂在平板表面或接种到液体培养基中，也可用灭菌牙签或灭菌枪头接种。接种到固体培养基后，将培养基置于 30℃ 培养箱中培养，24h 后可用于传代培养。接种到液体培养基后，可根据需要在 30℃、180r/min 摇床中培养。

（3）孢子悬液的制备。在超净台内，将 10mL 灭菌双蒸水倒入菌丝良好生长 7d 的固体平板内，用灭菌涂棒刮下成熟的孢子，倒入无菌的 250mL 玻璃瓶中，再洗涤平板 1 次，向玻璃瓶中加入 250mL 菌水，摇匀后用灭菌的 8 层纱布过滤，所得孢子悬液置于 4℃ 冰箱保存。

（4）孢子悬液的计数。在超净台中，摇匀孢子悬液，用无菌水稀释 $10^2 \sim 10^6$ 倍，每个浓度涂布 3 个平板，各 100μL，培养 20h 后计数。以菌落数在 30~300 个的平板为标准，取 3 个平板的平均值，计算孢子悬液的浓度。

（5）菌种保藏。在灭菌的超净台中，取体积比 40% 的灭菌甘油，以 1:1 的比例与液体培养了 72h 的真菌培养液混合，用封口膜封上 EP 管的盖沿，于 -80℃ 保存。

（6）真菌基因组 DNA 提取。参照秦振宇等的玻璃珠—盐析法，结合酚氯仿抽提法提取真菌基因组 DNA。

1）用滤纸过滤培养 72h 的真菌液体培养物，收集菌丝体，用灭菌双蒸水除去无机盐类物质，放入烘箱烘至半干。

2）将菌丝放入 2mL 离心管中，依次加入适量酸洗石英砂、600μL 真菌提取液、600μL 酚氯仿，充分振荡 2~3min，再于室温离心（12000r/min，5min）。

3）取上层水相，加入与水相等体积的酚氯仿，再于室温离心（12000r/min，5min）。

4）取上清液，加入 2 倍体积的无水乙醇，放入 -20℃ 冰箱中沉淀 2h，再于 4℃ 离心（12000r/min，10min）。

5）小心倒去液体，缓慢加入 300μL、75% 乙醇，再于室温离心（12000r/min，5min）。

6）小心倒去液体，室温下干燥 6~10h，加入 20μL 灭菌双蒸水，即得 DNA，可立即使用，也可于 -20℃ 保存。

（7）真菌 ITS 序列分析。真菌基因组中的 18S rDNA 片段具有 10 个保守区序列和 10 个可变区序列交替分布，其中保守序列在进化上相对保守，可利用其作为判断真菌种类的依据；而可变区序列在不同种间存在差异。

引物序列（真菌通用引物）：ITS1：5′-TCCGTAGGTGAACCTGCGG-3′，ITS4：5′-TCCTCCGCTTATTGATATGC-3′。

按照以上引物序列片段在宝生物工程有限公司定制合成序列，用于 PCR（polymerase chain reaction，表 1-13、表 1-14），所用试剂购于大连宝生物工程有限公司。

表 1-13　PCR 体系

种类	用量	种类	用量
10×Ex Taq 缓冲液	5μL	ITS4	2μL
模板	2μL	Ex Taq	0.5μL
dNTP 混合物	3.2μL	ddH$_2$O	35.3μL
ITS1	2μL		

表 1-14　PCR 程序

温度	时间	循环数
94℃	5min	—
94℃	30s	30
55℃	30s	个循环

续表

温度	时间	循环数
72℃	1.5min	—
72℃	10min	—

1.2.3.2　功能真菌的属性鉴定

（1）真菌菌株的总 DNA 电泳图（图 1-1）。

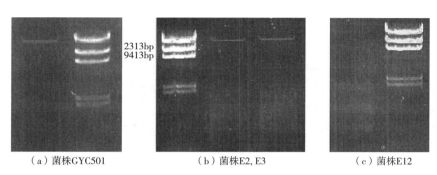

（a）菌株GYC501　　　　（b）菌株E2，E3　　　　（c）菌株E12

图 1-1　菌株的总 DNA 电泳图

（2）真菌菌株的 ITS 序列电泳图。从图 1-2 中可以看出，克隆得到的 4 种真菌 ITS 序列大小约为 600bp。

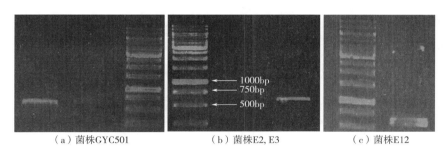

（a）菌株GYC501　　　　（b）菌株E2，E3　　　　（c）菌株E12

图 1-2　菌株的 ITS 序列电泳图

（3）菌株的系统发育树。将 PCR 扩增得到的真菌 ITS 片段送华大基因测序，得到 ITS 核酸序列。分别将这些 DNA 序列在 NCBI 网站用 BLAST 工具同源性比对，并建立菌株的系统发育树，初步确定菌株的类别属性。

1）真菌一。GYC 501 的 18S rDNA 的 ITS 序列：GAAAAGGGGGGGGTCTTTGGGGCC ACCTCCCATCCGTGTCTATTATACCCTGTTGCTTCGGCGGGCCCGCCGCTTGTCGGCCGCCGG GGGGGCGCCTTTGCCCCCCGGGCCCGTGCCCGCCGGAGACCCAACACGAACACTGTCTGA AAGCGTGCAGTCTGAGTTGATTGAATGCAATCAGTTAAAACTTTCAACAATGGATCTCTT

GGTTCCGGCATCGATGAAGAACGCAGCGAAATGCGATAACTAATGTGAATTGCAGAAT
TCAGTGAATCATCGAGTCTTTGAACGCACATTGCGCCCCCTGGTATTCCGGGGGGCATG
CCTGTCCGAGCGTCATTGCTGCCCTCAAGCCCGGCTTGTGTGTTGGGTCGCCGTCCCCCT
CTCCGGGGGGACGGGCCCGAAAGGCAGCGGCGGCACCGCGTCCGATCCTCGAGCGTAT
GGGGCTTTGTCACATGCTCTGTAGGATTGGCCGGCGCCTGCCGACGTTTTCCAACCATTT
TTTCCAGGTTGACCTCGGATCAGGTAGGGATACCCGCTGAACTTAAGCATATCAATAAG
CGGAGGAA。

将 GYC 501 的 18S rDNA 的 ITS 核酸序列测序结果在 GenBank 进行 Nucleotide Blast 比对，结果显示，GYC 501 与 Genbank 中编号为 JX156354.1 的塔宾曲霉（*Aspergillus tubingensis*）有 99% 的相似性。由图 1-3 可知，GYC 501 是塔宾曲霉属的一种，命名为 *Aspergillus tubingensis* GYC 501。

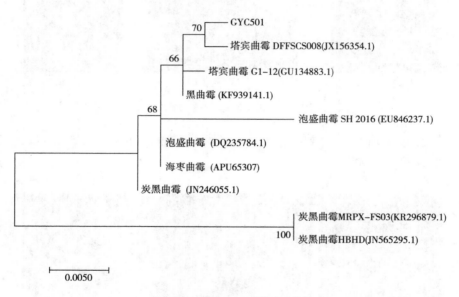

图 1-3　GYC 501 系统发育树

2) 真菌二。E3 的 18S rDNA 的 ITS 序列：TAAAGAATGCGGGCCTCTGGGTCAC
CTCCCATCCGTGTCTATCTGTACCCTGTTGCTTCGGCGTGGCCACGGCCCGCCGGAGACT
AACATTTGAACGCTGTCTGAAGTTTGCAGTCTGAGTTTTTAGTTAAACAATCGTTAAAAC
TTTCAACAACGGATCTCTTGGTTCCGGCATCGATGAAGAACGCAGCGAAATGCGATAAT
TAATGTGAATTGCAGAATTCAGTGAATCATCGAGTCTTTGAACGCACATTGCGCCCCCTG
GTATTCCGGGGGGCATGCCTGTCCGAGCGTCATTGCTGCCCTCAAGCACGGCTTGTGTGT
TGGGCTTCGTCCCTGGCAACGGGGACGGGCCCAAAAGGCAATGGCGGCACCATGTCTG
GTCCTCGAGCGTATGGGGCTTTGTCACCCGCTCCCGTAGGTCCAGCTGGCATCTAGCCTC
TTTACCAATCTTTTTAACCAGGTTGACCTCGGATCAGGTAGGATACCCGCTGATCTTAA

GCATATCAATAACCGGAGGAAAAG。

　　将 E3 的 18S rDNA 的 ITS 核酸序列测序结果在 GenBank 进行 Nucleotide Blast 比对，由图 1-4 可知，E3 与 Genebank 编号为 KM388844.1 的冠突散囊菌 (*Eurotium cristatum*) 有 98% 的相似性，命名为 *Eurotium cristatum* 502。

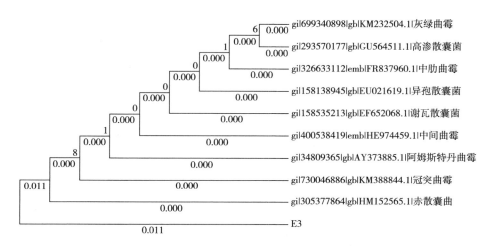

图 1-4　E3 系统发育树

　　3）真菌三。E12 的 18S rDNA 的 ITS 序列：GGGTACGATCGGGTCTTTGGGCCAC
CTCCCATCCGTGTCTATTATACCCTGTTGCTTCGGCGGGCCCGCCGCTTGTCGGCCGCCG
GGGGGGCGCCTTTGCCCCCCGGGCCCGTGCCCGCCGGAGACCCCAACACGAACACTGT
CTGAAAGCGTGCAGTCTGAGTTGATTGAATGCAATCAGTTAAAACTTTCAACAATGGA
TCTCTTGGTTCCGGCATCGATGAAGAACGCAGCGAAATGCGATAACTAATGTGAATTGC
AGAATTCAGTGAATCATCGAGTCTTTGAACGCACATTGCGCCCCTGGTATTCCGGGGG
GCATGCCTGTCCGAGCGTCATTGCTGCCCTCAAGCCCGGCTTGTGTGTTGGGTCGCCGTC
CCCCTCTCCGGGGGACGGGCCCGAAAGGCAGCGGCGGCACCGCGTCCGATCCTCGAG
CGTATGGGGCTTTGTCACATGCTCTGTAGGATTGGCCGGCGCCTGCCGACGTTTTCCAAC
CATTTTTTCCAGGTTGACCTCGGATCAGGTAGGGATACCCGCTGAACTTAAGCATATCAA
TAAGCGGAAAAAA。

　　将 E12 的 18S rDNA 的 ITS 核酸序列测序结果在 GenBank 进行 Nucleotide Blast 比对，结果显示，E12 与 Genebank 中编号为 KF494190.1 的塔宾曲霉 (*Aspergillus tubingensis*) 有 99% 的相似性。由图 1-5 可知，E12 是塔宾曲霉属中的一种。

1.2.3.3　功能细菌的筛选及方法

　　（1）果胶和纤维素降解细菌的筛选。称取 2g 烟叶放入含有 30mL 无菌水的摇瓶中并置于摇床上震荡 1h，吸取 50μL 洗脱液放在 LB 培养基平板上涂布，然后将平板置于 30℃、180r/min 摇床上培养 24h，挑取不同形态的菌种接种到果胶培养基

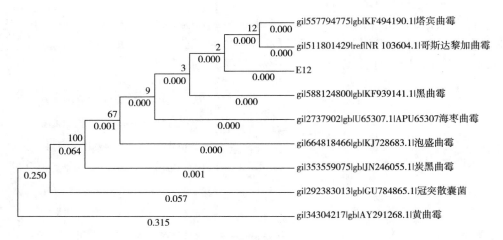

图 1-5　E12 系统发育树

平板上，在 30℃ 培养箱中培养 36h，筛选产生透明圈的菌株并接种到液体果胶培养基中，置于 30℃、180r/min 摇床上培养 48h，得到可以降解果胶的细菌菌株。将果胶降解菌菌株接种到纤维素培养基平板上，在 30℃ 培养箱中培养 36h，筛选产生透明圈的菌株并接种到液体纤维素培养基中，置于 30℃、180r/min 摇床上培养 48h，得到可以降解果胶和纤维素的细菌菌株。

（2）果胶和木质素降解细菌的筛选。称取 2g 烟叶放入含有 30mL 无菌水的摇瓶中，置于摇床上震荡 1h，吸取 50μL 洗脱液放在 LB 培养基平板上涂布，然后将平板置于 30℃、180r/min 摇床上培养 24h，筛选产生透明圈的菌株，挑取不同形态的菌种接种到果胶培养基平板上，在 30℃ 培养箱中培养 36h，筛选产生透明圈的菌株，接种到液体果胶培养基中，置于 30℃、180r/min 摇床上培养 48h，得到可以降解果胶的细菌菌株。将果胶降解菌菌株接种到木质素培养基平板上，在 30℃ 培养箱中培养 36h，筛选产生透明圈的菌株并接种到液体木质素培养基中，置于 30℃、180r/min 摇床上培养 48h，得到可以降解果胶和木质素的细菌菌株。

（3）菌种保藏。在灭菌的超净台中，取体积比 40% 的灭菌甘油，以 1:1 的比例与液体培养了 24h 的细菌培养液混合，用封口膜封上 EP 管的盖沿，于 -80℃ 保存。

（4）细菌基因组 DNA 提取。

1）取新鲜细菌菌液 1mL 于 EP 管中，12000r/min 离心 1min，尽量吸出上清液。

2）向 EP 管中加入 200μL 溶液 A，用移液枪反复吹打使菌体充分悬浮，向悬浊液中加入 20μL 的 RNaseA（10mg/mL），充分振荡混匀，在室温下放置 15~30min。

3）向 EP 管中加入 20μL 蛋白酶 K（10mg/mL），充分混匀，55℃水浴 10min，期间数次颠倒 EP 管，使菌体完全溶解，管中菌液呈清亮黏稠状。

4）向 EP 管中加入 200μL 溶液 B，充分颠倒混匀，放入 75℃水浴中 15～30min，使白色沉淀消失，不影响后续实验。如果溶液未变清亮，可能会导致 DNA 提取量以及纯度降低，还可能堵塞吸附柱。

5）向 EP 管中加入 200μL 无水乙醇，充分混匀，此时可能出现絮状沉淀，其不影响 DNA 提取，将溶液加入吸附柱中，静置 2min。

6）将吸附柱放入收集管中，12000r/min 离心 2min，倒掉废液，将吸附柱放入收集管中。

7）向吸附柱中加入 600μL 漂洗液（使用前确认是否加入无水乙醇）。在台式离心机中（12000r/min）离心 1min，倒掉废液，将吸附柱放入收集管中。

8）向吸附柱中加入 600μL 漂洗液，12000r/min 离心 1min，倒掉废液，将吸附柱放入收集管中。

9）把吸附柱和收集管放入离心机，12000r/min 离心 1min，将吸附柱在室温下放置数分钟，使吸附柱中残余的漂洗液彻底晾干，否则会影响 PCR 实验。

10）将吸附柱放于干净的 EP 管中，向吸附柱中加入 50μL 超纯水，室温下放置 5min，12000r/min 离心 1min。

11）将离心所得的洗脱液再次加入吸附柱中，室温下放置 2min，12000r/min 离心 1min，得到细菌总 DNA，−20℃保存。

（5）细菌的 16S rDNA 基因分析（表 1-15、表 1-16）。16S rDNA 基因是细菌上编码 rRNA 相对应的 DNA 序列，具有高度的保守性和特异性以及该基因序列足够长（包含约 50 个功能域）。16S rDNA 是所有原核生物蛋白质合成必需的 1 种核糖体 RNA，其具有以下特点：多拷贝、多信息、长度适中。随着 PCR 技术的出现及核酸研究技术的不断完善，16S rDNA 基因检测技术成为菌种鉴定的有力工具。

引物序列（细菌通用引物）：27F：5′-AGAGTTTGATCMTGGCTCAG-3′，1492R：5′-TACGGYTACCTTGTTACGACTT-3′。

表 1-15　PCR 体系（50μL）

种类	用量	种类	用量
10×Ex Taq 缓冲液	5μL	下游引物	2μL
模板	1μL	Ex Taq	0.5μL
dNTP 混合物	3.2μL	ddH$_2$O	36.3μL
上游引物	2μL	—	—

表 1-16　PCR 程序

温度	时间	循环数
94℃	5min	—
94℃	30s	30
55℃	30s	个循环
72℃	1.5min	—
72℃	10min	—

（6）琼脂糖凝胶电泳。

1）用 1 倍浓度的 TAE 作为溶剂配制 0.8% 的琼脂糖（购于 BIOWEST），在微波炉中加热 80s 至琼脂糖完全融化。

2）在冷却至不烫手的琼脂糖溶液中加入 0.0075% 的核酸染料（购于赛百盛），轻轻摇匀，倾倒于插上梳子的胶槽中，冷却 20min。

3）取下梳子，将胶槽连胶条一同浸入盛有 1 倍浓度 TAE 的电泳槽中，向胶孔中注入含上样缓冲液（购于生工生物）待检测的 DNA 和对应 Marker（购于生工生物），接上电源，在 80V 的电压下电泳。

4）50min 电泳完成后，断开电源，取出胶条，置于紫外线照相仪（BioRad）中照相取得电泳图谱。

（7）从琼脂糖凝胶中回收 DNA。PCR 产物验证为正确条带后，加入大胶孔中电泳，电泳完成后，在紫外下迅速切下目的 DNA 条带放入干净的 EP 管中。用 DNA 纯化回收试剂盒（TIANGEN）获得纯净片段，具体步骤如下。

1）每 0.1g 胶回收物加入 100mL PC 液，置于 60℃ 水浴，每隔数分钟上下颠倒试管数次，直至胶块完全溶解。

2）组装吸附柱 CB2 与收集管，加入 550μL BL 液，室温下 12000r/min 离心 1min，弃去废液。

3）向吸附柱 CB2 中加入胶溶液，室温下 12000r/min 离心 1min，弃去废液。

4）向吸附柱 CB2 中加入漂洗液 400μL，室温下 12000r/min 离心 1min，弃去废液，重复这一步，弃去废液。

5）空柱离心（13000r/min、2min），弃去废液，打开管盖，室温放置 3min，使乙醇挥发，以免影响下游操作。

6）将吸附柱放入新的 EP 管中，在吸附膜上方向膜滴加 50μL 缓冲液，室温下 12000r/min 离心 1min，EP 管中即为纯化的 DNA。

1.2.3.4　功能细菌的属性鉴定

（1）细菌菌株的 16S rDNA PCR 产物。从图 1-6 中可以看出，克隆得到的 3 株细菌的 16S rDNA PCR 扩增条带大小均为 1500bp 左右。

（2）菌株的系统发育树。将 PCR 扩增得到的细菌 16S rDNA 片段送华大基因测

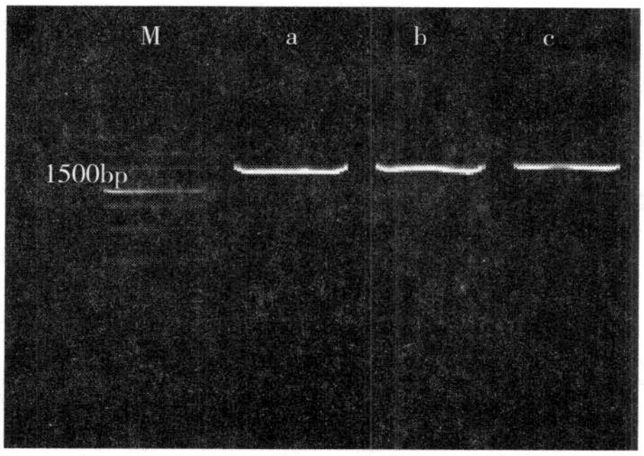

图 1-6　菌株 YG1、YG2、YGA 的 16S rDNA PCR 产物

M—1kb Marker　a—YG1　b—YG2　c—YGA

序，得到细菌 16S rDNA 序列。在 NCBI 网站用 BLAST 工具对这些 DNA 序列进行同源性比对，并建立菌株的系统发育树，初步确定菌株的类别属性。

1）YG1、YG2 和 YGA 的 16S rDNA 序列。

YG1：GGTTACCTCACCGACTTCGGGTGTTACAAACTCTCGTGGTGTGACGGGCGGTGT
GTACAAGGCCCGGGAACGTATTCACCGCGGCATGCTGATCCGCGATTACTAGCGATTCCAG
CTTCACGCAGTCGAGTTGCAGACTGCGATCCGAACTGAGAACAGATTTGTGGGATTGGC
TTAACCTCGCGGTTTCGCTGCCCTTTGTTCTGTCCATTGTAGCACGTGTGTAGCCCAGGT
CATAAGGGGCATGATGATTTGACGTCATCCCCACCTTCCTCCGGTTTGTCACCGGCAGTC
ACCTTAGAGTGCCCAACTGAATGCTGGCAACTAAGATCAAGGGTTGCGCTCGTTGCGGG
ACTTAACCCAACATCTCACGACACGAGCTGACGACAACCATGCACCACCTGTCACTCTG
CCCCCGAAGGGGACGTCCTATCTCTAGGATTGTCAGAGGATGTCAAGACCTGGTAAGGT
TCTTCGCGTTGCTTCGAATTAAACCACATGCTCCACCGCTTGTGCGGGCCCCGTCAATT
CCTTTGAGTTTCAGTCTTGCGACCGTACTCCCCAGGCGGAGTGCTTAATGCGTTAGCTGC
AGCACTAAGGGGCGGAAACCCCCTAACACTTAGCACTCATCGTTTACGGCGTGGACTAC
CAGGGTATCTAATCCTGTTCGCTCCCCACGCTTTCGCTCCTCAGCGTCAGTTACAGACCA
GAGAGTCGCCTTCGCCACTGGTGTTCCTCCACATCTCTACGCATTTCACCGCTACACGTG
GAATTCCACTCTCCTCTTCTGCACTCAAGTTCCCCAGTTTCCAATGACCCTCCCCGGTTG
AGCCGGGGGCTTTCACATCAGACTTAAGAAACCGCCTGCGAGCCCTTTACGCCCAATAA
TTCCGGACAACGCTTGCCACCTACGTATTACCGCGGCTGCTGGCACGTAGTTAGCCGTG
GCTTTCTGGTTAGGTACCGTCAAGGTACCGCCCTATTCGAACGGTACTTGTTCTTCCCTA
ACAACAGAGCTTTACGATCCGAAAACCTTCATCACTCACGCGGCGTTGCTCCGTCAGAC
TTTCGTCCATTGCGGAAGATTCCCTACTGCTGCCTCCCGTAGGAGTCTGGGCCGTGTCTC
AGTCCCAGTGTGGCCGATCACCCTCTCAGGTCGGCTACGCATCGTTGCCTTGGTGAGCC
GTTACCTCACCAACTAGCTAATGCGCCGCGGGTCCATCTGTAAGTGGTAGCCGAAGCCA
CCTTTTATGTTTGAACCATGCGGTTCAAACAACCATCCGGTATTAGCCCCGGTTT

CCCGGAGTTATCCCAGTCTTACAGGCAGGTTACCCACGTGTTACTCACCCGTCCGC

CGCTAACATCAGGGAGCAAGCTCCCATCTGTCCGCTCGACT。

YG2：AAGGTTACCTCACCGACTTCGGGTGTTACAAACTCTCGTGGTGTGACGGCGGTG
TGTACAAGGCCCGGGAACGTATTCACCGCGGCATGCTGATCCGCGATTACTAGCGATTCC
AGCTTCACGCAGTCGAGTTGCAGACTGCGATCCGAACTGAGAACAGATTTGTGGGATTG
GCTTAACCTCGCGGTTTCGCTGCCCTTTGTTCTGTCCATTGTAGCACGTGTGTAGCCCAG
GTCATAAGGGGCATGATGATTTGACGTCATCCCCACCTTCCTCCGGTTTGTCACCGGCA
GTCACCTTAGAGTGCCCAACTGAATGCTGGCAACTAAGATCAAGGGTTGCGCTCGTTGC
GGGACTTAACCCAACATCTCACGACACGAGCTGACGACAACCATGCACCACCTGTCACT
CTGCCCCCGAAGGGGACGTCCTATCTCTAGGATTGTCAGAGGATGTCAAGACCTGGTAA
GGTTCTTCGCGTTGCTTCGAATTAAACCACATGCTCCACCGCTTGTGCGGGCCCCCGTCA
ATTCCTTTGAGTTTCAGTCTTGCGACCGTACTCCCCAGGCGGAGTGCTTAATGCGTTAGC
TGCAGCACTAAGGGGCGGAAACCCCCTAACACTTAGCACTCATCGTTTACGGCGTGGAC
TACCAGGGTATCTAATCCTGTTCGCTCCCCACGCTTTCGCTCCTCAGCGTCAGTTACAGA
CCAGAGAGTCGCCTTCGCCACTGGTGTTCCTCCACATCTCTACGCATTTCACCGCTACAC
GTGGAATTCCACTCTCCTCTTCTGCACTCAAGTTCCCCAGTTTCCAATGACCCTCCCCGG
TTGAGCCGGGGGCTTTCACATCAGACTTAAGAAACCGCCTGCGAGCCCTTTACGCCCAA
TAATTCCGGACAACGCTTGCCACCTACGTATTACCGCGGCTGCTGGCACGTAGTTAGCC
GTGGCTTTCTGGTTAGGTACCGTCAAGGTACCGCCCTATTCGAACGGTACTTGTTCTTCC
CTAACAACAGAGCTTTACGATCCGAAAACCTTCATCACTCACGCGGCGTTGCTCCGTCA
GACTTTCGTCCATTGCGGAAGATTCCCTACTGCTGCCTCCCGTAGGAGTCTGGGCCGTGT
CTCAGTCCCAGTGTGGCCGATCACCCTCTCAGGTCGGCTACGCATCGTTGCCTTGGTGAG
CCGTTACCTCACCAACTAGCTAATGCGCCGCGGGTCCATCTGTAAGTGGTAGCCGAAGC
CACCTTTTATGTTTGAACCATGCGGTTCAAACAACCATCCGGTATTAGCCCCGGTTTCCC
GGAGTTATCCCAGTCTTACAGGCAGGTTACCCACGTGTTACTCGCCCGTCCGCCGCTAAC
ATCAGGGAGCAAGCTCCCATCTGTCCGCTCGACTT。

YGA：GGCTGGCTCCTAAAAGGTTACCTCACCGACTTCGGGTGTTACAAACTCTCGTGG
TGTGACGGCGGTGTGTACAAGGCCCGGGAACGTATTCACCGCGGCATGCTGATCCGCGAT
TACTAGCGATTCCAGCTTCACGCAGTCGAGTTGCAGACTGCGATCCGAACTGAGAACAG
ATTTGTGGGATTGGCTTAACCTCGCGGTTTCGCTGCCCTTTGTTCTGTCCATTGTAGCACG
TGTGTAGCCCAGGTCATAAGGGGCATGATGATTTGACGTCATCCCCACCTTCCTCCGGTT
TGTCACCGGCAGTCACCTTAGAGTGCCCAACTGAATGCTGGCAACTAAGATCAAGGGTT
GCGCTCGTTGCGGGACTTAACCCAACATCTCACGACACGAGCTGACGACAACCATGCAC
CACCTGTCACTCTGCCCCCGAAGGGGACGTCCTATCTCTAGGATTGTCAGAGGATGTCA
AGACCTGGTAAGGTTCTTCGCGTTGCTTCGAATTAAACCACATGCTCCACCGCTTGTGCG
GGCCCCCGTCAATTCCTTTGAGTTTCAGTCTTGCGACCGTACTCCCCAGGCGGAGTGCTT
AATGCGTTAGCTGCAGCACTAAGGGGCGGAAACCCCCTAACACTTAGCACTCATCGTTT

ACGGCGTGGACTACCAGGGTATCTAATCCTGTTCGCTCCCCACGCTTTCGCTCCTCAGCG
TCAGTTACAGACCAGAGAGTCGCCTTCGCCACTGGTGTTCCTCCACATCTCTACGCATTT
CACCGCTACACGTGGAATTCCACTCTCCTCTTCTGCACTCAAGTTCCCCAGTTTCCAATG
ACCCTCCCCGGTTGAGCCGGGGGCTTTCACATCAGACTTAAGAAACCGCCTGCGAGCCC
TTTACGCCCAATAATTCCGGACAACGCTTGCCACCTACGTATTACCGCGGCTGCTGGCAC
GTAGTTAGCCGTGGCTTTCTGGTTAGGTACCGTCAAGGTACCGCCCTATTCGAACGGTAC
TGTTCTTCCCTAACAACAGAGCTTTACGATCCGAAAACCTTCATCACTCACGCGGCGTTG
CTCCGTCAGACTTTCGTCCATTGCGGAAGATTCCCTACTGCTGCCTCCCGTAGGAGTCTG
GGCCGTGTCTCAGTCCCAGTGTGGCCGATCACCCTCTCAGGTCGGCTACGCATCGTTGCC
TTGGTGAGCCGTTACCTCACCAACTAGCTAATGCGCCGCGGGTCCATCTGTAAGTGGTAG
CCGAAGCCACCTTTTATGTTTGAACCATGCGGTTCAAACAACCATCCGGTATTAGCCCCG
GTTTCCCGGAGTTATCCCAGTCTTACAGGCAGGTTACCCACGTGTTACTCACCCGTCCGC
CGCTAACATCAGGGAGCAAGCTCCCATCTGTCCGCTCGACTG。

2）YG1、YG2、YGA 系统发育树。图 1-7 是菌株 YG1、YG2、YGA 的系统发育树，YG1、YG2 和 YGA 均与芽孢杆菌属具有高度相似性，初步判断三种菌均为芽孢杆菌属的细菌。

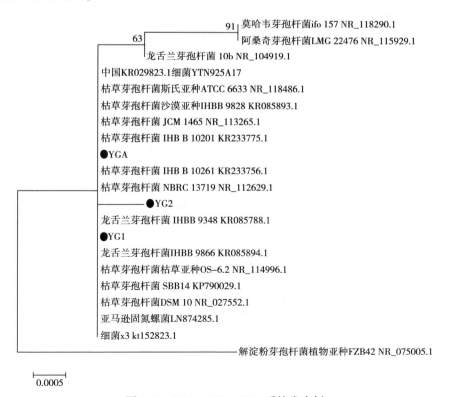

图 1-7　YG1、YG2、YGA 系统发育树

1.2.3.5　小结

利用分子生物学技术对筛选得到的可以降解梗丝果胶、纤维素等大分子的真菌菌株 GYC501、E2、E3 和 E12 进行 18S rDNA 的 ITS 序列分析，结合菌株的显微形态特征，对菌株进行了种属鉴定。初步确定 GYC501 和 E12 两株菌为塔宾曲霉（*Aspergillus tubingensis*），E2 和 E3 两株菌为冠突散囊菌（*Eurocrium cristatum*）。利用分子生物学技术对 YG1、YG2、YGA 三株能降解梗丝果胶的细菌菌株进行了 16S rDNA 序列分析，初步确定为芽孢杆菌属的细菌。

1.3　生物技术提升烟梗品质应用与研究

1.3.1　菌株 GYC 501 的生长和产酶优化

1.3.1.1　生长状况检测

在无菌环境下，取浓度为 $3×10^6$ 个/mL 的孢子悬液 1mL 接种至 50mL 液体真菌培养基中，分别置于 28℃、30℃和 32℃的恒温摇床中培养，每个温度每隔 12h 取 3 瓶出来，用滤纸滤去液体部分，分别测量每瓶液体的 pH，然后以无菌蒸馏水洗涤菌丝 3 次，放入烘箱干燥至恒重，称取菌丝和滤纸的总重量，减去滤纸的重量，得菌丝干重。绘制曲线，得到真菌的生长曲线，比较不同温度下菌丝体的生长速度。

1.3.1.2　菌株 GYC 501 在平板上的菌落形态（图 1-8）

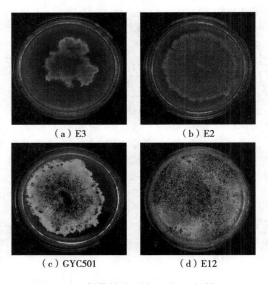

（a）E3　　　　　　　　　（b）E2

（c）GYC501　　　　　　　（d）E12

图 1-8　各菌株在平板上的生长情况

1.3.1.3　菌株 GYC 501 的形态观察

（1）2%蔗糖察氏培养基液体培养：菌株 GYC 501 接种后约 24h 出现可见白色菌丝团，并逐渐长大；36h 后液面与瓶壁接触的地方有菌丝生长。培养基不染色，仍为澄清透明。72h 后培养物有明显的酒精气味。

（2）2%蔗糖察氏培养基琼脂平板培养：菌株 GYC 501 涂板接种后约 40h 出现可见辐射状白色菌丝；67h 时已有大量菌丝，直径达 2cm，中心由白色变为浅黄色，分生孢子梗垂直于培养基平面伸出，孢子穗变色；84h 时菌落已变为灰绿色，孢子穗为深绿色，并逐渐变为灰黑色。菌落不分泌色素，培养基背面中心为淡黄色。

（3）PDA 培养基液体培养：菌株 GYC 501 接种后迅速生长，10h 即有可见白色菌丝团；12h 时培养基呈浅黄色；24h 后培养基变为黄绿色，液面漂浮有巨大黄色菌丝团，与空气接触部分为黑色；36h 后有明显的酸味释放，菌丝团直径达 1cm。

（4）PDA 培养基琼脂平板培养：菌株 GYC 501 接种后 12h 即有可见菌丝；随后菌丝生长迅速，在 36h 时直径可达 5~6cm，孢子穗稀少而细小，呈巧克力色，且比 20%蔗糖察氏培养基分散，随着培养时间的增加，孢子穗逐渐增加，不伴随颜色加深的过程。

（5）果胶培养基平板培养：菌株 GYC 501 生长缓慢，菌丝数量较少。1 周后不经染色可见棕色水解圈。

（6）烟粉培养基：菌株 GYC 501 在烟粉培养基中生长迅速，接种环接种一环孢子，12h 后可见菌丝球，36h 时菌丝球达到最大。

（7）烟梗培养基：菌株 GYC 501 在烟梗培养基中生长迅速，接种环接种一环孢子，18h 后可见菌丝球，36h 时烟梗物质全部溶解，40h 时菌丝球达到最大。

（8）牛奶培养基平板培养：菌株 GYC 501 生长较 20%蔗糖察氏培养基缓慢，孢子穗为黑色且细小密集，从培养基背面能清晰地看到透明水解圈。

（9）淀粉察氏培养基平板培养：菌株 GYC 501 生长较 20%蔗糖察氏培养基缓慢，菌丝较松散，看不到明显水解圈。

（10）纤维素察氏培养基平板培养：菌株 GYC 501 生长极为缓慢，菌丝松散，孢子穗稀少，使用刚果红染色 48h 的平板可见水解圈。

（11）愈创木酚 PDA 培养基：菌株 GYC 501 平板不染色，不显现漆酶活性。

1.3.1.4　菌株 GYC 501 显微镜观察

将无水乙醇浸泡过的盖玻片在灭菌的超净台内晾干，斜插入 2%蔗糖察氏培养基中，在靠近玻片插入位置接种，培养至菌丝蔓延到玻片上后，取下玻片，盖在滴有一滴蒸馏水的载玻片上，排出气泡，置于双目显微镜下观察。

从图 1-9 可以看出，GYC 501 有球形子囊果、菌丝有隔，顶囊球形，顶囊靠近分生孢子梗处明显收缩、单层或双层产孢结构。结合《中国真菌志》的描述，判断菌株 GYC 501 为塔宾曲霉（Aspergillus tubingensis）。

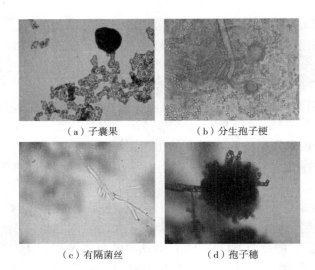

（a）子囊果 　　　　　　（b）分生孢子梗

（c）有隔菌丝 　　　　　　（d）孢子穗

图 1-9　GYC 501 的显微形态

1.3.1.5　菌株 GYC 501 产酶的初步分析

利用平板显示法对菌株 GYC 501 产酶情况进行初步分析（图 1-10），发现该菌株在果胶刚果红平板上产生水解圈，在淀粉碘染平板上出现了变色圈，说明该菌株能够产生果胶酶，具有一定的淀粉水解能力。GYC 501 在纤维素平板、苯胺蓝平板和愈创木酚 PDA 平板上不产生变色圈，说明该菌不产生胞外的纤维素酶和木质素酶。通过细胞发酵液测定，发现该菌株有纤维素酶活性。

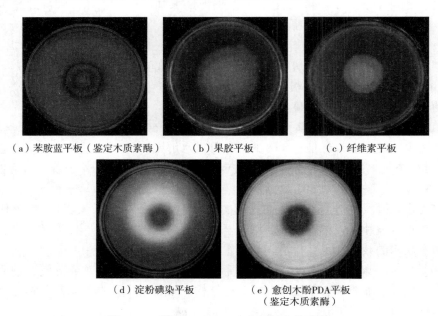

（a）苯胺蓝平板（鉴定木质素酶）　　（b）果胶平板　　　　（c）纤维素平板

（d）淀粉碘染平板　　　（e）愈创木酚PDA平板
　　　　　　　　　　　　　（鉴定木质素酶）

图 1-10　菌株 GYC 501 在各平板上的酶活

1.3.1.6 菌株 GYC 501 的生长状况

（1）菌株 GYC 501 的生长曲线。GYC 501 是一种塔宾曲霉（*Aspergillus tubingensis*）菌株，为了掌握菌株的生长特点，考察了该菌株在 PDA 培养基和察氏培养基中的生长情况，绘制了 GYC 501 在 30℃ 条件下的生长曲线。如图 1-11 所示，GYC 501 在 PDA 培养基内生长更迅速，在 24~36h 达到对数期，菌丝增重在 48h 以后进入稳定期。菌株 GYC 501 在察氏培养基中生长时，没有明显的对数期，菌丝重量在 36~72h 平稳上升。

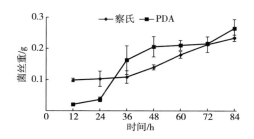

图 1-11　两种培养基内 GYC 501 的生长曲线

（2）菌株 GYC 501 在不同温度下的生长情况。图 1-12 显示了菌株 GYC 501 在不同温度下的生长情况，如图 1-12 所示，在 2% 蔗糖察氏培养基中，在 28~36℃ 条件下，随着温度的升高菌株生长加快。

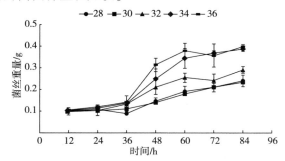

图 1-12　不同温度下 GYC 501 培养物 pH 的曲线（2% 蔗糖察氏）

（3）菌株 GYC 501 在生长过程中的 pH 变化规律。图 1-13 显示了菌株 GYC 501 在 2% 蔗糖察氏培养基生长过程中 pH 的变化规律。从图 1-13 中可以看出，在菌株生长过程中 pH 从中性逐渐变为酸性，菌株在生长过程中产酸。

1.3.1.7 菌株 GYC 501 的产酶分析

在前面的实验中，利用平板显色法对菌株 GYC 501 的产酶进行了初步判断，确定该菌株可以产生果胶酶、纤维素酶和淀粉酶等多种生物酶。由于梗丝中果胶含量比较高，对感官质量影响很大，纤维素对梗丝感官质量的影响也较大，而梗丝中淀

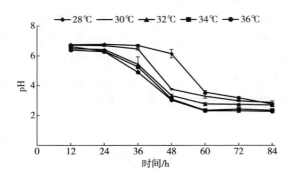

图 1-13　不同温度下 GYC 501 的生长曲线

粉的含量比较低。因此，下面重点对菌株 GYC 501 在不同培养基中产生果胶酶和纤维素酶的情况进行分析。

（1）果胶酶酶活力分析。利用液体烟粉培养基和 2% 蔗糖察氏液体培养基发酵菌株 GYC 501，测定该菌株在不同发酵阶段的果胶酶酶活力。由图 1-14、图 1-15 可知，菌株 GYC 501 在液体烟粉培养基中的果胶酶酶活力最高值（60U）出现在 36h。该菌株在察氏培养基中果胶酶最大酶活力为 378U，出现在 58h（图 1-16）。

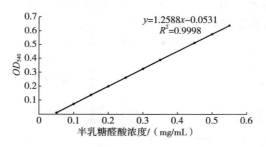

图 1-14　半乳糖醛酸标准曲线

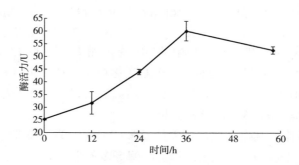

图 1-15　GYC 501 在液体烟粉培养基中的果胶酶酶活曲线

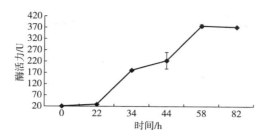

图 1-16　GYC 501 在液体察氏培养基中的果胶酶酶活曲线

（2）纤维素酶酶活力分析。利用液体烟粉培养基和 2% 蔗糖察氏液体培养基培养菌株 GYC 501，测定该菌株在不同发酵阶段的纤维素酶酶活力。由图 1-17、图 1-18 可知，菌株 GYC 501 在液体烟粉培养基中的纤维素酶酶活力最高值（18U）出现在 12h。该菌株在察氏培养基中纤维素酶最大酶活力为 312U，出现在 58h（图 1-19）。

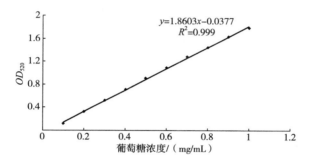

$y=1.8603x-0.0377$
$R^2=0.999$

图 1-17　葡萄糖标准曲线

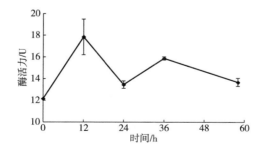

图 1-18　GYC 501 在液体烟粉培养基中的纤维素酶酶活曲线

1.3.1.8　GYC 501 产果胶酶的条件优化

（1）GYC 501 在 2% 蔗糖察氏培养基中的产酶优化。利用 2% 蔗糖察氏培养基培养 GYC 501，对菌株的产酶发酵条件进行了优化，经优化后，菌株在 24～72h 之间

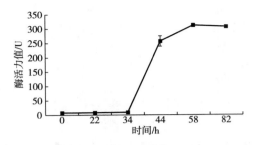

图 1-19　GYC 501 在液体察氏培养基中的纤维素酶酶活曲线

能保持比较高的果胶酶酶活力，36h 时的果胶酶活力为 352U，果胶酶酶活力在 48h 达到最大，为 471.4U（图 1-20）。如图 1-21 所示，菌株 GYC 501 的纤维素酶活力也有较大幅度的提高，最高酶活力出现在 36h，为 418.2U，在 48h 时，纤维素酶活力为 408U。

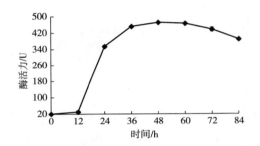

图 1-20　2%蔗糖察氏培养基优化后的果胶酶活力

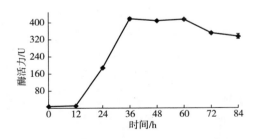

图 1-21　2%蔗糖察氏培养基优化后的纤维素酶活力

（2）GYC 501 在烟粉培养基中的产酶优化。利用液体烟粉培养基培养菌株 GYC 501，并对菌株的产酶条件进行了优化。如图 1-22 所示，经优化后，GYC 501 的果胶酶活力有较大幅度的提高，并且在 36～72h 都能保持较高的酶活力，果胶酶酶活力在 60h 达到最大，为 250.7U。GYC 501 的纤维素酶活力在 12～60h 内不断上升，在 60h 达到最高，为 66.1U（图 1-23）。

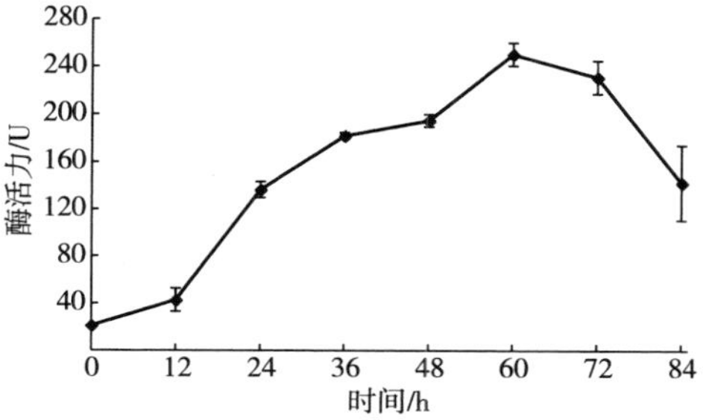

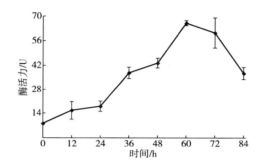

图 1-22　液体烟粉培养基优化后的果胶酶活力

图 1-23　液体烟粉培养基优化后的纤维素酶活力

1.3.1.9　小结

在 2% 蔗糖察氏培养基和 PDA 培养基上观察了菌株 GYC 501 的生长形态，研究了该菌株的生长变化规律，绘制了生长曲线，研究了生长过程中 pH 的变化规律。

利用 2% 蔗糖察氏培养基培养 GYC 501，对菌株的产酶发酵条件进行了优化，经优化后，菌株在 24~72h 之间能保持比较高的果胶酶酶活力，36h 时的果胶酶活力为 352U，果胶酶酶活力在 48h 达到最大，为 471.4U。菌株 GYC 501 的纤维素酶活力也有较大幅度的提高，最高酶活力出现在 36h，为 418.2U，在 48h 时，纤维素酶活力为 408U。

利用液体烟粉培养基培养菌株 GYC 501，并对菌株的产酶条件进行了优化。经优化后，GYC 501 的果胶酶活力有较大幅度的提高，并且在 36~72h 都能保持较高的酶活力，果胶酶酶活力在 60h 达到最大，为 250.7U。GYC 501 的纤维素酶活力在 12~60h 内不断上升，在 60h 达到最高，为 66.1U。

1.3.2　菌株 GYC 501 发酵梗丝提升烟梗品质应用与研究

1.3.2.1　材料与方法

（1）材料（表 2-1、表 2-2）。

1）烟草梗丝：来源于广西中烟工业有限责任公司。

2）GYC 501 发酵培养基：1.5g 烟草梗丝，加入 50mL 蒸馏水，115℃湿热灭菌 30min。

3）含盐酸的无水乙醇：将 11mL 浓盐酸与 1L 无水乙醇混合。

（2）酶活力测定。相关酶活力测定参照 1.2.2.4 所述的方法进行。

（3）果胶含量的测定。采用国标法（GB/T 10742—2008）测定梗丝果胶质的含量。

（4）菌株 GYC 501 发酵梗丝实验。称取 50g 梗丝，将准备好的酶液用水或柠檬酸—柠檬酸钠溶液稀释到合适的浓度，按照实验设定梗丝发酵时的含水量，取配制好的酶液均匀喷施到梗丝上，置于恒温恒湿条件下进行发酵，发酵完成后取样进行感官质量评吸并测定梗丝的果胶含量。

（5）梗丝降解条件的正交优化。果胶降解工艺的单因素优化后，为确定多因素对梗丝果胶降解率的影响，选择温度、缓冲液 pH、缓冲液浓度、处理时梗丝含水量这 4 个因素进行三水平正交实验。根据单因素实验的结果确定正交实验的缓冲液 pH、缓冲液浓度和水分含量条件。温度选择在 32℃、37℃、42℃是因为较低的温度不利于酶发挥作用，而高于 42℃会降低烟草梗丝的质量。酶用量为 1536U，处理时间为 12h。正交实验的条件设置见表 1-17。

表 1-17　正交实验设计

水平	因素			
	A 温度/℃	B 缓冲液 pH	C 缓冲液浓度/（mol/L）	处理时梗丝含水量/%
1	32	3.6	0.1	30
2	37	4.8	0.2	40
3	42	6.0	0.3	50

（6）评吸方法。将烟叶感官质量评价指标香气质、香气量、杂气、刺激性、透发性、柔细度、甜度、余味、浓度和劲头分别划分为好+、好、好-、中+、中、中-、差+、差、差-9 个等级进行评价。对于品质指标，"+""-"表示该指标的优劣程度；对于特征指标，"+""-"表示该指标的变化趋势。按参比烟烟丝重量的 10% 称取实验梗丝，将参比烟烟丝和实验梗丝充分混匀，然后用管式填充机将混合后的烟丝分别卷制成烟支，并在（22±1）℃、相对湿度（60±2）%条件下平衡 48h。经 7 人专业评吸小组进行感官质量评吸后，综合评价比较。

1.3.2.2　梗丝发酵初步实验

利用菌株 GYC 501 的发酵液发酵梗丝，根据之前的研究设定发酵条件：梗丝 50g，GYC 501 发酵酶液 1536U，0.1mol/L 柠檬酸—柠檬酸钠缓冲液，pH 5.4，梗丝含水量为 50%，温度为 37℃。如图 1-24 所示，梗丝果胶的降解效果良好，发酵

1h 后果胶的降解效率就已经达到 18.65%，发酵 12h 能达到 27.2%，而随着时间的增加，36h 后降解效率不再增加，说明发酵液中的酶活性在 12h 后开始迅速降低。酶活性降低的主要因素可能有：其一，果胶酶分解果胶产生半乳糖醛酸，导致反应体系中 pH 下降，酶活力下降或酶失活；其二，随着时间变化，高温环境下的部分果胶酶失活。

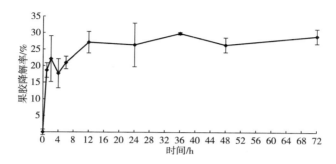

图 1-24　GYC 501 发酵液对梗丝果胶的降解效果

1.3.2.3　梗丝发酵条件的优化

（1）缓冲液 pH 优化。在梗丝发酵初步实验的基础上，对梗丝发酵的 pH 条件进行优化，分别配制 pH 3.6、pH 4.2、pH 4.8、pH 5.4、pH 6.0 浓度为 0.1mol/L 的柠檬酸—柠檬酸钠缓冲液用于梗丝发酵。如图 1-25 所示，pH 6.0 的缓冲液处理效果最好，而 pH 为 3.6 的缓冲液效果差一些，说明 pH 降低对酶反应有不利的影响，而发酵过程 pH 是不断降低的。总体来说缓冲液 pH 对果胶降解效率影响相对较小。

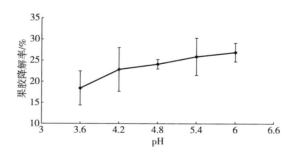

图 1-25　GYC 501 发酵液在不同 pH 下对梗丝的降解效果

（2）缓冲液浓度优化。在梗丝发酵初步实验的基础上，对梗丝发酵的缓冲液浓度条件进行优化，分别配制 pH 6.0，浓度为 0.1mol/L、0.2mol/L、0.3mol/L、0.4mol/L、0.5mol/L 的柠檬酸—柠檬酸钠缓冲液用于梗丝发酵，以水作为实验对照。如图 1-26 所示，当使用水代替缓冲液时，梗丝果胶的降解效率为 18.39%，效果最差；当缓冲液浓度为 0.2mol/L 时效果最好，梗丝果胶的降解效率为 34.46%；

当缓冲液浓度为 0.1mol/L 时，梗丝果胶的降解效率为 28.49%。由于过高的缓冲液浓度对烟草吸味影响很大，而缺少缓冲液则会影响酶正常发挥作用，以下实验的缓冲液浓度使用 0.1mol/L。

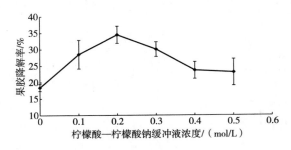

图 1-26　GYC 501 发酵液在不同缓冲液浓度下对梗丝的降解效果

（3）梗丝发酵含水量的优化。在梗丝发酵初步实验及前面对缓冲液 pH 和缓冲液浓度优化的基础上，对梗丝发酵的含水量进行优化。发酵条件：梗丝 50g，缓冲液 pH 6.0，缓冲液浓度为 0.1mol/L，酶用量为 1536U，梗丝发酵最终含水量分别为 30%、35%、40%、45%、50%。如图 1-27 显示，梗丝发酵含水量对梗丝果胶降解率影响很大，含水量越大，果胶降解效率越高，但含水量过大不利于储存以及梗丝的后续加工处理，所以选择 50% 的含水量用于以后的实验。

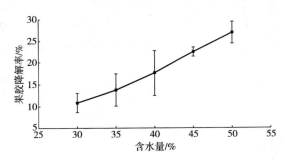

图 1-27　GYC 501 发酵液在不同梗丝含水量下对梗丝的降解效果

（4）梗丝发酵温度的优化。在梗丝发酵初步实验及前面对发酵条件优化的基础上，对梗丝发酵的温度进行优化。发酵温度设定为 32℃、37℃、42℃、47℃。如图 1-28 所示，温度为 37℃ 时，果胶降解的效果最好，超过 42℃ 后果胶的降解效率降低，可能与过高的温度造成酶失活有关。

（5）酶用量的优化。在梗丝发酵初步实验及前面对发酵条件优化的基础上，对梗丝发酵的酶用量进行优化，酶用量设定为 768U、1536U、2189U、4378U。如图 1-29 所示，酶加入量为 2189U 时，梗丝果胶降解率达到最大，之后酶用量的增加，梗丝果胶降解率并没有明显增加。

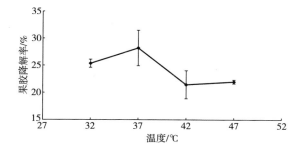

图 1-28　GYC 501 发酵液在不同温度下对梗丝的降解效果

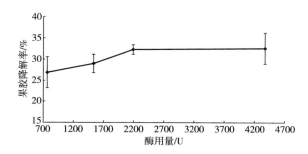

图 1-29　GYC 501 不同酶用量对梗丝的降解效果

（6）梗丝发酵条件的正交优化。正交实验显示，基于设计的四种因素的取值范围，它们对烟草梗丝降解效率的影响的大小顺序为：处理时梗丝含水量>缓冲液 pH>温度>缓冲液浓度。从实验结果中得出可能的最优组合：温度为 42℃，缓冲液 pH 为 4.8，缓冲液浓度为 0.3mol/L，处理时梗丝含水率为 50%。

正交实验中，在组合实验号为 3（表 1-18）的条件下最佳梗丝果胶降解率为 33.52%，与单因素优化后梗丝果胶降解率 32.38% 相近，但该条件下使用的酶用量仅为 1536U，比单因素优化后酶用量 2189U 少许多，可见经过合理的正交优化设计，在提高梗丝果胶降解效果的情况下，减少了酶用量。

表 1-18　正交实验结果 $L_9(3^4)$

实验号	因素				果胶降解率/%
	A 温度/℃	B 缓冲液 pH	C 缓冲液浓度/（mol/L）	D 处理时梗丝含水量/%	
1	32	3.6	0.3	40	20.73
2	37	3.6	0.1	30	12.95
3	42	3.6	0.2	50	33.52
4	32	4.8	0.2	30	16.06

续表

实验号	因素				果胶降解率/%
	A 温度/℃	B 缓冲液 pH	C 缓冲液浓度/（mol/L）	D 处理时梗丝含水量/%	
5	37	4.8	0.3	50	32.64
6	42	4.8	0.1	40	25.65
7	32	6.0	0.1	50	26.94
8	37	6.0	0.2	40	5.44
9	42	6.0	0.3	30	13.21
k_1	63.73	67.1	65.54	42.22	
k_2	51.03	74.35	54.92	51.82	187.04
k_3	72.28	45.59	66.58	93	
R	21.25	28.76	11.66	50.78	—

（7）正交最优解的验证。正交最优解的验证实验得到的梗丝果胶降解率34.97%，所以根据正交实验推测的最优组合为：温度42℃，缓冲液 pH4.8，缓冲液浓度 0.3mol/L，处理时梗丝含水量 50%。郝辉等成功利用微紫青霉（*Penicillium janthinellum* sw 09）处理烟梗，在优化后能降解烟梗 41.35%的果胶，但其产酶培养基成本高昂，而本实验利用的发酵培养液中只含有烟粉、水两种成分，成功应用必将显著降低酶法降解的成本。

（8）GYC 501 果胶酶与商品果胶酶发酵梗丝比较。图 1-30 比较了诺维信果胶酶和 GYC 501 发酵液发酵梗丝的效果，发现 GYC 501 发酵液不仅具有很高的梗丝果胶降解活性，而且所需的处理时间也比商品果胶酶所需的时间短，大约发酵 12h 就能有很好的果胶降解效果。

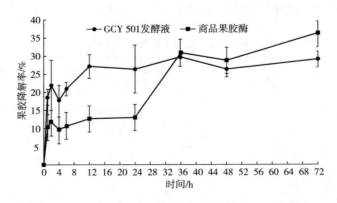

图 1-30　GYC 501 果胶酶与商品果胶酶发酵梗丝比较

1.3.2.4　发酵液发酵对梗丝感官质量的影响

（1）缓冲液浓度对梗丝感官质量的影响。在梗丝中外加其他的东西，有可能对其吸味产生不利的影响。柠檬酸（盐）对卷烟的吸味影响相对较小，在卷烟加工中是比较常用的添加剂。为了研究柠檬酸—柠檬酸钠缓冲液添加量对梗丝感官质量的影响，对梗丝发酵的缓冲液浓度条件进行优化，分别配制 pH6.0，浓度为 0.1mol/L、0.2mol/L、0.3mol/L、0.4mol/L 和 0.5mol/L 的柠檬酸—柠檬酸钠缓冲液用于梗丝发酵，以水的实验作为对照。

结果如表 1-19 所示，当柠檬酸—柠檬酸钠缓冲液浓度为 0.1mol/L 时，评吸时感官质量的指标值不用缓冲液时没有明显差别。当缓冲液的浓度为 0.2mol/L 或超过 0.2mol/L 时，梗丝的吸味发生了明显的变化，缓冲液的浓度越大，梗丝的感官质量下降越大。因此，实验中能够使用的柠檬酸—柠檬酸钠缓冲液浓度最大为 0.1mol/L。

表 1-19　柠檬酸—柠檬酸钠缓冲液浓度对梗丝感官质量的影响

浓度/ (mol/L)	品质指标								特征指标		名次
	香气质	香气量	杂气	刺激性	透发性	柔细度	甜度	余味	浓度	劲头	
0	中	中	中-	中	中	中	中-	中	中	中	1
0.1	中	中	中-	中	中	中	中-	中	中	中	1
0.2	中-	中-	中-	中-	中-	中-	中-	中-	中	中	3
0.3	中-	中-	差+	差+	中-	差+	中-	中-	中	中	4
0.4	差+	差+	差	差	差	差	差	差	中	中	5
0.5	差-	差-	差-	差-	差-	差-	差-	差-	中	中	6

注　对于品质指标，"+""-"表示该指标的优劣程度；对于特征指标，"+""-"表示该指标的变化趋势。

（2）酶用量对梗丝感官质量的影响。微生物在生长发酵产酶的过程中，由于培养基中含有其他的物质，菌株在生长过程中也会产生很多次生代谢产物，因此酶的用量有可能对梗丝的吸味产生影响。为了研究酶添加量对梗丝感官质量的影响，对梗丝发酵的粗酶液用量进行了研究。分别用纯净水配制酶活力为 750U、1500U、2000U、3000U、4000U 5 个梯度的粗酶液，将粗酶液置于 100℃ 条件下失活 5min，然后喷施于梗丝上，评价粗酶液本底对梗丝吸味的影响，确定能够添加施用的最大酶量。

如表 1-20 所示，当酶用量为 750U 时，实验梗丝的透发性比对照梗丝稍好，当酶用量为 1500U 时，实验梗丝的感官质量与对照没有明显差别，当酶用量达到 2000U 时，实验梗丝的感官质量开始下降，酶量越大，梗丝的感官质量越差。因此，梗丝发酵的最大酶用量确定为 1500U。

表 1-20 酶用量对梗丝感官质量的影响

酶活/ U	品质指标								特征指标		名次
	香气质	香气量	杂气	刺激性	透发性	柔细度	甜度	余味	浓度	劲头	
0	中	中	中-	中	中	中	中-	中	中	中	2
750	中	中	中-	中	中+	中	中-	中	中	中	1
1500	中	中	中-	中	中	中	中	中	中	中	2
2000	中-	中-	差+	中-	中	中	中	中-	中	中	4
3000	差+	差+	差	差	差	差	差+	差+	中	中	5
4000	差	差	差-	差-	差-	差-	差	差	中	中	6

注 对于品质指标，"+""-"表示该指标的优劣程度；对于特征指标，"+""-"表示该指标的变化趋势。

（3）发酵温度对梗丝感官质量的影响。在前面利用发酵液降解梗丝果胶的优化中，发现在 37℃ 条件下，GYC 501 发酵液降解梗丝果胶的效果最好。在梗丝的实际生产过程中，车间能够提供恒温条件的是储叶房，储叶房的温度一般控制在 35℃，与降解果胶的最佳温度 37℃ 相差不大。因此，我们选择 35℃ 作为进一步优化的温度条件。

（4）发酵水分对梗丝感官质量的影响。在前面利用发酵液降解梗丝果胶的优化中，发现发酵时梗丝含水率越高，越有利于梗丝果胶的降解，但是在实际生产应用时，需要结合车间工艺的实际情况进行考虑。在梗丝的生产加工过程中，梗丝需要经过洗梗、压梗、切梗、加料、膨胀以及烘干等过程，如果梗丝的含水率过高，超过 40% 时，梗丝就难以烘干，就难以生产出合格的成品梗丝。因此，结合梗丝生产的车间工艺，将梗丝发酵的梗丝含水率定为 40%。

（5）发酵时间对梗丝感官质量的影响。通过前面的优化实验，确定了缓冲液浓度、酶用量、发酵温度以及梗丝发酵含水率等，另外一个需要确定的因素是发酵的时间。发酵时间对梗丝的感官质量有很大的影响。以正常生产的梗丝作为对照，选择 3h、6h、12h、24h、36h 和 48h 等 6 个不同时间对梗丝进行发酵处理，比较了不同发酵时间对梗丝感官质量的影响。如表 1-21 所示，梗丝发酵 24~36h 的效果最好，发酵处理 3~6h 的效果不明显，当发酵时间为 48h 时，梗丝的感官质量下降明显，变得比对照差。

表 1-21 发酵时间对梗丝感官质量的影响

时间/ h	品质指标								特征指标		名次
	香气质	香气量	杂气	刺激性	透发性	柔细度	甜度	余味	浓度	劲头	
对照	中	中	中-	中	中	中	中-	中	中	中	5
3	中	中	中-	中	中	中	中-	中	中	中	5
6	中	中	中	中	中	中	中	中	中	中	4

续表

时间/ h	品质指标								特征指标		名次
	香气质	香气量	杂气	刺激性	透发性	柔细度	甜度	余味	浓度	劲头	
12	中	中	中	中+	中+	中+	中	中	中	中	3
24	中+	中+	中+	中+	中+	中+	中	中+	中	中	1
36	中+	中+	中+	中+	中+	中+	中	中+	中	中	2
48	中	中	中−	中	中	中	中−	中	中	中	7

注　对于品质指标，"+""−"表示该指标的优劣程度；对于特征指标，"+""−"表示该指标的变化趋势。

1.3.3　小结

在不考虑梗丝感官质量的情况下，对 GYC 501 发酵液降解梗丝果胶的条件进行了单因素及正交实验优化，研究了温度、缓冲液浓度、梗丝含水率、pH 以及发酵时间等因素对发酵降解梗丝果胶的影响。优化后的最佳发酵条件为：50g 梗丝，温度 42℃，缓冲液 pH4.8，缓冲液浓度 0.3mol/L，酶用量 1536U，发酵时间 12h，梗丝含水率 50%。在最佳条件下发酵，梗丝果胶的降解率达到了 34.97%。

梗丝的质量最终由感官质量决定，另外发酵条件还要与生产相结合，在生产上具有可操作性。因此，结合梗丝的生产工艺，我们研究了缓冲液浓度、酶用量、发酵温度、发酵时间以及梗丝发酵含水率等发酵条件对梗丝感官质量的影响，确定了最佳的发酵工艺条件：50g 梗丝，柠檬酸—柠檬酸钠缓冲液 0.1mol/L、pH6.0、酶用量 1500U、发酵温度 35℃、发酵时间 24h 以及梗丝发酵含水率 40%。利用 GYC 501 发酵液在最佳条件下发酵出来的梗丝，其各项感官质量指标值都优于对照梗丝，显著提高了梗丝的质量和工业可用性。

1.4　车间中试

利用优化好的梗丝发酵条件在车间进行梗丝发酵的中试实验。将发酵好的 GYC 501 发酵液用 pH6.0、0.1mol/L 的柠檬酸—柠檬酸钠缓冲液稀释，按照 1000kg 的真龙 B 类梗丝投料量配制好所需的发酵液，在实验开始前加入梗料，完全混匀，在梗丝加料的环节加入梗丝，将加完料后梗丝在暂存柜发酵，然后进行正常的梗丝加工程序。实验完成后，取实验梗丝与正常生产的梗丝做比较，评价发酵效果。结果发现，实验梗丝的香气质、香气量明显提升，刺激性下降、杂气减少，质量明显改善。可用性提高。

第2章 烟叶的工业生物处理技术

2.1 概述

2.1.1 背景及意义

烟叶发酵是提升烟叶品质的一个关键环节,目前中烟企业主要采用的还是自然醇化,虽然经醇化后的烟叶品质提升较高,但是仓贮周期长,严重消耗着企业的资源,并且"降焦减害"一直是行业发展的主题,随着焦油含量的下降,卷烟香气和口感也随之下降,虽然可以通过加香技术在一定程度上进行补偿,但难免会存在加香"失真"与卷烟本香不协调等问题,这些矛盾的日益显现使微生物及发酵技术应用到了卷烟工业中。

烟碱又名尼古丁,是烟草生物碱中的主要成分,占烟草生物碱的95%以上,其含量可达到烟叶干重的3%,是影响烟叶品质的重要因素之一。烟草中的烟碱含量过高会严重危害烟民的健康,烤烟中烟碱的含量一般在1.5%~3.5%,以2.5%左右为宜。烟碱含量过低,劲头太小,烟碱含量过高。劲头太大,有呛刺不悦之感。我国部分烟区所产烟叶,尤其是上部烟叶烟碱含量偏高。另外,上部烟叶还具有高淀粉和高蛋白质的特点。淀粉和蛋白质对烟叶的香吃味有不利影响,上部烟叶在成熟和调制过程中物质转化不充分,淀粉和蛋白质含量偏高,香气质差,香气量不足,刺激性过强和配伍性较差。多方面的原因导致上部烟叶的可用性较差。针对上部烟叶的特点进行研究,降低烟碱含量,将淀粉和蛋白质等不利化学成分转化为潜香类小分子物质糖和氨基酸,可以改善烟叶品质,提高上部烟叶的可用性。

针对上部烟叶的特点,可以采取物理、化学方法和生物方法降低烟碱以及减少对烟叶品质不利的生物大分子的含量,提高烟叶的内在品质。利用传统的物理和化学方法的不利之处在于降低烟叶烟碱含量的同时也会损失烟香。利用生物方法来降解烟碱,不会造成烟香的损失,还可以改进烟叶的品质。另外,利用生物制剂处理烟叶可以缩短发酵时间,调控烟叶有害成分如烟碱和烟叶特有亚硝胺等,促进大分子物质如蛋白质和淀粉等的转化,增进烟叶香气。李雪梅等研究得出,烟草上部烟叶经 Nic22 菌株的酶液处理,可明显减轻杂气和刺激性,抽吸品质得到显著提高。

研究表明，在烟叶调制过程中，许多对香气有利的化学成分，如挥发性酸、巨豆三烯酮、乙烷提取物、茄尼醇、烃蜡、新植二烯、莨菪苷、2-甲酰吡咯、2-甲酰-5-甲基吡咯、丙基吡咯、乙酸吡咯、2-乙酰呋喃、乙酸糠脂、甲基糠醛、2,5-二甲基吡嗪、3-甲基吡嗪、4-甲基吡嗪和2-甲基吡啶等的含量均明显增加，而对香气不利的淀粉、蛋白质等物质明显减少，这对改进烟叶香吃味是非常有利的。在烟叶调制过程中主要有两种化学变化，即蛋白质水解形成氨基酸和淀粉水解形成糖。而氨基酸和糖可以发生非酶棕色化反应——美拉德（Millard）反应，是香气成分形成的重要过程之一。适当提高还原糖含量、适当降低糖碱比和烟碱含量有助于香气质的提高。因此，针对上部烟叶的特点，利用生物方法在减少烟碱的同时，使用生物制剂促进淀粉和蛋白质转化为还原糖和氨基酸以改善上部烟叶品质，也是一个可行的方法。

烟草中的常规化学成分主要包括水溶性糖、蛋白质、碱、氯、钾、淀粉等，每种成分在烟草中起到不同的作用。水溶性糖如还原糖对烟气中碱性物质的碱性起到抑制作用，可降低刺激性，又能形成多种香气物质，产生愉快的香气。适量的烟碱有提神兴奋等生理作用。烟碱含量还要与其他类型化合物保持平衡协调的比例，才能产生较好的综合质量。适量的蛋白质能赋予烟草充足的香气和丰满的吃味强度，不同含氮化合物对烟草品质有不同的影响。当烟叶中氯含量高于1%时，会引起糖类代谢受阻，淀粉积累过多，燃烧性不好，黑灰、熄火时有发生；氯含量不足时，烟叶内含物不足，易破碎、切丝率低等。钾含量还对烟叶的吃味、燃烧性等有影响。卷烟吃味的改进，以及卷烟焦油含量的降低都离不开分析与检测。

基于上述问题，本书拟采用生物技术手段对醇化烟叶表面的微生物进行分离、筛选和鉴定，目的是筛选出具有增香提质效应的菌株，组成单一或复合生物制剂，然后接种到烟叶表面进行发酵。通过微生物发酵增香，能够在最大限度上增加烟草本香，提高烟叶质量，为提高卷烟品质提供一条新的思路。

2.1.2　研究进展

目前，利用微生物处理低等次烟叶以提高其吸味品质和感官品质，已成为改善烟叶品质的一种重要方式。如黄晓春分离得到降碱增香的微生物，研究表明经过菌剂处理的烟叶，其香气质和香气量都得到提升，烟碱含量降低，烟叶品质得到改善，烟叶可用性得以提高；赵铭钦在烟叶表面筛选出巨大芽孢杆菌 BCK，对其进行诱变处理得到对淀粉和蛋白质降解活性较高的菌株 B8，利用该菌株发酵烟叶后，苯甲醛、苯乙醛、苯乙醇、茄酮、β-大马酮、巨豆三烯酮的三种异构体、茄酮、西柏三烯-4-醇等的含量增加明显；庹有朋等在发酵烟叶上筛选出 22 株优势菌株，进行 7 个月烟叶发酵，达到增香提质作用。

国内外学者很早就对代谢尼古丁的微生物进行了研究。迄今为止，已分离出多种能代谢烟碱的细菌，如争论产碱菌（*Alcaligenes paradoxus*）、球形节杆菌（*Arthrobacter globiformis*）、烟草节杆菌（*A. nicotianae*）、嗜尼古丁节杆菌（*A. nicotinovorans*）、假单胞杆菌（*Pseudomonas* sp.）和恶臭假单胞菌（*P. putida*）等。袁勇军等从福建三明地区的土壤中分离得到一株能高效降解烟碱的菌株 *Ochrobactrum intermedium*，该降解菌对烟碱的耐受浓度在无机盐培养基中可达到 4g/L。万虎等发现的恶臭假单胞菌，其能耐受 6g/L 的烟碱。前人的研究都是针对降烟碱这一目标来筛选微生物。然而，烟叶中的生物大分子如淀粉和蛋白质也对烟叶质量具有重要影响。本研究以筛选可以降解烟碱，同时具蛋白酶活性和淀粉酶活性的微生物作为研究目标，建立利用生物技术改善上部烟叶品质的方法，配制出可以综合改善上部烟叶品质的微生物制剂。改良后的微生物制剂将可以用于烟叶的仓储醇化，在醇化过程中提高烟叶的化学协调性和烟叶的内在品质，以及在真龙制丝过程中用于贮叶发酵，在贮叶发酵过程中降低烟碱的含量、促进淀粉和蛋白质转化为糖和氨基酸，增加烟叶中的潜香类物质，改善烟叶的化学协调性，最终提升真龙产品的品质。

近年来，研究人员还发现混合菌种发酵烟叶的品质明显强于单一菌种发酵。混合微生物处理技术能有效降解烟叶中淀粉、蛋白质、木质素和果胶等大分子物质，有效改善烟叶品质。Dai 等从烤烟上筛选到嗜热枯草芽孢杆菌 ZIM3 和工程菌株 ZIM1，发酵后烟叶淀粉和纤维素的生物降解效率提高了 30%~48%，整体感官品质得到提升；巩效伟等用产香微生物 CXJ-3 枯草芽孢杆菌、CXJ-7 西姆芽孢杆菌和 CXJ-12 短小芽孢杆菌及其复合微生物分别处理梗丝，处理后梗丝的总糖、还原糖含量和挥发性香气成分均显著提升，其中以复合菌剂处理效果最好。帅瑶等通过使用降解淀粉芽孢杆菌 GUHP86 与 GZU03 复配菌种对大理红大 CL314 烟叶进行发酵，发现芳樟醇、β-大马酮和β-紫罗兰酮等香味物质相对含量增加，且复合菌发酵比单菌发酵和自然发酵对烟叶质量的提升作用更明显。

本文研究了从烟叶表面筛选得到的菌株对烟叶发酵前后理化性质的影响，通过常规化学成分分析、香味成分分析和感官评价进行了较为系统的探索，找寻其中的规律，并对某些菌种进行了发酵条件的优化。但是由于时间有限，并没有对更多的菌种进行发酵条件的优化以及没有应用到实际生产中。

2.1.3　研究内容

烟叶发酵是烟叶重要的加工步骤，各种微生物制剂合理应用于烟叶发酵过程中有利于烟叶香气品质的提高和有害物质的减少。而且微生物比较容易培养，投入成本较低，这些技术对降低企业成本、提高和改善烟叶质量及创造更高经济价值具有重要意义，有广阔的发展前景。

本研究采用经典微生物分离鉴定和生物信息学方法从烟叶和烟草浓缩液以及茶叶中筛选得到一批能够用于烟叶品质改善的微生物，包括产香酿酒酵母和短小芽孢杆菌等；通过正交实验和响应面实验优化微生物固态发酵条件，结合烟草化学和评吸实验、化学分析和电子鼻测试建立微生物固态发酵的烟叶处理技术；通过收集主流烟气粒相物，经酸碱洗涤和反相萃取处理，获得了含酸性、碱性和中性香味成分的 3 种组分，并采用 GC-MS 技术分析了广西百色 B3F 和河池 C4F 烟叶主流烟气中香味成分的释放量；利用卷烟烟气活性阈值技术，分析了广西百色 B3F 和河池 C4F 烟叶的香味特征。

利用生物技术提升烟叶品质主要包括以下 3 个方面：

（1）醇化烟叶表面微生物的分离鉴定：实验以醇化中的烟叶、茶叶为原料，对其表面的菌落进行分离、筛选和纯化。

（2）增香提质菌株的筛选：筛选途径分为两条，一是将分离纯化后的微生物经培养后接种至烟叶中进行发酵，利用 GC-MS 对香味物质进行分析，筛选出直接用于增香的微生物；二是将分离纯化后的微生物接种至淀粉培养基中，筛选出具有降解淀粉能力的菌株。

（3）烟叶发酵：将筛选出来的菌株接种至烟叶表面进行发酵，测定发酵后烟叶常规化学成分、香味物质、石油醚提取物等的含量及感官质量评吸，筛选出对烟叶品质提升较大的菌株进行重复验证。

2.2　实验及检测方法

2.2.1　材料与方法

2.2.1.1　材料、试剂与仪器

（1）材料（表 2-1、表 2-2）。

表 2-1　样本采集地

样品分类	样品来源	烟叶等级
发霉烤烟样品	广西贺州	B3F
	广西百色	B3F
	广西河池	C4F 烟叶
	贵州兴义	C4F
	贵州黔南	B3F
	贵州遵义	B3L
	湖南邵阳	B3F、C3F、B1K

样品分类	样品来源	烟叶等级
	湖南郴州市	B2F、B3F、C3F
	湖南邵阳市	B2F、C3F、B2F、C3F
	巴西	M1F
2009~2011年单料烟	贵州兴义市	B3F
	重庆奉节县	B3F
	云南文山州	B3F
	贵州黔南龙里县	C3F
	贵州遵义正安县	B2F
	云南保山昌宁县	B3F
2016~2017年单料烟	广西百色市	B3F
	广西贺州市	C3F

表2-2　筛菌样品

样品编号	产地	等级
1		C1L
2	云南大理	C4F
3		B1F
4	大理祥云	C3F
5	大理弥渡	C3F
6		C1F
7	大理洱源	C3L
8		C3F
9		B2F
10		B1F
11		C4F
12	云南保山	C3F
13		B3F
14		X3F
15	湖南邵阳	C4F
16	贵州正安	B3F
17		C3F

样品编号	产地	等级
18	重庆	X2F
19		C3F
20	广西贺州	B2F
21		B3F
22	广西梧州六堡茶	茶叶
23	烟草总公司三门峡种植基地	云烟 87
24		7478
25		CK
26		金神农 1 号
27		云烟 99

菌株：高地芽孢杆菌 Y2（*Bacillus altitudinis*）、地衣芽孢杆菌 D3（*Bacillus licheniformis*）、枯草芽孢杆菌 L1（*Bacillus subtilis*），上述菌株均由烟叶表面分离；复配菌株：由上述菌株按 1∶1 两两复配制成；产香酵母 C1（*Saccharomyces cerevisiae*）；西方许旺酵母 Y1（*Schwanniomyces occidentalis*）。

（2）培养基。

1）LB 培养基：蛋白胨 10.0g/L、酵母粉 5.0g/L、NaCl 5.0g/L、pH 7.2~7.4；固体培养基中添加琼脂粉 15.0g/L，121℃灭菌 20min。

2）鉴别培养基：$(NH_4)_2SO_4$ 2g/L、$MgSO_4 \cdot 7H_2O$ 0.2g/L、$MgSO_4 \cdot 7H_2O$ 0.01g/L、$FeSO_4 \cdot 7H_2O$ 0.001g/L、$Na_2HPO_4 \cdot 12H_2O$ 1.5g/L、KH_2PO_4 1.5g/L、可溶性淀粉 2g/L、琼脂粉 15g/L，121℃灭菌 20min。

3）淀粉培养基：可溶性淀粉 2.0g/L、蛋白胨 10.0g/L、酵母粉 5.0g/L、NaCl 5.0g/L、pH 7.2~7.4、琼脂粉 15.0g/L，121℃灭菌 20min。

4）烟叶提取物培养基：以优质烟叶为原料，与去离子水按 1∶300 的比例混合，在 80~90℃下提取 30min，经抽滤后 121℃灭菌 15min。

5）真菌的分离采用苏凤等为散囊菌属真菌优化过的查氏培养基（OPC），成分如下：NaCl 32g，NH_4NO_3 3g，蔗糖 20g，$MgSO_4$ 0.5g，K_2HPO_4 1g，定容体积为 1L，固体培养琼脂加入量为 20g/L，pH 5.8。

6）部分真菌的鉴定使用培养基：

①查氏培养基（CZ），成分如下：$NaNO_3$ 3g，K_2HPO_4 1g，$MgSO_4$ 0.5g，KCl 0.5g，$FeSO_4$ 0.01g，蔗糖 30g，定容体积为 1L，固体培养琼脂加入量为 20g/L，pH 7 或自然。

②含 20%蔗糖的查氏培养基（CZ20S）。

③含 40%蔗糖的查氏培养基（CZ40S）。

④OPC。

⑤含 20%蔗糖的优化过的查氏培养基（OPC20S）。

⑥含 40%蔗糖的优化过的查氏培养基（OPC40S）。

7）生理生化特性鉴定使用培养基。

①替换了碳源的 OPC 培养基：A. 碳源为果胶 0.5%（质量分数）（OPCG）。B. 碳源为羧甲基纤维素钠 0.5%（质量分数）（OPCX）。C. 碳源为木质素磺酸钠 0.5%（质量分数），添加 0.01%（质量分数）愈创木酚（OPCMY）或 0.25%（质量分数）苯胺蓝（OPCMB）。

②PDA 培养基：将 200g 土豆去皮切成小块，放入 800mL 蒸馏水，在电磁炉上煮 20min，冷却后使用 8 层纱布过滤，得到滤液，在滤液中加入 10g 蔗糖，定容至 1L，pH 为自然，琼脂用量为 2%（质量分数），分装后 121℃灭菌 20min。

（3）主要试剂（表 2-3）。

表 2-3　主要试剂

实验试剂	生产厂家
Brij35 溶液（聚乙氧基月桂醚）	北京百灵威科技有限公司
二氯甲烷	天津市富于精细化工有限公司
标样化合物乙酸苯乙酯	北京百灵威科技有限公司
石油醚（沸程 30~60℃）	烟台市双双化工有限公司
3,5-二硝基水杨酸	上海国药试剂集团
酒石酸钾钠	天津致远化学试剂有限公司
苯酚	天津北辰方正试剂厂
无水硫酸钠	天津市科密欧化学试剂有限公司
氯化钠	天津市凯通化学试剂有限公司
硼酸钠	国药集团化学试剂有限公司
磷酸氢二钠	天津市永大化学试剂有限公司
柠檬酸	天津市科密欧化学试剂有限公司
对氨基苯磺酸	天津市德恩化学试剂有限公司
二氯异氰尿酸钠	北京百灵威科技有限公司
硫氰酸钾	天津市致远化学试剂有限公司
硫酸亚铁	北京百灵威科技有限公司
烟碱	北京百灵威科技有限公司

实验试剂	生产厂家
次氯酸钠	烟台市双双化工有限公司
硫酸	烟台市双双化工有限公司
水杨酸钠	北京百灵威科技有限公司
亚硝基铁氰化钠	天津市凯通化学试剂有限公司
氧化汞	烟台市双双化工有限公司
硫酸钾	烟台市双双化工有限公司
硫氰酸汞	天津市化学试剂有限公司
硝酸铁	青岛高科园海博生物技术有限公司
硝酸	烟台市双双化工有限公司
氢氧化钠	烟台市双双化工有限公司
氯化钙	广东汕头市西陇化工厂
乙酸	天津市凯通化学试剂有限公司
盐酸	烟台市双双化工有限公司
对羟基苯甲酸酰肼	天津市德恩化学试剂有限公司
葡萄糖	国药集团化学试剂有限公司
直链淀粉	西陇科技股份有限公
支链淀粉	西陇科技股份有限公
高氯酸	天津市科密欧化学试剂有限公司
碘	上海化成工业发展有限公司
碘化钾	上海韶远试剂有限公司
乙醇	烟台市双双化工有限公司
反-2-己烯酸	美国 SIGMA 公司
丁酸	美国 SIGMA 公司
丙酸	美国 SIGMA 公司
异丁酸	美国 SIGMA 公司
苯甲醇	美国 SIGMA 公司
橙花醇	美国 SIGMA 公司
桂醛	美国 SIGMA 公司
苯乙醛	美国 SIGMA 公司
β-二氢大马酮	美国 SIGMA 公司

续表

实验试剂	生产厂家
β-大马酮	美国 SIGMA 公司
β-紫罗兰酮	美国 SIGMA 公司
金合欢醇	美国 SIGMA 公司
香叶基丙酮	美国 SIGMA 公司
蔗糖	国药集团化学试剂有限公司
酵母粉	英国 OXOID 公司
琼脂粉	北京索莱宝科技有限公司

（4）主要仪器和设备（表 2-4）。

表 2-4　主要仪器和设备

仪器	厂家
SW-CJ-2FD 型洁净工作台	苏州安泰空气技术有限公司
水分测定仪	上海佑科仪器仪表有限公司
AA3 型连续流动分析仪	德国水尔分析仪器有限公司
Agilent6890GC/5973MS 气质联用仪	美国安捷伦公司
SY-111 型切丝机	河南富邦实业有限公司
LHS-50CL 型恒温恒湿箱	上海一恒科学仪器有限公司
生化培养箱	上海一恒科学仪器有限公司
Ultra3400 型紫外分光光度计	北京普源精电科技有限公司
BinderKBF240 恒温恒湿箱	德国宾德公司
RM20H 吸烟机	德国博瓦特-凯希有限公司
Waters600 型高效液相色谱仪	沃特世科技上海有限公司
NanoDropND-2000C 超微量分光光度计	上海美析仪器有限公司
LDZX-50KBS 立体压力蒸汽灭菌锅	上海申安医疗器械厂
DHP-9162 恒温培养箱	太仓市科教器械厂
TH2-C 恒温摇床	太仓市实验设备厂
J6-MI 冷冻离心机	美国贝克曼公司
荧光相差电动显微镜	尼康
400g 多功能粉碎机	上海树立仪器仪表有限公司
40mm 分样筛	浙江上虞市五四仪器筛具厂
SHB-III 循环水式多用真空泵	郑州长城科工贸有限公司

续表

仪器	厂家
低温冷却液循环泵	郑州国瑞仪器有限公司
KQ-700DE 数控超声仪	昆山市超声仪器有限公司
HZ-2 型电热恒温水浴锅	北京市医疗设备总厂
AA3 连续流动分析仪	德国水尔分析仪器公司
30mL 试管	潍坊祺翔生物科技有限公司
PL203 电子天平	青岛聚创环保有限公司
振荡器	青岛聚创环保有限公司
G4 型凝结玻璃坩埚	石英坤朋设备有限公司
G2 型玻璃漏斗	石英坤朋设备有限公司
500mL 烧杯	西安阿里巴斯设备有限公司
1000mL 容量瓶	西安阿里巴斯设备有限公司
500mL 容量瓶	西安阿里巴斯设备有限公司
250mL 容量瓶	西安阿里巴斯设备有限公司
100mL 容量瓶	西安阿里巴斯设备有限公司
微膜过滤器	山东中德设备有限公司
定性滤纸	潍坊祺翔生物科技有限公司
漏斗	泰兴市荣兴科技仪器厂
50mL 具角三角瓶	成都典锐实验仪器有限公司
消化管	南京市瑞尼科技有限公司
常量半自动凯氏定氮仪	海能仪器
CX31 生物显微镜	日本奥林巴斯有限公司
菌落计数/筛选/抑菌圈测量联用仪	杭州迅数科技有限公司

2.2.1.2　测定与检验方法

（1）常规化学成分测定。采用 YC/T 160—2002《烟草及烟草制品总植物碱的测定连续流动法》、YC/T 162—2011《烟草及烟草制品氯的测定连续流动法》和 YC/T 217—2007《烟草及烟草制品中钾的测定连续流动法》测定烟草中的烟碱、钾和氯；采用紫外分光光度计测定总糖和还原糖。

（2）香味物质含量测定。香味物质采用气相色谱—质谱联用仪测定（表2-5），分析流程为：称取处理后的样品 30g 进行粉碎，过 60 目筛，同时蒸馏萃取 2.5h，萃取剂为 CH_2Cl_2。同蒸结束后，待萃取液冷却至室温后加入 1mL 内标，然后加入无水硫酸钠静置一晚后进行浓缩，浓缩至 1mL 倒入色谱瓶中进行 GC/MS 检测。

表 2-5　GC/MS 分析条件

色谱条件			
载气	高纯氦气	流速	3mL/min
分流比	5∶1	进样口温度	280℃
色谱柱	HP-5MS（60m * 0.25mm i. d. * 0.25μm d. f.）		
升温程序	起始温度50℃保持2min，以8℃/min升至200℃，再以2℃/min升至280℃保持10min		
质谱条件			
四级杆温度	150℃	接口温度	270℃
离子化方式	EI	电子能量	70eV
离子源温度	230℃	质量扫描范围	35~550m/z

（3）烟叶中水溶性糖含量的测定。

1）苦味酸比色法（单料烟测定结果采用此方法）。

方法原理：还原糖在碳酸钠碱性溶液中加热时会进行焦糖化反应，苦味酸能显著提高反应灵敏度，扣除浸出液本底吸收以消除试样溶液着色的干扰，进行比色测定。测定总糖时，把烟叶中各种形态的糖经稀 HCl 水解转化成单糖，与原有的还原糖一起测定，即为水溶性总糖。

试剂及仪器：200g/kg 碳酸钠溶液、2.5g/kg 苦味酸溶液、葡萄糖标准液、5∶4 HCl、1mol/L NaOH、1g/kg 甲基红、I_2-KI 溶液。721 型分光光度计（1cm 比色皿）。

操作步骤：①待测溶液的制备：称取均匀样品 0.2~0.3g 于消化管（25mm×200mm，35mL 及 50mL 处各有一刻度），加沸水约 30mL，微沸约 5min（不时摇动，不使固体物沾着试管壁），冷却，加水至恰好 35mL，充分振荡后经滤纸过滤。

②还原糖的测定：取 2 支 10mL 刻度试管，各移入述试样溶液 0.5mL（还原糖应在 0.10~0.50mg，如含量过多，酌情少取，不足 0.5mL 则加水补足），依次移入 5g/kg 苦味酸 0.30mL 及 200g/kg 碳酸钠溶液 1.5mL，一试管放沸水浴中加热 10min，再用冷水冷却 2min，另一试管经过加热处理作为本底。两试管内溶液均加水稀释至 10mL 处摇匀。置分光光度计上，在 400nm 处，以本底溶液为参比，调节吸光度为零，测定吸光值，查标准曲线，求出相应的含糖量。

③标准曲线绘制：精确称取干燥的化学纯葡萄糖 0.1000g，在小烧杯中溶解，移入 100mL 容量瓶中，加水溶解，定容。此液浓度为 1000mg/kg 葡萄糖。将此标准液稀释至 10mg/kg、20mg/kg、30mg/kg、40mg/kg、50mg/kg 糖标准溶液。按照提取液测定的方法各吸取 0.5mL 于比色管中，同上操作进行比色，以不加葡萄糖溶液但加显色剂等并稀释至 10mL 的溶液为空白参比，测出各试管内溶液吸光值，制作标准曲线。

④总糖测定：称取磨好的烟叶样品约 2g，置于 250mL 三角瓶中，加水 15mL，

再加 5∶4 的盐酸 20mL，连接于回流冷凝管下，置三角瓶于水浴上加热约 2.5h、取下，加 1 滴 I_2-KI 溶液，如显蓝色应继续加热回流水解，直到加碘液不显蓝色为止，证明淀粉已全部水解转化，则其他较简单的多糖也已完全水解转化为单糖。待取下的三角瓶中溶液冷却后，过滤于 250mL 容量瓶中，定容，摇匀。

准确吸取 50.0mL 上述糖液，置于 150mL 的三角瓶中，以 1mol/L NaOH 逐滴中和到中性（用甲基红作指示剂，至糖液刚显黄色为止），再进行蛋白质沉淀（同水溶性糖）。沉淀完毕后，将溶液再过滤到 250mL 容量瓶中，用水洗涤定容。

总糖测定与还原糖测定的方法相同。

2）连续流动法测水溶性糖（叶组烟叶测定结果采用此方法）。

原理：用 5%乙酸水溶液萃取烟草样品，萃取液中的糖（水溶性总糖测定时应水解）与对羟基苯甲酸酰肼反应，在 85℃的碱性介质中产生黄色的偶氮化合物，其最大吸收波长为 410nm，用比色计测定。

试剂：Brij35 溶液（聚乙氧基月桂醚）：将 250g Brij35 加入 1L 水中，加热搅拌直至溶解；0.5mol/L 氢氧化钠溶液：将 20g 片状氢氧化钠加入 800mL 水中，搅拌，放置冷却。溶解后加入 0.5mL Brij35，用水稀释至 1L；0.008mol/L 氯化钙溶液：将 1.75g 氯化钙（$CaCl_2 \cdot 6H_2O$）溶于水中，加入 0.5mL Brij35 溶液，用水稀释至 1L；5%乙酸溶液：用冰乙酸制备 5%乙酸溶液（用于制备标准溶液、萃取溶液）；活化 5%乙酸溶液：取 1L、5%乙酸溶液，加入 0.5mL Brij35 溶液（此溶液用于冲洗系统）；0.5mol/L 盐酸溶液：在通风橱中，将 42mL 发烟盐酸（质量分数为 37%）缓慢加入 500mL 水中，用水稀释至 1L；1.0mol/L 盐酸溶液：在通风橱中，将 84mL 发烟盐酸（质量分数为 37%）缓慢加入 500mL 水中，加入 5mL Brij35 溶液，用水稀释至 1L；1.0mol/L 氢氧化钠溶液：用 500mL 水溶解 40g 片状氢氧化钠，用水稀释至 1L；5%对羟基苯甲酸酰肼溶液（$HOC_6H_4CONHNH_2$）：将 250mL、0.5mol/L 盐酸溶液加入 500mL 容量瓶中，加入 25g 对羟基苯甲酸酰肼，使其溶解。加入 10.5g 柠檬酸 $[HOC(CH_2COOH)_2COOH \cdot H_2O]$，溶解后用 0.5mol/L 盐酸溶液稀释至刻度。于 5℃贮存，使用时只取需要量。

标准溶液：储备液：称取 10.0g D-葡萄糖于烧杯中，精确至 0.0001g，用 5%乙酸溶液溶解后转入 1L 容量瓶中，用 5%乙酸溶液定容至刻度。贮存于冰箱中。此溶液应每月制备一次。工作标准液：基于储备液，用 5%乙酸溶液制备至少 5 个工作标准液，其浓度范围应覆盖预计检测到的样品含量。工作标准液应贮存于冰箱中，每两周配制一次。

仪器设备：连续流动分析仪、天平（感量 0.0001g）、振荡器。

分析步骤：称取 0.25g 试料于 50mL 磨口三角瓶中，精确至 0.0001g，加入 25mL、5%乙酸溶液，盖上塞子，在振荡器上振荡萃取 30min。用定性滤纸过滤，弃去前几毫升滤液，收集后的滤液作分析用。上机运行工作标准液和样品液。若样品液浓度超出工作标准液的浓度范围，则应稀释。

水溶性糖的计算：以干基计的水溶性糖的含量（以葡萄糖计）由下式得出：

$$水溶性糖（\%）= \frac{CV}{M(1-W)}$$

式中：C——样品液总（还原）糖的仪器观测值，单位为毫克每毫升（mg/mL）；

V——萃取液的体积，单位为毫升（mL）；

M——试料的质量，单位为毫克（mg）；

W——试样的水分含量。

结果表述：以两次测定的平均值作为测定结果。若测得的水溶性糖含量大于或等于10.0%，结果精确至0.1%；若小于10.0%，结果精确至0.01%。

精密度：两次平行测定结果绝对值之差不应大于0.50%。

（4）烟叶中单糖含量的测定。

1）试剂与仪器：苯甲酸（AR，国药集团化学试剂有限公司）；超声仪（SB5200DTN，宁波新芝生物科技股份有限公司）；电子天平（AL204，梅特勒—托利多仪器（上海）有限公司）。

2）样品前处理：准确称取0.5g样品，精确至0.0001g，放入250mL磨口三角瓶中，加入50.0mL水，盖上塞子，置于振荡器上振荡萃取60min。用定性滤纸过滤萃取液，弃去前几毫升滤液，收集的续滤液作分析用。移取1.0mL滤液于100mL容量瓶中，用0.1%苯甲酸溶液稀释定容至刻度，溶液经0.45μm滤膜过滤后进行离子色谱分析。

3）色谱分析条件：色谱柱：CarboPac PA20阴离子交换分析柱（150mm×3mm）；柱温30℃；淋洗程序：2mmol/L NaOH淋洗液、流速0.45mL/min、进样量25μL；分析时间：30min。

（5）多酚的检测。

1）方法：YC/T 202—2006《烟草及烟草制品多酚类化合物绿原酸、莨菪亭和芸香苷的测定》。

2）试剂与仪器：去离子水（R>5MΩ）、甲醇（色谱纯）、乙酸（分析纯）、绿原酸（纯度>97%）、莨菪亭（纯度>97%）、芸香苷（纯度>97%）、4-O-咖啡奎尼酸（纯度>97%）、萃取溶液：制备1+1（体积分数）的甲醇+水溶液。

3）标准溶液配制：一级标准溶液：在50mL烧杯中称量约100mg绿原酸、5mg莨菪亭、100mg芸香苷，准确至0.1mg，加入约30mL甲醇完全溶解后，转移到100mL的容量瓶中，加萃取溶液稀释至刻度。二级标准溶液：将10mL一级标准溶液移至100mL容量瓶中，用萃取溶液稀释至刻度。

4）多酚校准溶液：分别准确移取1mL、2mL、5mL二级标准溶液和1mL、2mL、5mL一级标准溶液至100mL容量瓶中，用萃取溶液稀释至刻度，此6个标准溶液以及二级标准溶液为系列标准校准溶液。

5）样品前处理：称取100mg左右样品，准确至0.1mg，置于50mL锥形瓶内，再准确加入20.0mL、50%甲醇+水溶液，置于超声波振荡器超声（频率40kHz）提取 20min。取约 2mL 萃取液经 0.45μm 的水相过滤膜过滤，待分析。

6）HPLC 分析条件：高效液相色谱仪具有柱温箱、梯度洗脱功能、紫外检测器和自动进样器。色谱柱 250mm×4.6mm，固定相 C_{18} 填料粒度 5μm。流动相 A：水+甲醇+乙酸＝88+10+2（体积分数）；流动相 B：水+甲醇+乙酸＝10+88+2（体积分数）。柱温 30℃，柱流量 1mL/min，进样体积 10μL，洗脱梯度见表 2-6；检测波长 340nm；参比波长 480nm；分析时间约为 40min。

表 2-6　多酚类物质 HPLC 分析条件的洗脱梯度

时间/min	A 相/%	B 相/%	流速/（mL/min）
0	100	0	1.0
16.5	80	20	1.0
30	20	80	1.0

7）样品测定：用高效液相色谱测定一系列多酚校准溶液，得到 3 种多酚的积分峰面积，用峰面积作为纵坐标，多酚浓度作为横坐标，分别建立 3 种多酚的校正曲线。对校正数据进行线性回归（$R^2 > 0.99$）。然后测定烟草萃取样品，从样品中酚的峰面积计算每一个烟草萃取样品中 3 种多酚的浓度（mg/mL）。每个样品平行测定两次。以干基计的 3 种多酚的含量，由下式计算：

$$P = \frac{c \times 20}{m \times (1 - \omega)}$$

式中：P——每克试样的多酚含量，单位为毫克每克（mg/g）；

　　　c——萃取样品中多酚的浓度，单位为毫克每毫升（mg/mL）；

　　　20——萃取溶液体积，单位为毫升（mL）；

　　　m——试样的质量，单位为克（g）；

　　　ω——试样的水分百分含量。

以两次测定的平均值作为测定结果，结果精确至 0.01mg/g。

（6）烟叶中钾的测定。

1）方法原理：如果单独测定烟样的钾可采用 1mol/L NH_4OAC 浸提，直接用火焰光度法测定最为快速方便。用压缩空气使钾的待测溶液喷成雾状与燃气混合后燃烧，钾元素的原子受火焰激发后能发射该元素所特有波长的光谱线。用火焰光度计测量其光谱线强度，进而根据光谱线强度与其浓度成正比的关系来测定钾元素的浓度。

2）试剂及仪器：钾标准溶液：称取 0.1907g 氯化钾（AR，110℃烘干 2h）溶于水中，定容至 1L，即为 100mg/kg 钾标准液，存于塑料瓶中。仪器：火焰光度计。

3）操作步骤：用上述灰化（测总灰分）制备的待测液，吸取该待测液 2～5mL 于 100mL 容量瓶中（钾的浓度最好控制在 10～30mg/kg），用水定容摇匀，直接在火焰光度计上测定，记录检流计的读数，然后从标准曲线上（或用比较法测得）查得待测液的钾浓度（mg/kg）。

4）工作曲线绘制：将配制的钾标准系列溶液，以浓度最大的一个定到火焰光度计检流计的100或90（一般检流计的线性以中间一段为最好，到100刻度处往往不很稳定，所以有时只定到90为满度），以蒸馏水定火焰光度计检流计的零，然后从低浓度到高浓度顺序进行测定，记录检流计的读数，以检流计读数为纵坐标，钾浓度（mg/kg）为横坐标，绘制标准曲线。

吸取100mg/kg钾标准溶液2.5mL、10mL、20mL、40mL、60mL，分别加入100mL容量瓶中，用水定容至刻度，此系列溶液分别为2.5mg/kg、10mg/kg、20mg/kg、40mg/kg、60mg/kg钾标准溶液（若为湿灰化应各加5mL空白消煮液）。

标准曲线法适合成批样品的测定，但仪器稳定后，每测约10个样品后，需用合适浓度的钾标准液校正一下，使前后测定保持一致。

（7）烟叶中钙、镁的测定。

1）方法原理：原子吸收分光光度法是基于从光源辐射出具有待测元素特征谱线的光，通过试样所产生的原子蒸气时，被蒸气中待测元素的基态原子所吸收，通过辐射特征潜线光被减弱的程度来测定试样中该元素含量的方法。

测定Ca时选用的谱线波长为422.7nm，测Mg时用285.2nm，工作范围随仪器性能而异，一般是0~20mg/L Ca和0~1.0mg/L Mg。Ca和Mg的测定都用空气-乙炔火焰，其他工作条件参考仪器说明书。待测液中干扰离子的影响可用释放剂$LaCl_3$消除。

2）试剂配制：50g/L镧溶液：称取13.40g $LaCl_3 \cdot 7H_2O$（光谱纯）溶于100mL水中，即为50g/L镧溶液。Ca-Mg混合标准溶液：0.2497g $CaCO_3$（优级纯，110℃烘干）溶于少量稀HCl中，用水定容至1L，此为100mg/L Ca^{2+}标准溶液，贮于塑料瓶中。另将0.1000g金属Mg（光谱纯）溶于稀HCl中，用水定容至1L，此为100mg/L Mg^{2+}标准溶液，贮于塑料瓶中。用此二溶液配制Ca—Mg混合标准系列溶液，含Ca^{2+}0~20mg/L和Mg^{2+}0~1.0mg/L，并含有与待测液相同浓度的HCl和$LaCl_3$。

3）操作步骤：吸取待测液（用EDTA法的待测液）5.0mL（含Ca 0.25~1mg），放入50mL容量瓶中，加入1.0mL、50g/L La^{3+}溶液，用去离子水定容，在选定工作条件的原子吸收分光光度计上分别测422.7nm和285.2nm处的吸收值。

选用标准系列溶液，在相同条件下测定吸收值并绘制工作曲线。在成批样品测试过程中，要按一定时间间隔用标准溶液校准仪器。

分别由标准曲线查得试液中Ca、Mg的浓度（mg/L）后计算样品的全Ca（g/kg）和全Mg（g/kg）。

（8）烟叶中氯的测定。

1）方法原理：烟样经碱性干灰化后，在含有Cl^-的溶液中，以K_2CrO_4为指示剂，用$AgNO_3$标准溶液滴定，由于AgCl的溶解比Ag_2CrO_4小，开始时只生成

AgCl 沉淀，待 Cl⁻ 以 AgCl 全部沉淀完毕后，过量一滴 AgNO₃ 即可生成 Ag₂CrO₄ 砖红色沉淀。

$$NaCl+AgNO_3 =\!\!=\!\!= AgCl（乳白色）+NaNO_3$$

$$K_2CrO_4+2AgNO_3 =\!\!=\!\!= 2KNO_3+Ag_2CrO_4（砖红色）$$

由消耗的标准硝酸银用量，即可计算出氯离子的含量。

2）试剂配制：50g/kg 铬酸钾指示剂：铬酸钾（K₂CrO₄）5g 溶于少量水中，加饱和的硝酸银溶液到有红色沉淀为止，过滤后稀释至 100mL。

0.03mol/L AgNO₃ 标准溶液：准确称取经 105℃烘干的硝酸银 5.097g 溶于蒸馏水中，移入量瓶，加水定容至 1L，摇匀，保存于暗色瓶中。必要时用 0.0400mol/L 氯化钠标准溶液标定。

0.400mol/L NaCl 标准溶液：准确称取经 105℃烘干过的氯化钠 2.338g，溶于水后再加水定容至 1L，摇匀。

3）操作步骤：精确称取烟样品 2~3g 放于 30mL 瓷坩埚中，加入 50g/kg 1∶2 的 Na₂CO₃ 与 KNO₃（加速灰化）混合液约 40 滴湿润样品，切勿搅拌样品。在水浴锅上加热约 1h，再在低温电炉上缓缓加热（或用酒精灯）至灰分不再燃烧时，放入 500℃的电炉中灰化。如低温电炉上不易使炭料燃烧尽，可取出冷却，加入数滴 NH₄NO₃ 溶液，再在炉上灰化，可使其灰化速度增加。灰化完成后将灰化物用热水溶解，过滤冲洗入 100mL 容量瓶中并定容。

吸取以上制备的待测液 25mL 于 150mL 三角瓶中，用 100g/kg H₂SO₄ 及 120g/kg Na₂CO₃，分别调待测液到微碱性，用酚酞作指示剂，滴定至微红色为止。

向已调好酸碱度的待测液加 50g/kg K₂CrO₄ 0.5mL，摇匀后，用标准的 0.03mol/L AgNO₃，滴定到溶液有砖红色沉淀出现且不再消失为止，记下 AgNO₃ 用量。

（9）烟叶中总烟碱的测定。

1）方法原理：在强碱性介质氢氧化钠存在下进行水蒸气蒸馏，使全部植物碱包括烟碱、去甲基烟碱、新烟碱等挥发而溢出，然后根据烟碱对紫外光具有特殊的吸收能力，并且其吸光度与烟碱的含量成正比的特点，借助紫外分光光度计即可测得待测液烟碱的浓度，进一步换算求得烟碱的含量。

2）试剂配制：1mol/L H₂SO₄：量取 56mL 浓硫酸（相对密度 1.84），加水至 1000mL；0.025mol/L H₂SO₄：吸取 11mol/L H₂SO₄ 25mL，加水至 1000mL。

3）操作步骤：采用国际标准化组织批准的国际标准进行测定。

称取测试样品 0.6000g 左右（标准中为 0.2~2g），将样品移置 500mL 开氏瓶中，加 NaCl₂ 5g、NaOH 3g，再加蒸馏水 25mL 左右，使样品全部在瓶底，然后将开氏瓶连接于蒸气蒸馏装置，用水蒸气蒸馏，用装有 10mL、2mol/L H₂SO₄ 溶液的 250mL 三角瓶收集 220~230mL 馏出液，并检查烟碱是否蒸净（方法：用小试管接少量馏出液，加入 12%硅钨酸和 11mol/L H₂SO₄ 各一滴，若混浊则没蒸彻底，清澈时即可停止蒸馏），蒸净后将蒸出液移入 250mL 容量瓶中，定容至刻度（体积 V），用移液管吸取上述溶液 25.0mL 到 100mL 容量瓶中，并用 0.025mol/L H_2SO_4 溶液稀释至刻度。同时做一空白。用紫外分光光度计在 236nm、259nm 和 282nm 处测吸光值，如吸光值在 259nm 处超过 0.7 时，则需将所蒸馏得到的试样溶液扩大稀释倍数。

（10）烟叶中挥发性碱的测定。

1）方法原理：在强碱性介质 NaOH 存在下，进行蒸气蒸馏，使烟叶中挥发性碱类挥发逸出，收集挥发的馏分，进行下一步测定。

用酸碱滴定，测定总挥发性碱类。但是，在强碱性条件下，许多非氨类含氮化合物也会部分分解放出氨类物质，因此不能反映烟草中的氨类物质的实际含量（结果偏离）。而应用磷酸二氢钾—硼砂缓冲溶液（pH 8）代替 NaOH 进行蒸气蒸馏，则除了烟叶中的氨类物质挥发逸出外，尚有易挥发的烟碱以及部分易于分解的酰胺基水解成氨而溢出，大部分挥发性较低的次生植物碱如去甲基烟碱以及其他非氨类含氮物不能挥发，这样测得的结果就更接近实际情况，因为酰胺基类物质对烟叶品质的不良影响与氨相似，可以作为氨类物质来对待。

上述方法蒸馏逸出的挥发成分被吸收在 0.1mol/L 的标准 HCl 中，最后用 0.1mol/L 标准 NaOH 滴定剩余 HCl，混合指示剂指示终点，测定总的挥发性碱类。

2）试剂配制：磷酸二氢钾—硼砂缓冲溶液（pH 8）：A 液配 0.1mol/L 磷酸二氢钾：称 13.618g 磷酸二氢钾溶于 1000mL 水中；B 液配 0.05mol/L 硼砂溶液：称 19.61g 硼砂溶于 1000mL 水中。用量筒量取 A 液 492mL 于一烧杯中，再量取 B 液 535mL 倒入同一烧杯中混匀，即为 pH 8 的磷酸二氢钾—硼砂缓冲液。

0.1mol/L HCl：移液管吸取 HCl（相对密度 1.19）0.3mL，注入盛有 150~200mL 蒸馏水的烧杯中混匀，然后洗入 1000mL 容量瓶中，定容至刻度，标定。

0.1mol/L NaOH：称取 NaOH 50g 左右溶于 100mL 蒸馏水中；饱和溶液（约 12mol/L），移液管吸取 8mL 于 1000mL 容量瓶中，再用无二氧化碳蒸馏水定容至刻度，标定。

1：4HCl 取 10mL HCl，加 40mL 水，混匀。

120g/L 硅钨酸：称 120g 硅钨酸加水定容至 1000mL。

混合指示剂：1.25g/L 甲基红的酒精溶液同 0.83g/L 的次甲基蓝的酒精溶液以 1：1 混合均匀而成。

3）操作步骤：称取粉碎好的烟叶样品 2~4g，置于 500mL 开氏瓶中，最好控制样品中烟碱含量在 0.1~1.0g，加入少许石蜡及小磁片以防发泡和沸溅，再加缓冲溶液 75mL 在蒸馏装置上进行蒸气蒸馏。

蒸馏前将蒸馏水煮沸 20min，以驱除 CO_2，用移液管取 0.1mol/L 标准 HCl 15.0mL 于 1000mL 三角瓶中，将冷凝管末端浸入三角瓶内液面下，然后开始放入蒸气进行蒸馏。在蒸馏过程中，为使开氏瓶中不因冷凝而造成液体积累，可在开氏瓶下放一电炉加热，使馏出液速度与蒸气进入的速度大致相等，待蒸出约 800mL 左右

（吸收瓶中）时，可以检测一下蒸馏是否完全，方法是用一支试管，取下吸收瓶，在冷凝管下嘴处用试管盛取蒸馏液 3~4 滴，仍然放好吸收瓶（这一操作要迅速），在试管中加 1∶4HCl 及 12%硅钨酸溶液各 1 滴，摇匀后，如溶液显混浊，表示尚未蒸完烟碱，要继续蒸馏，如不显混浊，表示蒸馏完毕，即可停止蒸馏。取下吸收瓶，用水洗冷凝管下嘴，洗液并入吸收瓶。向吸收瓶中的蒸馏液加混合指示剂 8~10 滴，立刻用 0.1mol/L 标准 NaOH 滴定到溶液为无色或灰白色为止，记下 NaOH 用量。

空白实验：每次使用新配制的缓冲液时，必须做空白实验，以便对实验结果进行校正，空白实验除不加样品外，其余均按实验操作方法顺序进行。

空白实验中，酸碱滴定之差应超过 0.02mol/L。

（11）烟叶中挥发酸的测定。

1）方法原理：在磷酸介质中将挥发性酸挥发出来，用标准氢氧化钠溶液滴定，根据氢氧化钠标准溶液的用量，计算样品中的挥发性酸含量。

2）试剂及仪器：0.01mol/L NaOH、酚酞指示剂、10%H_3PO_4。

3）操作步骤：准确称取烟样 10g，用 50mL 新煮沸的蒸馏水，将样品全部洗入 200~250mL 的圆底烧瓶中，加 3mL 100 磷酸，使结合态的挥发酸析出。将烧瓶与冷凝管和蒸气发生器连接，通入水蒸气将挥发酸蒸馏出来。蒸馏时加热烧瓶，要在整个蒸馏时间内使烧瓶内维持一定液面，蒸气发生器内的水必须预先煮沸。接受器容积为 400~500mL，蒸馏至取得 300mL 溶液为止。

烧瓶内另加入 50mL 蒸馏水代替样品，做空白实验。以酚酞为指示剂，用 0.01mol/L NaOH 滴定，滴定前必须将蒸馏液加热到温度不超过 60~65℃。

（12）烟叶中蛋白质的测定。

1）方法原理（半微量凯氏定氮法）：食品中的蛋白质在催化加热条件下被分解，产生的氨与硫酸结合生成硫酸铵。碱化蒸馏使氨游离，用硼酸吸收后以硫酸或盐酸标准滴定溶液滴定，根据酸的消耗量乘以换算系数，即为蛋白质的含量。

2）试剂和材料：硼酸溶液（20g/L）：称取 20g 硼酸，加水溶解后并稀释至 1000mL；NaOH 溶液（400g/L）：称取 40g 氢氧化钠加水溶解后，放置冷却并稀释至 100mL；盐酸标准滴定溶液（0.0100mol/L）；甲基红乙醇溶液（1g/L）：称取 0.1g 甲基红，溶于 95%乙醇，用 95%乙醇稀释至 100mL；亚甲基蓝乙醇溶液（1g/L）：称取 0.1g 亚甲基蓝，溶于 95%乙醇，用 95%乙醇稀释至 100mL；混合指示液：2 份甲基红乙醇溶液（4.13）与 1 份亚甲基蓝乙醇溶液（4.14）临用时混合。

仪器和设备：常量半自动凯氏定氮仪（海能 K9840）。

3）分析步骤：消化：准确称取混匀的烟叶样品 1.5000~2.0000g、硫酸铜 0.2g、硫酸钾 3g，装入消化管中，再加 20mL 浓硫酸，放入消化炉中加热（420℃），至液体呈蓝色澄清透明后，再加热 0.5h，取下放冷，加 20mL 水，移入 100mL 容量瓶中定容（同时做空白对照）。

半微量凯氏定氮法：向凯氏烧瓶中加入 5mL 上述定溶液，半自动凯氏定氮仪蒸馏（氢氧化钠溶液 8mL、硼酸 20mL，蒸馏 5min，淋洗水量 15mL），盐酸滴定。

试样中蛋白质的含量按下式进行计算：

$$X = \frac{(V_1 - V_2) \times c \times 0.0140 \times F \times 100}{m \times (1 - \text{含水量}) \times V_3/100}$$

式中：X——试样中蛋白质的含量，单位为克每百克（g/100g）；

$\quad\quad V_1$——试液消耗盐酸标准滴定液的体积，单位为毫升（mL）；

$\quad\quad V_2$——试剂空白消耗盐酸标准滴定液的体积，单位为毫升（mL）；

$\quad\quad V_3$——吸取消化液的体积，单位为毫升（mL）；

$\quad\quad c$——盐酸标准滴定溶液浓度，单位为摩尔每升（mol/L）；

0.0140——盐酸 $[c\,(HCl) = 1.000\text{mol/L}]$ 标准滴定溶液相当的氮的质量，单位为克（g）；

$\quad\quad m$——试样的质量，单位为克（g）；

$\quad\quad F$——氮换算为蛋白质的系数，一般食物为 6.25。

以重复性条件下获得的两次独立测定结果的算术平均值表示蛋白质含量，含量≥1g/100g 时，结果保留三位有效数字；蛋白质含量<1g/100g 时，结果保留两位有效数字。

常习惯于用总氮量和烟碱氮之差值乘以系数 6.25，求得的值作为蛋白质的含量。但是测出来的总氮量除烟碱氮外，还包括非蛋白质的含氮部分，如含氮类脂、含氮色素，所以这样计算出来的蛋白质含量只能称为粗蛋白质含量。

蛋白质（%）= ［全氮（g/kg）-烟碱氮（g/kg）］×6.25×10

（13）烟叶中氨基酸的检测。试剂与仪器（OPAFMOC 柱前衍生化）：高效液相色谱（Agilent 1100，美国安捷伦）、高速离心机（CT15RT，上海天美科学仪器有限公司）、超声仪（SB-5200DTN，宁波新芝生物科技股份有限公司）、三氯乙酸（AR，国药集团化学试剂有限公司）、邻苯二甲醛（AR，上海安谱科学仪器有限公司）、芴甲氧羰酰（AR，上海安谱科学仪器有限公司）

样品前处理：试样按 YC/T31 进行试样的制备并测定水分含量。

称取约 1g 试样于 100mL 磨口三角瓶中，精确至 0.0001g。准确加入 TCA（5%）溶液 25mL，室温下超声萃取 20min。静置 3h，再超声萃取 20min，过滤，经离心（1000r/min，10min）后，取上清液进样分析。

HPLC 分析条件：250mm×4.6mm、5μm 十二烷基硅烷色谱柱，流速 1.0mL/min；紫外：328nm，262nm（Pro、HyPro）；洗脱梯度见表 2-7。

表 2-7　氨基酸 HPLC 分析条件的洗脱梯度

时间/min	A/%	B/%	流速/（mL/min）
0	92	8	1.0
27.5	40	60	1.0

时间/min	A/%	B/%	流速/（mL/min）
31.5	0	100	1.5
32	0	100	1.5
34	0	100	1.0
35.5	12	88	1.0

（14）烟叶/烟气中有机酸分析。烟气/丝中的酸性成分主要包括甲酸、乙酸、丙酸、丁酸、2-甲基丁酸、3-甲基丁酸、戊酸、3-甲基戊酸、4-甲基戊酸、己酸、庚酸、苯甲酸、辛酸、壬酸、癸酸、十四酸、十六酸、十七酸、亚油酸、油酸、亚麻酸、硬脂酸等。

1）非衍生化方法测定（单料烟叶测定结果采用此方法）。

烟叶样品前处理：称取 5g 烟末于 50mL 离心管中，加入 20mL、5%氢氧化钠，超声 20min，过夜，再超声 20min，调节 pH 至 2~3，用 20mL 二氯甲烷萃取，无水硫酸钠干燥，取有机层过 0.45μm 的滤膜，进样（GC/MS）分析。

烟气样品前处理：将抽吸好 20 支烟的剑桥滤片放入 50mL 离心管中，加入 20mL、5%的 NaOH，超声 20min，静置过夜，超声 20min，用盐酸调节 pH 至 2~3，用 20mL 二氯甲烷萃取，无水硫酸钠干燥，取有机层过 0.45μm 的滤膜，进样（GC/MS）分析。

GC-MS 分析条件：60mm×0.32mm×0.25μm HP-INNOWAX 色谱柱；载气为He；流速 1.0mL/min；进样口温度 250℃；传输线温度 220℃；进样量 1μL；分流比为 50∶1。

升温程序：起始温度 60℃，保持 2min，以 10℃/min 的速率升温到 110℃，保持2min，以 3℃/min 速率升温到 150℃，以 15℃/min 速率升温到 210℃，以 5℃/min 速率升温到 230℃，保持 50min。

MS 条件：电离方式：EI；电子能量：70eV；离子源温度：150℃；四级杆温度：230℃；扫描质量范围：45~450amu。

2）硅烷衍生化方法测定（叶组烟叶测定结果采用此方法）。

烟叶样品前处理：准确称取 0.500g 烟末于 50mL 圆底离心管中，加入提取液11mL，振荡 30min，超声 20min。取 1mL 上清液，经 0.22μm 滤膜过滤，转入色谱瓶中，加入 100uL 双（三甲基硅烷基）乙酰胺（BSTFA），密封，在 60℃水浴中衍生化 50min，取出冷却至室温，供 GC-MS 分析。

提取液：34.80μg/mL 肉桂酸溶液的二氯甲烷溶液。

烟气样品前处理：将抽吸好 20 支烟的剑桥滤片放入 250mL 锥形瓶中，加入提取液 40mL，振荡 30min，超声 20min。取 1mL 上清液，经 0.22μm 滤膜过滤，转入色谱瓶中，加入 60μLBSTFA，密封，在 60℃水浴中衍生化 50min，取出冷却至室温，供 GC-MS 分析。

提取液：17.33μg/mL 肉桂酸溶液的二氯甲烷溶液。

GC-MS 分析条件：色谱柱：HP-5MS 30m×0.25mm×0.25μm；载气：He；流速：1.0mL/min；进样口温度：250℃；传输线温度：280℃；进样量：1μL；分流比：50∶1。升温程序：起始温度40℃，保持3min，以4℃/min的速率升温到280℃，保持50min。

MS 条件：电离方式：EI；电子能量：70eV；离子源温度：280℃；四级杆温度：280℃；扫描质量范围：40~450amu，扫描方式：全扫描和 SRM 扫描。

（15）烟叶/烟气中生物碱组分测定。

1）HP-INNOWAX 柱测定（单料烟叶测定结果采用此方法）。

烟叶样品前处理：取 2.0g 平衡处理好的烟末，放入 50mL 的离心管中，加入 15mL、10% 的 NaOH 溶液，静置 20min，超声 20min，然后加入 20mL（准确加入）的萃取剂（$V_{CH_2Cl_2}/V_{CH_3OH}=3∶1$），接着超声 20min，取下层溶液，用无水硫酸钠干燥，过 0.45μm 的滤膜，进样（GC/MS）分析［与 YC/T 383-2010 不同在于所用萃取剂为二氯甲烷与甲醇的混合溶液（体积比为 3∶1）］。

烟气样品前处理：剑桥滤片吸收卷烟烟气（20 支），将滤片放入 50mL 离心管中，加入 15mL 氢氧化钠（10%）静置 20min，超声 20min，加入 20mL（准确加入）萃取剂，超声萃取 20min，用无水硫酸钠干燥，取有机层过 0.45μm 的滤膜，进样（GC/MS）分析［与 YC/T 383—2010 不同在于所用萃取剂为二氯甲烷与甲醇混合溶液（体积比为 3∶1）］。

GC-MS 分析条件：色谱柱：HP-INNOWAX 60mm×0.32mm、0.25μm；载气：He；流速：1.0mL/min；进样口温度：250℃；传输线温度：220℃；进样量：1μL；分流比：10∶1。升温程序：起始温度60℃，保持2min，以10℃/min的速率升温到110℃，保持 2min，再以 3℃/min 速率升温到 150℃，再以 15℃/min 速率升温到210℃，再以 5℃/min 速率升温到 230℃，保持 50min。

MS 条件：电离方式：EI；电子能量：70eV；离子源温度：150℃；四级杆温度：230℃；扫描质量范围：45~450amu，扫描方式：全扫描和 SIM 扫描。

2）HP-5MS 柱测定（叶组烟叶测定结果采用此方法）。

烟叶样品前处理：取 200mg 平衡处理好的烟末，放入 50mL 的离心管中，加入 0.8mL、5% 的 NaOH 溶液，超声 20min，然后准确加入 5mL 的萃取剂，振荡提取30min，取下层溶液，过 0.22μm 的滤膜，进样（GC/MS）分析。

萃取剂：含约 56μg/mL 喹啉的二氯甲烷—甲醇溶液（$V_{CH_2Cl_2}/V_{CH_3OH}=3∶1$）。

烟气样品前处理：剑桥滤片吸收卷烟烟气（20 支），将滤片放入 250mL 锥形瓶中，加入 40mL NaOH（5%），振荡 30min，取提取液并加入 20mL 萃取剂，超声 20min（2次），静置，用无水硫酸钠干燥，取有机层过 0.22μm 的滤膜，进样（GC/MS）分析。

萃取剂：含约 50μg/mL 喹啉的二氯甲烷-甲醇溶液（$V_{CH_2Cl_2}/V_{CH_3OH}=3∶1$）。

GC-MS 分析条件：色谱柱：HP-5MS 30m×0.25mm×0.25μm；载气：He；流速：1.0mL/min；进样口温度：250℃；传输线温度：280℃；进样量：1μL；分流比：50∶1。升温程序：起始温度 110℃，保持 2min，以 5℃/min 的速率升温到 250℃，保持 2min。

MS 条件：电离方式：EI；电子能量：70eV；离子源温度：1250℃；四级杆温度：250℃；扫描质量范围：50～450amu，扫描方式：全扫描和 SIM 扫描。

（16）烟叶/烟气中中性组分测定。

1）溶剂萃取法测定（单料烟叶测定结果采用此方法）。

烟叶样品前处理：采用溶剂回流萃取法，准确称取 10g 烟末，以二氯甲烷为萃取剂，在常温条件下萃取 3h，收集萃取液，经 0.45μm 有机膜过滤，加入 100μL、5.776mg/mL 十七烷的二氯甲烷溶液，浓缩其体积至 1mL，进样分析。

烟气样品前处理：20mL 二氯甲烷萃取剑桥滤片，摇床 30min，超声 20min，萃取液用 20mL、10% 的 NaOH 洗 3 次（共 60mL），再用 20mL、5% 的盐酸洗 3 次（共 60mL），加入无水 Na_2SO_4 进行干燥，经 0.45μm 有机膜过滤，加入 100μL、5.776mg/mL 十七烷的二氯甲烷溶液，用旋转蒸发仪浓缩至 1mL。

GC-MS 分析条件：色谱柱：HP-INNOWAX 60m×0.25mm×0.25μm；升温程序：起始温度 60℃，保持 2min，以 2℃/min 的速率升温到 180℃，保持 5min，再以 5℃/min 速率升温到 230℃，保持 40min。不分流进样，进样量：1μL。

MS 条件：电离方式：EI；电子能量：70eV；离子源温度：250℃；四级杆温度：230℃；扫描质量范围：45～450amu。

2）同时蒸馏萃取法测定（叶组烟叶测定结果采用此方法）。

烟叶样品前处理：采用同时蒸馏萃取法，烟叶去梗后，放入烘箱中，40℃干燥 5h，粉碎，过 60 目筛。准确称取 15g 烟末，350mL 饱和氯化钠溶液放入 SDE 装置一端的 1000mL 圆底烧瓶中，用调温电热器加热进行水相蒸馏；取 40mL 二氯甲烷为萃取剂，放入装置另一端的 250mL 圆底烧瓶中，用 65℃ 水浴加热；调节加热温度使水相和二氯甲烷相的馏出速度相等，控制 KPGD-5 型高低温循环槽冷凝水的温度为 15℃，萃取 2h，收集萃取液；将二氯甲烷萃取液冷却至室温，加入 30μL 乙酸苯乙酯（0.462mg/mL），摇匀后，加入适量的无水硫酸钠干燥过夜，过滤，用旋转蒸发仪在常压下、60℃水浴中旋转蒸发浓缩至 1mL，经 0.22μm 有机膜过滤，进行 GC-MS 分析。

烟气样品前处理：采用同时蒸馏萃取法，剑桥滤片吸收卷烟烟气（40 支），将滤片放入 SDE 装置一端的 1000mL 圆底烧瓶中，加入 350mL 饱和氯化钠溶液，用调温电热器加热进行水相蒸馏；取 40mL 二氯甲烷为萃取剂，放入装置另一端的 250mL 圆底烧瓶中，用 65℃ 水浴加热；调节加热温度使水相和二氯甲烷相的馏出速度相等，控制 KPGD-5 型高低温循环槽冷凝水的温度为 15℃，萃取 2h，收集萃取液；将二氯甲烷萃取液冷却至室温，加入 30μL 乙酸苯乙酯（0.462mg/mL），摇匀后，加入适量的无水硫酸钠干燥过夜，过滤，用旋转蒸发仪在常压下、60℃水浴中旋转蒸发浓缩至1mL，经0.22μm有机膜过滤，进行GC-MS分析。

GC-MS分析条件：色谱柱：HP-5MS 30m×0.25mm×0.25μm；升温程序：起始温度60℃，保持2min，以5℃/min速率升温到250℃，保持40min。进样量：1μL，分流比：50∶1。

MS条件：电离方式：EI；电子能量：70eV；离子源温度：250℃；四级杆温度：250℃；扫描质量范围：50~450amu。

（17）烟叶/烟气碱性成分分析。

烟叶样品前处理：准确称取5g烟末，20mL、5%CH_2Cl_2，超声萃取20min，静置3h，超声萃取20min，碱化pH至12~13，用20mL二氯甲烷萃取，取有机层，用无水硫酸钠干燥，经0.45μm有机膜过滤，加入100μL、5.776mg/mL十七烷，进样分析。

烟气样品前处理：剑桥滤片于20mL、5%的盐酸摇床上浸提40min，之后加入NaOH调节pH到13~14。再用20mL二氯甲烷萃取，加入无水Na_2SO_4进行干燥，过0.45μm的滤膜，滤液中加入内标十七烷（5.776mg/mL）100μL，用旋转蒸发仪浓缩至1mL。

GC-MS分析条件：色谱柱：HP-INNOWAX 60m×0.25mm×0.25μm；升温程序：起始温度60℃，以5℃/min的速率升温到180℃，保持5min，再以10℃/min速率升温到230℃，保持30min。不分流进样，进样量：1μL。

MS条件：电离方式：EI；电子能量：70eV；离子源温度：250℃；四级杆温度：230℃；扫描质量范围：45~450amu。

2.2.2　菌株筛选与鉴定

实验通过从不同品种的烟叶及烟叶浓缩液中得到的菌源样品，经过富集培养加大菌源数量，利用GC-MS检测，转接到烟叶浓缩液中是否增香，针对增香菌再利用分离培养基进行初筛，并不断分离纯化获得单菌落，将单菌落通过发酵培养进一步复筛，具体步骤如下。

2.2.2.1　目的单菌的筛选

（1）菌源的富集培养。按烟叶分类分别称取新鲜烟叶10g，在无菌操作环境中，用剪刀剪碎烟叶，分别放入灭过菌的广口瓶中，并向每个瓶中加入100mL无菌水，配制成1∶10的样品悬液，放入摇床中培养过夜，按体积2%的接种量，用灭过菌的枪头分别从中移取0.6mL加入30mL LB液体培养基的三角瓶中，将三角瓶在28℃的摇床中培养12h，待其培养液出现明显的浑浊，得到富集菌源。

（2）样品中可培养微生物的分离。所有操作均在无菌环境下进行，将富集培养完成的菌液，取0.6mL样品接种到装有30mL、50%烟叶浓缩液（灭菌）的三角瓶中，将三角瓶在28℃、150r/min的摇床中培养3d，用移液枪移取1mL富集培养的浓缩液依次进行梯度稀释，分别稀释到 10^{-1}、10^{-2}、10^{-3}、10^{-4} 这 4 个浓度梯度，从中各移取 0.1mL 到 LB 固体培养基上进行平板涂布，每个浓度梯度都重复 3 次操作，待操作完成后，将平板倒放于恒温培养箱（28℃）中培养 2~3d，观察菌株是否生长。

（3）功能菌的筛选和分离。从涂布平板上长出的菌落中挑选出形状较好的单菌落，采取平板划线法进行均匀涂布，再在 28℃ 恒温培养箱中培养 2~3d；将筛选平板上挑选到的目的菌在筛选平板上进行多次转接提纯，直至整个平板上长出单一菌落。

（4）功能菌的摇瓶发酵实验。从平板上挑出大的纯化出的目标菌，接种到 LB 液体培养基中，将摇瓶放置在 28℃、150r/min 的摇床中培养 12h，然后按 5% 体积百分比转接到装有 30mL、50% 的烟叶浓缩液的三角瓶中，将三角瓶置于 28℃ 的摇床中培养 24h，观察其生长变化及用 GC-MS 检测浓缩液中香味成分的变化。

2.2.2.2 金花菌筛选与鉴定

（1）菌株的分离培养。将 0.5g 茶样品倒入装有 200mL OPC 液体培养基的三角瓶中，30℃ 摇床培养 8h 后将 50μL 培养物上清涂布在 OPC 平板上，30℃ 培养 3d。根据真菌菌落形态的差异挑选各单菌落进行纯化：挑取单菌落并在新的 OPC 平板上划线，30℃ 培养 3d，如果生长出的菌落特征一致即判定已纯化，部分平板照片使用菌落计数/筛选/抑菌圈测量联用仪获取。

（2）菌株的形态鉴定。真菌的形态鉴定用到多种培养基：对于散囊菌属真菌，使用 CZ、CZ20S、CZ40S、OPC、OPC20S、OPC40S；对于其他筛选到的真菌，使用 PDA 或 OPC。

菌落形态鉴定使用琼脂糖平板，在 9cm 规格的平板中央或以等距的三点接种，培养温度为 30℃，散囊菌属真菌的培养时间为 9d，其他真菌为 3~4d。

显微形态观察使用生物显微镜。为了不破坏菌丝体结构，使用刀片将生长有菌丝体的琼脂小心刮下，获得很薄的琼脂，上面是生长的菌落。将琼脂面向下置于载玻片上，直接在显微镜下观察。

（3）菌株的生理生化鉴定。对真菌的产酶情况进行初步鉴定，包括果胶酶（使用 OPCG 平板鉴定）、淀粉酶（使用 PDA 平板鉴定）、纤维素酶（使用 OPCX 平板鉴定）、木质素酶（使用 OPCMY 和 OPCMB 鉴定）。

在超净台中，将真菌接种在以上平板中央，30℃ 培养 3~5d。对于 OPCG 和 OPCX 平板，将刚果红溶液直接倒入平板，染色 1~2h，倒去溶液，此时平板呈朱红色，使用 1mol/L NaCl 冲洗平板数次，再用其浸泡 1h，倒去 NaCl 溶液，如果透明圈不明显，重复使用 NaCl 溶液洗脱，直到平板呈紫红色或能看到淡色水解圈为止。对于 PDA 平板，因为土豆富含淀粉，所以能用其鉴定淀粉酶分泌情况。将稀碘液直接倒入平板，染色 5min，倒去溶液，此时平板呈深蓝色，而有淀粉酶分泌的菌落周围是淡黄色的，即水解圈。对于 OPCMY 平板，直接观察菌落周围是否有红棕色水解圈；对于 OPCMB 平板，有木质素酶活力的菌落周围的苯胺蓝褪色。

（4）菌株的分子鉴定。将分离的纯菌株分别接种在液体 OPC 中，30℃培养 3~6d，使用定性滤纸过滤截下菌丝体，使用蒸馏水洗涤数次以去除培养基中的盐分，放入烘箱 50℃烘至半干，每份取 0.1g，使用植物基因组 DNA 提取试剂盒（天根科技，北京）提取基因组 DNA。参考谭玉梅及 Stephen 的研究设计引物扩增出 4 种保守基因或序列，引物见表 2-8，包括微管蛋白 β-亚基，使用引物 5′β-亚基以及 3′β-亚基，长度约为 450bp。钙调蛋白，使用引物 CF1L 和 CF4，长度约为 650bp。对于散囊菌属真菌，扩增的是 ITS+LSU（部分 18S rRNA-转录间隔子 1-5.8S rRNA-转录间隔子 2-部分 28S rRNA）（缩写为 ID）片段，使用引物 ITS1 和 D2R，长度约为 1150bp；对于其他真菌，扩增的是 ITS（转录间隔子、部分 18S rRNA 及部分 28S rRNA 序列）序列，使用引物 ITS1 和 ITS4，长度约为 500bp。RNA 聚合酶 II 序列，使用引物 5F 和 7CR，长度约为 1000bp。

表 2-8 真菌进化分析使用的引物及序列

别物	序列
5′β-亚基	GGTAACCAAATCGGTGCTGCTTTC
3′β-亚基	ACCCTCAGTGTAGTGACCCTTGGC
5′钙调蛋白（CF1L）	GCCGACTCTTTGACYGARGAR
3′钙调蛋白（CF4）	TTTYTGCATCATRAGYTGGAC
5′ITS+LSU（ID）（ITS1）	TCCGTAGGTGAACCTGCCG
3′ITS（ITS4）	TCCTCCGCTTATTGATATGC
3′ITS+lsu（ID）（D2R）	GGTCGTTTACGACCATTATG
5′RNAPB2（5F）	GAYGAYMGWGATCAYTTYGG
3′RNAPB2（7CR）	CCCATRGCTTGYTTRCCCAT

扩增：扩增条件如表 2-9 所示，在一个 50μL 的反应体系中，包含 2×Phanta Max Master Mix 25μL，上下游引物（浓度为 10μM）各 2μL，模板（基因组 DNA）1μL，加入蒸馏水补足至 50μL。所有的 PCR 循环数为 30。PCR 产物纯化后即可测序，测序公司为华大基因。

表 2-9 真菌进化分析使用的 PCR 条件

循环	温度/℃	时间
预变性	95	3min
变性	95	15s

循环	温度/℃	时间
退火	50.5（β-亚基） 54.3（钙调蛋白） 61（ID） 56（ITS） 54.3（RNA 聚合酶Ⅱ）	15s
延伸	72	30s
延长延伸时间	72	5min

序列分析软件为 MEGA7（Molecular Evolutionary Genetics Analysis），版本为 7.0.21。将每株菌的 4 段序列按照 BT2-CF-ID-RPB2 的顺序首尾相连，按照 Peterson 的研究中用到的模式菌株，从 NCBI 的 GenBank 中获取其相关序列作同样的处理，使用 MEGA 将所有序列对齐。对于散囊菌属真菌，将所有内含子切除并切除所有空缺碱基对应的碱基后，组成长 2418bp 的序列，使用邻接法（Neibour-joining，N-J）算法构建进化树；对于其他真菌，直接切除所有空缺碱基对应的碱基，不切除内含子，组成长 2700bp 的序列。使用最大似然估计（Maximum Likelihood，ML）算法构建进化树。具体参数设置：1000 次 Bootstrap 测试次数，碱基替换模型使用 Kimura 两参数模型，位点进化速率相同。

2.2.3　菌株的生长和产酶分析

2.2.3.1　液态发酵与其化学成分分析

烟梗粉培养基中的发酵：在无菌环境下将 50μL 孢子悬液接种至液体烟梗粉培养基，31℃静置培养，每天观察生长情况。茶粉培养基中的发酵：在无菌环境下将 50μL 孢子悬液接种至液体茶粉培养基，31℃静置培养，每天取出观察生长情况。

硅胶板薄层色谱（TLC，Thin-Layer Chromatography）分离发酵液中的化学成分：从培养箱中取出第 2、4、6 天的发酵液后，分别吸出 2mL 上清液置于 15mL 的离心管中，加入 4mL 石油醚（沸程 60～90℃），于涡旋振荡器上混匀 5min，6000r/min 离心 10min，取位于上层的石油醚萃取液于新离心管中，在真空浓缩机中使石油醚挥发，得到提取物粉末。使用 50μL 石油醚重新溶解提取物粉末，各取 10μL 按顺序在硅胶板上划线，宽度为 1cm，线距离硅胶板将浸入展层液的下沿大约 1.5cm。待硅胶板上点样处的石油醚溶剂挥发干后，将硅胶板浸入约 1cm 深的石油醚：丙酮＝10：1（体积分数）的展层液中，展层时间约为 15min。展层完成后取出放入通风橱中风干，于 254nm 紫外下观察。

2.2.3.2　液体培养基发酵物的酶活力测定

由 2.2.3.1 液体发酵实验得到的发酵液具有所培养真菌发酵产生的胞外水解酶

蛋白，本小节实验目的在于探索发酵上清中果胶酶、纤维素酶及淀粉酶的活力。使用 DNS 显色法测试发酵液体烟梗培养基上清中的果胶酶、纤维素酶及淀粉酶活力。3 种所测酶的酶活力均定义为在所给定反应体系与反应条件下每小时生成还原糖产物的毫克数。测定前处理：吸取培养基上清注入 50mL 离心管中，12000r/min 离心 1min；灭活酶液的处理：0.5mL 酶液中加入 0.5mL、0.4mol/L 的氢氧化钠，煮沸 10min，与样品液同时测定酶活力时将其稀释成与样品液同样的稀释倍数。

（1）果胶酶：在 5.0mL EP 管中加入 1.0mL、1%苹果果胶，0.5mL、pH 5.0 柠檬酸—柠檬酸钠缓冲液和 0.5mL 适当稀释的酶液，置于水浴锅中 50℃反应 30min，再加入 2.0mL DNS 试剂，沸水浴显色 5min 后加 1.0mL 蒸馏水定容至 5.0mL，在 540nm 处测定吸光值。

（2）纤维素酶：在 5.0mL EP 管中加入 1.5mL、1%羧甲基纤维素钠，0.5mL、pH 5.0 柠檬酸—柠檬酸钠缓冲液和 0.5mL 适当稀释的酶液，置于水浴锅中 50℃反应 30min，再加入 2.5mL DNS 试剂，沸水浴显色 5min，在 520nm 处测定吸光值。

（3）淀粉酶：在 5.0mL EP 管中加入 1.0mL、2%可溶性淀粉，0.5mL、pH 5.0 柠檬酸—柠檬酸钠缓冲液和 0.5mL 适当稀释的酶液，置于水浴锅中 40℃反应 1h，再加入 2.0mL DNS 试剂，沸水浴显色 5min，加 1.0mL 蒸馏水定容至 5.0mL，在 520nm 处测定吸光值。

2.2.3.3　液体培养基发酵物的化学物质含量测定

真菌的液体发酵过程改变了培养物的各种成分含量，本小节实验目的在于探索 2.2.3.2 小节实验发酵上清中还原糖和总糖含量、氨基酸含量和抗氧化能力等。测定前使用定性滤纸过滤发酵液上清。以未发酵的液体培养基为对照。

（1）还原糖和总糖含量：参考尹建雄的方法测定还原糖和总糖含量。还原糖测定方法：取适当稀释的发酵液上清 1.0mL 和 1.0mL DNS 试剂加入 2.0mL EP 管中，沸水浴中放置 6min，于 540nm 下测定吸光值，根据相同方法制作的标准曲线和发酵液稀释倍数计算出还原糖含量。总糖测定方法：取过滤得到的发酵液 25.0mL 加入 7.0mL 盐酸溶液（浓盐酸与蒸馏水以 1∶3 配制），沸水浴中酸化 30min，用 10% 氢氧化钠调节 pH 至 7.0，定容至 100mL，此时发酵液稀释倍数为 4；酸化好的发酵液使用还原糖测定方法测总糖。

（2）氨基酸含量：采用国标中的茚三酮比色法（GB/T 8314—1987）测定氨基酸含量。取适当稀释的发酵液上清 1.0mL 与 0.5mL、1/15mol/L 的磷酸缓冲液加入直形瓶中，再加入茚三酮溶液 0.5mL，沸水浴 15min，定容至 25.0mL，混匀后于 570nm 测定吸光值。

（3）抗氧化能力：使用普鲁士蓝法测定总抗氧化能力，样品液体均稀释 100 倍。使用 DPPH 法测定自由基清除能力，样品液体均稀释 20 倍。

（4）茶多酚含量：使用国标中的酒石酸铁比色法（GB/T 8313—2002）测定茶叶中的茶多酚含量。吸取适当稀释的茶汤溶液加入 25mL 容量的试管中，加入 4mL

去离子水，加入酒石酸铁溶液 5mL，再加入 1/15mol/L 的磷酸缓冲液 15mL，混匀后在 540nm 处测定吸光值。标准曲线使用不同浓度的茶多酚溶液，按相同方法测定吸光值并绘制曲线。

2.2.3.4　菌株细胞及菌落形态观察

镜检：在无菌操作条件下进行。滴生理盐水于载玻片上，用灭过菌的枪头从培养单菌落的平板中挑取少量活跃生长期的菌落溶于其中，并在火焰上迅速通过以固定菌落，盖上盖玻片，用滤纸吸收剩余水分后进行固定，在荧光相差电动显微镜下看菌株细胞形态，拍照记录。

2.2.3.5　菌株测序及系统发育分析

（1）DNA 提取。

1）将菌株培养 12h 后，吸取 1mL 置于 1.5mL 的离心管内，以 8000r/min 的转速离心 1min，倒掉上清液。向沉淀中加入 180μL 裂解液，并加入 20μL 蛋白酶 K 溶液，振荡混合均匀，放入 56℃ 水浴中 1h 直到细胞完全裂解，室温放置 5min。

2）添加 BD 缓冲液 200μL，充分颠倒混匀（加入 BD 缓冲液后，如果有沉淀产生，可 70℃ 水浴 10min）。

3）再向其中加入 200μL 的无水乙醇，混匀。

4）将上述溶液全部转移至吸附柱中。2min 后，以 12000r/min 离心 1min，将废液倒出。

5）将吸附柱放回收集管内，加入 500μL PW 溶液，10000r/min 离心 30s，倒掉滤液。

6）将吸附柱放回收集管内，加入 500μL 洗液，10000r/min 离心 30s，倒掉滤液。

7）再次离心，去除多余的洗液。

8）取出吸附柱，放入离心管中，加入 100μL CE 缓冲液放置 5min，在室温下以 12000r/min 的速度离心 2min，然后收集 DNA 溶液。

（2）PCR 扩增反应。

16S rDNA PCR 反应条件：95℃ 保持 5min；95℃ 保持 1min，57℃ 保持 1min，72℃ 保持 80s，30 个循环；72℃ 保持 5min。

16S rDNA 反应体系为 100μL：Taq（5U/μL）0.8μL；10×PCR 缓冲液（Mg^{2+}）10mL；dNTP 混合物（2.5mM/种）8μL；模板 DNA 2.5ng；引物 F1（10μmol/L）2μL，引物 R1（10μmol/L）2μL；ddH_2O 补足到 100μL。所用引物为：16S rDNA－27F：5′－AGAGTTTGATCCTGGCTCAG－3′，16S rDNA－1492R：5′－GGTTACCTTGT-TACGACTT－3′。

gyrB 基因序列反应条件：95℃ 保持 5min；95℃ 保持 45s、52℃ 保持 45s、72℃ 保持 60s，33 个循环；72℃ 保持 10min。

gyrB 反应体系为 100μL：引物 F（50μmol/L）1μL，引物 R（50μmol/L）1μL；

Taq（2.5U/μL）0.8μL；10×PCR 缓冲液（Mg^{2+}）10μL；dNTP 混合物（2.5mmol/种）8μL；模板 DNA10ng；ddH_2O 补足到100μL。所用引物为：引物 F：5′-ggTgT-WRgKgCNgTCgTAAACg-3′，R：5′-CCSgCAgARTCACCCTCTACg-3′。

（3）序列及系统发育分析。PCR 产物由上海生物工程有限公司进行鉴定、测序。用 BLAST 软件把得到的基因序列在 GenBank 中进行同源性检测。系统发育分析分别依据 16S rRNA 基因序列用 MEGA5.1 软件构建系统进化树。

（4）生理生化。参照 BIOLOGGENIII 和 API20E，API20NE 说明书。

（5）GC-MS 分析检测降解产物。

1）降解产物萃取。取 100mL 发酵液和等体积的分析纯 CH_2Cl_2，在分液漏斗中进行萃取，缓缓摇晃，使两相混合均匀，静置 20min 后，收集有机相，重复以上步骤 3 次，合并有机相，旋转蒸发除去 CH_2Cl_2 后，加入 1mL 色谱纯 CH_2Cl_2 溶解，过 0.22mm 有机系滤膜后，上气-质联用仪分析检测，以上操作均在避光环境中进行。

2）降解产物分析检测：色谱条件：HP-5 柱（型号为 30m×0.25mm×0.25μm，安捷伦，美国）；氮气作载气，流速为 1mL/min；程序升温：40℃，保持 2.5min，以 2℃/min 的速率升至 280℃并保持 5min；进样量为 2μL；不分流。

质谱条件：溶剂延迟 7min；扫描范围 30~500aum；进样口温度 250℃；传输线温度 280℃；离子源 EI 温度为 230℃，其电子能量为 70eV；检测器温度为 280℃；全离子扫描（Scan）模式。

2.2.4 水解酶基因的克隆与表达

2.2.4.1 材料

菌株与培养基菌株：前期实验分离鉴定的菌株 A. cristatus E6。

优化察氏培养基：NaCl 32g，蔗糖 20g，NH_4NO_3 3g，$MgSO_4$ 0.5g，K_2HPO_4 · $3H_2O$ 1g。体系为 1L，pH 为自然，固体培养基添加 1.5%（质量分数）的琼脂，灭菌方式为 115℃灭菌 15min。

MD 培养基：琼脂糖 4g 定容至 160mL 装入 500mL 容量的三角瓶内，121℃灭菌 20min，取出，在超净台内加入 20mL 无菌过滤的 13.4%YNB（无氨基酵母氮源）、0.2mL 的 0.02%生物素、20mL 的 20%葡萄糖，混匀制成平板。

BMGY 与 BMMY：将 10g 酵母提取物、20g 蛋白胨、3g K_2HPO_4 · $3H_2O$、11.8g KH_2PO_4 装入烧杯，加入蒸馏水溶解后在量筒里定容至 895mL，分装成 44.75mL 1 份，121℃灭菌 20min，取出，在超净台内加入 5mL 无菌过滤的 13.4%YNB、0.05mL 的 0.02%生物素，BMGY 加入 0.5mL 的 10%甘油，BMMY 在使用前加入 0.25mL 的甲醇。

2.2.4.2 基因的获取

根据 GenBank 中 A. cristatus 的近源物种基因库挑选生物质水解酶基因设计引物。

主要针对的生物质水解酶有：果胶酶、纤维素酶、木质素酶。*A. cristatus* E6 基因组的提取方法参照前文，PGⅡ（polygalacturonaseⅡ，聚半乳糖醛酸酶Ⅱ）基因的参照序列来自 Nagai 的研究。使用信号肽预测软件 Signal P4.1 预测各氨基酸序列的信号肽切割位点，并根据其设计左端引物。因其基因中存在一个内含子，采用融合 PCR 的方法将内含子去除。基因上游引物（Tub*PG*ⅡF）：GGAATTCCATCACCATCAC-CATCACGGAAGCTGCACCTTCAAAA（包含 *Eco*RI 酶切位点及 6 个组氨酸标签的编码序列），下游引物（Tub*PG*ⅡR）：ATAAGAATGCGGCCGCGCTACAACCGACCAACCT（包含 *Not*I 酶切位点）；内含子左侧引物（Tub*PG*ⅡIntronF）：CCAGATGTTCTCGC-CAGAATTGATCGCAAG，内含子右侧引物（Tub*PG*ⅡIntronR）：ATTCTGGCGAGAA-CATCTGGTTCACCGGCG。PCR 使用的聚合酶是 2×Phanta Max Master Mix。*PG*Ⅱ的融合 PCR 分为 3 步：第 1 步使用 GYC 501 基因组 DNA 为模板，以 Tub*PG*ⅡF/Tub*PG*ⅡR 为引物对配制反应体系 20μL（2×Phanta Max Master Mix 10μL，GYC 501 基因组 DNA 1μL，上游引物 0.8μL，下游引物 0.8μL，ddH$_2$O 7.4μL），反应条件：预变性 95℃、3min，变性 95℃、15s，退火 56℃、15s，延伸 72℃、60s，从变性到延伸重复 30 个循环，最后一步彻底延伸 72℃、5min。第 2 步以成功扩增并用无菌蒸馏水稀释 500 倍的 *PG*Ⅱ为模板，分别使用 Tub*PG*ⅡF/Tub*PG*ⅡIntronF 和 Tub*PG*ⅡIntronR/Tub*PG*ⅡR 扩增出 *PG*Ⅱ基因内含子上游和下游的序列，分别为 *PG*Ⅱ-1 与 *PG*Ⅱ-2，反应体系及条件除延伸时间为 30s 外同上一步。第 3 步用无菌蒸馏水将它们分别稀释 500 倍，加入融合 PCR 体系（2×PhantaMax Master Mix 25μL，*PG*Ⅱ-1 1μL，*PG*Ⅱ-2 1μL，Tub*PG*ⅡF 2μL，Tub*PG*ⅡR 2μL，ddH$_2$O 19μL），反应条件与上一步一致，延伸时间为 60s。这次 PCR 得到 *PG*Ⅱ-3，即去掉内含子的 *PG*Ⅱ基因片段。

2.2.4.3　重组载体的构建与转化

使用 PCR 产物纯化试剂盒（OMEGA Bio-tek）纯化 PCR 产物。使用限制性内切酶 *Eco*RI 与 *Not*I 双酶切，pPIC9K 质粒也以这两种酶酶切，再次使用 PCR 产物纯化试剂盒纯化 PCR 产物。使用 T4 DNA 连接酶（Takara Inc.）酶切后的 *PG*Ⅱ片段与质粒片段，以电击转化法转入制作好的电击转化感受态 *E. coli* DH5α 细胞中。涂布含卡那霉素抗性的 LA 平板 12h 后，使用 α-Factor 引物（TACTATTGCCAGCATT-GCTGC）与 Tub*PG*ⅡR 对平板上生长出的转化子进行菌落 PCR 验证，PCR 用酶为 2×Es Taq Master Mix（TransGene），反应体系为 15μL（2×Es Taq Master Mix 7.5μL，上游引物 0.6μL，下游引物 0.6μL，ddH$_2$O 6.3μL），反应条件：预变性 94℃、5min，变性 94℃、30s，退火 56℃、30s，延伸 72℃、30s 或 40s，从变性到延伸重复 29 个循环，最后一步彻底延伸 72℃、2min。将验证正确的转化子挑入装有 10mL LB 培养基的直形瓶中，37℃摇床过夜培养，使用质粒小提试剂盒（OMEGA Bio-tek）提取质粒。使用 *Eco*RI 与 *Not*I 的双酶切体系验证重组载体。

双酶切验证正确并测序分析后，使用 *Sal*I 酶将重组质粒 pPIC9K-PGⅡ切成线性化，通过电击转化的方式转入毕赤酵母 GS115 电击转化感受态中，在 MD 平板中培养 2d 后转板，挑取菌落进行 PCR 验证，PCR 方法与验证重组质粒相同。

2.2.4.4　毕赤酵母转化子的表达

将 PCR 验证成功的毕赤酵母转化子菌落挑入装有 5mL BMGY 的直形瓶中，30℃、200r/min 恒温摇床培养 2d 后，将 3mL 菌悬液离心弃去培养液，重悬入装有 50mL 预制的 BMMY 的 500mL 三角瓶中，于 30℃、200r/min 恒温摇床培养，每 24h 补加一次 250μL 甲醇和 2mL BMMY 并取样 40μL 用于 SDS-PAGE。每 12h 测定一次酶活力。酶液使用 ProteinIso® Ni-NTAResin（TransGene）纯化，洗脱缓冲液为梯度渐升的咪唑，收集每个浓度的咪唑洗脱液测定酶活力。

2.2.4.5　rePG Ⅱ 的酶学性质测定

rePG Ⅱ 酶活力测定采用 DNS 法。方法：将酶液稀释，取 0.075mL 加入 0.3mL、0.5% 聚半乳糖醛酸溶液（使用适当 pH 的柠檬酸—柠檬酸钠缓冲体系配制）中，混匀后置于最适温度水浴 30min，加入 0.375mL DNS 溶液终止反应，空白对照在此步之后加入酶液（不需灭活），沸水浴 5min，加入 1.25mL ddH₂O，于 540nm 处测定吸光值，减去空白对照的吸光值即可真实反映酶活力。酶活力定义为：在最适反应条件下，rePG Ⅱ 水解聚半乳糖醛酸每分钟释放 1μmol/L 半乳糖醛酸为 1 个酶活力单位（U）。

（1）最适温度的测定：使用 30~70℃ 的反应温度测定酶活力，柠檬酸—柠檬酸钠缓冲液的 pH 为 4.8。

（2）最适 pH 的测定：使用上一步测定得到的最适反应温度，用 pH 3~6.6 的 0.1mol/L 柠檬酸—柠檬酸钠缓冲液将聚半乳糖醛酸配制成浓度为 0.5% 的底物溶液用于测定聚半乳糖醛酸酶酶活力。

（3）最适缓冲液浓度：使用上两步测定得到的最适反应条件，用缓冲浓度为 10~500mmol/L 的柠檬酸—柠檬酸钠缓冲液将聚半乳糖醛酸配制成浓度为 0.5% 的底物溶液，用于测定聚半乳糖醛酸酶酶活力。

（4）不同浓度 ZnCl₂（Zn²⁺）与 CaCl₂（Ca²⁺）对 rePG Ⅱ 酶活力的影响：因在文献中看到关于次蛋白结晶时需要一定浓度的 Zn²⁺ 和 Ca²⁺，所以这两种离子可能对提高此种蛋白的稳定性是有利的。所以设计不同浓度的离子溶液来测定 rePG Ⅱ 的酶活性。

（5）热稳定性：使用以下 3 种溶液稀释 10 倍后，将 rePG Ⅱ 置于不同温度下一定时间后测定剩余酶活力。溶液一：水；溶液二：pH 5.0 柠檬酸—柠檬酸钠缓冲液（含 20% 甘油）；溶液三：pH 5.0 柠檬酸—柠檬酸钠缓冲液。

（6）储存条件：将 rePG Ⅱ 发酵液以下条件保存，间隔一定时间测定剩余酶活力。A. 原液保存；B. 蒸馏水稀释 10 倍保存；C. 20% 甘油溶液稀释 10 倍保存；D. 含 20% 甘油的 pH 5.0 柠檬酸—柠檬酸钠缓冲液稀释 10 倍保存；E. pH 3.6 柠檬酸—柠檬酸钠缓冲液稀释 10 倍保存；F. pH 4.2 柠檬酸—柠檬酸钠缓冲液稀释 10 倍保存；G. pH 4.6 柠檬酸—柠檬酸钠缓冲液稀释 10 倍保存；H. pH 5.0 柠檬酸—柠檬酸钠缓冲液稀释 10 倍保存；I. pH 5.4 柠檬酸—柠檬酸钠缓冲液稀释 10 倍保存；
J. pH 6.0 柠檬酸—柠檬酸钠缓冲液稀释 10 倍保存。

2.2.4.6　rePG Ⅱ 动力学常数的测定

蛋白质浓度采用 BCA 试剂盒测定。测定底物浓度为 0.5~5mg/mL 的情况下纯
酶的酶活力，反应采取最适条件，反应时间为 40min，以底物浓度为横坐标及其对
应的每毫克纯酶酶活力为纵坐标绘制适用于米曼氏动力学方程的曲线，在 Prism5 软
件中计算出 V_{max} 与 K_m 值。

2.2.4.7　rePG Ⅱ 的序列分析

将去掉上游序列及组氨酸标签的 rePG Ⅱ 氨基酸序列：A. 在 SWISS-MODEL 网
站里同源建模，推测其空间结构。B. 在 ProtScale 网站里分析氨基酸序列的亲疏水
性。C. 在 TMHMM Server（v.2.0）网站预测氨基酸序列的跨膜区间。

2.2.4.8　rePG Ⅱ 的表达优化

基于一般流程的 GS115 发酵步骤，对其进行两方面的优化：一方面是 BMMY 与
BMGY 的缓冲体系的优化，设置两种缓冲盐体系和不同的 pH（浓度都是 0.1mol/L）：
A. pH 3.0 柠檬酸—柠檬酸钠缓冲液；B. pH 4.2 柠檬酸—柠檬酸钠缓冲液；C. pH
5.4 柠檬酸—柠檬酸钠缓冲液；D. pH 6.6 柠檬酸—柠檬酸钠缓冲液；E. pH 6.6 磷
酸钾缓冲液；F. pH 7.8 磷酸钾缓冲液。另一方面是 BMMY 培养基中诱导甲醇浓度
（包括每天补加的甲醇浓度），设置 6 个梯度：0.25%（原浓度）、0.5%、1%、
1.50%、2.5%、4%。

2.2.4.9　β-葡萄糖苷酶 N 等基因的获得和在毕赤酵母 GS115 中的表达

在 NCBI 的基因库中检索与散囊菌相近的物种的多糖水解酶相关基因。A. 根据序
列（GenBank：NT166539.1）设计 bgN（β-glucosidase N，β-葡萄糖苷酶 N）的引物，
此基因没有内含子。B. 根据不含内含子的序列（GenBank：XM025620359.1）设计
bg2E（β-glucosidase 2E，β-葡萄糖苷酶 2E）的引物，此基因有一个内含子。C. 根据
不含内含子的序列（GenBank：XM001391932.2）设计 egB（endoglucanohydrolase 切
B，内切葡聚糖酶 B）的引物，此基因有 5 个内含子。D. 根据不含内含子的序列
（GenBank：X52902.1）设计 PMEA（pectinmethylesterase A，果胶甲酯酶 A）的引物，
此基因有 6 个内含子。引物列在表 2-10 中，所有基因使用 Signal P 预测并切除了
信号肽。

表 2-10　克隆 BGN 等基因用到的引物（引物名以 F 结尾为 5′引物，以 R 结尾为 3′引物）

引物	序列
①bgNF	ATAAGAATGCGGCCGCGTCGCCCGTGACGCAGAAA
①bgNR	ATAAGAATGCGGCCGCCTAACTGCTAACATGCTC
②bg2EF	GGAATTCGATGGCGGCGCTCACATG

引物	序列
②bg2EIntronF	CAGCGGGCACGAGGGTAGGGGTTC
②bg2EIntronR	GAACCCCTACCCTCGTGCCCGCTG
②bg2ER	GGAATTCTTAGAACTGGTCAATGCA
③egBF	GGAATTCCATCACCATCACCATCACGTGCCTCATGGCTCC GGA
③egBIntron1F	AGATGTAGTCGGTTCCCCAAACCCCAGGGA
③egBIntron1R	TCCCTGGGGTTTGGGGAACCGACTACATCT
③egBIntron2F	GTTACCGCTTTTATCACTGTCGTCAAGTTG
③egBIntron2R	CAACTTGACGACAGTGATAAAAGCGGTAAC
③egBIntron3F	ATGATCTCGCCGTTGTATCTGCCATAGTTA
③egBIntron3R	TAACTATGGCAGATACAACGGCGAGATCAT
③egBIntron4F	CGTGATATTCGTTGTTAGTGTCAAACATGA
③egBIntron4R	TCATGTTTGACACTAACAACGAATATCACG
③egBIntron5F	CGAAGATGTACTGGCTCGCACCTGCGGCGC
③egBIntron5R	GCGCCGCAGGTGCGAGCCAGTTCATCTTCG
③egBR	GGAATTCTCAGAGATACGTCTCCA
④TubPmeaF	GGAATTCGCGAGCCGCATGACGGCT
④TubPmeaIntron1F	AACGGCAGCGCTGATCGTGTCGTAGTCACC
④TubPmeaIntron1R	GGTGACTACGACACGATCAGCGCTGCCGTT
④TubPmeaIntron2F	GTGTAGGTAGTGGTGTCCTCAGTCTGACCG
④TubPmeaIntron2R	CGGTCAGACTGAGGACACCACTACCTACAC
④TubPmeaIntron3F	AGTTACGAAGGGTTGCAGTCTCATCGTCAT
④TubPmeaIntron3R	ATGACGATGAGACTGCAACCCTTCGTAACT
④TubPmeaIntron4F	CGGCCAGAAGGGTGTCCTGGTATCCGGTGA
④TubPmeaIntron4R	TCACCGGATACCAGGACACCCTTCTGGCCG
④TubPmeaIntron5F	CCGAAGATGAAGTCAACGGCACCCTCGATG
④TubPmeaIntron5R	CATCGAGGGTGCCGTTGACTTCATCTTCGG
④TubPmeaIntron6F	TGGGACCAGGGGCGGCCGAGGTAGTAGGTG

引物	序列
④Tub*Pmea*Intron6R	CACCTACTACCTCGGCCGCCCCTGGTCCCA
④Tub*Pmea*R	GGAATTCTTAGTTGATGTAGCTAGT

含有多个内含子的序列的融合 PCR 方法以 *Pmea* 基因为例，以下是方法。

Tub*Pmea*F 和 Tub*Pmea*R 在基因上游与下游引入了 *Eco*R I 酶切位点。*Pmea* 基因有 6 段内含子，利用融合 PCR 获得不含内含子的 *Pmea* 序列分为四步：第一步将 7 对引物 Tub*Pmea*F－Tub*Pmea*Intron1F、Tub*Pmea*Intron1R－Tub*Pmea*Intron2F、Tub*Pmea*Intron2R－Tub*Pmea*Intron3F、Tub*Pmea*Intron3R－Tub*Pmea*Intron4F、Tub*Pmea*Intron4R－Tub*Pmea*Intron5F、Tub*Pmea*Intron5R－Tub*Pmea*Intron6F、Tub*Pmea*Intron6R－Tub*Pmea*R 按照 PG II 的第一次 PCR 进行，分别得到片段 *Pmea*-1~*Pmea*-7；第二步将产物稀释 500 倍，作为模板取 0.5μL 加入与上一步相同的新的 PCR 体系中，反应条件不变，*Pmea*-1 与 *Pmea*-2 作为模板的体系使用 Tub*Pmea*F－Tub*Pmea*Intron2F 的引物对，*Pmea*-3 与 *Pmea*-4 使用 Tub*Pmea*Intron2R－Tub*Pmea*Intron4F，*Pmea*-5 与 *Pmea*-6 使用 Tub*Pmea*Intron4R－Tub*Pmea*Intron6F，这一步分别得到 *Pmea*-8~10；第三步 PCR 模板 *Pmea*-8 与 *Pmea*-9 使用 Tub*Pmea*F－Tub*Pmea*Intron4F 的引物对，*Pmea*-10 与 *Pmea*-7 使用 Tub*Pmea*Intron4R－Tub*Pmea*R，这一步得到 *Pmea*-11 与 *Pmea*-12；最后一步融合 PCR 以 *Pmea*-11 和 *Pmea*-12 为模板，使用 *Pmea*F－*Pmea*R 作为引物，得到 *Pmea*-13，即去掉内含子的 *Pmea* 基因片段。涉及的重组载体制作同毕赤酵母表达 PG II 的操作。

2.3 生物技术提升烟叶品质应用与研究

2.3.1 烟碱降解菌株改善上部叶研究

2.3.1.1 烟碱降解菌的筛选

筛选能够利用烟碱同时具有蛋白酶和淀粉酶活性的菌株，首先要获得能够降解烟碱的细菌菌株。分别从广西龙州、广西都安的烟田土壤和烟叶以及仓库烟叶取样，按照前述方法进行烟碱降解菌筛选。经过多轮筛选，共获得能够降解烟碱的细菌菌株 32 株，具体结果如下。

从广西龙州烟叶样本中筛选出能够降解烟碱的细菌共 6 株（A 组），分别编号为是 A1~A6；从广西龙州烟田土壤中筛选出能够降解烟碱的细菌共 9 株（B 组），分别编号为 B1~B9；从仓库烟叶中筛选出能够降解烟碱的细菌共 2 株（C 组），分别编号为 C1、C2；从广西都安县植烟区采集的样品中筛选到能够降解烟碱的细菌共 15 株（D 组），分别编号为 D1～D15。

将筛选出烟碱降解菌菌株分别贮存于-80℃和-20℃。把筛选出的 32 株菌用牙签点刺接种于同一块以烟碱为唯一碳氮源的平板上培养，分别获得能够产生色素和不能产生色素两类菌。然后把这两类菌分别点刺接种到同一块以烟碱为唯一碳氮源的平板上培养，观察各组菌生长过程的形态特征，初步鉴定各菌株的烟碱降解能力大小。最后，将 32 株中降烟碱能力较强的菌株分别划线纯培养，分别取单菌落接种于烟碱浓度 0.2% 的烟碱培养基中，于 30℃、200r/min 的摇床培养 18h，采用紫外分光光度法测定烟碱含量，筛选出优质菌株。烟碱降解率见表 2-11。

表 2-11　烟碱降解菌降解烟碱能力的测定

菌株	来源	烟碱降解率/%	菌株	来源	烟碱降解率/%	菌株	来源	烟碱降解率/%
A1	烟叶	82.4	B6	土壤	33.4	D6	土壤	38.6
A2	烟叶	53.1	B7	土壤	66.0	D7	土壤	58.4
A3	烟叶	86.3	B8	土壤	27.5	D8	土壤	40.6
A4	烟叶	84.3	B9	土壤	73.2	D9	土壤	75.7
A5	烟叶	88.2	C1	烟叶	16.4	D10	烟叶	45.6
A6	烟叶	84.6	C2	烟叶	6.7	D11	烟叶	42.4
B1	土壤	9.6	D1	土壤	43.5	D12	烟叶	46.6
B2	土壤	16.3	D2	土壤	53.1	D13	烟叶	48.3
B3	土壤	32.5	D3	土壤	61.7	D14	烟叶	52.6
B4	土壤	25.3	D4	土壤	44.3	D15	烟叶	63.3
B5	土壤	34.8	D5	土壤	42.3			

2.3.1.2　烟碱降解菌酶活性检测

根据烟碱降解能力测定结果，选出降解烟碱能力较强的前 10 株菌株分别接种于牛奶选择培养基和淀粉选择培养基，在 30℃培养 48h，检测菌株的蛋白酶和淀粉酶酶活性。结果发现菌株 A5 生长较旺盛，牛奶透明圈直径达到 6mm，淀粉透明圈直径达到 8mm，在所有菌株中具有最强的蛋白质和淀粉降解能力。另外，菌株 A5 的降解烟碱能力在所有菌株中也是最强的。因此，将对菌株 A5 进行进一步深入研究。将菌株 A5 接种于种子培养基，在 30℃发酵 48h，测定其淀粉酶和蛋白酶活力。结果表明，在此条件下菌株 A5 的淀粉酶活力为 16.5U/mL，蛋白酶活力为 42.6U/mL。

2.3.1.3　烟碱降解菌的抗生素抗性检测

抗生素抗性是细菌特性的一个重要方面。许多来源于自然界的细菌对一种或几种抗生素具有抗性。了解菌种的抗生素抗性特性，在菌种的培养以及工业生产中加入特定的抗生素，可以防止杂菌的污染。因此，对筛选获得的菌株进行了抗生素抗性检测，结果见表 2-12。

表 2-12　烟碱降解菌抗生素抗性测定结果

编号	Nm	Amp	Cb	Tc	Gm	Cm	Km	Rif	编号	Nm	Amp	Cb	Tc	Gm	Cm	Km	Rif
A1	√	√	√	√	√	√			C2								
A2	√								D1				√				
A3	√								D2	√	√	√		√	√		
A4	√								D3	√							
A5	√								D4	√	√	√	√				
A6	√								D5								
B1		√	√	√	√		√		D6								
B2	√								D7	√							
B3	√	√	√	√					D8								
B4						√			D9								
B5	√	√	√	√					D10					√		√	
B6	√	√	√	√					D12	√	√			√		√	
B7	√								D13	√	√	√	√				
B8	√	√	√	√		√			D14	√							
B9	√								D15	√							
C1		√							D20	√							

注　"√"表示有抗性。Nm：萘啶酮酸；Amp：氨苄青霉素；Cb：羧苄西林；Tc：四环素；Gm：庆大霉素；Cm：氯霉素；Km：卡那霉素；Rif：利福平。

2.3.1.4　菌株的初步鉴定

对部分菌株分别提取总 DNA 进行 16S rDNA 鉴定。PCR 扩增的引物为 F27（5′-GAGTTTGATCCTGGCTCAG-3′）和 R1492（5′-ACGGTTACCTTGTTACGACTT-3′）。PCR 扩增获得的 DNA 片段由上海生物工程技术服务有限公司测定。将 PCR 结果与 Genbank 数据库中的序列进行比对。结果表明：A3、A4、A5、D3 和 D15 为烟碱节杆菌属菌株，A6 和 C1 为假单胞菌属菌株，B3、D7 和 D14 为恶臭假单胞菌，

D1 是绿浓假单胞菌，D7 为恶臭假单胞菌，D9 为类似氧化微杆菌。其中，菌株 D9 类似氧化微杆菌，是新发现的能够降解烟碱的菌株，国内外还没有过类似的报道。

2.3.1.5　菌株的生长特征和烟碱降解能力检测

将菌株 D9 的单菌落接种于 200mL 含烟碱 0.2% 的烟碱培养基，在 30℃、200r/min 的摇床中培养，观察记录菌株的生长特征并测定菌株在生长过程中对烟碱的降解速率。在菌株生长过程中定时取样，在 600nm 波长下测定培养液的吸光度并测定培养液的烟碱含量，绘制菌株的生长曲线和烟碱降解率关系图（图 2-1）。如图 2-1 所示，菌株 D9 培养到 30h 时，烟碱降解率达到 82%，培养到 48h 后，烟碱降解率达到 99% 以上。细菌的生长与烟碱的降解率基本成正比，当细菌进入生长对数期后，随着菌体生长加快，烟碱降解效率也不断加快。当菌体生长达到稳定期后，烟碱降解速率逐渐降低，总的烟碱降解率缓慢增加，最终烟碱的降解率可以达到 99% 以上。

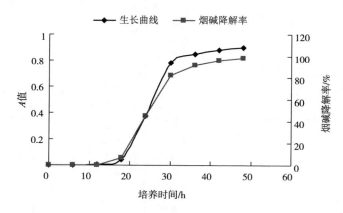

图 2-1　菌株 D9 的生长曲线和烟碱降解率关系图

另外还对菌株 D9 的耐受烟碱能力进行了测定。把菌株 D9 单菌落接种于烟碱培养基中，烟碱浓度分别为 6g/L、7g/L、8g/L 和 9g/L，在 30℃、200r/min 的摇床中培养 2~10 天，观察菌体生长情况。结果表明，菌株 D9 在烟碱浓度为 6g/L、7g/L 和 8g/L 的培养基中均能生长，但是随着烟碱浓度的逐渐增加，菌株的生长速度逐渐减慢，当烟碱高于 8g/L 时，菌体生长受抑制。

2.3.1.6　菌株的形态特征

将菌株 D9 接种于种子培养基，培养 12h，取菌体做革兰氏染色。另用接种环取一环划线于种子分离培养基，于 30℃ 恒温培养 2 天，观察单菌落的形态特征。如图 2-2 所示，菌落黄色，表面光滑不透明、边缘整齐。革兰氏染色呈阳性，表明该菌为革兰氏阳性菌。

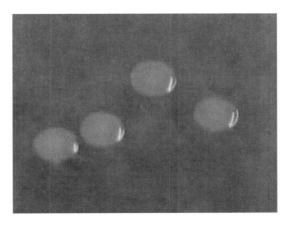

图 2-2　D9 菌株菌落的形态特征

2.3.1.7　菌株 D9 的 16S rDNA 序列分析

提取菌株 D9 的总 DNA，应用细菌 16S rRNA 序列通用引物进行 PCR 扩增，产物经过琼脂糖电泳，成功扩增出长度约为 1.5kb 的核酸片段。再经过胶回收纯化，得到了纯化的 DNA 扩增片段，扩增产物送上海英骏生物技术有限公司进行测序，得到 D9 菌株 16S rDNA 1427bp 的基因序列（图 2-3）。将测序结果同 Genbank 数据库中的序列进行比对，发现该菌种与 *Microbacterium paraoxydans* CF36、*Microbacterium oxydan-sstrain* B5、*Bacillus cereus strain* A1、*Microbacterium liquefaciens strain* DSM20638、*Microbacterium foliorum strain* 556、*Microbacterium phyllosphaeraes train* DSM13468、*Microbacterium oleivorans strain* GCA745、*Microbacterium hydrocarbonoxydans strain* HNR08 以及 *Microbacterium resistens strain* 3352 等菌株的 16S rDNA 序列具 99% 的同源性。把菌株 D9 的 16S rDNA 序列和其他同源性达 99% 的 10 种菌的 16S rDNA 序列放在一起，用 mega4 软件制作 D9 菌株的 16S rDNA 序列系统进化树（图 2-4）。如图 2-4 所示，菌株 D9 最靠近类似氧化微杆菌（*Microbacterium paraoxydans*）CF36。因此，菌株 D9 初步确定为类似氧化微杆菌（*Microbacterium paraoxydans*）。

2.3.1.8　小结

利用微生物进行烟碱代谢的研究很多，已经报道的能够代谢烟碱的细菌有争论产碱菌（*Alaligenes paradoxus*）、球形节杆菌（*Arthrobacter globiformis*）、烟草节杆菌（*A. nicotianae*）、嗜尼古丁节杆菌（*A. nicotinovorans*）、假单胞杆菌（*Peudomonas* sp.）和恶臭假单胞菌（*P. putida*）等。在筛选到的烟碱降解菌中，菌株 D9 是微杆菌属细菌，还未见有关微杆菌属的微生物降解尼古丁的报道。通过对菌株 D9 的生长特性、形态特征以及降解烟碱特性进行研究，发现该菌属革兰氏阳性菌，能够耐受 8g/L 的烟碱浓度，达到了文献报道的最高水平。对菌株 D9 的 16S rDNA 序列进行分析，发现该菌属于类似氧化微杆菌（*Microbacterium paraoxydans*），命名为 *Microbacterium paraoxydans* GYC29。

TAGATGCGGGTGCTTACCATGCAGTCGAACGGTGAACACGGAGCTTGCTCTGTGGGATCA 60
GTGGCGAACGGGTGAGTAACACGTGAGCAACCTGCCCCTGACTCTGGGATAAGCGCTGGA 120
AACGGCGTCTAATACTGGATATGTGACGTGACCGCATGGTCTGCGTTTGGAAAGATTTTT 180
CGGTTGGGGATGGGCTCGCGGCCTATCAGCTTGTTGGTGAGGTAATGGCTCACCAAGGCG 240
TCGACGGGTAGCCGGCCTGAGAGGGTGACCGGCCACACTGGGACTGAGACACGGCCCAGA 300
CTCCTACGGGAGGCAGCAGTGGGGAATATTGCACAATGGGCGAAAGCCTGATGCAGCAAC 360
GCCGCGTGAGGGATGACGGCCTTCGGGTTGTAAACCTCTTTTAGCAGGGAAGAAGCGAAA 420
GTGACGGTACCTGCAGAAAAGCGCCGGCTAACTACGTGCCAGCAGCCGCGGTAATACGT 480
AGGGCGCAAGCGTTATCCGGAATTATTGGGCGTAAAGAGCTCGTAGGCGGTTTGTCGCGT 540
CTGCTGTGAAATCCCGAGGCTCAACCTCGGGCCTGCAGTGGGTACGGGCAGACTAGAGTG 600
CGGTAGGGGAGATTGGAATTCCTGGTGTAGCGGTGGAATGCGCAGATATCAGGAGGAACA 660
CCGATGGCGAAGGCAGATCTCTGGGCCGTAACTGACGCTGAGGAGCGAAAGGGTGGGGAG 720
CAAACAGGCTTAGATACCCTGGTAGTCCACCCCGTAAACGTTGGGAACTAGTTGTCGGGGT 780
CCATTCTCACGGATTCCGTGACGCAGCTAACGCATTAAGTTCCCCGCCTGGGGAGTACGGC 840
CGCAAGGCTAAAACTCAAAGGAATTGACGGGGACCCGCACAAGCGGCGGAGCATGCGGAT 900
TAATTCGATGCAACGCGAAGAACCTTACCAAGGCTTGACATATACGAGAACGGGCCAGAA 960
ATGGTCAACTCTTTGGACACTCGTAAACAGGTGGTGCATGGTTGTCGTCAGCTCGTGTCG 1020
TGAGATGTTGGGTTAAGTCCCGCAACGAGCGCAACCCTCGTTCTATGTTGCCAGCACGTA 1080
ATGGTGGGAACTCATGGGATACTGCCGGGGTCAACTCGGAGGAAGGTGGGGATGACGTCA 1140
AATCATCATGCCCCTTATGTCTTGGGCTTCACGCATGCTACAATGGCCGGTACAAAGGGC 1200
TGCAATACCGTGAGGTGGAGCGAATCCCAAAAAGCCGGTCCAGTTCGGATTGAGGTCTG 1260
CAACTCGACCTCATGAAGTCGGAGTCGCTAGTAATCGCAGATCAGCAACGCTGCGGTGAA 1320
TACGTTCCCGGGTCTTGTACACACCGCCCGTCAAGTCATGAAAGTCGGTAACACCTGAAG 1380
CCGGTGGCCTAACCCTTGTGGAGGGAGCTGTCGAAGGTGTTCAGTTT 1427

图 2-3　菌株 D9 的 16S rDNA 序列

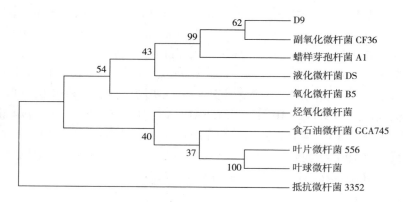

图 2-4　菌株 D9 的 16S rDNA 序列进化树

2.3.2　芽孢杆菌固态发酵与生物制剂提高烟叶品质研究

烟草中存在大量且种类繁多的微生物，包括细菌、放线菌和酵母等，其种类和数量在不同的品种和时期有所差异，而芽孢杆菌在烟叶醇化的任意时期都能分离得到，而且数量都占据绝对优势，明显高于其他细菌种类，因此芽孢杆菌具有较大的开发与应用前景。根据已有的研究表明，在烟叶中接种芽孢杆菌不仅可以加快烟叶的发酵速度，而且可以增加烟叶中香味物质的含量。

本节的主要内容是利用从烟叶表面分离得到的 3 株芽孢杆菌组成单一和复配生物制剂对烟叶进行固态发酵，考察其对烟叶主要化学成分和香味物质的影响，旨在为研究微生物固态发酵烟叶，改善其内在品质提供理论依据以及为下一步实验提供数据支撑。

2.3.2.1　发酵条件优化

（1）接种量：以 50g 广西烟叶为研究对象，分别喷洒 1mL、2mL、3mL、4mL 和 5mL 菌悬液在烟叶上，在温度 28℃ 下发酵 36h，发酵结束后测定石油醚提取物含量，每个测试组重复 3 次，取平均值，并做显著性分析。

如图 2-5 所示，石油醚提取物含量随枯草芽孢杆菌接种量的增加而升高，当接种量为 3mL 时，石油醚提取物含量达到最大值 8.3%，显著高于其他接种量（$P <$ 0.05，下同）；之后随接种量的增加呈下降趋势。微生物接种量超过一定值会达到饱和状态，石油醚提取物的含量不会随菌接种量的增加再次明显增加，可能是因为菌种接种量过多，影响菌种生长代谢，进而降低相应产物量。

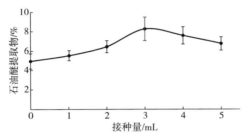

图 2-5　接种量对石油醚提取物含量的影响

（2）发酵温度：以 50g 广西烟叶为研究对象，取 2mL 菌悬液均匀喷洒在烟叶上，分别在 20℃、22℃、24℃、26℃、28℃、30℃、32℃ 和 34℃ 下发酵 36h，发酵结束后测定石油醚提取物含量，每个测试组重复 3 次，取平均值，并做显著性分析。

温度是影响微生物固态发酵的重要因素之一，发酵温度会影响烟叶表面微生物代谢和相关酶的活性。图 2-6 结果表明，发酵温度为 28℃ 时，石油醚提取物含量最高，达到 8.0%。随着温度进一步提高，石油醚提取物含量开始下降，可能是过高的温度抑制了枯草芽孢杆菌的生长和代谢，因此最佳发酵温度为 28℃。

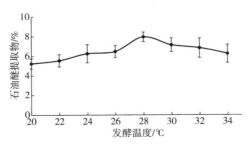

图 2-6　发酵温度对石油醚提取物含量的影响

（3）发酵时间：以 50g 广西烟叶为研究对象，取 2mL 菌悬液均匀喷洒在烟叶上，分别在 28℃下发酵 12h、24h、36h、48h、60h 和 72h，发酵结束后测定石油醚提取物含量，每个测试组重复 3 次，取平均值，并做显著性分析。

发酵时间对微生物的生长繁殖及其代谢产物的产生有影响，进而影响石油醚提取物含量。由图 2-7 可知，在前 36h 内，随着发酵时间的延长，石油醚提取物的含量逐渐增大，到发酵 36h 时其含量达到最大，之后随着时间的延长，石油醚提取物含量缓慢下降。发酵时间越长，对烟叶外观和品质的影响会变大，应控制适合的发酵时间，由实验可知最佳发酵时间为 36h。

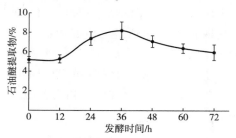

图 2-7　发酵时间对石油醚提取物含量的影响

（4）相对湿度：50g 广西烟叶为研究对象，取 2mL 菌悬液均匀喷洒在烟叶上，分别设置相对湿度为 30%、40%、50%、60% 和 70%，发酵 36h，发酵结束后测定石油醚提取物含量，每个测试组重复 3 次，取平均值，并做显著性分析。

由图 2-8 可知，在相对湿度为 60% 时，石油醚提取物的含量达到最大，在 60% 之前，随着相对湿度的增加，石油醚提取物的含量逐渐上升，但在超过 60% 之后，其含量呈下降趋势。这是由于发酵烟叶相对湿度低时，会影响酶的活性和枯草芽孢杆菌的生长，随着相对湿度的增加，逐渐达到微生物生长的最佳值；但当烟叶相对湿度过高时，烟叶易结块，影响其散热，有可能产生霉变，不利于枯草芽孢杆菌的生长，影响其代谢，因此，烟叶的相对湿度要适量，最佳的发酵相对湿度为 60%。

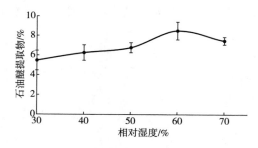

图 2-8　相对湿度对石油醚提取物含量的影响

2.3.2.2　评吸方法和评判标准

邀请 13 位评吸者，每位评吸者在上午的同一时间段分别对单料烟进行评吸，每次抽吸 6 支卷烟，对每种单料烟必须进行 3 次评吸。打分时分别从单料烟的香气质、香气量、浓度、刺激性、杂气、劲头、余味 7 项指标进行打分。感官指标按照烟草行业标准 YC/T 138—1998《烟草及烟草制品感官评价方法》进行评价。

2.3.2.3　常规化学成分分析

采用 YC/T 160—2002《烟草及烟草制品总植物碱的测定连续流动法》、YC/T 162—2011《烟草及烟草制品氯的测定连续流动法》和 YC/T 217—2007《烟草及烟草制品中钾的测定连续流动法》测定烟草中的烟碱、钾和氯；采用紫外分光光度计测定总糖和还原糖。

在芽孢杆菌处理烟叶的最佳发酵条件下，参考烟草行业相关标准，利用连续流动分析仪分析测定烟叶中总糖、还原糖、烟碱、钾、氯和总氮的含量。段焰青等利用西姆芽孢杆菌云南烟叶，处理 48h 后烟丝总糖和还原糖含量分别提高 4.25% 和 4.20%；处理后烟叶糖碱比由处理前的 12.73 提高到 14.94，烟碱、钾、氯、总氮和钾氯比变化不大。如表 2-13 所示，芽孢杆菌处理后烟叶总糖含量由 23.10% 降低到 22.90%，而还原糖含量由 22.19% 提高到 22.40%，可能是发酵过程中芽孢杆菌生长消耗总糖，同时由于自身代谢生成少量还原糖；处理后烟叶的糖碱比提高，有可能降低烟叶刺激性。

表 2-13　微生物处理前后 C4F 烟叶常规化学成分含量

处理	总糖/%	还原糖/%	烟碱/%	钾/%	氯/%	钾氯比	糖碱比
对照组	23.10	22.19	2.25	2.01	0.60	3.35	10.23
实验组	22.90	22.40	2.13	1.99	0.59	3.36	10.75

2.3.2.4　香味物质含量变化分析

用天平称取 30g 过 40 目分样筛的烟末于 1000mL 圆底烧瓶中，再加入 100g 无水硫酸钠和 400mL 的纯净水，将其振荡摇匀后放入同时蒸馏萃取装置，在 60℃ 水浴下加热，2.5h 后得到含有 100mL 二氯甲烷的萃取液。然后对萃取液进行萃取分离，得到中性的萃取液，再加入一定量的无水硫酸钠进行冷藏干燥，静置过夜后进行蒸馏，浓缩样品至 1mL 左右，用 GC-MS 进行定量分析。烟叶香味物质的化学指标均重复测定 3 次，利用 Excel 2016 计算其平均值和标准差。

烟叶致香物质中羰基化合物（酮类）和类脂类对烟叶品质具有重要影响作用，其中重要香味物质包括巨豆三烯酮、大马酮、茄酮、二氢大马酮、香叶基丙酮、二氢猕猴桃内酯、糠醇、糠醛、苯乙醛、二氢氧化异氟尔酮、β-紫罗兰酮、金合欢醇、β-环柠檬醛等。许春平等利用产香酵母C1对贵州烟叶进行固态发酵，发现在最佳发酵条件下，醇类、羰基类、酸类、酯类和内酯等香气物质种类增加，其中包括糠醇、金合欢醇、β-环柠檬醛等。胡腾飞等利用芽孢杆菌、酿酒酵母和汉逊酵母混合发酵河南烟叶，糠醛、苯乙醛、二氢猕猴桃内酯、5-甲基糠醛等香味物质含量增加明显，经感官评吸发现发酵对改善烟叶感官品质有显著作用。由表2-14可知，经芽孢杆菌发酵处理后的烟叶致香成分总体含量提高9.0%，由170.445μg/g提高到185.765μg/g。其中大马酮、茄酮、巨豆三烯酮、二氢大马酮、香叶基丙酮和二氢猕猴桃内酯等香味物质含量的变化较大，巨豆三烯酮和茄酮是烟叶香气的重要组成部分，能显著增强烟香，改善吸味，调和烟气，并减少刺激感；大马酮、二氢大马酮、香叶基丙酮和二氢猕猴桃内酯是烟叶香气前体物类胡萝卜素的裂解物，是形成卷烟细腻、增加烟香和清新香气的主要成分。新检出苯甲醛和β-环柠檬醛2种醛类物质，β-环柠檬醛具有甜香，可以增加烟气浓度和刺激性，而苯甲醛具有独特甜味，具有醇和烟气的作用。

表2-14　微生物处理前后烟叶中致香成分含量

类型	香味物质名称	含量/（μg·g⁻¹）	
		对照组	实验组
酯类和内酯	亚麻酸甲酯	3.291	3.814
	乙酸苄酯	0.196	0.201
	苯乙酸甲酯	0.038	0.035
	乙酸苯乙酯	0.085	0.095
	二氢猕猴桃内酯	3.109	4.196
	视黄醇乙酸酯	0.434	0.434
	肉豆蔻酸甲酯	0.150	0.156
	甲基-5,8,11-十七三炔酸酯	0.051	0.063
	棕榈酸乙酯	0.608	0.523
	棕榈酸甲酯	2.611	2.914
	邻苯二甲酸二丁酯	0.463	0.487
	4,8-二羟基桉叶-7（11）烯-12,8-内酯	2.121	2.070
	14-甲基十六烷酸甲酯	0.467	0.485
	1,3,7,7-四甲基-2-氧杂双环［4.4.0］-5-葵烯-9-酮	1.358	1.430

类型	香味物质名称	含量/ (μg·g⁻¹)	
		对照组	实验组
羰基类	视黄醛	0.317	0.282
	糠醛	14.304	14.376
	苯乙酮	0.200	0.227
	α-香附酮	0.449	0.435
	苯甲醛	—	0.746
	4- (2,4,4-三甲基环己-1,5-二烯基) -丁-3-烯-2-酮	3.208	3.541
	5-甲基呋喃醛	0.992	0.990
	甲基庚烯酮	0.178	0.198
	反式-2, 4-庚二烯醛	0.072	0.089
	苯乙醛	3.767	3.698
	2, 5, 5, 8a-四甲基-2,3,4,4a,6,8-六氢色烯-7-酮	0.548	0.708
	3- (2,6,6-三甲基-1-环己烯-1-基) -2-丙烯醛	0.672	0.723
	3,5,5-三甲基-4- (3-氧代丁基) 环己-2-烯-1-酮	0.246	0.218
	对甲基苯甲醛	0.097	0.085
	壬醛	0.180	0.200
	3,4-脱氢-β-紫罗兰酮	0.461	0.508
	反式-β-紫罗兰酮	0.774	0.822
	2,3-二甲基-2- (3-氧代丁基) -环己酮	1.177	1.189
	β-环柠檬醛	—	0.526
	茄酮	9.746	11.983
	巨豆三烯酮	13.686	14.980
	2-环戊烯-1,4-二酮	1.541	1.412
	α-香茅醛	0.310	0.322
	香叶基丙酮	1.310	1.486
	大马酮	1.111	1.625
	2,6,6-三甲基-2-环己烯-1,4-二酮	0.385	0.384
	3-羟基-β-大马酮	1.776	1.546
	二氢大马酮	5.012	6.153
	2,3-二氢-2,2,6-三甲基苯甲醛	0.263	0.261
	2,2,6-三甲基-1,4-二酮	0.221	0.221

类型	香味物质名称	含量/（μg·g⁻¹）	
		对照组	实验组
羰基类	双戊烯	0.138	0.158
	α-柏木烯	0.176	0.205
	罗汉柏烯	0.426	0.433
烃类	十四烷	0.066	0.056
	别香枝烯	0.228	0.239
	西松烯	0.290	0.300
	2,6,10-三甲基十二烷	0.070	0.067
	苯乙烯	1.983	1.841
	1,4,6-三甲基-5,6-二氢化萘	0.255	0.282
	1,2,3,4-四氢-1,1,6-三甲基萘	1.709	1.780
醇类	糠醇	2.366	2.839
	苄醇	8.009	8.095
	5-甲基-2-呋喃甲醇	0.518	0.406
	芳樟醇	0.596	0.638
	苯乙醇	3.960	3.812
	α-松油醇	0.180	0.197
	视黄醇	12.505	13.035
	(2E,6E,11Z)-3,7,13-三甲基-10-（2-丙基）-2,6,11-环十四碳三烯-1,13-二醇	39.076	42.832
	2,5,8-三甲基-1,2,3,4-四氢萘-1-醇	3.507	3.764
	3-氧代-紫罗兰醇	1.028	0.773
	植醇	11.544	13.556
杂环类	2-乙酰基呋喃	0.614	0.613
	2-乙酰基吡咯	1.542	1.975
	2,3-二氢-2-甲氧苯并呋喃	0.253	0.268
酚类	2-甲基间苯二酚	0.970	0.779
	2,4-二叔丁基苯酚	0.450	0.487

2.3.2.5 菌酶协同处理烟叶

采用枯草芽孢杆菌和类胡萝卜素9,10′-双加氧酶协同处理广西河池 C4F 烟叶，通过烟叶常规化学成分分析和感官评吸，确定处理后烟叶的吸食品质。烟叶常规化学成分分析结果表明（表 2-15），处理后烟叶总糖含量由 23.10% 降低到 23.00%，而还原糖含量由 22.10% 提高到 22.90%，处理后烟叶的糖碱比升高，可以降低烟气中刺激性物质的生成；钾、氯和钾氯比变化不大。

表 2-15　菌酶协同处理前后 C4F 烟叶的评吸结果

类型	香气质	香气量	浓度	刺激性	杂气	劲头	余味	总分
对照组	7.0	6.2	6.0	6.6	5.8	6.2	5.8	43.6
处理组	7.2	6.5	6.0	6.7	6.0	6.2	6.0	44.6

由表 2-16 可知，经菌酶协同处理后的烟叶致香成分总体含量提高 8.1%，由 170.444μg/g 提高到 184.286μg/g，其中大马酮、茄酮、巨豆三烯酮、二氢大马酮和香叶基丙酮等香味物质含量有较大提高。

表 2-16　菌酶协同处理后前后烟叶中致香成分含量

类型	香味物质名称	含量/（μg·g^{-1}）	
		对照组	实验组
酯类和内酯	亚麻酸甲酯	3.291	3.524
	乙酸苄酯	0.196	0.206
	苯乙酸甲酯	0.038	0.036
	乙酸苯乙酯	0.085	0.092
	二氢猕猴桃内酯	3.109	4.324
	视黄醇乙酸酯	0.434	0.465
	肉豆蔻酸甲酯	0.150	0.164
	甲基-5,8,11-十七三炔酸酯	0.051	0.057
	棕榈酸乙酯	0.608	0.576
	棕榈酸甲酯	2.611	2.856
	邻苯二甲酸二丁酯	0.463	0.490
	桉-5.11（13）8.12二烯内酯	2.121	2.210
	14-甲基十六烷酸甲酯	0.467	0.455
	1,3,7,7-四甲基-2-氧杂双环［4.4.0］-5-葵烯-9-酮	1.358	1.420
	视黄醛	0.317	0.292
	糠醛	14.304	14.678
	苯乙酮	0.200	0.231
	α-香附酮	0.449	0.425
	苯甲醛	—	0.546

类型	香味物质名称	含量/（μg·g⁻¹）	
		对照组	实验组
羰基类	4-（2,4,4-三甲基环己-1,5-二烯基）-丁-3-烯-2-酮	3.208	3.210
	5-甲基呋喃醛	0.992	0.950
	甲基庚烯酮	0.178	0.188
	反式-2,4-庚二烯醛	0.072	0.080
	苯乙醛	3.767	3.678
	2,5,5,8a-四甲基-2,3,4,4a,6,8-六氢色烯-7-酮	0.548	0.658
	3-（2,6,6-三甲基-1-环己烯-1-基）-2-丙烯醛	0.672	0.703
	3,5,5-三甲基-4-（3-氧代丁基）环己-2-烯-1-酮	0.246	0.228
	对甲基苯甲醛	0.097	0.080
	壬醛	0.180	0.190
	3,4-脱氢-β-紫罗兰酮	0.461	0.498
	反式-β-紫罗兰酮	0.774	0.852
	2,3-二甲基-2-（3-氧代丁基）-环己酮	1.177	1.199
	β-环柠檬醛	—	0.826
	茄酮	9.746	11.883
	巨豆三烯酮	13.686	15.780
	2-环戊烯-1,4-二酮	1.541	1.487
	α-香茅醛	0.310	0.342
	香叶基丙酮	1.310	1.436
	大马酮	1.111	1.425
	2,6,6-三甲基-2-环己烯-1,4-二酮	0.385	0.374
	3-羟基-β-大马酮	1.776	1.646
	二氢大马酮	5.012	6.253
	2,3-二氢-2,2,6-三甲基苯甲醛	0.263	0.245
	2,2,6-三甲基-1,4-二酮	0.221	0.211
	双戊烯	0.138	0.168
	α-柏木烯	0.176	0.225
	罗汉柏烯	0.426	0.423
	十四烷	0.066	0.076
	别香枝烯	0.228	0.229

类型	香味物质名称	含量/（μg·g^{-1}）	
		对照组	实验组
羰基类	西松烯	0.290	0.304
	2,6,10-三甲基十二烷	0.070	0.067
	苯乙烯	1.983	1.821
	1,4,6-三甲基-5,6-二氢化萘	0.255	0.262
	1,2,3,4-四氢-1,1,6-三甲基萘	1.709	1.750
醇类	糠醇	2.366	2.533
	苄醇	8.009	8.000
	5-甲基-2-呋喃甲醇	0.518	0.466
	芳樟醇	0.596	0.628
	苯乙醇	3.960	3.912
	α-松油醇	0.180	0.177
	视黄醇	12.505	13.135
	(2E,6E,11Z)-3,7,13-三甲基-10-（2-丙基）-2,6,11-环十四碳三烯-1,13-二醇	39.076	41.435
	2,5,8-三甲基-1,2,3,4-四氢萘-1-醇	3.507	3.464
	3-氧代-紫罗兰醇	1.028	0.873
	植醇	11.544	12.876
杂环类酚类	2-乙酰基呋喃	0.614	0.632
	2-乙酰基吡咯	1.542	1.876
	2,3-二氢-2-甲氧苯并呋喃	0.253	0.253
	2-甲基间苯二酚	0.970	0.776
	2,4-二叔丁基苯酚	0.450	0.456

经短小芽孢杆菌和胡萝卜素 9′,10′-双加氧酶协同处理烟叶后，对其进行感官评定，结果如表 2-17 所示，与对照组相比，经菌、酶协同处理后，香气质和香气量提高，刺激性和杂气稍有增加，卷烟余味舒适度提高，评吸分数达到 44.2 分，比对照组有 0.5 分的增加，在一定程度上改善了卷烟吸食品质。

表 2-17　微生物处理前后 C4F 烟叶的评吸结果

类型	香气质	香气量	浓度	刺激性	杂气	劲头	余味	总分
对照组	7.0	6.2	6.0	6.6	5.8	6.2	5.8	43.6

类型	香气质	香气量	浓度	刺激性	杂气	劲头	余味	总分
处理组	7.1	6.3	6.0	6.7	5.9	6.2	5.9	44.1

2.3.2.6　处理前后烟叶品质变化

对比分析枯草芽孢杆菌单菌处理和菌、酶协同处理烟叶结果，枯草芽孢杆菌单菌处理后烟叶品质改善较大，因此选择分析枯草芽孢杆菌处理后烟叶的蛋白质、淀粉和木质素含量。在发酵过程中，枯草芽孢杆菌对河池 C4F 烟叶淀粉有较明显的降解作用（图 2-9）。烟叶淀粉含量随发酵时间的延长而降低，当发酵至 12h 和 18h 时，烟叶淀粉含量分别为 5% 和 4.2%，与对照相比，分别降低了 10.7% 和 25%；发酵 30h 后淀粉降解速度趋于平缓，当发酵至 36h 时烟叶淀粉含量为 3.4%，较对照降低了 39.3%。由图 2-10 可知，在枯草芽孢杆菌的作用下，河池 C4F 烟叶在发酵过程中有部分蛋白质被降解，且蛋白质含量随发酵时间的延长而逐渐降低。当发酵至 12h 和 18h 时，烟叶蛋白质含量分别为 7.3% 和 5.4%，与对照相比分别降低 17.0% 和 38.6%；当发酵至 36h 时，烟叶蛋白质含量降至 3.2%，较对照降低了 63.6%。由图 2-11 可知，河池 C4F 烟叶在枯草芽孢杆菌作用下木质素含量没有变化。

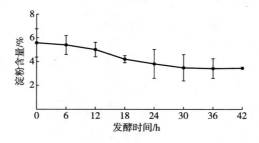

图 2-9　河池 C4F 烟叶淀粉含量变化

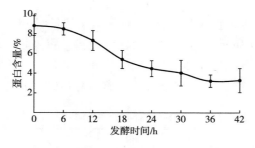

图 2-10　河池 C4F 蛋白淀粉含量变化

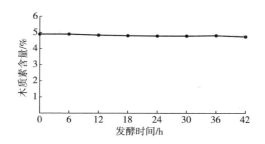

图 2-11　河池 C4F 木质素粉含量变化

2.3.2.7　小结

利用单因素和响应面实验，确定枯草芽孢杆菌发酵河池地区 C4F 烟叶的最佳条件，接种量为 3mL，发酵温度为 28℃，发酵时间为 36h，相对湿度为 60%。在最适条件下发酵后，烟叶内化学成分间更趋于协调，致香成分总含量由 170.445μg/g 提高到 185.765μg/g，相对含量增加 9.0%，其中大马酮、茄酮、巨豆三烯酮、二氢大马酮、香叶基丙酮和二氢猕猴桃内酯等香味物质含量的变化较大。经感官评吸，处理后烟叶香气质有所增加，刺激性和杂气均降低，余味舒适，评吸得分提高 1.0 分。

2.3.3　混合微生物发酵改善烟叶品质研究

2.3.3.1　嗜麦芽寡养单胞菌发酵条件的单因素实验

利用微生物处理低等次烟叶以提高其吸味品质和感官品质，已成为改善烟叶品质的一种重要方式。近年来，研究人员还发现混合菌种发酵烟叶的品质明显强于单一菌种发酵。混合微生物处理技术能有效降解烟叶中淀粉、蛋白质、木质素和果胶等大分子物质，有效改善烟叶品质。帅瑶等通过使用解淀粉芽孢杆菌 GUHP86 与 GZU03 复配菌种对大理红大 CL314 烟叶进行发酵，发现芳樟醇、β-大马酮和 β-紫罗兰酮等香味物质相对含量增加，且复合菌发酵比单菌发酵和自然发酵对烟叶质量提升作用更明显。团队前期分离得到一株嗜麦芽寡养单胞菌，该菌可以将烟叶中 2,7,11-西柏三烯-4,6-二醇类物质转化为香味物质，进而有效改善烟叶品质。在前期实验中，采用酿酒酵母和嗜麦芽寡养单胞菌分别发酵广西百色 B3F 烟叶，烟叶品质虽有一定改善但是效果并不明显。鉴于此，本部分拟利用酿酒酵母和嗜麦芽寡养单胞菌对百色 B3F 烟叶进行混合微生物发酵处理，确定嗜麦芽寡养单胞菌的最佳发酵条件；分析混合微生物发酵前后烟叶常规化学成分、致香成分的变化，并研究发酵后烟叶感官评吸品质的提升效果，以期提高百色 B3F 烟叶的利用率。

2.3.3.2　正交实验设计

正交实验结果见表 2-18，正交实验结果方差分析见表 2-19。由极差结果可知，影响石油醚提取物质量分数的因素按影响程度排序为 $R_A > R_B > R_C > R_D$，即接种量>发酵温度>发酵时间>湿度；由方差分析的结果可知，接种量对石油醚提取物质量分数影响极显著，发酵温度、时间和湿度对其影响不显著，正交实验结果最优组合是 $A_3B_2C_1D_3$。因此，最佳发酵条件是接种量 8mL，发酵温度 34℃，发酵时间 60h，湿度 70%。在此发酵条件下，石油醚提取物质量分数为 16.50%。

表 2-18　正交实验结果

实验号	A	B	C	D	石油醚提取物质量分数/%
1	1	1	1	1	12.79
2	1	2	2	2	13.03
3	1	3	3	3	14.88
4	2	1	2	3	13.67
5	2	2	3	1	15.48
6	2	3	1	2	14.43
7	3	1	3	2	15.08
8	3	2	1	3	16.50
9	3	3	2	1	15.82
k_1	13.57	13.85	14.58	14.70	
k_2	14.53	15.00	14.17	14.18	
k_3	15.80	15.04	15.15	15.01	
R	2.23	1.19	0.98	0.83	

表 2-19　正交实验结果方差分析

方差来源	自由度	偏差平方和	均方	F
A	2	22.614	11.307	19.153[**]
B	2	8.283	4.142	7.015
C	2	4.334	2.167	3.670
D	2	3.184	1.592	2.696
误差	18	10.626	0.590	
总和	27	5828.622		

注　$F_{0.01(2,10)} = 7.56$；$F_{0.05(2,10)} = 4.10$。

2.3.3.3　烟叶感官评吸方法

邀请 13 位专业评吸者，每位评吸者在上午的同一时间段分别对单料烟进行评吸，每次抽吸 6 支卷烟，对每种单料烟进行 3 次评吸。要求所有的专业评吸人员在规定的时间内完成评吸，否则评吸结果作废。打分时按照单料烟九分制相关标准，从烟叶的香气质、香气量、浓度、刺激性、杂气、劲头、余味 7 项指标进行感官评吸。

2.3.3.4　发酵前后烟叶常规化学成分分析

混合微生物发酵前后 B3F 烟叶常规化学成分质量浓度如表 2-20 所示。由表 2-20 可知，在嗜麦芽寡养单胞菌的最佳发酵条件下，微生物不仅分解淀粉等生物大分子，使烟叶的总糖和还原糖质量浓度明显增加，还可降低该类大分子物质对吸食品质的影响；烟碱、钾、氯和总氮的变化不明显，糖碱比升高有利于提高烟叶的燃烧性。烟叶常规化学成分比例的变化使其内部趋于协调，整体更为和谐，改善了卷烟的吸味品质，提高了烟叶的感官品质。

表 2-20　混合微生物发酵前后 B3F 烟叶常规化学成分的质量浓度

样品	总糖/ ($mg \cdot g^{-1}$)	还原糖/ ($mg \cdot g^{-1}$)	烟碱/ ($mg \cdot g^{-1}$)	钾/ ($mg \cdot g^{-1}$)	氯/ ($mg \cdot g^{-1}$)	总氮/ ($mg \cdot g^{-1}$)	钾氯比	糖碱比
对照组	129.8	130.5	18.7	30.9	3.7	2.3	8.35	6.94
实验组	140.5	138.9	18.6	30.9	3.7	2.36	8.35	7.55

2.3.3.5　发酵前后烟叶致香成分分析

烟叶的化学组成中，羰基化合物（酮类）和类脂类物质对烟气香味具有重要影响。混合微生物发酵前后烟叶中致香成分对比分析如表 2-21 所示。由表 2-21 可知，经酿酒酵母和嗜麦芽寡养单胞菌混合微生物发酵处理的广西 B3F 烟叶的总致香成分质量浓度增加 64.21μg/mL，总体变化不明显，但巨豆三烯酮、大马酮、茄酮、二氢大马酮、香叶基丙酮和二氢猕猴桃内酯这 6 种重要致香成分总量变化较大，质量浓度由 2455.68μg/mL 提高到 2619.01μg/mL，增加了 6.65%。利用酵母菌固态发酵烟叶，可以有效增加烟叶中羰基化合物（酮类）和类脂类化学物质，进而改善烟叶的品质，已有相关文献报道。胡志忠等利用产香酵母对贵州烟叶进行固态发酵，发现在最佳发酵条件下，烟叶新增多种重要致香物质，其中包括糠醇、金合欢醇、β-环柠檬醛等。陈笃建用产香酵母处理低等级烟叶，处理前后烟叶成分和烟气成分差异不大，但香味物质巨豆三烯酮、正十六酸、香叶基丙酮、香叶醇等相对百分含量发生变化，改善了烟叶吸食品质。

表 2-21　混合微生物发酵前后烟叶中致香成分对比分析

样品	巨豆三 烯酮/ ($μg/mL$)	大马酮/ ($μg/mL$)	茄酮/ ($μg/mL$)	二氢大 马酮/ ($μg/mL$)	香叶基 丙酮/ ($μg/mL$)	二氢猕 猴桃酯/ ($μg/mL$)	6 种重要致 香成分 质量浓度/ ($μg/mL$)	致香成分 总质量浓度/ ($μg/mL$)
对照组	1239.54	56.90	570.24	325.32	95.12	192.23	2479.35	10021.87
实验组	1276.09	57.90	595.82	378.96	99.07	211.17	2619.01	10055.19

2.3.3.6　处理前后烟叶品质变化

在发酵过程中，酿酒酵母和嗜麦芽寡养单胞菌混合发酵处理对百色 B3F 烟叶中淀粉和蛋白质的降解能力较弱，几乎没有水解降解能力（图 2-12 和图 2-13）。而对烟叶中木质素具有较好降解活性，由图 2-14 可知，百色 B3F 烟叶在发酵过程中有部分木质素被降解，当发酵至 12h 和 24h 时，烟叶木质素含量分别为 4.6% 和 4.7%，与对照相比分别降低 6.1% 和 7.1%，当发酵至 60h 时，烟叶木质素含量降至 4.05%，较对照降低了 17.3%。

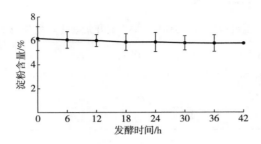

图 2-12　百色 B3F 烟叶淀粉含量的变化

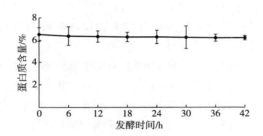

图 2-13　百色 B3F 烟叶淀粉含量的变化

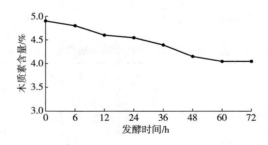

图 2-14　百色 B3F 烟叶木质素粉含量变化

2.3.3.7　小结

本章以广西百色 B3F 烟叶为研究对象，在酿酒酵母对广西百色地区 B3F 烟叶进行发酵预处理的基础上，采用嗜麦芽寡养单胞菌对该烟叶进一步发酵，通过单因素实验和正交实验确定最佳发酵条件，建立混合微生物发酵广西百色地区 B3F 烟叶技术；对比分析混合微生物发酵前后广西百色地区 B3F 烟叶常规化学成分和致香成分的变化，并研究发酵后该烟叶感官评吸品质的提升水平。结果表明：嗜麦芽寡养单胞菌发酵最佳工艺条件：接种量为 8mL，发酵温度为 34℃，发酵时间为 60h，湿度为 70%，在该条件下石油醚提取物质量分数为 16.50%；混合微生物发酵后烟叶常规化学成分中总糖和还原糖含量均有所增加，烟叶糖碱比由 6.77 提高到 7.55，烟叶中巨豆三烯酮、大马酮、茄酮、二氢大马酮、香叶基丙酮和二氢猕猴桃内酯 6 种重要致香成分质量浓度增加 6.65%，这在一定程度上有效改善了烟叶的吸味品质；发酵后烟叶香气质有所增加，刺激性和杂气减轻，烟叶内化学成分间更趋于协调，卷烟余味舒适度增加。因此本研究所建立的酿酒酵母和嗜麦芽寡养单胞菌混合菌固态发酵技术可以有效改善并提高广西百色 B3F 烟叶的品质，今后需要进一步完善混合菌固态发酵的中试放大工艺条件，加快在相关烟草企业中不适用烟叶提质增香中的推广应用。

2.3.4 产香酵母在烟草醇化中的应用研究

产香酵母是一类可以产生香味物质的酵母菌，由于其生产的香味物质种类繁多，在食品行业应用十分广泛，如生产白酒、葡萄酒、果汁、香精香料以及烘焙面包等。根据已有的研究，在烟叶中接种酵母菌进行发酵可以增加卷烟烟香，香气质较好，并且能与烟香协调。

本节利用分离得到的一株酵母（*Saccharomyces cerevisiae*）对烟叶进行发酵，以石油醚提取物的含量为指标进行单因素优化，根据正交实验结果，再结合烟叶香气物质和常规化学成分，期望探究出产香酵母对烟叶的最佳发酵工艺参数。

2.3.4.1 发酵条件优化

（1）不同接种量发酵烟叶的实验。将产香酵母的菌悬液按接种量 2.8%、5.6%、8.3%、11.1%、13.9%的比例分别均匀接种至 40g 烟叶表面，然后喷洒适量无菌水使烟叶含水率为 40%，在 40℃下发酵 3 天后备用。

（2）不同温度发酵烟叶的实验。将产香酵母 C1 的菌悬液按 8.3%的接种量均匀喷洒至 40g 烟叶表面，然后喷洒适量无菌水使烟叶含水率为 40%，分别在 25℃、30℃、35℃、40℃、和 45℃下发酵 3d 后备用。

（3）不同时间发酵烟叶的实验。将产香酵母 C1 的菌悬液按 8.3%的接种量均匀喷洒至 40g 烟叶表面，然后喷洒适量无菌水使烟叶含水率为 40%，分别在 40℃下发酵 1d、2d、3d、4d、5d 后备用。

（4）不同含水率发酵烟叶的实验。将产香酵母 C1 的菌悬液按 8.3%的接种量均匀喷洒至 40g 烟叶表面，然后喷洒适量无菌水使烟叶含水率分别为 20%、30%、40%、50%和 60%，然后在 40℃下发酵 3d 后备用。

本实验设计酵母菌菌悬液的接种量（$v : w$）为 2.8% ～ 13.9%，称取 40g 烟叶（湿基），测定含水率后，确定其接种量为 1 ～ 5mL，发酵温度为 40℃，发酵水分为

40%，发酵时间 3d。发酵结束后测定烟叶的石油醚提取物，结果如图 2-15 所示。

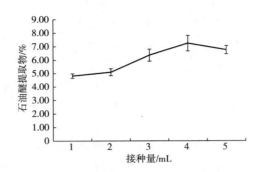

图 2-15　不同接种量对烟叶石油醚提取物的影响

由图 2-15 可见，随着产香酵母接种量的增加，烟叶中石油醚提取物的含量逐渐升高，当接种量为 11.1% 时，石油醚提取物含量达到最大值，然后随着接种量的增加呈现下降的趋势，故产香酵母的最佳接种量为 11.1%。

（5）最佳发酵温度的确定。温度在发酵过程中对烟叶表面的微生物和酶具有显著的影响。本实验设计发酵温度为 25℃、30℃、35℃、40℃、45℃，在不同温度下对烟叶进行固态发酵，发酵水分为 40%，接种量为 3mL，发酵时间为 3d。发酵结束后测定石油醚提取物含量，结果如图 2-16 所示。

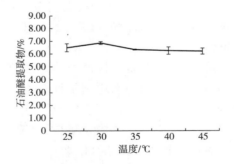

图 2-16　不同发酵温度对烟叶石油醚提取物的影响

由图 2-16 可知，发酵温度为 30℃ 时，石油醚提取物含量最高，随着温度的升高，呈现下降的趋势，可能是由于过高的温度抑制了菌体的生长，故最佳发酵温度为 30℃。

（6）最佳发酵时间的确定。发酵时间对微生物生长及其代谢产物有重要的影响。本实验设计的发酵时间为 1d、2d、3d、4d、5d，发酵水分为 40%，发酵温度为 40℃，接种量为 3mL。发酵结束后测定石油醚提取物的含量，结果如图 2-17 所示。

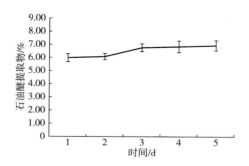

图 2-17 不同发酵时间对烟叶石油醚提取物的影响

由图 2-17 可知，在一定范围内，随着发酵时间的延长，烟叶的石油醚提取物含量逐渐增加，发酵第 4d 时，石油醚提取物含量的变化不再明显，故最佳发酵时间为 3d。

（7）最佳含水率的确定。发酵烟叶中水分过低，会影响微生物的生长和酶的活性。水分过高，则发酵烟叶易结块，影响其散热及通气性。本实验设计发酵水分为 20%、30%、40%、50%、60%，发酵温度为 40℃，接种量为 3mL，发酵时间 3d。发酵结束后测定石油醚提取物含量，结果如图 2-18 所示。

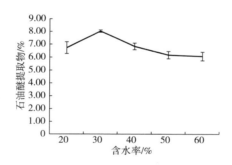

图 2-18 不同含水率对烟叶石油醚提取物的影响

由图 2-18 可知，发酵过程中，烟叶含水率为 30% 时，石油醚提取物的含量达到最大值，随着含水率的增加，石油醚提取物的含量呈现逐渐下降的趋势，故最佳发酵含水率为 30%。

2.3.4.2 正交实验设计

根据 2.3.4.1 中（5）~（7）得到的最佳单因素实验结果，根据温度、时间、烟叶含水率及接种量设计四因素三水平的正交实验方案，筛选影响烟叶石油醚提取物含量的主要因素，以确定最佳发酵条件。

根据以上单因素实验的结果，以烟叶含水率（A）、接种量（B）、发酵时间（C）、发酵温度（D）设计 $L_9(3^4)$ 正交实验方案（表 2-22）。

表 2-22   产香酵母发酵烟叶条件的因素与水平

水平	A 含水率/%	B 接种量/mL	C 时间/d	D 温度/℃
1	20	3	2	25
2	30	4	3	30
3	40	5	4	35

从正交结果可知（表 2-23），产香酵母发酵烟叶时，发酵条件为 $A_2B_3C_1D_2$ 时，石油醚提取物含量最高，为 8.45%。根据极差分析可得，各因素对石油醚提取物含量的影响显著性由大到小为接种量、发酵温度、发酵时间、烟叶含水率，其中含水率因素在三个水平下以 k_2（6.85）为最优，接种量以 k_3（7.42）为最优，发酵时间以 k_1（7.03）为最优，发酵温度以 k_2（7.06）为最优，4 种因素对石油醚提取物含量的最优组合为 $A_2B_3C_1D_2$，且与实验最优值结果相符。由此确定产香酵母发酵烟叶的最佳条件是：烟叶含水率 30%、接种量 5mL、发酵时间 2d、发酵温度 30℃。

表 2-23   产香酵母发酵烟叶的正交实验结果

序号	含水率 (A) /%	接种量 (B) /mL	发酵时间 (C) /d	发酵温度 (D) /℃	石油醚提取物/%
1	1	1	1	1	6.14
2	1	2	2	2	6.29
3	1	3	3	3	7.20
4	2	1	2	3	6.36
5	2	2	3	1	5.73
6	2	3	1	2	8.45
7	3	1	3	2	6.44
8	3	2	1	3	6.51
9	3	3	2	1	6.60
k_1	6.54	6.31	7.03	6.16	—
k_2	6.85	6.77	6.42	7.06	—
k_3	6.52	7.42	6.46	6.69	—
R	0.33	1.11	0.61	0.90	—
较优水平	A_2	B_3	C_1	D_2	
主次因素	$B>D>C>A$				

2.3.4.3   常规化学成分分析

产香酵母对烟叶中总糖、还原糖、烟碱、钾和氯的含量影响见表 2-24，发酵后的烟叶总糖和还原糖含量下降，这是由于在发酵过程中接种的产香酵母以烟叶中的糖作为碳源进行生长繁殖而产生了消耗；发酵前后烟碱含量并没有发生显著变化；发酵后烟叶钾氯比提升，烟叶的燃烧性增强；发酵前后烟叶的糖碱比无显著变化。

表 2-24　产香酵母对烟叶常规化学成分含量的影响

处理	总糖/%	还原糖/%	烟碱/%	钾/%	氯/%	钾氯比	糖碱比
对照组	26.09^a	22.15^a	2.89^a	1.71	0.61	2.80^b	9.03^a
实验组	24.02^b	19.62^b	2.89^a	1.79	0.59	3.03^a	8.31^a

注　同列不同字母代表在 5% 水平具有显著差异。

2.3.4.4　香味物质含量的变化分析

为了进一步分析产香酵母对烟叶品质的影响，对处理后的复烤烟叶进行 GC/MS 分析，然后利用 Nist11 谱库进行检索，结果见表 2-25，在对照组和实验组中分别检测出香味物质 60 种和 54 种。

表 2-25　产香酵母对烟叶香味物质的影响（µg/g）

类型	香味物质名称	处理	
		对照组	实验组
醇类	香叶基香叶醇	1.14	0.26
	糠醇	—	0.19
	金合欢醇	—	0.53
	芳樟醇	1.88	1.57
	苯乙醇	4.03	3.81
	苯甲醇	7.26	6.73
	（±）-6-甲基-5-庚烯基-2-醇	0.16	—
合计	7 种	14.47	13.09
羰基类	十五烷醛	—	3.44
	螺岩兰草酮	6.32	6.21
	庚二烯醛	0.12	—
	反-2,6-壬二醛	0.26	—
	反式-5-甲基-2-（1-甲基乙烯基）环己烷-1-酮	—	—
	苯乙醛	5.63	5.32
	β-环柠檬醛	—	0.1
	β-大马酮	15.31	15.13
	α-大马酮	1.49	1.29

类型	香味物质名称	处理	
		对照组	实验组
羰基类	2-(4-甲基-3-环己烯基)丙醛	0.15	0.15
	2,6,6-三甲基-1,3-环己二烯-1-甲醛	0.28	0.34
	2,6,6-三甲基-2-环己烯-1,4-二酮	0.16	—
	2-吡啶甲醛	0.39	0.46
	4,7,9-巨豆三烯-3-酮	42.65	42.16
	4-羟基-β-二氢大马酮	3.41	3.19
	5-甲基糠醛	1.06	1.06
	6-甲基-5-庚烯-2-酮	—	—
	3-吡啶甲醛	0.33	—
	6,10,14-三甲基-2-十五烷酮	3.6	4.32
	6,10-二甲基-5,9-十一双烯-2-酮	2.24	2.59
合计	20 种	83.40	85.76
酸类	棕榈酸	93.04	79.75
	硬脂酸	4.70	2.72
	亚油酸	8.76	6.71
	辛酸	—	0.28
	壬酸	0.48	—
	α-亚麻酸	30.61	18.89
合计	6 种	137.59	108.35
酯类和内酯	棕榈酸甲酯	21.94	20.55
	硬脂酸甲酯	2.52	1.91
	亚油酸甲酯	8.82	—
	亚麻酸甲酯	19.14	14.94
	十四酸甲酯	—	0.74
	三甲基硅烷基棕榈酸酯	26.96	19.49
	三甲基硅烷基十五烷酸酯	11.19	6.6
	三甲基硅烷基肉豆蔻酸酯	10.58	9.53
	邻苯二甲酸二乙酯	1.94	1.47
	甲基反亚油酸酯	—	—
	己二酸二异辛酯	0.98	1.45
	二氢猕猴桃内酯	5.07	4.75

类型	香味物质名称	处理	
		对照组	实验组
酯类和内酯	γ-十一烷酸内酯	3.58	—
	(7E,10E,13E)-7,10,13-十六碳三烯酸甲酯	2.36	2.49
	12-甲基十三烷酸甲酯	0.71	—
合计	15 种	115.79	83.92
烃类	(6E,10E)-7,11,15-三甲基-3-亚甲基-1,6,10,14-十六碳四烯	11.77	—
	(E)-4-六癸烯-6-炔	—	0.62
	(Z)-4-六癸烯-6-炔	2.51	—
	1,2,3,4-四甲基萘	2.36	—
	1,5,8-三甲基-1,2,3,4-四氢萘	0.85	—
	1-氯十八烷	0.5	0.26
	紫罗烯	4.85	4.55
	α-芹子烯	—	1.18
	二十烷	0.49	1.26
	十八烷	1.33	—
	十六烷	0.81	0.92
	十七烷	0.84	1.05
	十四烷	0.38	0.14
	十五烷	0.69	0.87
合计	14 种	27.38	10.85
杂环类	吲哚	1.07	1.43
	烟碱	0.36	0.3
	2-乙酰基吡咯	2.42	2.15
	2-乙酰基呋喃	0.44	0.5
	2-正戊基呋喃	0.34	0.31
合计	5 种	4.63	4.69
酚类	4-乙烯基愈创木酚	5.69	5.6
合计	1 种	5.69	5.6
酰胺和亚胺类	油酰胺	11.47	4.4
	N-(2-三氟甲基苯)-3-吡啶甲酰胺肟	0.47	0.16

续表

类型	香味物质名称	处理	
		对照组	实验组
合计	2 种	11.94	4.56
其他	新植二烯	880.42	958.49

注 "—"表示未检出。

接种产香酵母进行固态发酵后，醇类化合物新增糠醇和金合欢醇 2 种；羰基类化合物新增十五烷醛和 β-环柠檬醛 2 种，β-环柠檬醛具有甜香可以增加烟气浓度；酸类化合物新增辛酸 1 种，辛酸具有醇和烟气的作用；酯类和内酯新增十四酸甲酯 1 种，十四酸甲酯具有醇和烟气的作用；新植二烯含量较对照组增加了 78.07μg/g，新植二烯是烟叶中性挥发性物中最为丰富的成分，其本身具有清香气，而且在抽吸时可以直接进入烟气，具有降低刺激性醇和烟气的作用，并且可以增进烟的吃味和香气。

2.3.4.5 小结

本节主要研究了从烟叶表面分离得到的产香酵母在烟叶发酵中的应用，首先以石油醚提取物的含量为指标对发酵条件（接种量、发酵温度、发酵烟叶含水率）进行了优化，由极差分析可知，各因素对石油醚提取物含量影响显著性由大到小为：接种量>发酵温度>发酵时间>烟叶含水率，最后确定烟叶的最佳发酵条件是：烟叶含水率 30%、接种量 5mL、发酵时间 2d、发酵温度 30℃。在此条件下发酵后的烟叶，醇类中新增了糠醇和金合欢醇两种香味成分，羰基类化合物新增 β-环柠檬醛，对烟气具有重要作用的新植二烯含量增加。

2.3.5 西方许旺酵母在烟草醇化中的应用研究

烟草中含有丰富的萜烯类化合物，主要分为类胡萝卜素、西柏烷类和赖百当类，它们是烟叶中重要香味物质的前体物。类胡萝卜素降解后可以产生二氢猕猴桃内酯、大马酮、β-紫罗兰酮、巨豆三烯酮等多种重要香味物质，如二氢猕猴桃内酯可以降低卷烟刺激性，巨豆三烯酮可以增加烟叶中的花香和木香等特征香气。

利用微生物降解烟叶中类胡萝卜素的生物方法与化学或物理方法相比具有效率高，无污染等特点。本节利用分离得到的西方许旺酵母对烟叶进行固态发酵，根据前期研究结果，以期降解烟叶中的类胡萝卜素，来提高其香味物质含量，提升卷烟感官质量。

2.3.5.1 常规化学成分分析

本节中分别对发酵前后烟叶中还原糖、总糖、烟碱、钾和氯的含量进行测定，实验结果如表 2-26 所示。结果表明，经发酵后，接种量为 13.8%（实验组 2）的烟叶总糖与还原糖含量与对照相比均有升高，而接种量为 6.9%（实验组 1）的烟叶总糖与还原糖含量则没有显著性变化，这可能是由于接种量的增加，烟叶中的淀粉被大量降解，而接种量为 6.9% 的处理中淀粉降解产生的糖类碳源与用于自身生长发育所需的糖类碳源含量相当，所以没有发生明显变化；接种量为 6.9% 和 13.8% 的处理中烟叶钾离子含量均下降，但氯离子含量与钾氯比没有显著性变化，糖碱比均有所升高，分别为 17.85 和 19.41。

表 2-26　西方许旺酵母对烟叶常规化学成分的影响

接种量	总糖/%	还原糖/%	氯/%	钾/%	烟碱/%	钾氯比	糖碱比
0	30.98[b]	28.14[b]	0.42[a]	1.93[a]	1.85[a]	4.64[a]	16.57[b]
6.9%	31.59[b]	26.83[b]	0.39[a]	1.82[b]	1.77[b]	4.62[a]	17.85[a]
13.8%	33.96[a]	30.27[a]	0.39[a]	1.78[b]	1.75[b]	4.52[a]	19.41[a]

注　同列不同字母代表 5% 水平具有显著性差异。

2.3.5.2　香味物质含量变化分析

本节中，为了进一步分析西方许旺酵母对烟草品质的影响，将处理后的样品进行香味物质的 GC-MS 分析，利用 Nist11 谱库进行检索，使用人工解析对烟叶中的香气成分进行定性分析，并采用归一化法对烟叶中的香气成分进行定量分析，共检测出 75 种香味成分，并根据官能团的不同将其分成了 8 类，包括醇类 8 种、烃类 16 种、羰基类 23 种、酯类和内酯 15 种、酸类 6 种、杂环类 4 种、酚类 1 种以及酰胺和亚胺类 1 种以及新植二烯，各类物质含量如表 2-27 所示。3 组样品分别检测出 40、58、46 种香味物质，可以看出经处理后的烟叶香味物质更加丰富。

由表 2-27 可知，经发酵后的烟叶香味物质总量均高于对照，接种量为 6.9%（实验组 1）时香味物质总量最高为 876.44μg/g；除酰胺和亚胺类，实验组各类香味物质总量均高于对照。在接种量为 6.9% 的处理中有 50 种香味物质含量最高，包括苯甲醇、苯乙醇、芳樟醇、香叶基香叶醇、螺岩兰草酮、苯乙醛、α-大马酮、巨豆三烯酮、橙花基丙酮、3-羟基-β-二氢大马酮、茄酮、苯甲醛、二氢猕猴桃内酯、亚麻酸甲酯、亚油酸甲酯、硬脂酸甲酯、2-乙酰基吡咯等重要致香物质，其中苯甲醇、苯甲醛、苯乙醇、苯乙醛为苯丙氨酸和木质素代谢产物，是烟叶中重要香气物质，具有花香和坚果香气；大马酮、巨豆三烯酮在烟叶中起着主要的发香作用，可以增加烟气浓度，改善卷烟香吃味。新植二烯是烟叶中性挥发物中最为丰富的成分，其本身具有清香气，而且在抽吸时可以直接进入烟气，具有降低刺激性和烟气的作用，并且可以增进烟的吃味和香气，与对照相比，两个实验组的新植二烯含量分别增加了 54.6μg/g、82.16μg/g。综合以上分析认为，以接种量为 6.9% 时处理效果最好。

表 2-27　西方许旺酵母对烟叶香味物质含量的影响（μg/g）

类型	香味物质	接种量		
		0	6.9%	13.8%
醇类	苯甲醇	1.62	4.14	3.98
	苯乙醇	0.99	1.86	1.82
	α-萜品醇	—	0.31	0.28
	芳樟醇	0.62	0.88	0.81
	辛醇	—	—	1.75
	2-(4-甲基-1-环己烯-1-基)-1-丙醇	—	0.25	—
	(1S,2E,4R,7E,11E)-2,7,11-西柏三烯-4-醇	2.46	0.25	2.89
	香叶基香叶醇	—	0.48	
合计	8 种	5.69	8.17	11.53
羰基类	壬醛	0.12	0.17	0.17
	螺岩兰草酮	0.96	1.86	1.44
	庚二烯醛	—	0.51	—
	苯乙醛	2.23	3.72	3.39
	反-2,6-壬二醛	—	0.21	—
	桃醛	—	1.01	0.97
	5-甲基糠醛	—	0.34	0.57
	1-(对甲氧基苯基)-1,3-丁二酮	—	0.5	—
	β-大马酮	12.18	14.17	15.52
	2,6,6-三甲基-环己烯-1,4-二酮	—	0.21	—
	2,6-二甲基-2,6-十一碳二烯-10-酮	1.12	—	—
	5-丁基噁唑-2,4-二酮	1.11	—	—
	α-大马酮	0.61	0.82	0.82
	橙花基丙酮	—	1.5	1.57
	4,7,9-巨豆三烯-3-酮	15.55	21.82	21.57
	3-羟基-β-二氢大马酮	0.82	2.12	1.12
	茄酮	14.14	18.41	17.82
	甲基庚烯酮	0.42	0.31	0.37
	2,6,6-三甲基-1,3-环己二烯-1-甲醛	—	0.25	—
	苯甲醛	—	0.67	0.47
	6,10,14-三甲基-2-十五烷酮	—	—	1.53

类型	香味物质	接种量		
		0	6.9%	13.8%
合计	23 种	33.77	47.33	45.48
酸类	棕榈酸	48.57	107.44	50.35
	正十四碳酸	1.89	3.77	4.88
	硬脂酸	1.36	4.07	3.61
	亚油酸	3.8	—	1.56
	十七烷酸	0.8	—	1.98
	亚麻酸	9.31	41.38	27.89
合计	6 种	65.73	156.66	90.27
酯类和内酯	酞酸双(2-乙基己基)酯	—	0.2	—
	硬脂酸甲酯	—	2.5	—
	亚油酸甲酯	3.74	6.87	—
	亚麻酸甲酯	7.75	14.29	8.71
	亚麻酸乙酯	0.59	—	—
	O2-丁基 O1-(2-甲基丙基)苯-1,2-二羧酸酯	0.4	—	—
	间苯二甲酸二(2-乙基己基)酯	—	—	0.91
	三甲基硅烷基肉豆蔻酸酯	0.84	1.87	0.81
	邻苯二甲酸二丁酯	0.35	1.26	—
	二氢猕猴桃内酯	1.82	3.43	2.87
	三醋酸甘油酯	—	0.75	—
	(7E,10E,13E)-7,10,13-十六碳三烯酸甲酯	0.75	1.71	1.25
	十六酸甲酯	8.83	12.36	10.38
	9,12-十八碳二烯酸甲酯	—	—	4.07
	十四酸甲酯	0.25	0.35	—
合计	15 种	25.72	45.59	29
烃类	紫罗烯	0.83	1.43	1.6
	(1Z,5E)-1,4,4-三甲基-8-亚甲基环十一碳-1,5-二烯	—	—	0.32
	角鲨烯	—	0.21	—
	二十四烷	—	0.29	—
	1,2,3,4-四甲基萘	—	—	0.29
	正十三烷	0.34	0.37	0.53

续表

类型	香味物质	接种量		
		0	6.9%	13.8%
烃类	十六烷	0.21	0.34	0.26
	十七烷	—	0.64	0.48
	十八烷	—	1.14	—
	正十九烷	—	—	0.27
	二十烷	—	1.75	1.11
	正二十三烷	1.04	—	—
	（十）-γ-古芸烯	—	0.61	—
	正二十五烷	0.38	—	—
	正二十六烷	—	—	0.43
	正二十七烷	—	2.85	—
合计	16 种	3.34	10.3	5.87
杂环类	吲哚	—	0.49	—
	烟碱	—	0.25	—
	2-乙酰基吡咯	0.27	1.42	0.62
	2-乙酰基呋喃	—	0.1	—
合计	4 种	0.27	2.26	0.62
酚类	2-甲氧基-4-乙烯基苯酚	0.48	3.83	2.34
合计	1 种	0.48	3.83	2.34
酰胺和亚胺类	油酰胺	1.42	5.58	0.58
合计	1 种	1.42	5.58	0.58
其他	新植二烯	514.75	569.35	596.91
总计	76 种	678.54	876.44	809.97

注 "—"表示未检出。

2.3.5.3 感官评吸

将发酵后的烟叶切丝后进行卷制，然后置于（22±2）℃、（60±5）%的恒温恒湿箱中平衡48h。由广西中烟评吸小组专家从香气质、香气量、浓度、刺激性、杂气、劲头、余味、燃烧性、灰色、使用价值10个指标分别进行评分，感官质量评价标准如表2-28所示。

表 2-28　感官质量评价标准

指标	标度值	香气质	香气量	浓度	刺激性	杂气	劲头	余味	燃烧性	灰色	使用价值
说明	9	很好	充足	很浓	很小	很轻	很大	很好	很好	白	很好
	8	好	足	浓	小	轻	大	好	好		好
	7	较好	较足	较浓	较小	较轻	较大	较好	较好		较好
	6	稍好	尚足	稍浓	稍小	尚轻	稍大	稍好	稍好	灰白	稍好
	5	中	中	中	中	中	中	中	中		中
	4	稍差	稍有	稍淡	稍大	稍重	稍小	稍差	稍差		稍差
	3	较差	较淡	较淡	较大	较重	较小	较差	较差	黑	较差
	2	差	平淡	淡	大	重	小	差	差		差

2.3.5.4　小结

在本节中，主要研究了从烟叶表面筛选得到的西方许旺酵母在烟叶发酵中的应用，并对发酵前后烟叶的常规化学成分、香味物质和石油醚提取物的含量，并组织专家进行了感官评吸。结果表明，接种量为 13.8% 的烟叶经发酵后总糖与和还原糖含量与对照相比均有显著性增加；接种量为 6.9% 与 13.8% 的烟叶经发酵后烟碱含量下降，糖碱比均升高，钾氯比无显著变化；对烟叶的香气物质进行 GC/MS 分析后发现，接种量为 6.9% 的处理中香气物质种类最多，且苯甲醇、苯乙醇、芳樟醇、香叶基香叶醇、螺岩兰草酮、苯乙醛、α-大马酮、巨豆三烯酮、橙花基丙酮、4-羟基-β-二氢大马酮、茄酮、苯甲醛、二氢猕猴桃内酯、亚麻酸甲酯、亚油酸甲酯、硬脂酸甲酯、2-乙酰基吡咯等 50 种香味物质含量最高，新植二烯含量增加 54.6μg/g。

2.3.6　降解淀粉菌株在烟草醇化中的应用研究

在陈化过程中，烟叶中的大分子，如淀粉、蛋白质等通过分解、转化，形成小分子的醇类、醛类、酯类、酮类、吡啶类、吡嗪类等利于抽吸的小分子物质。烟叶中以淀粉形式存在的糖类在烟支燃烧时会影响燃烧速度和燃烧的完全性，而且会产生焦糊味，降低感官质量。

本节的主要研究内容是，将定向筛选出可以降解淀粉的菌株接种至烟叶表面进行固态发酵，以此来降低烟叶中淀粉含量，减少烟叶在吸食过程中产生的辛辣味和刺激性，提升卷烟的感官质量。

2.3.6.1　菌株酶活性检测

将活化后的菌株按 5% 的接种量接种到 100mL LB 液体培养基中，每个菌种设置 3 个重复，将其置于 37℃、120r/min 的摇床中培养，分别取 12h、24h 和 48h 3 个时间点对发酵液中的淀粉酶活性进行测定，测定方法采用 DNS 法。

各取发酵液与 1% 淀粉溶液 1mL 于试管中混合均匀，将试管在 37℃ 中水浴

5min，然后取 0.5mL 混合液定容至 2mL，再加入 2mL DNS 溶液，沸水浴 5min，冷却后于 540nm 处测吸光度。

酶活定义：在 37℃ 下，1min 反应产生 1μg 葡萄糖的酶量定义为 1 个酶活力单位。

酶活力计算公式：

$$淀粉酶酶活力（U/mL）= 葡萄糖毫克数 \times N \times 1000/5$$

式中：N 为稀释倍数；1000 表示将单位转化成 μg；5 为反应时间 5min。

空白：1mL 发酵液和 1% 淀粉溶液混合后直接沸水浴灭酶活，取 0.5mL 混合液定容至 2mL，再加入 2mL DNS 溶液，沸水浴 5min，冷却后于 540nm 处测吸光度，作调零使用。

对筛选得到的 3 株产淀粉酶芽孢杆菌做发酵产酶实验，采用 DNS 法对发酵培养后得到的粗酶液酶活进行测定，实验分别在 12h、24h、48h 和 72h 进行取样，酶活测定结果见表 2-29，可以看出 3 种菌株在 12h 时均没有检测出酶活性，随着发酵时间的增加，酶活性呈上升的趋势；JY03 号菌株在 24h、48h 和 72h 3 个取样点的酶活均为最高。

表 2-29　菌株产淀粉酶酶活

菌种编号	淀粉酶活性/（U/mL）			
	12h	24h	48h	72h
JY02	0	29.69±3.93	66.78±0.99	65.22±1.37
JY03	0	176.72±16.64	228.39±4.69	232.14±3.26
JY05	0	137.27±7.00	180.49±17.35	175.06±4.33

2.3.6.2　香味物质含量变化分析

本节中，为了进一步分析淀粉酶产生菌对烟草品质的影响，以喷洒无菌水作为对照，将处理后的样品进行 GC-MS 分析，利用 Nist11 谱库进行检索，使用人工解析对烟叶中的香气成分进行定性分析，并采用归一化法对烟叶中的香气成分进行定量，共检测出 57 种香味成分，并根据官能团的不同将其分成了 8 类，包括醇类 7 种、烃类 11 种、羰基类 15 种、酯类和内酯 12 种、酸类 6 种、杂环类 3 种、酚类 1 种、酰胺和亚胺类 1 种以及新植二烯，各类物质含量如表 2-30 所示。4 组样品分别检测出 39、40、50、41 种香味物质，经处理后的烟叶香味物质更加丰富。

由表 2-30 可知，由 JY03 和 JY05 两种淀粉酶产生菌发酵后的烟叶香味物质总量高于对照，其中 JY03 组香味物质总量最高为 723.22μg/g；发酵后的烟叶中羰基类化合物的含量均上升，其中以 JY03 组样品提升最为明显，增加了 69.0%，含量为 60.94μg/g。从每种香味物质含量来看，JY03 组新增香味物质 15 种，且有 47 种香味物质含量最高，其中包括苯甲醇、苯乙醇、香叶基香叶醇、螺岩兰草酮、苯乙醛、α-大马酮、巨豆三烯酮、橙花基丙酮、3-羟基-β-二氢大马酮、茄酮、苯甲醛、二氢猕猴桃内酯、亚麻酸甲酯、2-乙酰基吡咯等重要致香物质。经发酵后JY02 中新植二烯含量略有降低，其余两组均有提升。综合以上分析认为，JY03 菌株对烟叶香味物质的种类和含量提升作用较大。

表 2-30　淀粉酶产生菌对烟叶香味物质含量的影响（μg/g）

类型	香味物质	编号			
		对照	JY02	JY03	JY05
醇类	苯甲醇	0.91	1.12	2.13	1.62
	苯乙醇	0.54	0.48	0.55	0.53
	糠醇	—	—	2.32	0.85
	芳樟醇	0.30	0.27	0.25	0.19
	辛醇	—	0.65	1.75	—
	(1S,2E,4R,7E,11E)-2,7,11-西柏三烯-4-醇	3.69	3.52	4.02	1.32
	香叶基香叶醇	1.36	1.33	2.03	1.25
合计	7 种	6.8	7.37	13.05	5.76
羰基类	壬醛	0.12	0.11	0.17	0.15
	螺岩兰草酮	0.88	0.95	1.43	0.11
	苯甲醛	0.16	0.13	1.35	1.25
	苯乙醛	0.93	1.22	2.39	1.54
	反-2,6-壬二醛	—	—	1.02	0.32
	桃醛	—	0.22	1.23	0.45
	5-甲基糠醛	—	—	0.89	—
	β-大马酮	6.97	7.69	11.52	8.32
	α-大马酮	0.72	0.71	0.87	0.69
	橙花基丙酮	0.31	0.45	1.56	0.85
	4,7,9-巨豆三烯-3-酮	10.45	12.35	16.57	14.52
	3-羟基-β-二氢大马酮	0.83	0.98	1.52	1.11
	茄酮	14.17	14.22	17.92	18.69
	甲基庚烯酮	0.52	0.65	0.82	0.51
	6,10,14-三甲基-2-十五烷酮	—	—	1.68	—
合计	15 种	36.06	39.68	60.94	48.51

类型	香味物质	编号			
		对照	JY02	JY03	JY05
酸类	棕榈酸	8.65	7.23	10.72	6.89
	正十四碳酸	1.99	1.01	3.87	2.37
	硬脂酸	1.42	—	2.63	—
	亚油酸	—	1.22	1.89	—
	十七烷酸	0.79	0.33	0.98	—
	亚麻酸	7.62	—	10.13	4.59
合计	6 种	20.47	9.79	30.22	13.85
酯类和内酯	亚油酸甲酯	4.68	—	—	2.37
	亚麻酸甲酯	6.32	3.57	8.79	—
	亚麻酸乙酯	0.63			
	O2-丁基 O1-（2-甲基丙基）苯-1,2-二羧酸酯	0.4	—	—	0.32
	间苯二甲酸二（2-乙基己基）酯	—	—	0.89	0.22
	三甲基硅烷基肉豆蔻酸酯	0.86	—	0.92	1.33
	邻苯二甲酸二丁酯	—	1.69	3.94	—
	二氢猕猴桃内酯	1.92	0.68	2.65	1.43
	(7E,10E,13E)-7,10,13-十六碳三烯酸甲酯	—	0.11	—	—
	十六酸甲酯	9.33	5.68	12.38	11.32
	9,12-十八碳二烯酸甲酯	—	0.11	4.07	—
	十四酸甲酯	0.36	0.21	0.47	0.17
合计	12 种	24.5	12.05	34.11	17.16
烃类	紫罗烯	0.93	0.42	1.63	—
	(1Z,5E)-1,4,4-三甲基-8-亚甲基环十一碳-1,5-二烯	0.32	0.51	0.42	0.65
	1,2,3,4-四甲基萘	—	—	0.39	0.18
	正十三烷	0.36	0.52	0.74	—
	十六烷	0.32	—	0.45	0.11
	十七烷	—	—	0.38	0.24
	正十九烷	—	0.32	0.57	—

类型	香味物质	编号			
		对照	JY02	JY03	JY05
烃类	二十烷	—	0.56		0.22
	正二十三烷	1.12	0.12	—	0.62
	正二十五烷	0.18	1.03		—
	正二十六烷	—	0.48	0.53	0.62
合计	11 种	3.23	3.96	5.11	13.53
杂环类	烟碱	4.25	4.08	3.48	
	2-乙酰基吡咯	0.25		0.42	0.31
	2-乙酰基呋喃		0.11	0.81	
合计	3 种	4.50	4.19	4.71	0.31
酚类	4-乙烯基愈创木酚	0.48	—	0.59	0.39
合计	1 种	0.48	—	0.59	0.39
酰胺和亚胺类	油酰胺	0.75		1.23	
合计	1 种	0.75		1.23	
其他	新植二烯	550.36	520.3	573.26	560.1
总计	57 种	647.15	597.34	723.22	659.61

注　"—"表示未检出。

2.3.6.3　感官评吸

感官评吸标准参考 2.3.5.3。

2.3.6.4　小结

本节主要对筛选得到的具有淀粉降解圈的菌株进行了产酶酶活的测定，以及降解烟叶中淀粉含量的效果验证，得到了一株可高效降解淀粉的菌株 JY03。在未做发酵培养基优化的条件下，所得酶活力为 232.14U/mL，对烟叶中淀粉的降解率可达 20.1%，并对发酵前后的烟丝进行了香味物质含量的测定和感官评吸。结果表明，接种了 JY03 菌株的烟叶经发酵后，香味物质总量提升，其中包括苯甲醇、苯乙醇、香叶基香叶醇、螺岩兰草酮、苯乙醛、α-大马酮、巨豆三烯酮、橙花基丙酮、3-羟基-β-二氢大马酮、茄酮、苯甲醛、二氢猕猴桃内酯、亚麻酸甲酯、2-乙酰基吡咯等重要致香物质，且对抽吸具有重要作用的羰基类化合物含量提升明显；感官评吸结果表明，接种 JY03 和 JY05 的卷烟香气质、浓度优于接种 JY02 的烟叶，接种 JY03 发酵后的烟叶余味干净、舒适，与另外两组相比杂气也较轻，具有较好的使用价值。综合以上结果，筛选得到了一株可以较大提升烟叶品质的菌株 JY03。

2.3.7　金花菌在烟叶发酵醇化中的应用研究

2.3.7.1　金花菌的筛选与鉴定

本研究采用的是具有地域特色的广西六堡茶，探索其中具有独特利用价值的真菌微生物，所以在涂布的 OPC 平板上生长形态不同的真菌都被分离纯培养。根据下游实验发现其潜在价值。已被发现具有潜在价值并体现在本研究中的菌株有 3 株：*Aspergillus chevalieri* E2（后简称 E2），其具有某些多糖水解酶，并有在茶叶发酵上的应用潜力。*Aspergillus chevalieri* E3（后简称 E3），其生长迅速，具有某些多糖水解酶，并有在茶叶发酵、抗氧化物生产方面的应用潜力。*Aspergillus cristatus* E6（后简称 E6），茶叶发酵的益生菌。这 3 种菌均为散囊菌属，俗称"金花菌"。

（1）真菌的菌落形态。3 株散囊菌属真菌在 CZ（查氏培养基）上的生长情况如图 2-19 所示。E2 无法生长，E3 生长缓慢，E6 只有少量菌丝体和子囊果生长。说明未优化的查氏培养基不适合散囊菌属真菌生长。

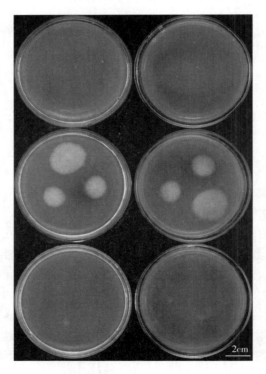

图 2-19　3 株散囊菌属真菌的平板菌落（CZ）
左上：E2 正面　右上：E2 背面　左中：E3 正面　右中：E3 背面
左下：E6 正面　右下：E6 背面

如图 2-20 所示，在 CZ20S 培养基中 3 株散囊菌属真菌生长良好，特别是 E3。能看出 E2 的菌丝延展性有限，有性结构子囊果大量产生并且偏好聚集生长，无性结构散生于表面，分泌的褐色色素聚集于菌落中央的菌丝体内，同时也渗入琼脂中。E3 的菌落颜色接近金色，产生大量无性结构分生孢子梗，有性结构少量散生，产生褐色色素分布在成熟的菌丝体内，同时也渗入琼脂中。E6 的菌落菌丝体不发达，所以其菌丝延展性差，边缘不整齐，有性结构子囊果零散分布，各自聚集的趋势非常明显，并且被发达的具饰菌丝紧紧包裹，所以其菌落厚度比前两者高，无法观察到无性结构，色素出现在成熟的菌丝体中，但更多的扩散在琼脂中，且颜色比前两者更深。

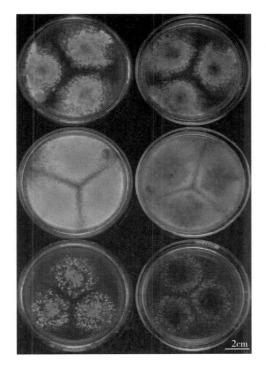

图 2-20　3 株散囊菌属真菌的平板菌落（CZ20S）
左上：E2 正面　右上：E2 背面　左中：E3 正面　右中：E3 背面
左下：E6 正面　右下：E6 背面

CZ 的蔗糖含量为 3%，CZ20S 的含糖量为 20%，说明糖组分的增加显著改善了它们的生长情况。

如图 2-21 所示，在将蔗糖含量增加到 40% 后，E2、E3 和 E6 在菌丝延展速度、子囊果产生的速度和数量、色素出现的时间和产量等方面都加快或提前，所以蔗糖在这些方面的发展上起到了重要的促进作用。对于 E2，相比于在 CZ20S 中，其菌丝延展性有了巨大提升,并且产生大量的色素物质,将菌落染成橙色,且向琼脂分泌更多的色素。对于 E3,其菌落之间的接合缝消失,因为色素更多的原因,菌落的颜色更深,菌落背面染成深褐色,但如果根据颜色深浅判断色素含量,此培养基内其色素产量少于 E2。此培养基内 E6 的生长有所改善,这可以通过更大的菌落发现,但仍旧没有无性结构出现,相比于 CZ20S 其色素产量下降,说明此培养基并不适合其色素的产生。

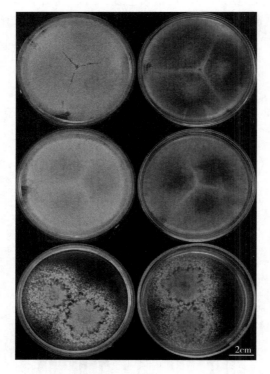

图 2-21　3 株散囊菌属真菌的平板菌落（CZ40S）
左上：E2 正面　右上：E2 背面　左中：E3 正面　右中：E3 背面
左下：E6 正面　右下：E6 背面

　　CZ40S 的含糖量为 40%,已经属于高渗透压的环境,3 株散囊菌属真菌更好的生长状况说明本研究筛选到的散囊菌属真菌均为高渗透压耐受菌株。

　　在优化过的查氏培养基中（图 2-22）,相比于原 CZ,各株真菌的生长都得到了改善。值得注意的是 CZ 的蔗糖含量为 3%,OPC 的蔗糖含量为 2%,这说明蔗糖含量的提高和培养基组成的改善都能够促进它们的生长。

　　对于 E2,相比于 CZ20S,其分散点状的生长方式变为普通的如 E3 般的连续生长,菌落边缘变得整齐,色素仍分布于成熟的菌丝体中,但可能是色素的组成和量发生了改变,菌落正背面都明显泛红。相对于 CZ20S,E3 菌落形态的改变在于正面

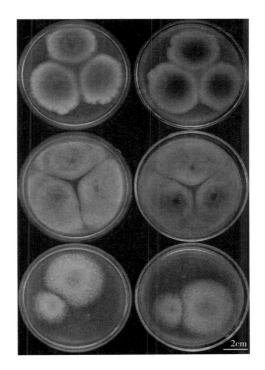

图 2-22　3 株散囊菌属真菌的平板菌落（OPC）
左上：E2 正面　右上：E2 背面　左中：E3 正面　右中：E3 背面
左下：E6 正面　右下：E6 背面

的颜色加深，色素不只分布于菌落中央的成熟区，同时也分布于靠近边缘的新生菌丝。相对于 CZ20S，E6 菌落的变化与 E2 菌落发生的变化一致，改善的培养基组分促进了菌丝在培养基表面的延伸，菌落颜色也是明显泛红，向培养基中分泌的色素含量很少，没有观察到无性结构。

相比于 OPC，3 株散囊菌属真菌在 OPC20S 中的生长（图 2-23）发生了一些变化。对于 E2，菌落表面出现一圈明显的围绕菌落中央生长的灰绿色无性结构（分生孢子梗），菌丝在培养基表面的延展性变差，说明优化查氏培养基的蔗糖含量上升限制了菌落的延展。优化查氏培养基糖含量的提高也限制了 E3 的菌丝延展性。不同于前两者，E6 的菌落直径变得更大，颜色变浅，边缘有明显的白色新生菌丝，观察不到分泌的色素，没有观察到无性结构。

如图 2-24 所示，3 株真菌在 OPC40S 培养基中生长都受到抑制。相比于 OPC20S 培养基：E2 的菌落颜色显著变浅。E3 的菌落颜色变浅。E6 的菌落形态没有明显变化，观察不到无性结构。

对比 CZ 系列培养基与 OPC 系列培养基，发现如下区别：两个系列培养基蔗糖含量的上升对真菌的生长代谢有相反的效果。CZ 系列培养基能显著促进菌落形成

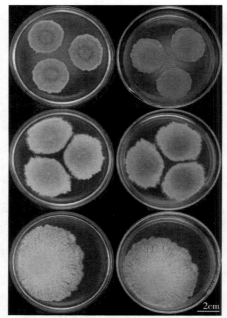

图 2-23　3 株散囊菌属真菌的平板菌落（OPC20S）

左上：E2 正面　右上：E2 背面　左中：E3 正面　右中：E3 背面

左下：E6 正面　右下：E6 背面

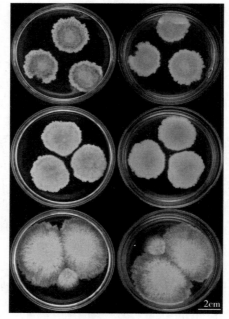

图 2-24　3 株散囊菌属真菌的平板菌落（OPC40S）

左上：E2 正面　右上：E2 背面　左中：E3 正面　右中：E3 背面

左下：E6 正面　右下：E6 背面

和色素分泌；而 OPC 系列培养基对 E2、E3 都起到抑制生长的作用，且抑制 3 株真菌的色素分泌。

（2）真菌的显微形态。散囊菌属真菌有两种世代，有性型和无性型。如图 2-25 所示，无性型为分生孢子梗，有性型为子囊果。

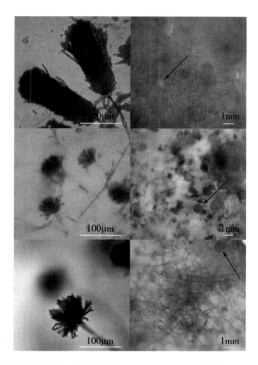

图 2-25　3 株散囊菌属真菌的显微形态（CZ20S、30℃培养 9d，E6 无性结构除外）
上：E2　中：E3　下：E6　左：展示无性结构（分生孢子梗）
右：展示有性结构（箭头所示的子囊果）

E2：无性型：分生孢子头为较长的短柱形，完全成熟后明显而巨大，颜色呈淡绿色。分生孢梗茎：枯萎状，透明，（450~900）μm×（4~7）μm。顶囊：球形至近球形，32~47μm。分生孢子：球形至椭圆形，具小刺，（4~5.5）μm×（3~4）μm。有性型：子囊果呈金黄色。散囊菌属型闭囊壳，球形至近球形，大小为 75~110μm。

E6：无性型：分生孢梗茎：光滑，透明，（760~920）μm×（3.5~7）μm。顶囊：球形，32~36.5μm。分生孢子：近球形至椭圆形，具小瘤，（4~6）μm×（3.5~4.5）μm。因无法通过琼脂平板培养观察到它的无性型结构，图 2-25 的对应图片通过茶叶发酵得到，详见第 3 章。有性型：子囊果呈金黄色。散囊菌属型闭囊壳，球形，大小为 50~100μm，被菌丝紧密包围。

E3：无性型：分生孢梗茎：光滑，透明，（120~550）μm×（3.5~8）μm。顶囊：球形至近球形，24~28μm。分生孢子：近球形至椭圆形，光滑，（4~6）×（3.5~5）μm。

有性型：子囊果金黄色。散囊菌属型闭囊壳，球形至近球形，大小为 30~85μm。

《中国真菌志》中对 *Aspergillus chevalieri* 的描述为：菌落在 CZ 琼脂上生长缓慢，25℃生长 10~12d 的直径为 25~33mm；具不明显的辐射状沟纹；黄褐色，近于苯胺黄至勋章青铜色或淡褐橄榄色；具无色透明的渗出液，呈小滴状；菌落反面为深褐色。菌落在 CZ20S 琼脂上生长快，25℃生长 10~12d 的直径达 57~75mm；平或具辐射状沟纹；分生孢子结构呈灰绿色，近于橄榄绿至桔青褐色；闭囊壳为黄色，近于浅镉色；菌落反面为深黄色至棕色，闭囊壳呈球形，（80~）110~188μm；子囊近球形，7~12μm；子囊孢子呈双凸镜形，（3.7~）4~5μm×3.2~4μm，"赤道"部分（两瓣中间）具两个明显的、有时稍弯曲的鸡冠状突起，使孢子呈滑轮状，凸面光滑。分生孢子头呈球形至辐射形，130~260μm；分生孢子梗生于基质或气生菌丝，孢梗茎（72~）150~400（~700）μm×（7.2~14）μm，无色或稍带褐色，壁光滑；顶囊呈烧瓶形，小者仅孢梗茎顶端稍膨大，（10~）17~30（~40）μm，大部分表面可育；产孢结构单层，瓶梗 6~8（12.5）μm×2.5~3.7μm；分生孢子为球形（4~5μm）或椭圆形，4~5（~7）μm×2.5~3.7μm，具小刺。

E2 对比《中国真菌志》对 *Aspergillus chevalieri* 的描述，发现如下异同：与描述不同，E2 无法在 CZ 平板上生长；而 E2 在 CZ20S 平板上菌落形态与描述相同。有性结构方面：E2 闭囊壳直径比描述略小。闭囊壳有具饰菌丝包围，在培养基表面形成小丘状突起，这点在描述中未提及。无性结构方面：与描述不同，E2 分生孢梗茎粗糙而纤弱，长度是描述的一倍左右，但直径却是描述的一半；分生孢子头与描述"疏松短柱状"不同，为"短柱状"；顶囊直径比描述略宽；瓶梗不明显的特性符合描述；分生孢子大小符合描述，只是 E2 分生孢子部分呈椭圆形，此描述中未提到。

E3 对比《中国真菌志》对 *Aspergillus chevalieri* 的描述，发现如下异同：A. E2 在 CZ 平板上生长与描述基本一致，不同的是 E2 未发现无色小液滴渗出；而 E3 在 CZ20S 平板上菌落形态与描述完全相同。B. 有性结构方面：E3 闭囊壳直径比描述小得多。C. 无性结构方面：E3 分生孢梗茎大小与描述基本符合，只是直径稍细；E3 分生孢子头呈疏松的半球放射形，与描述有差距；顶囊直径与描述相符；瓶梗不明显的特性符合描述；分生孢子大小符合描述，只是 E3 分生孢子部分呈椭圆形，此描述中未提到，且 E3 分生孢子不具小刺。

《中国真菌志》中对 *Aspergillus cristatus* 的描述为：A. 菌落在 CZ 琼脂平板上生长较慢，25℃生长 7d 的直径为 20~25mm，14d 的直径为 30~35mm；周边呈黄色，近于橄榄浅黄色，中心部分颜色较深，近于橄榄褐至丁香褐色；呈现大量黄色具饰菌丝，衰老后变成褐色；大量闭囊壳，呈黄色，处于具饰菌丝网中；菌落中央具少量渗出液，呈黑褐色；21d 的菌落直径达 60~65mm，颜色全部变成褐橄榄色至丁香褐色，未见分生孢子结构；菌落反面呈黑褐色，色素扩散到基质中。在斜面培养物上，尖端部分可见少量分生孢子结构。B. 菌落在 CZ20S 琼脂上生长较快，25℃生长 7d 的直径为 40~45mm，14d 的直径为 60~80mm；特征与在查氏琼脂上相同，有时边缘处可见分生孢子结构，闭囊壳呈球形或近球形，呈黄色，存在于黄色具饰菌丝网中，直径为 100~175μm，成熟较快；子囊呈球形或近球形，10~14μm；子囊孢子呈双凸镜形，具两个明显的纵向鸡冠状突起，宽 0.8~1μm，孢子体（5~6）μm×（4~5）μm，凸面明显粗糙，具尖疣。分生孢子头呈灰绿色，幼时为球形，直径一般为 37~75μm，老后呈疏松放射形，直径可达 150μm，少数呈疏松短柱形；分生孢子梗一般生自基质，孢梗茎一般为（125~300）μm×（5~9）μm，壁光滑；顶囊近球形或烧瓶形，直径为 12~25μm；产孢结构单层，瓶梗（5~）6.4~9.6μm×（2.4~3.2）μm，着生于顶囊上半部；分生孢子椭圆形，少数近球形，（4~4.8）μm×（3.2~4）μm，壁粗糙，具小刺。

E6 对比《中国真菌志》对 *Aspergillus cristatus* 的描述，发现如下异同：A. 与描述不同，E6 在 CZ 平板上生长极为微弱，而在 CZ20S 平板上的菌落形态与描述相同，只是生长速度比描述缓慢。B. 有性结构方面：E2 闭囊壳直径比描述小一倍左右。闭囊壳有具饰菌丝包围的特点与描述相符。C. 无性结构方面：与描述不同，E2 分生孢梗茎长度是描述的 3 倍以上；分生孢子头与描述相符；顶囊直径比描述宽；瓶梗着生于顶囊的特征与描述相符；分生孢子大小符合描述。

通过对比，总结出：A. E2 有较发达的具饰菌丝结构，这与 E3 不发达的菌丝不同，而趋同于 E6，后者有发达的具饰菌丝结构。B. 3 株真菌子囊果的颜色相近，但大小、生长部位和数量都不同。C. 3 株真菌在无性孢子的形态和排列方式上都有很大差异。

（3）菌株的生理生化鉴定。图 2-26 显示：A. E2 能在以果胶为唯一碳源的 OPCG 上生长，但生长缓慢，且菌丝数和有性孢子较少，说明果胶不是 E2 生长的良好碳源，刚果红染色并用盐水洗脱后观察不到明显的水解圈，在平板上不显现果胶酶活性；B. E2 能在 PDA 上生长，生长局限，说明其不能很好地利用淀粉作为碳源，稀碘液染色有水解圈出现，水解圈与菌落直径比值为 2.16，在平板上显现淀粉酶活性；C. E2 在以纤维素为唯一碳源的含苯胺蓝的 OPCMB 培养基上生长，但没有透明水解圈出现，在此类型平板上不表现纤维素酶活性；D. E2 在以纤维素为唯一碳源的 OPCX 培养基上局限生长，有性结构稀少，但能观察到透明水解圈，水解圈与菌落直径比值为 1.685，在平板上表现纤维素酶活性；E. E2 在以纤维素为唯一碳源且含有愈创木酚的 OPCMY 培养基上生长局限，菌落周围没有红棕色水解圈显现，在平板上不表现纤维素酶活性。

图 2-27 显示：A. E3 能在以果胶为唯一碳源的 OPCG 上生长，且生长良好，菌落平坦，说明 E2 能利用果胶作为碳源，刚果红染色并用盐水洗脱后观察不到明显的水解圈，在此类型平板上不显现果胶酶活性；B. E3 能在 PDA 上生长，但生长受局限，说明其不能很好地利用淀粉为碳源，稀碘液染色有水解圈出现，水解圈与菌落直径比值为 2.12，在平板上显现淀粉酶活性；C. E3 在以纤维素为唯一碳源的含

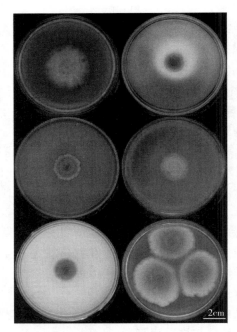

图 2-26 E2 生理生化鉴定平板

左上：刚果红染色的 OPCG　右上：稀碘液染色的 PDA　左中：OPCMB

右中：刚果红染色的 OPCX　左下：OPCMY　右下：OPC

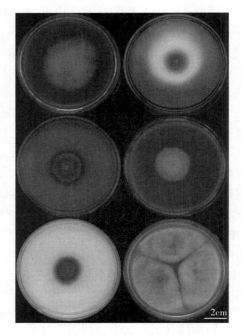

图 2-27 E3 生理生化鉴定平板

左上：刚果红染色的 OPCG　右上：稀碘液染色的 PDA

左中：OPCMB　右中：刚果红染色的 OPCX　左下：OPCMY　右下：OPC

苯胺蓝的 OPCMB 培养基上生长，但没有透明水解圈出现，在平板上不表现纤维素酶活性；D. E3 在以纤维素为唯一碳源的 OPCX 培养基上局限生长，出现少量菌丝结构和稀少的有性结构，观察不到透明水解圈，在平板上不表现纤维素酶活性；E. E3 在以纤维素为唯一碳源且含有愈创木酚的 OPCMY 培养基上生长局限，出现比正常菌落更多的有性结构，菌落周围没有红棕色水解圈显现，在平板上不表现纤维素酶活性。

图 2-28 显示：A. E6 不能在以果胶为唯一碳源的 OPCG 上生长，说明 E6 平板培养时无法利用果胶；B. E6 不能在 PDA 上生长，说明 E6 平板培养时无法利用淀粉；C. E6 在以纤维素为唯一碳源的含苯胺蓝的 OPCMB 培养基上生长良好，但没有透明水解圈出现，在平板上不表现纤维素酶活性；D. E6 在以纤维素为唯一碳源的 OPCX 培养基上局限生长，不能观察到透明水解圈，在平板上不表现纤维素酶活性；E. E6 在以纤维素为唯一碳源且含有愈创木酚的 OPCMY 培养基上生长缓慢、受局限，菌落周围没有红棕色水解圈显现，在平板上不表现纤维素酶活性。

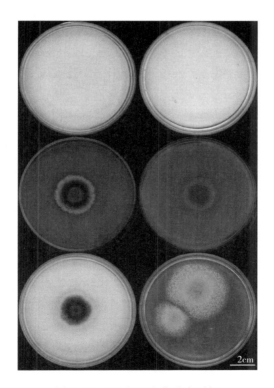

图 2-28　E6 生理生化鉴定平板

左上：刚果红染色的 OPCG　右上：稀碘液染色的 PDA　左中：OPCMB
右中：刚果红染色的 OPCX　左下：OPCMY　右下：OPC

（4）真菌的分子鉴定。图 2-29 为 E2、E3 和 E6 钙调蛋白基因的 ML 进化关系树。Bootstrap 值标示在分枝处。比例尺为每个位点的替换数。*A.* 为 *Aspergillus* 的缩写，图 2-29 的钙调蛋白基因进化树清晰地展示了 3 株真菌与其他物种的进化距离。我们可以发现钙调蛋白基因在入选物种间的进化比较保守（因为不同物种间的差别较大，所以能根据碱基的区别很好地将不同的物种分别开来），所以判断 E2 与 E3 属于 *A. chevalieri*、E6 属于 *A. cristatus* 是比较准确的。

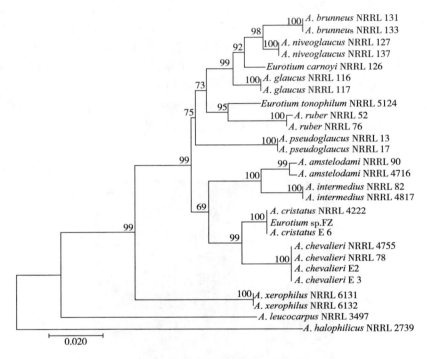

图 2-29　E2、E3 和 E6 钙调蛋白基因的 ML 进化关系树

图 2-30 的 ID 序列进化树比较清晰地展示了 3 株真菌与其他物种的进化距离。可以发现 ID 序列在入选物种间的进化非常保守（物种之间序列改变较小，所以根据此序列判断物种会出现不准确的现象），尤其是在 *A. cristatus* 与 *A. amstelodami* 之间，以及 *A. chevalieri* 与 *A. intermedius* 之间。所以 E6 在此图结果下判断为 *A. cristatus* 或 *A. amstelodami*，E2 和 E3 判断为 *A. chevalieri* 或 *A. intermedius*。

图 2-31 的 RNA 聚合酶 II 基因进化树清晰地展示了 3 株真菌与其他物种的进化距离。我们可以发现 RNA 聚合酶 II 基因在入选物种间的进化比较保守，所以判断 E2 与 E3 属于 *A. chevalieri*、E6 属于 *A. cristatus* 是比较准确的。

图 2-32 的 β-微管蛋白基因进化树清晰地展示了 3 株真菌与其他物种的进化距离。我们可以发现 β-微管蛋白基因在入选物种间的进化比较保守，所以判断 E2 与 E3 属于 *A. chevalieri*、E6 属于 *A. cristatus* 是比较准确的。

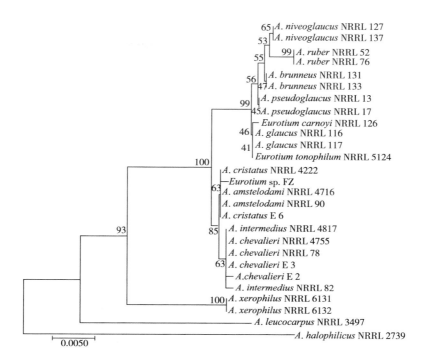

图 2-30 E2、E3 和 E6 ID 序列的 ML 进化关系树

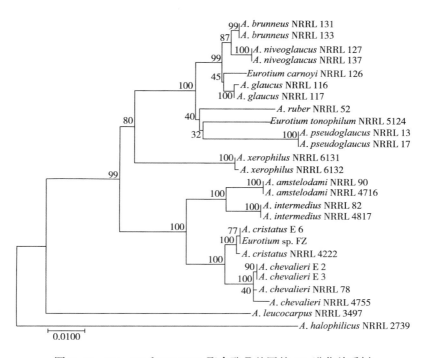

图 2-31 E2、E3 和 E6 RNA 聚合酶 Ⅱ 基因的 ML 进化关系树

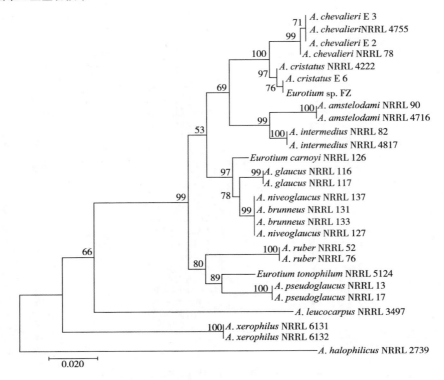

图 2-32　E2、E3 和 E6 β-微管蛋白基因的 ML 进化关系树

进化树清晰地展现了 3 株真菌在物种关系中的位置，遂将 E2 和 E3 鉴定为谢瓦氏曲霉，命名分别为 *Aspergillus chevalieri* E2 和 *Aspergillus chevalieri* E3；将 E6 鉴定为冠突曲霉，命名为 *Aspergillus cristatus* E6。图中显示谢瓦氏曲霉与冠突曲霉同属一个进化小分支，说明两物种的进化距离十分接近。

图 2-33 显示的是 3 株真菌的 4 个保守基因构建的进化树，进化树数据储存进化树清晰地展现了 3 株真菌在物种关系中的位置，遂将 E2 和 E3 鉴定为谢瓦氏曲霉，命名分别为 *Aspergillus chevalieri* E2 和 *Aspergillus chevalieri* E3；将 E6 鉴定为冠突曲霉，命名为 *Aspergillus cristatus* E6。图中显示谢瓦氏曲霉与冠突曲霉同属一个进化小分支，说明两物种的进化距离十分接近。

（5）小结。

1）从广西六堡茶中分离得到 3 株具有潜在利用价值的金花菌。

2）对选择的 3 株真菌进行生理生化鉴定，发现这些真菌可以利用不同种类的多糖并各具特色。

3）通过显微观察微观形态和分子鉴定结合的方法鉴定出这 3 株真菌所属的物种。分别命名为：*Aspergillus chevalieri* E2、*Aspergillus chevalieri* E3 和 *Aspergillus cristatus* E6。

2.3.7.2　金花菌的固态发酵与液态发酵

（1）金花菌固态发酵。由表 2-31 可知 E3 菌株对橘皮粉培养物的适应性最好，

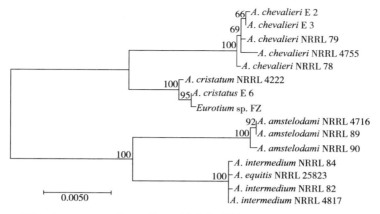

图 2-33　E2、E3 和 E6 的 ML 进化关系树（BT2-CF-ID-RPB2）

其次是 E6，E2 的适应性最差。

　　对于 4 种接种类型：E2 在橘皮粉培养物上长出灰绿色结构；E3 的为金色；E6 的为金色；混合接种的为金色小点点缀在培养物表面。

表 2-31　3 株散囊菌属真菌在橘皮粉固态培养中的生长情况

时间/d	E2	E3	E6	混合接种
3	未生长	未生长	未生长	未生长
3.5	未生长	√	未生长	√
5	未生长	√	√	√

　　由表 2-32 可知 E2、E3 对海韵烟粉培养物的适应性非常好，其次是 E6。对于 4 种接种类型：E2 在海韵烟粉培养物上长出灰绿色结构；E3 的为金色；E6 的为金色，衰老后变为棕色；混合接种的为金色小点点缀在培养物表面。

表 2-32　3 株散囊菌属真菌在海韵烟粉固态培养中的生长情况

时间/d	E2	E3	E6	混合接种
3	√	√	未生长	√
3.5	√	√	√	√
5	√	√	√	√

　　综上：A. 3 株真菌在烟粉中比在橘皮中生长更迅速，适应更快。一般 E6 的生长速度是很缓慢的，但在海韵烟粉培养物中生长较快。B. 真菌的生长形态也与其在平板培养基上有很大差别：E2 一般是黄色与灰绿色都存在的生长形态（黄色占主导），但在两种固态培养基表面发生了变化（几乎只有灰绿色结构）；E3 一般是灰绿色占绝对优势的生长形态，但在两种固态培养基表面发生了变化（几乎只有金黄色结构）。C. 发酵后的培养物都散发出额外的酸香气味，值得深入研究其在烟草

中更广泛的应用性。

（2）液态发酵与化学成分分析。由图2-34可知，在液体烟梗粉培养基中各菌株均能生长。E2在烟梗粉培养基液体中生长到第3d时形成可见菌丝球，并随时间推移增大，第6d液体中不断生长的菌丝球因为液体空间不足而暴露出液体表面，第7d开始形成金黄色点状有性结构。E3在烟梗粉培养基液体中培养2d即可在液体表面形成可见菌落，并迅速发展，第3d菌落附着瓶壁的部分出现金色气生结构，第4d液体表面形成一层膜，液体内的菌丝球也迅速增大，随后液体表面的膜皱缩卷曲，并有小块墨绿色无性结构区域出现。E6在烟梗粉培养基中也是刚开始在液体内生长，第3d可见，至第6d形成小块状边缘不规则的金黄色有性结构，随着时间推移颜色不断加深。

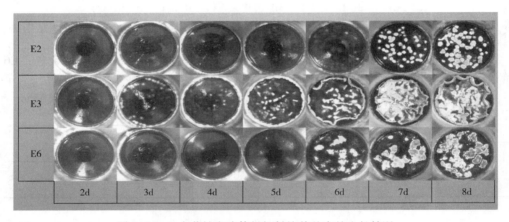

图2-34　3个菌株在液体烟梗粉培养基中的生长情况

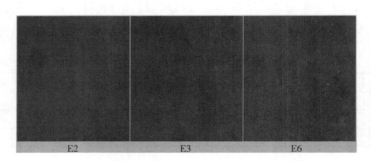

图2-35　3个菌株的液体烟梗粉培养基发酵液抽提物层析

注：每一张层析图从左至右依次为未发酵对照、2d、4d、6d液体培养物抽提物

3株真菌在液体茶粉培养基中生长分泌的可提取色素物质较少，薄层色谱观察不到明显的条带。

从图2-36可以看出3株真菌在液体茶粉培养基中生长良好。E2在第5d形成可见菌丝球，并随时间推移增大；E3在茶粉培养基上培养1d即可在液体与瓶壁接

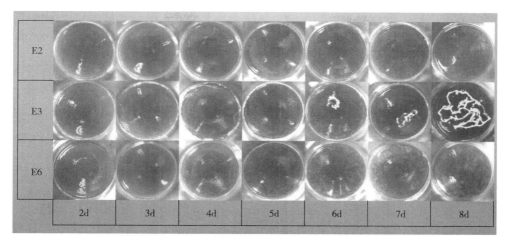

图 2-36　3 个菌株在液体茶粉培养基中的生长情况

触的地方形成金色带状气生结构，随着时间推移扩大，第 5d 液体中形成明显的菌丝球；E6 生长情况与 E2 相似。与在茶叶发酵部分不同，本环节实验液体茶粉培养基中 E3 没有展现出明显的无性型世代（无性型为大量灰绿色分生孢子梗结构），这 3 株真菌在液体烟梗粉培养基中都以有性型世代为偏好，并且产生更多的气生结构。因此不同的环境能调控它们的繁殖偏好。谭玉梅的研究寻找到了一些与有性型调控相关的基因。关于曲霉属真菌世代调控的研究有助于其在茶叶发酵中的应用，原因是散囊菌属真菌的无性型导致茶叶有"霉变"的表观质量，本研究中只有 E6 符合茶叶发酵的要求，而如果能调控有更好的发酵性质的此属真菌的世代，使其向有性型靠拢，便能在不影响表观质量的基础上提高发酵成茶品质。

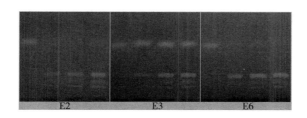

图 2-37　3 个菌株的液体茶粉培养基发酵液抽提物层析
注：每一张层析图从左至右依次为未发酵对照、2d、4d、6d 液体培养物抽提物

薄层层析图谱反映了微生物向液体培养基中分泌的色素。从图 2-37 可知 3 株菌的 2d 液体培养物中产生了 3 种在紫外光下都呈粉色的色素，并且条带的位置高度相似；此外靠近展层前沿的位置有蓝色条带，在未发酵对照和 E3 的液体发酵液中存在，并且 E3 发酵液中此物质浓度比未发酵对照高；而 E2 和 E6 的液体发酵液中此物质含量急剧减少。此属真菌在发酵时向培养基中分泌色素物质，有研究表明冠突散囊菌分

泌的色素类物质大致有蒽醌类衍生物、蒽醌杂环类物质、酰胺类物质以及酚醛类物质，这些生物活性物质都有抗氧化活性。结合本实验茶汤抗氧化活性的对比，能为之后抗氧化活性物质的筛选提供帮助。3 种粉色色素也要靠下游实验来鉴定。

（3）液体培养基发酵物的酶活力测定。

1）烟梗粉培养。

①果胶酶：图 2-38 显示，3 株菌株从第 3d 开始有明显的果胶酶活力，并缓慢上升，其中 E3 和 E6 的果胶酶活力上升速度快于 E2。E2 和 E6 的酶活力最终维持在 5U/mL 左右，而 E3 从第 6d 开始出现下降趋势。E2、E3 和 E6 的果胶酶活力最高的时间点分别为第 7d（4.94U/mL）、第 6d（4.46U/mL）和第 7d（5.08U/mL）。

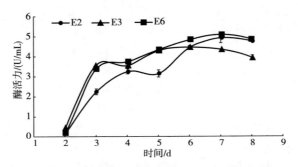

图 2-38　3 个菌株液体烟梗粉培养基发酵液上清的果胶酶活力比较

②纤维素酶：图 2-39 显示，3 株菌株的纤维素酶活力在 2~3d 是对数期，E3 和 E6 的纤维素酶活力上升速度快于 E2，与果胶酶活力变化趋势相似，但 E2 的纤维素酶活力保持上升趋势直到第 7d。当菌株生长至平台期后，其相应的酶活力也会随之表现出降低趋势。就生长情况来看，E2 在 7d 内均在适应培养基环境，最终达到与其他两株菌株相同的状态。E2、E3 和 E6 的纤维素酶活力最高的时间点分别为第 7d（1.14U/mL）、第 7d（1.17U/mL）和第 6d（1.16U/mL）。

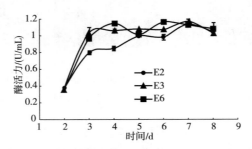

图 2-39　3 个菌株液体烟梗粉培养基发酵液上清的纤维素酶活力比较

③淀粉酶：图 2-40 显示，3 株菌株在 2~8d 均有一定程度的淀粉酶活力，E2、E3 和 E6 的淀粉酶活力达最大值的时间分别为第 8d（0.47U/mL）、第 3d（0.47U/mL）

和第 8d（0.51U/mL）。从第 2d 开始 3 株菌株的淀粉酶活力在一定范围内波动，说明其淀粉酶分泌稳定，但淀粉酶活力低下。

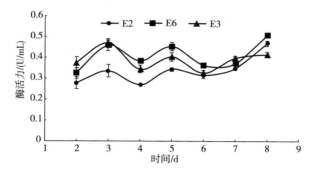

图 2-40　3 个菌株液体烟梗粉培养基发酵液上清的淀粉酶活力比较

2）茶粉培养。

①果胶酶：图 2-41 显示，E2 的果胶酶活力从第 6d 开始上升，E3 的从第 5d 开始上升，E6 的则从第 3d 开始；所定时间范围内，最高酶活都在第 8d，分别为 2.52U/mL、3.44U/mL 和 5.15U/mL。

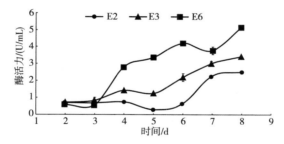

图 2-41　3 个菌株液体茶粉培养基发酵液上清的果胶酶活力比较

②纤维素酶：图 2-42 显示，E2 的纤维素酶活力随培养时间平稳上升，E3 的在 4~7d 迅速上升，E6 的在 3~5d 有迅速上升，但在 5~7d 不再上升；所定时间范围内最高酶活都在第 8d，分别为 0.57U/mL、0.82U/mL 和 1.10U/mL。

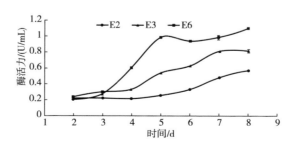

图 2-42　3 个菌株液体茶粉培养基发酵液上清的纤维素酶活力比较

③淀粉酶：图 2-43 显示，3 株菌分别在 5~6d、4~6d 和 2~6d 的淀粉酶活力有上升的趋势，E2、E3、E6 最高酶活分别在第 8d（0.31U/mL）、第 6d（0.35U/mL）和第 8d（0.49U/mL）。

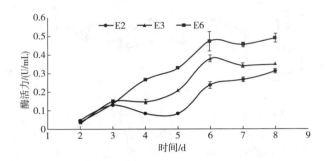

图 2-43　3 个菌株液体茶粉培养基发酵液上清的淀粉酶活力比较

相较于这 3 株真菌在液体烟梗粉培养基中的情况，液体茶粉培养基内的水解酶活力上升速度相对更缓慢，但水解酶分泌能力最强的依然是 E6，其次为 E3，最弱的是 E2。

（4）液体培养基发酵前后的化学物质含量。现将测定以下化学物质检测时发酵上清的稀释倍数列在表 2-33 中。从使用的稀释倍数就能看出烟梗粉与茶粉中各种物质含量的差别，稀释倍数越高说明该种物质含量就越高。其中烟梗粉的糖含量比茶粉高，而茶粉的氨基酸含量、抗氧化能力和茶多酚含量则比烟梗粉高很多。

表 2-33　针对不同测定实验使用的发酵上清液稀释倍数

种类	还原糖	总糖	氨基酸	总抗氧化	DPPH·	茶多酚
烟梗粉培养基	200	220	4	100	20	4
茶粉培养基	80	120	20	1000	1000	20

1）烟梗粉培养。

①还原糖和总糖含量：从图 2-44 可知，发酵液的还原糖含量较对照组均有很大提高，其中 E2 发酵液中还原糖含量（31.64mg/mL）是对照组（8.13mg/mL）的 3.89 倍，E3 是对照组的 2.86 倍，E6 为 3.32 倍。3 株菌株发酵液的总糖含量均较对照组（39.03mg/mL）有所减少，减少幅度最大的是 E3 发酵液（23.43mg/mL），总糖含量为对照组的 60.02%，E2 发酵液为 83.71%，E6 为 70.37%。所有发酵液中还原糖与总糖含量比例均接近 1:1，说明各菌株倾向于适当分解环境中的总糖，而不是将所有的总糖迅速消耗；根据前面研究各菌株在培养液中的表观生长情况来看，生长速度越快的菌株对糖的消耗速度更快。

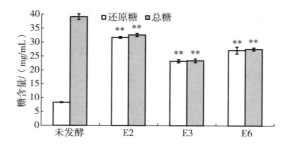

图 2-44　3 个菌株液体烟梗粉培养基发酵液的还原糖和总糖含量比较

注：$P<0.01$ 用 ** 表示差异极显著

②氨基酸：从图 2-45 可知，相比对照组（1.34mg/mL），3 株菌株发酵液的氨基酸含量均有所减少，减少幅度最大的是 E6 发酵液（剩余 1.10mg/mL）。与糖类利用不同的是，生长速度最快的 E3 并没有消耗最多的氨基酸，原因可能是培养基中有充足的能源物质以供利用合成各种氨基酸。

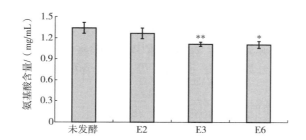

图 2-45　3 个菌株液体烟梗粉培养基发酵液的氨基酸含量比较

注：$P<0.05$ 用 * 表示差异显著，$P<0.01$ 用 ** 表示差异极显著

③抗氧化能力：如图 2-46 所示，测定液在 700nm 的 OD 值越高，其总抗氧化能力越好。相比对照，E2 和 E6 发酵液的总抗氧化能力略有提升，E3 发酵液的总抗氧化能力轻微降低，都没有达到显著水平。

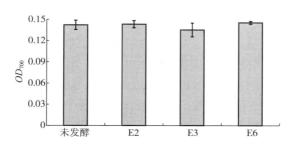

图 2-46　3 个菌株液体烟梗粉培养基发酵液的总抗氧化能力比较

④DPPH·清除能力：从图2-47可知，3株菌株发酵液的DPPH·降解能力均比对照组有所提升，其中E2和E3发酵液极显著增强。相比自然氧化，微生物的生长会加速消耗天然培养基中的还原性物质，导致培养基的抗氧化能力减弱，但DP-PH·降解能力实验并没有反映这一趋势，说明各菌株在生长过程中向培养基液体中分泌了具有自由基清除能力的物质。

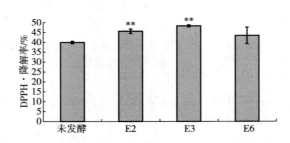

图2-47　3个菌株液体烟梗粉培养基发酵液的DPPH·清除能力比较

注：$P<0.01$用**表示差异极显著

⑤茶多酚含量：从图2-48可知，烟梗粉培养基内的茶多酚含量非常少，只有0.19mg/mL；在3株真菌发酵后，发酵上清中茶多酚含量略微上升，但没有一组的上升达到显著水平，上升最多的是E3的发酵上清，含量为0.27mg/mL。

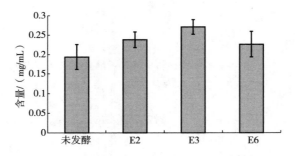

图2-48　3个菌株液体烟梗粉培养基发酵液的茶多酚含量比较

2）茶粉培养。

①还原糖和总糖含量：从图2-49可知，3株真菌的发酵都能大幅提高液体发酵液中的还原糖含量，增幅分别达到131.70%、627.02%和459.12%；总糖含量同样呈上升趋势，增幅分别达到6.84%、35.25%和2.07%。以上数据说明它们在所给培养条件下能自身合成糖类物质。与在液体烟梗粉中发酵不同的是：3株真菌在液体烟梗粉培养基内发酵总糖含量减少，说明不同的培养基质对它们利用糖的行为有完全不同的影响。

②氨基酸：从图2-50可知，E2与E3发酵后液体培养物的氨基酸含量分别下

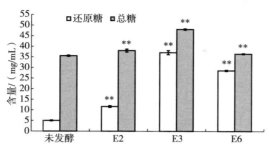

图 2-49 3 个菌株液体茶粉培养基发酵液的还原糖和总糖含量比较

注：P<0.01 用 ** 表示差异极显著

降了 17.43% 与 32.68%，E6 上升了 0.52%。与本实验结果不同的是，杨金梅的研究使用不同的金花菌发酵铁观音茶汤，结果显示大部分样品发酵前后的茶汤氨基酸含量变化不显著。原因可能是本实验不是采用浸提液，而是直接将搅碎的茶粉直接制成液体培养基，这样，在微生物的作用下茶中的成分不断释放到液体中。在烟梗粉培养基内发酵后得到的实验结论与本实验相同，在液体烟梗粉培养基内发酵后其氨基酸含量减少。

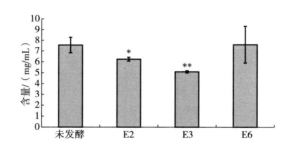

图 2-50 3 个菌株液体茶粉培养基发酵液的氨基酸含量比较

注：P<0.05 用 * 表示差异显著，P<0.01 用 ** 表示差异极显著

③抗氧化能力与 DPPH· 去除能力：图 2-51 和图 2-52 显示这两种活性都得到了显著提升。E3 的总抗氧化活性提升最大，提升了 65.87%；E2 的 DPPH· 清除能力提升最大，提升了 128.33%。这样的结果与 2.3 相反，说明 3 株菌的液体发酵更能保存或释放茶叶的抗氧化活性，或是比在固体发酵的状态下产生了更多的此类活性物质。李莹的研究对冠突曲霉的色素提取物进行了分离，发现有部分组分有清除 DPPH· 和 ABTS+ 自由基的能力，但都比维生素 C 弱。而液体烟梗粉发酵物的此项测定显示这 3 株真菌在液体烟梗粉培养基中的发酵对总抗氧化活性无显著影响。对 DPPH· 清除能力的显著提升，说明它们在液体茶粉培养基内更能发挥积极作用。

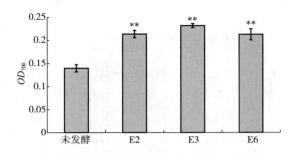

图 2-51　3 个菌株液体茶粉培养基发酵液的总抗氧化能力比较

注：$P<0.01$ 用 ** 表示差异极显著

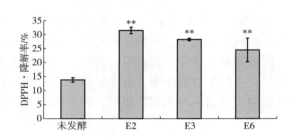

图 2-52　3 个菌株液体茶粉培养基发酵液的 DPPH・清除能力比较

注：$P<0.01$ 用 ** 表示差异极显著

④茶多酚含量：从图 2-53 可知，3 株菌液体发酵物的茶多酚含量都显著增加，增长水平一致。此结果与杨金梅的研究结果相反，后者的茶汤浸提物发酵液茶多酚含量在发酵 24h 就急剧下降，说明本实验设计的条件更有利于发挥散囊菌属真菌在液体发酵方面的优势。

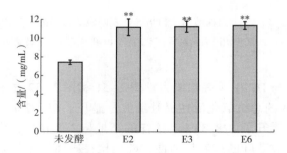

图 2-53　3 个菌株液体茶粉培养基发酵液的茶多酚含量比较

注：$P<0.01$ 用 ** 表示差异极显著

（5）小结。

1）探索了 3 株散囊菌属真菌在固体橘皮粉和固体烟粉培养基内的生长情况，

发现其对橘皮粉有更强的偏好性和适应性。

2）对 3 株散囊菌属真菌在液体烟梗粉培养基和液体茶粉培养基内的生长情况进行了探索，发现其在以烟梗粉为营养物质的培养基内生长更良好。

3）对液体发酵液进行了薄层层析分析，发现 3 株真菌在烟梗粉培养基中几乎不产生可以通过本研究采用的方法提取检测到的物质，而在茶粉培养基内都能产生 3 种在紫外光下发粉红色光的物质。

4）对液体发酵液的果胶酶、纤维素酶和淀粉酶活性进行了考察，发现它们都具有一定水解酶活力。

5）对液体发酵液的还原糖和总糖含量、氨基酸含量、总抗氧化能力、DPPH·降解能力和茶多酚含量进行了测定，发现真菌的发酵能使培养基内的这些成分和指标发生显著的变化。

2.3.7.3 金花菌水解酶基因的克隆与表达

（1）重组表达菌的构建。电泳结果图 2-54 显示融合 PCR 获得的 *PGⅡ*-1、*PGⅡ*-2 和 *PGⅡ*-3 的大小分别为 583bp、500bp 和 1038bp，与预测一致，融合 PCR 成功。图 2-55 的酶切验证说明 *PGⅡ* 已经成功连接到 pPIC9K 上。*Sal*Ⅰ 线性化的重组质粒 pPIC9K-PGⅡ 转入毕赤酵母 GS115 并验证成功后，以下为测序结果对应的 rePGⅡ 成熟蛋白氨基酸序列包括信号肽残留序列（AYV）、*Eco*RⅠ（EF）、组氨酸标签（HHHHHH）、去除信号肽的蛋白主序列（335 个氨基酸残基）。

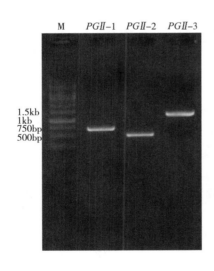

图 2-54 *PGⅡ*-1、*PGⅡ*-2 与 *PGⅡ*-3 的琼脂糖凝胶电泳图

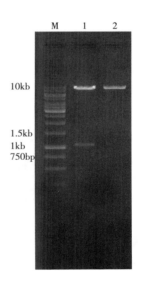

图 2-55 *Eco*RⅠ/*Not*Ⅰ 双酶切验证重组质粒 pPIC9K-PGⅡ 的琼脂糖凝胶电泳图

注：泳道 1 为 pPIC9K-PGⅡ；泳道 2 为 pPIC9K

AYVEFHHHHHHGSCTFTTAAAAKAGKAKCSTITLDSIKVPAGTTLDLTGLTSGTKVIF

EG60

61TTTFDYEEWAGPLISMSGKDITVTGASGHLINCDGSRWWDGKGTSGKKKPKFFYA HGLDS120

121SSITGLNIKNTPLMAFSVESDDITLTDITINNADGDSLGGHNTDAFDVGNSVGVNII KPW180

181VHNQDDCLAINSGENIWFTGGTCIGGHGLSIGSVGDRSNNVVKNVTIEHSTVSNS ENAVR240

241IKTISGATGSVSEITYSNIVMSGISDYGVVIQQDYEDGKPTGKPTNGVTITDVKLES VTG300301TVDSKATDIYLLCGSGSCSDWTWDDVKVTGGKKSSACKNYPSVASC346

（2）重组表达工程菌的表达。由图 2-56 可知重组表达工程菌 GS115-rePGⅡ 在加入甲醇诱导之前的培养物上清已经展现出一定的酶活力。在开始诱导之时的酶活力达到（572.33±115.30）U/mL，随着时间增加酶活力增大，3d 时达（3025.40±220.31）U/mL，7d 达（5672.85±204.39）U/mL。

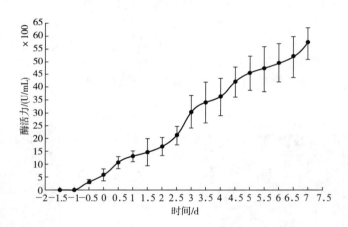

图 2-56　GS115-rePGⅡ 的诱导表达培养物上清液聚半乳糖
醛酸酶酶活力曲线（0h 为加入甲醇的时间点）

诱导培养物上清的 SDS-PAGE（图 2-57）显示从 48h 开始有明显的蛋白条带，没有明显的背景条带。rePGⅡ 的预测分子质量为 36.32kDa，而在毕赤酵母 GS115 中实际表达时因糖基化作用其分子量大约为 38kDa。

镍柱纯化时，蛋白在咪唑洗脱浓度为 100~300mmol/L 之间最适。诱导表达的培养上清经镍柱纯化后，大小与未纯化之前没有变化（图2-58）。

（3）酶性质与动力学参数。由图 2-59 可知 rePGⅡ 的反应温度范围很窄，最大酶活力 80%以上的温度只有 40~50℃，最适温度为 50℃，温度高于 55℃ 酶活力急剧下降。

由图 2-60 可知 rePGⅡ 的反应 pH 范围也很窄，最大酶活力 80%以上的 pH 范围

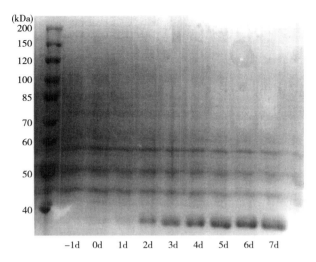

图 2-57　GS115-rePGⅡ 的诱导表达培养物上清液
SDS-PAGE 电泳图（0d 为加入甲醇的时间点）

为 4.6~5.0，最适 pH 为 5.0。

由图 2-61 可见 rePGⅡ酶活力在柠檬酸—柠檬酸钠缓冲液浓度为 100mmol/L 时表现最好。

由图 2-62 可知，在 0~10mmol/L 的锌离子浓度范围内 rePGⅡ 的活性有显著提高，在浓度为 10mmol/L 时 rePGⅡ 的酶活性是对照的 2.78 倍。

由图 2-63 可知，钙离子对 rePGⅡ 的活性有抑制作用，在钙离子浓度为 10mmol/L 时 rePGⅡ 的酶活力只有对照的 57%。

由图 2-64~图 2-66 可知：rePGⅡ 的热稳定性不是太好。若以 30min 内剩余酶活力 70% 为稳定，rePGⅡ 在水溶液稀释时稳定温度为 30℃，在含 20% 甘油的 pH 5.0 柠檬酸—柠檬酸钠缓冲液稀释时稳定温度为 40℃，在 pH 5.0 柠檬酸—柠檬酸钠缓冲液稀释时稳定温度为 20℃。

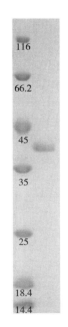

图 2-58　镍柱纯化的 GS115-rePGⅡ 诱导
表达培养物上清液 SDS-PAGE 电泳图

以上说明：A. rePGⅡ 的最适 pH 在高于储藏温度的条件下对此酶的稳定性有不利影响；B. 甘油能在高于储藏温度的条件下有稳定 rePGⅡ 的作用。

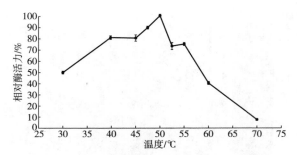

图 2-59　rePGⅡ在不同温度下的相对酶活力

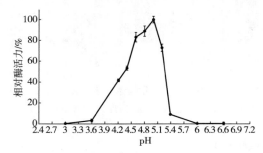

图 2-60　rePGⅡ在不同缓冲液 pH 下的相对酶活力

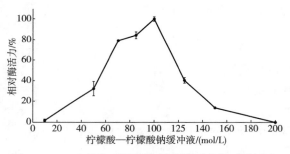

图 2-61　rePGⅡ在不同浓度缓冲液下的相对酶活力

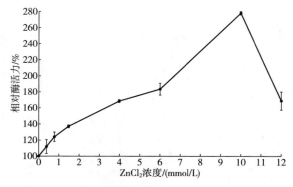

图 2-62　不同浓度 $ZnCl_2$（Zn^{2+}）下 rePGⅡ 的酶活性

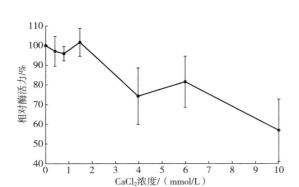

图 2-63 不同浓度 $CaCl_2$（Ca^{2+}）下 rePGⅡ 的酶活性

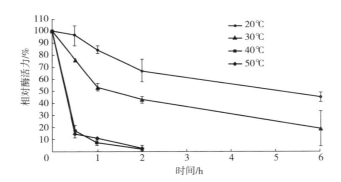

图 2-64 不同温度处理的 rePGⅡ 酶活性曲线（水溶液稀释）

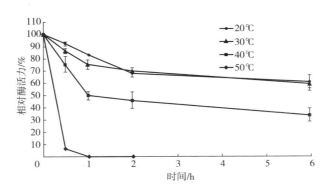

图 2-65 不同温度处理的 rePGⅡ 酶活性曲线（含 20% 甘油的 pH 5.0
柠檬酸—柠檬酸钠缓冲液稀释）

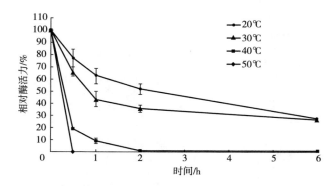

图 2-66 不同温度处理的 rePGⅡ 酶活性曲线（pH 5.0 柠檬酸—柠檬酸钠缓冲液稀释）

由图 2-67 可知：A. 保存效果最好的是使用含 20%甘油的 pH 5.0 柠檬酸—柠檬酸钠缓冲液稀释 10 倍保存的样品，效果最好的是发酵原液保存的样品。B. 因原液保存的样品没有经过稀释，所以对酶活力的保存是有利的。C. 长期保存的样品瓶底部沉积了一层白色膜状物，可能是蛋白沉淀，也可能是生长的酵母菌体，单是从酶活力的变化状况来看，可能是生长的酵母菌体，在保存的过程中生长并分泌了一些重组蛋白。

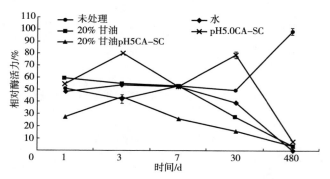

图 2-67 不同保存条件的 rePGⅡ 酶活性曲线
注：CA-SC：柠檬酸—柠檬酸钠缓冲液

由图 2-68 可知：不同 pH 下酶的保存效果比较相近，趋势变化也不稳定。

图 2-69 的反应进程曲线显示，纯化后的 rePGⅡ 在 40min 内反应时间与酶活力值呈线性相关，所以确定其酶动力学参数测定时的反应时间为 40min。

图 2-70 米曼氏方程曲线的分析结果显示 V_{max} 值为（1434±159.20）U/mg，K_m 值为（4.319±0.86）mg/mL。

（4）rePGⅡ 的分析。建模结果的依据序列为 PDB 数据库编号为 1czf.1.A 的名为 POLYGALACTURONASEⅡ 的序列，两者一致性为 93.71%，比对区域由图 2-71 显示。

建模结果为图 2-71。图 2-72（a）、（b）、（c）左侧为 N 端，右侧为 C 端。其

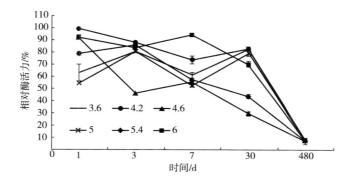

图 2-68 不同 pH 柠檬酸—柠檬酸钠缓冲液下储存的 rePGⅡ 酶活性曲线

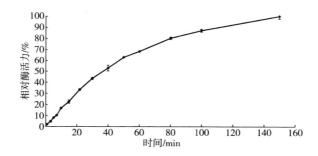

图 2-69 rePGⅡ 的反应进程曲线

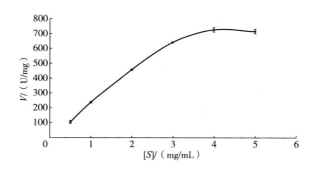

图 2-70 rePGⅡ 的米曼氏方程曲线

形态与 vanSanten 的晶体结构分析（图 2-72）基本一致，主体由互相平行的 10 个右手 β-螺旋组成 [（图 2-72（a）]，每个 β-螺旋由 4 段 β-折叠片组成，这些折叠片之间互相平行且有一定弧度，靠近酶活性中心一侧的折叠片在靠 N 端与靠 C 端的肽段环抱下组成稍向内弯曲的底物结合通道 [图 2-72（b）]。N 端有一小段 α-螺旋组成的帽子结构 [图 2-72（d）粉色背景] 罩住 10 个 β-螺旋组成的管状疏水核心；同样，C 端也有一段起保护作用的无规则卷曲组成的结构 [图 2-72（e）粉色背景]。酶活性中心附近有结合锌离子的位点 [图 2-72（b）]。

图 2-71　rePGⅡ 和 1czf.1.A 的比对

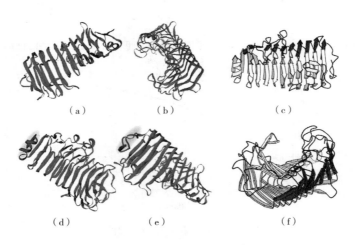

图 2-72　1czf.1.A 的蛋白结构解析

图 2-73 显示 rePGⅡ 蛋白预测的亲疏水性分析，结果表示该重组蛋白并没有明显的亲疏水性区分。

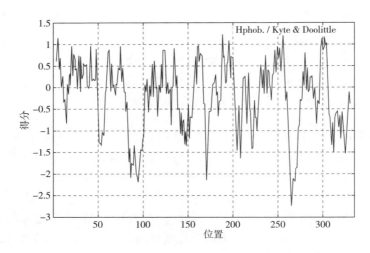

图 2-73　rePGⅡ 的 ProtScale 亲疏水性分析

图 2-74 显示了 rePGⅡ 的跨膜区域分析，结果显示该重组蛋白的所有序列都为膜外结构，不存在跨膜区域。

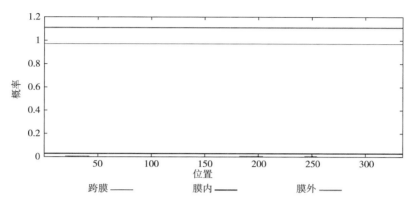

图 2-74　rePGⅡ 的 TMHMM 跨膜区域分析

（5）rePGⅡ 的表达优化。发酵缓冲条件的优化结果（图 2-75）显示：pH 6.6 柠檬酸—柠檬酸钠缓冲液与 pH 7.8 磷酸钾缓冲液的发酵结果最理想，前者稍好于后者（表现在发酵第 8 天酶活力的下降幅度），表现最差的是 pH 5.4 柠檬酸—柠檬酸钠缓冲液的实验组，原因可能是在此 pH 附近计算得出 rePGⅡ 的等电点为 5.48），造成了蛋白质沉淀，而发酵液中的蛋白质含量减少。

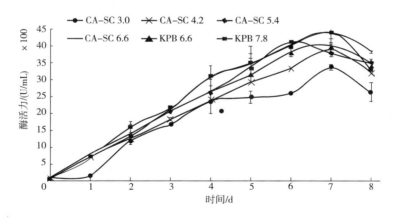

图 2-75　不同缓冲条件下的发酵曲线
（CA-SC：柠檬酸—柠檬酸钠缓冲液；KPB：磷酸钾缓冲液）

甲醇添加浓度的发酵体系优化结果（图 2-76）显示：甲醇浓度为 0.5% 时结果最好，第 8 天的酶活力达到了（8979.92±199.80）U/mL，是未优化的最高酶活力〔（5672.85±204.39）U/mL，7d〕的 1.48 倍；甲醇浓度为 2.5% 和 4% 的发酵液中酶活力都在小于 1000U 的水平，表示菌体生长不好。

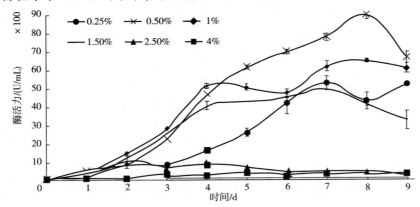

图 2-76 不同甲醇诱导浓度体积分数的发酵曲线

（6） *bgN* 基因的克隆。*bgN* 基因是没有内含子的，电泳结果图 2-77 显示的酶切验证说明 *bgN* 已经成功连接到 pPIC9K 质粒。Sa II 线性化的重组质粒 pPIC9K-bgN 转入毕赤酵母 GS115 并验证成功后，以下为测序结果对应的 reBGN 成熟蛋白氨基酸序列包括信号肽残留序列（AYV）、*Eco*R I （EF）、*Avi* II （PR）、*Not* I （AAA）、去除信号肽的蛋白主序列（577 个氨基酸残基）：

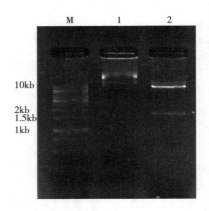

图 2-77 *Not* I 单酶切验证重组质粒 pPIC9K-bgN 的琼脂糖凝胶电泳图

注：1：pPIC9K；2：pPIC9K-bgN

1	AYVEFPRAAA SPVTQKTEAT RATLYSYSSF TYTQVTSTRY ATSLSSPLSF ATPFAPAFSE	60
61	ASTLLPDNVT YTTYSLQSSO TPSADGQYGO SAYAALWANL SYTSAPPITT TVSPTPVPSS	120
121	ELVYPPALYN RIDYADLKLP SDFIWGVAAS SWQIEGGLKL EGRGPSILDT IGAIQSDDNS	180
181	SDANIADLGY YMYKQDIARL AAIGIPYLSF SISWSRIVPF GVAGSPINTE GLQHYDDVIN	240
241	TCLEYGITPI VTLNHFDFPT AQATDYSTLT DNFLYYAKQV ITRYADRVPY WVTFNEPNIG	300

301	IGMAFSSYND LTHVLTAHAA VYHWYKEELQ GTGQITMKFA NNLGVPQDPS NSSHVDAALR	360
361	YQDFVLGIMA NPLFLGEQYP SSVLNTPNLN LTPLTDSQIS TINNTIDFWA FDPYVAQFAL	420
421	PPPEGISACA ANSSNSAWPE CATLTMIQSD GWLMGDMSND YSSIAPQYVR QQLGYVWNTF	480
481	KPSGIVISFE GFNPFDDSLK EGDAQRYDLE RTLYYQDFLG EMLKAIHEDG VNVIGTLAWS	540
541	YLDNNFEGSY ANQYGMQSVN TRDGTWERRY KRSIFDYVDF FHEHVSS	577

（7）*bg2E* 基因的克隆。*bg2E* 基因有 1 个内含子，融合 PCR 去除内含子，与 pPIC9K 质粒连接，酶切验证如图 2-78 所示。

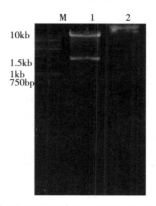

图 2-78　*Eco*RI 单酶切验证重组质粒 pPIC9K-bg2E 的琼脂糖凝胶电泳图

注：泳道 1：pPIC9K-bg2E；泳道 2：pPIC9K

（8）*egB* 基因的克隆。*egB* 基因有 6 个内含子，融合 PCR 去除内含子，与 pPIC9K 质粒连接，酶切验证如图 2-79 所示。

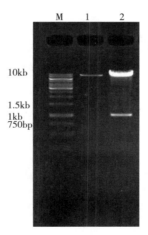

图 2-79　*Eco*RI 单酶切验证重组质粒 pPIC9K-egB 的琼脂糖凝胶电泳图

注：泳道 1：pPIC9K；泳道 2：pPIC9K-egB

AGGGTCCATTACCTCGTCGTTGCGAAGCTGACAGAATAGGGTTCGGATCGAATGA

GTCGGGTGCTGAGTTTGGAACCAATATCCCTGGGGTTTGGGTATGTATCATTGCCCAAGT
ATAGACGTATACTGATGTCGCAGGGAACCGACTACATCTTCCCCGACCCCTCTGCCATC
TCTACGTTGATTGACAAGGGGATGAACTTCTTCCGCGTCCAGTTCATGATGGAGAGGTT
GCTGCCCGACTCGATGACTGGTTCATATGATGAGGAGTATCTGGCCAACTTGACGACAG
TAAGATGACTCCAGTCTATGTTGAGTAGTACTGACGAGATAGGTGATAAAAGCGGTAAC
GGATGGAGGCGCCCATGCGCTTGTCGACCCTCATAACTATGGCAGATAGTAAGTATGCA
GTCCCCGTAGGTGATGCCTGCTAACAAAACAGCAACGGCGAGATCATCTCCAGCACGTC
AGACTTCCAGACCTTCTGGGAGAACCTGGCGGGCCAGTACAAAGATAACGACCTGGTC
ATGTTTGACACTAGTAAGTACCCACAATCCTGTCAAGAATCATGCTGACAAGGCAGACA
ACGAATATCACGACATGGACCAGGATCTCGTGCTGAACCTCAACCAAGCAGCCATTAA
CGGCATCCGCGCCGCAGGTGCGACCAGCCAGTACATCTTCGTCGAAGGCAACTCCTGG
ACCGGCGCCTGGACGTGGGTCGACGTCAACGACAACATGAAGAATTTGACCGACCCCG
AAGACAAGATCGTCTATGAAATGCACCAGTACCTAGACTCCGACGGTTCCGGCACTTCG
GAGACCTGCGTGTCCGAGACCATCGGAAAAGAGCGGGTCACTGAAGCTACACAGTGGC
TGAAGGACAATAAGAAGGTCGGCTTCATAGGCGAATATGCCGGGGGTTCCAATGATGT
ATGTCGGAGTGCCGTGTCGGGGATGCTGGAGTACATGGCGAATAACACCGACGTATGG
AAGGGTGCGTCGTGGTGGGCAGCCGGGCCATGGTGGGGAGAATACATTTTCAGCATGG
AGCCCAGGGTCCATTACCTCGTCGTTGCGAAGCTGACAGAATAGGGTTCGGATCGAATG
AGTCGGGTGCTGAGTTTGGAACCAATATCCCTGGGGTTTGGGTATGTATCATTGCCCAAG
TATAGACGTATACTGATGTCGCAGGGAACCGACTACATCTTCCCCGACCCCTCTGCCATC
TCTACGTTGATTGACAAGGGGATGAACTTCTTCCGCGTCCAGTTCATGATGGAGAGGTT
GCTGCCCGACTCGATGACTGGTTCATATGATGAGGAGTATCTGGCCAACTTGACGACAG
TAAGATGACTCCAGTCTATGTTGAGTAGTACTGACGAGATAGGTGATAAAAGCGGTAAC
GGATGGAGGCGCCCATGCGCTTGTCGACCCTCATAACTATGGCAGATAGTAAGTATGCA
GTCCCCGTAGGTGATGCCTGCTAACAAAACAGCAACGGCGAGATCATCTCCAGCACGT
CAGACTTCCAGACCTTCTGGGAGAACCTGGCGGGCCAGTACAAAGATAACGACCTGGTC
ATGTTTGACACTAGTAAGTACCCACAATCCTGTCAAGAATCATGCTGACAAGGCAGACA
ACGAATATCACGACATGGACCAGGATCTCGTGCTGAACCTCAACCAAGCAGCCATTAAC
GGCATCCGCGCCGCAGGTGCGACCAGCCAGTACATCTTCGTCGAAGGCAACTCCTGGAC
CGGCGCCTGGACGTGGGTCGACGTCAACGACAACATGAAGAATTTGACCGACCCCGAA
GACAAGATCGTCTATGAAATGCACCAGTACCTAGACTCCGACGGTTCCGGCACTTCGGA
GACCTGCGTGTCCGAGACCATCGGAAAAGAGCGGGTCACTGAAGCTACACAGTGGCTG
AAGGACAATAAGAAGGTCGGCTTCATAGGCGAATATGCCGGGGGTTCCAATGATGTATG
TCGGAGTGCCGTGTCGGGGATGCTGGAGTACATGGCGAATAACACCGACGTATG

（9）*Pmea* 基因的克隆。*Pmea* 基因有 6 个内含子，融合 PCR 去除内含子（图 2-80）后，与 pPIC9K 质粒连接，酶切验证如图 2-81 所示。以下为测序结果对应的

rePMEA 肽链氨基酸，共 319 个氨基酸残基：信号肽残留序列（AYV）、*Eco*RI
（EF）、去除信号肽的蛋白主序列（314 个氨基酸残基）：

```
1    AYVEFASRMT APSGAIVVAK SGGDYDTISA AVDALSTTST ETQTIFIEEG SYDEQVYIPA    60
61   LSGKLIVYGQ TEDTTTYTSN LVNITHAIAL ADVDNDDETA TLRNYAEGSA IYNLNIANTC    120
121  GQACHQALAV SAYASEQGYY ACQFTGYQDT LLAETGYQVY AGTYIEGAVD FIFGQHARAW    180
181  FHECDIRVIL GPSSASITAN GRSSESDDSY YVIHSKTVAA ADGNDVSSGT YYLGRPSQY     240
241  ARVCFQKTSM TDVIHLGWT EWSTSTPNTE NVTFVEYGNT GTGAKGPRAN FSSELTEPIT    300
301  ISWLLGSDWE DWVDTSYIN                                                314
```

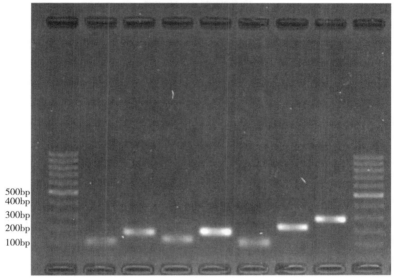

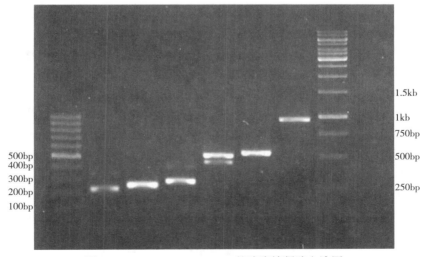

图 2-80　*Pmea*-1~*Pmea*-13 的琼脂糖凝胶电泳图

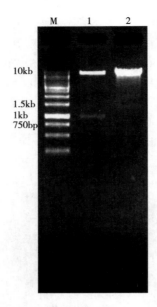

图 2-81　*Eco*RI 双酶切验证重组质粒 pPIC9K-Pmea 的琼脂糖凝胶电泳图

注：1：pPIC9K-Pmea；2：pPIC9K

（10）小结。

1）从 *A. cristatus* E6 中克隆到一个编码聚半乳糖醛酸酶的基因 *PG*Ⅱ，成功在毕赤酵母 GS115 中进行了高效表达，表达菌株命名为 GS01。对 rePGⅡ 蛋白进行了酶学性质分析和酶动力学参数的测定。对 rePGⅡ 的表达进行了优化，初见成效。

2）从 *A. cristatus* E6 中克隆到一个编码 β-葡萄糖苷酶的基因 *bgN*，成功在毕赤酵母 GS115 中进行了表达。

3）从 *A. cristatus* E6 中克隆到一个编码 β-葡萄糖苷酶的基因 *bg2E*。

4）从 *A. cristatus* E6 中克隆到一个编码内切葡聚糖酶的基因 *egB*。

5）从 *A. cristatus* E6 中克隆到一个编码果胶甲酯酶的基因 *Pmea*，其在毕赤酵母 GS115 中有少量表达，并具有聚半乳糖醛酸酶活性。

2.3.7.4　金花菌 E2 和酵母工程菌 GS01 发酵广西烟叶的研究

利用金花菌 E2 和酵母工程菌 GS01 发酵 2016 年广西百色上桔三（B3F）烟叶，对菌种添加量、水分添加量、发酵温度以及发酵时间等进行了研究优化，通过对实验烟叶进行感官质量评价，确定了金花菌 E2 和酵母工程菌 GS01 的最佳发酵工艺条件如下：金花菌 E2 最佳发酵工艺条件：菌种添加量为 10^6CFU/g 烟叶；水分添加量为 10mL/100g 烟叶、发酵温度 30℃以及发酵时间 36h。酵母工程菌 GS01 最佳发酵工艺条件：菌种添加量为 10^6CFU/g 烟叶；水分添加量为 12mL/100g 烟叶、发酵温度 30℃以及发酵时间 12h。

（1）金花菌 E2 和工程菌 GS01 发酵广西烟叶的比较。在最佳发酵工艺条件下，利用金花菌 E2 和酵母工程菌 GS01 发酵 2016 年广西百色上桔三（B3F）烟叶，测定了烟叶常规化学成分、香味物质成分，并进行了感官质量评价。

按照金花菌培养方法培养金花菌 E2，收集金花菌孢子，用无菌水重悬，制备 $10^7 CFU/mL$ 的孢子悬液，备用。

将酵母工程菌 GS01 接种到酵母菌发酵培养基中，在 30℃、150r/min 下培养 48h，然后收集菌体，用无菌水对湿菌体进行重悬，使用分光光度计确定稀释倍数，使菌体浓度稳定在 $10^7 CFU/mL$，备用。

金花菌 E2 发酵烟叶样品实验：称取 2016 年广西百色上桔三（B3F）烟叶 100g，将 10mL 金花菌 E2 孢子悬液均匀喷施于烟叶上，处理好的烟叶用自封袋密封好，置于 30℃生化培养箱中发酵 24h，然后在 40℃条件下将烟叶烘干至水分含量为 12%，用于化学成分分析和感官质量评价（做 3 个平行样）。

酵母工程菌 GS01 发酵烟叶样品实验：称取 2016 年广西百色上桔三（B3F）烟叶 100g，将 10mL 酵母工程菌 GS01 悬液均匀喷施于烟叶上，处理好的烟叶用自封袋密封好，置于 30℃生化培养箱中发酵 24h，然后在 40℃条件下将烟叶烘干至水分含量为 12%，用于化学成分分析和感官质量评价（做 3 个平行样）。

对照烟叶样品实验：称取 2016 年广西百色上桔三（B3F）烟叶 100g，将 10mL 无菌水均匀喷施于烟叶上，处理好的烟叶用自封袋密封好，置于 30℃生化培养箱中发酵 24h，然后在 40℃条件下将烟叶烘干至水分含量为 12%，用于化学成分分析和感官质量评价（做 3 个平行样）。

（2）常规化学成分变化分析。测定实验烟叶的常规化学成分，包括总糖、还原糖、总植物碱、总氮和淀粉的含量。如图 2-82 所示，对照烟叶总糖含量平均为 20.7%，金花菌 E2 实验样品烟叶总糖含量平均为 21.8%，比对照增加 1.1%；工程菌 GS01 实验样品烟叶总糖含量平均为 21.6%，比对照增加 0.9%；对照烟叶还原糖含量平均为 17.47%，金花菌 E2 实验样品烟叶还原糖含量平均为 17.5%，工程菌 GS01 实验样品烟叶还原糖含量平均为 17.7%，两个实验样品烟叶还原糖含量均与对照相差不大；对照烟叶淀粉含量平均为 5.4%，金花菌 E2 实验样品烟叶淀粉含量平均为 3%，比对照减少 2.4%，工程菌 GS01 实验样品烟叶淀粉含量平均为 2.8%，比对照减少 2.6%；对照烟叶总植物碱含量平均为 2.68%，金花菌 E2 实验样品烟叶总植物碱含量平均为 2.49%，比对照减少 0.19%，工程菌 GS01 实验样品烟叶总植物碱含量平均为 2.46%，比对照减少 0.22%；而实验样品的总氮含量与对照样品相比较变化不大。总体来说，烟叶中淀粉含量减少较多，总糖、还原糖略有增加，这与处理烟叶烟气变柔和、刺激性下降、回甜感增加相符合。而处理烟叶的劲头下降，可能与总植物碱略有减少相关。

（3）挥发性、半挥发性物质测定。在最佳发酵工艺条件下，利用金花菌 E2 和酵母工程菌 GS01 发酵 2016 年广西百色上桔三（B3F）烟叶，测定了烟叶的中性香味物质成分。如表 2-34 和表 2-35 所示，2016 年广西百色上桔三（B3F）烟叶经金

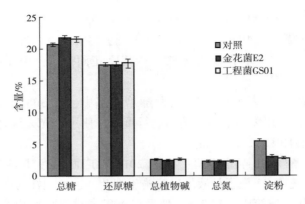

图 2-82　利用金花菌 E2 和酵母工程菌 GS01 发酵烟叶中的常规化学成分分析

花菌 E2 和酵母工程菌 GS01 发酵后，中性香味物质成分在种类和含量方面有所差异。

表 2-34　利用金花菌 E2 发酵 2016 年广西百色上桔三（B3F）烟叶的中性香味物质成分

序号	成分	匹配度	含量/%
1	（S）-（+）-2-氯-1-丙醇	91	1.99
2	甲苯	91	1.83
3	糠醛	91	0.08
4	糠醇	91	7.27
5	4-环戊烯-1,3-二酮	91	6.03
6	环己酮	95	4.81
7	2-乙酰基呋喃	91	1.42
8	5-甲基呋喃醛	90	2.13
9	苄醇	95	0.04
10	苯乙醛	91	3.67
11	2-乙酰基吡咯	91	4.78
12	苯乙醇	94	3.71
13	乙酸 2-氯苯乙酯	90	0.10
14	吲哚	87	1.79
15	4-乙烯基-2-甲氧基苯酚	91	4.46
16	2-（1-甲基-2-吡咯烷基）-吡啶	83	2.20
17	大马士酮	97	0.0988
18	（E）-1-（2,3,6 三甲基苯基）β-1,3-二烯(TPB,1)	97	2.98

续表

序号	成分	匹配度	含量/%
19	（E）-1-（2,3,6 三甲基苯基）β-1,3-二烯（TPB,1）	97	4.62
20	2,3′-联吡啶	90	0.02
21	二氢猕猴桃内酯	98	5.66
22	巨豆三烯酮	96	6.93
23	巨豆三烯酮	97	12.15
24	1-甲基-7-（1-甲基乙基）-萘	80	9.87
25	巨豆三烯酮	98	12.67
26	4-（3-羟基-1-丁烯基）-3,5,5-三甲基-2-环己烯-1-酮	96	0.03
27	肉豆蔻酸	99	8.40
28	γ-榄香烯	83	4.05
29	2-（4,8,12-三甲基十三烷基）丁-1,3-二烯	91	1
30	7,10,13-十六碳三烯酸甲酯	99	1.83
31	4-甲氧基-7-甲基茚满-1-酮	86	3.97
32	14-甲基十五酸甲酯	99	0.19
33	棕榈酸	99	98.6
34	亚麻酸甲酯	99	0.42
35	亚油酸	95	37.2

表 2-35　利用酵母工程菌 GS01 发酵 2016 年广西百色上桔三 （B3F） 烟叶的中性香味物质成分

序号	成分	匹配度	含量/%
1	（S）-（+）-2-氯-1-丙醇	90	2.16
2	甲苯	91	3.50
3	糠醛	91	8.70
4	糠醇	91	4.97
5	4-环戊烯-1,3-二酮	91	4.81
6	环己酮	95	5.91
7	5-甲基呋喃醛	87	2.17
8	苄醇	95	5.55
9	苯乙醛	91	3.27
10	2-乙酰基吡咯	91	4.43
11	苯乙醇	91	4.40

序号	成分	匹配度	含量/%
12	4-氰基苯甲酸-2-苯乙基酯	83	9.93
13	吲哚	87	1.62
14	4-乙烯基-2-甲氧基苯酚	91	3.85
15	1,7,7-三甲基-三环[2.2.1.0(2,6)]庚烷	81	10.84
16	大马士酮	97	11.14
17	(E)-1-(4-甲氧基-2,3,6-三甲基-苯基)-3甲基-1,4-戊二烯-3-醇	97	2.91
18	(E)-1-(4-甲氧基-2,3,6-三甲基-苯基)-3甲基-1,4-戊二烯-3-醇	97	4.56
19	香叶基丙酮	91	2.41
20	2,3'-联吡啶	90	2.42
21	二氢猕猴桃内酯	98	5.37
22	巨豆三烯酮	98	7.15
23	巨豆三烯酮	95	13.35
24	2-甲氧基-5-(甲硫基)对苯醌	92	9.10
25	巨豆三烯酮	98	13.96
26	4-(3-羟基-1-丁烯基)-3,5,5-三甲基-2-环己烯-1-酮	96	2.42
27	3,5-环麦角甾烷-6,8(14),22-三烯	81	2.42
28	新植二烯	91	100.00
29	7,10,13-十六碳三烯酸甲酯	99	2.23
30	14-甲基十五酸甲酯	99	19.29
31	1,5-二甲基-1,2,3,4-四氢萘	80	3.43
32	西松烯	99	5.20
33	棕榈酸	99	70.41
34	3-(六氢-1H-噻唑-1-基)-1,2-苯并异噻唑-二氧化物	91	16.24
35	棕榈酸	87	13.46
36	亚麻酸甲酯	99	38.50

（4）感官质量变化。将实验烟叶样品切成烟丝，卷制成烟支，进行感官质量评价。感官质量评价结果（表2-36）显示，对照样香气稍显粗糙、香气量中等、有苦焦气、稍有刺激、烟气柔和、顺畅稍差、微有回甜感、浓度较好、劲头尚足。两个处理样香气稍显粗糙、香气量中等偏上、微有苦焦气、稍有刺激、烟气柔和、顺畅、有回甜感、浓度较好、劲头尚足。烟叶经处理后，品质提升，以酵母工程菌GS01发酵处理样最佳。

表 2-36 感官质量评价结果

样品	标度值	品质指标								特征指标		品质指标得分
		香气质	香气量	杂气	刺激性	透发性	柔细度	甜度	余味	浓度	劲头	
	9	好+	足+	轻+	小+	好+	好+	好+	好+	浓+	大+	
	8	好	足	轻	小	好	好	好	好	浓	大	
	7	好	足-	轻-	小-	好-	好-	好-	好-	浓-	大-	
	6	中+	中+	中+	中+	中+	中+	中+	中+	中+	中+	
	5	中	中	中	中	中	中	中	中	中	中	
	4	中-	中-	中-	中-	中-	中-	中-	中-	中-	中-	
	3	差+	少+	重+	大+	差+	差+	差+	差+	淡+	小+	
	2	差	少	重	大	差	差	差	差	淡	小	
	1	差-	少-	重-	大-	差-	差-	差-	差-	淡-	小-	
	注	对于品质指标"+""-"表示该指标的优劣程度;对于特征指标"+""-"表示该指标的变化趋势										
对照		4.0	4.5	4.0	4.5	4.5	4.0	4.0	4.5	5.5	6.5	34
金花菌 E2		4.0	4.5	4.3	4.6	4.6	4.2	4.1	4.6	5.5	6.2	34.9
工程菌 GS01		4.0	4.7	4.3	4.6	4.6	4.2	4.2	4.6	5.5	6.2	35.2

（5）小结。利用金花菌 E2 和酵母工程菌 GS01 发酵 2016 年广西百色上桔三（B3F）烟叶，对菌种添加量、水分添加量、发酵温度以及发酵时间等进行了研究优化，通过对实验烟叶进行感官质量评价，确定了金花菌 E2 和酵母工程菌 GS01 的最佳发酵工艺条件。

在最佳发酵工艺条件下，利用金花菌 E2 和酵母工程菌 GS01 发酵 2016 年广西百色上桔三（B3F）烟叶，测定了烟叶常规化学成分、香味物质成分，并进行了感官质量评价。感官质量评价结果显示，对照样香气稍显粗糙、香气量中等、有苦焦气、稍有刺激、烟气柔和、顺畅稍差、微有回甜感、浓度较好、劲头尚足。两个处理样香气稍显粗糙、香气量中等偏上、微有苦焦气、稍有刺激、烟气柔和、顺畅、有回甜感、浓度较好、劲头比对照稍有减小。烟叶经处理后，品质提升，以酵母工程菌 GS01 发酵处理样最佳。总体来说，烟叶中淀粉含量减少较多，总糖、还原糖略有增加，这与处理烟叶烟气变柔和、刺激性下降、回甜感增加相符合。而处理烟叶的劲头下降，可能与总植物碱略有减少相关。

2.3.7.5 金花菌在烟叶仓储醇化中的应用研究

金花菌 E2 是从六堡茶中筛选到的冠突散囊菌菌株，在发酵过程中散发出特殊的清香，并能够分泌淀粉酶、蛋白酶、果胶酶以及纤维素酶等多种生物酶。利用金花菌生物醇化剂发酵醇化 2017 年贺州中桔三（C3F）烟叶，对醇化烟叶进行跟踪评价，测定烟叶常规化学成分、香味物质成分，并进行感官质量评价，研究金花菌在烟叶仓储醇化中的作用。

按照金花菌培养方法培养金花菌 E2，收集金花菌孢子，利用冷冻干燥法冻干，制备出冻干粉末，检测冻干粉含菌量为 3×10^{12} CFU/g，备用。用无菌水和无水乙醇配制 70% 体积分数的实验用乙醇，备用。实验设置 3 个梯度的菌种添加量：A11，3×10^5 CFU/g 烟叶；A12，3×10^6 CFU/g 烟叶；A13，3×10^7 CFU/g 烟叶。

称取刚复烤出来的 2017 年广西贺州中桔三（C3F）烟叶 3kg，按照实验设计方案称取适量的金花菌冻干粉，添加到 140mL 的 70% 乙醇中，混匀，均匀喷施于烟叶上，放置 1h，等乙醇挥发后用烟叶压块机压块，然后装入烟用纸箱中，密封好。每个实验设置 3 个平行样。

称取刚复烤出来的 2017 年广西贺州中桔三（C3F）烟叶 3kg，冷却至室温，烟叶水分含量为 12.5%，用烟叶压块机压块，然后装入烟用纸箱中，密封好，设 3 个平行样作为对照。将对照样和处理样放置于烟叶醇化库醇化 24 个月，每 6 个月取一次样进行化学成分测定和感官质量评价。

（1）常规化学成分变化分析。按照实验方案取样，测定了实验烟叶的常规化学成分，包括总糖、还原糖、总植物碱、总氮和淀粉的含量。如图 2-83 所示，发酵 24 个月后，对照烟叶和处理烟叶总糖含量均在 18%~18.6% 之间，A11 和 A12 处理样在醇化过程中总糖含量略有增加，后期略有下降，总糖变化幅度不大。

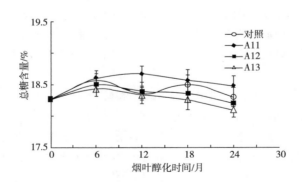

图 2-83　不同菌种添加量下总糖含量变化

如图 2-84 所示，对照烟叶和处理烟叶还原糖含量在醇化过程中呈下降趋势，发酵 24 个月后，对照烟叶还原糖含量从 17% 下降至 15.3%，A11 烟叶样品还原糖含量下降至 15.7%，A12 烟叶样品还原糖含量下降至 15.26%，A13 烟叶样品还原

糖含量下降至 14.62%，以 A13 烟叶样品还原糖含量下降幅度最大，可能与接种的
菌量有关。

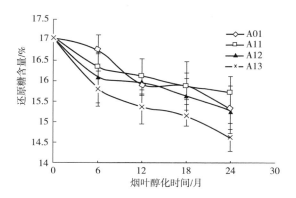

图 2-84　不同菌种添加量下还原糖含量变化

如图 2-85 所示，对照烟叶和处理烟叶总植物碱含量在醇化过程中呈下降趋势，
发酵 24 个月后，对照烟叶总植物碱含量从 1.96% 下降至 1.70%，A11 烟叶样品总
植物碱含量下降至 1.62%，A12 烟叶样品总植物碱含量下降至 1.51%，A13 烟叶样
品总植物碱含量下降至 1.49%，以 A13 烟叶样品总植物碱含量下降幅度最大，可能
与接种的菌量有关。

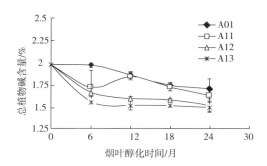

图 2-85　不同菌种添加量下总植物碱含量变化

如图 2-86 所示，对照烟叶和处理烟叶淀粉含量在醇化过程中呈下降趋势，发
酵 24 个月后，对照烟叶淀粉含量从 5.64% 下降至 3.09%，A11 烟叶样品淀粉含量
下降至 2.87%，A12 烟叶样品淀粉含量下降至 2.65%，A13 烟叶样品淀粉含量下降
至 2.32%，以 A13 烟叶样品淀粉含量下降幅度最大，可能与接种的菌量有关。

烟叶常规化学成分检测结果表明，在仓储醇化过程中，对照烟叶和处理烟叶总
糖变化幅度不大，A11 和 A12 处理样在醇化过程中总糖含量略有增加，后期略有下
降。对照烟叶和处理烟叶的还原糖、总植物碱、总氮和淀粉的含量呈下降趋势，以

还原糖和淀粉含量下降比例较大，仓储醇化后期，烟叶常规化学成分变化速度趋缓，逐渐稳定。

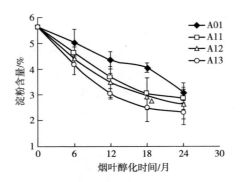

图 2-86　不同菌种添加量下淀粉含量变化

（2）挥发性、半挥发性物质测定。按照实验方案取样，测定了实验烟叶的挥发性、半挥发性物质成分。表 2-37 和表 2-38 是对照样和处理样 A11 经过 12 个月仓储醇化后检测得到的中性香味物质成分，从表中可以看出，经金花菌醇化处理后，与对照相比较，A11 烟叶样品在中性香味物质成分种类、含量方面发生了不小的变化。可能金花菌发酵过程中产生的香味物质成分不在 NIST 谱库中，所以不能检测出来。

表 2-37　2017 年广西百色上桔三（B3F）烟叶的中性香味物质成分

序号	成分	匹配度	含量/%
1	甲苯	87	1.50
2	糠醛	91	6.59
3	糠醇	91	3.57
4	4-环戊烯-1,3-二酮	91	0.04
5	环己酮	95	5.11
6	5-甲基呋喃醛	90	1.68
7	苄醇	95	4.93

表 2-38　利用金花菌 E2 发酵 2017 年广西百色上桔三（B3F）烟叶的中性香味物质成分

序号	成分	匹配度	含量/%
1	糠醛	91	6.79
2	糠醇	91	6.52
3	4-环戊烯-1,3-二酮	91	5.40

序号	成分	匹配度	含量/%
4	2-乙酰基呋喃	83	1.24
5	5-甲基呋喃醛	91	1.89
6	苄醇	95	3.86
7	苯乙醛	91	3.09
8	2-乙酰基吡咯	91	4.21
9	苯乙醇	94	3.19
10	2-氯乙酸苯乙酯	90	12.83
11	吲哚	87	1.18
12	2-甲氧基-4-乙烯苯酚	91	4.13
13	1,2,3,4-四甲基-4-(1-甲基乙烯基)-苯	90	1.12
14	1,7,7-三甲基-三环[2.2.1.0(2,6)]庚烷	81	9.42
15	大马士酮	97	9.63
16	(E)-1-(2,3,6 三甲基苯基)-β-1,3-二烯(TPB,1)	97	3.01
17	香叶基丙酮	80	1.52
18	2,3′-联吡啶	94	2.27
19	二氢猕猴桃内酯	97	5.20
20	巨豆三烯酮	97	6.09
21	2-异丙基-3-甲基萘	90	9.69
22	4-(3-羟基-1-丁烯基)-3,5,5-三甲基-2-环己烯-1-酮	97	3.29
23	12-甲基十三烷酸甲酯	95	1.99
24	肉豆蔻酸	99	7.02
25	新植二烯	91	100.00
26	(E)-2-乙基-4-甲基-1,3-戊二烯基苯	83	3.29
27	7,10,13-十六碳三烯酸甲酯	99	3.14
28	14-甲基十五酸甲酯	99	22.00
29	1-(丙硫基甲基)-1,2-二卡巴多硫烷	89	5.79
30	西松烯	99	3.49
31	棕榈酸	99	80.04
32	1,2-苯并异噻唑,3-(六氢-1H-氮杂-1-基)-1,1-二氧化物	91	12.79
33	4-亚甲基-2,8,8-三甲基-2-乙烯基-双环[5.2.0]壬烷	90	20.13
34	9,12,15-十八烷三烯酸甲酯	99	41.13

续表

序号	成分	匹配度	含量/%
35	十八烷基甲基环硅氧烷	83	1.53
36	（E,E,E）-2,6,10,14-十六烷-1-醇-3,7,11,15-四甲基醋酸酯	89	1.44

（3）感官质量变化分析。将实验烟叶样品切成烟丝，卷制成烟支，进行感官质量评价。感官质量评价结果（表2-39）显示，对照样香气质中等偏上、香气量中等偏上、微有刺激、烟气顺畅、有回甜感、浓度较好、劲头中等。A11和A12两个处理样烟叶香气量微有增加、杂气减少、刺激性略有下降、烟气柔和顺畅、有回甜感、浓度较好、劲头略有下降。其中A11的效果最好。A13烟叶经处理后，杂气显露，刺激性增加，烟叶品质下降。

表2-39　感官评价表

样品	标度值	品质指标								特征指标		品质指标得分
		香气质	香气量	杂气	刺激性	透发性	柔细度	甜度	余味	浓度	劲头	
	9	好+	足+	轻+	小+	好+	好+	好+	好+	浓+	大+	
	8	好	足	轻	小	好	好	好	好	浓	大	
	7	好-	足-	轻-	小-	好-	好-	好-	好-	浓-	大-	
	6	中+	中+	中+	中+	中+	中+	中+	中+	中+	中+	
	5	中	中	中	中	中	中	中	中	中	中	
	4	中-	中-	中-	中-	中-	中-	中-	中-	中-	中-	
	3	差+	少+	重+	大+	差+	差+	差+	差+	淡+	小+	
	2	差	少	重	大	差	差	差	差	淡	小	
	1	差-	少-	重-	大-	差-	差-	差-	差-	淡-	小-	
注：对于品质指标"+""-"表示该指标的优劣程度；对于特征指标"+""-"表示该指标的变化趋势												
对照		5.5	6	5.5	5	5	5.5	5.5	5.5	6	5	43.5
A11		5.5	6.2	5.8	5.1	5	5.5	5.7	5.5	6	4.9	44.2
A12		5.5	6.1	5.7	5.1	5	5.5	5.6	5.5	6	4.9	43.9
A13		5.3	5.8	5.3	5	5	5.3	5.2	5.5	5.8	5	42.5

（4）小结。利用金花菌生物醇化剂发酵醇化2017年贺州中桔三（C3F）实验，

对醇化烟叶进行跟踪评价，测定烟叶常规化学成分、香味物质成分，并进行感官质量评价，研究金花菌在烟叶仓储醇化中的作用。

烟叶常规化学成分检测结果表明，在仓储醇化过程中，对照烟叶和处理烟叶总糖变化幅度不大，A11 和 A12 处理样在醇化过程中总糖含量略有增加，后期略有下降。对照烟叶和处理烟叶的还原糖、总植物碱、总氮和淀粉的含量呈下降趋势，以还原糖和淀粉含量下降比例较大，仓储醇化后期，烟叶常规化学成分变化速度趋缓，逐渐稳定。挥发性、半挥发性物质成分检测结果表明，经金花菌醇化处理后，对照样和处理样 A11 经 12 个月仓储醇化后检测得到的中性香味物质成分在种类、含量方面发生了不小的变化。

感官质量评价结果表明，对照样香气质中等偏上、香气量中等偏上、微有刺激、烟气顺畅、有回甜感、浓度较好、劲头中等。A11 和 A12 两个处理样烟叶香气量微有增加、杂气减少、刺激性略有下降、烟气柔和顺畅、有回甜感、浓度较好、劲头略有下降。其中 A11 的效果最好。A13 烟叶经处理后，杂气显露，刺激性增加，烟叶品质下降。

2.3.7.6　产香酵母的筛选鉴定

（1）母菌的分离：样品在 YPD 培养基上分离培养后得到 32 株形态特征与酵母菌类似的单菌落，选取生长较好的 10 株进行 ITS 序列，最后发现多株重复，主要为胶红酵母 *Rhodotorula mucilaginosa*、异常威克汉姆酵母 *Wickerhamomyces anomalus* 及酿酒酵母 *Saccharomyces cerevisiae*，但两株酿酒酵母同源性略有差异。以下为拟进行进一步研究的菌株 ITS 序列，其中编号 531 为胶红酵母 *Rhodotorula mucilaginosa*，534 为异常威克汉姆酵母 *Wickerhamomyces anomalus*，532 和 533 为酿酒酵母 *Saccharomyces cerevisiae*。

531：ACGAATAGGACGTCCACTTAACTTGGAGTCCGAACTCTCACTTTCTAACCCTGTGC
ACTTGTTTGGGATAGTAACTCTCGCAAGAGAGCGAACTCCTATTCACTTATAAACACAA
AGTCTATGAATGTATTAAATTTTATAACAAAATAAAACTTTCAACAACGGATCTCTTGG
CTCTCGCATCGATGAAGAACGCAGCGAAATGCGATAAGTAATGTGAATTGCAGAATTC
AGTGAATCATCGAATCTTTGAACGCACCTTGCGCTCCATGGTATTCCGTGGAGCATGCC
TGTTTGAGTGTCATGAATACTTCAACCCTCCTCTTTCTTAATGATTGAAGAGGTGTTTGG
TTTCTGAGCGCTGCTGGCCTTTACGGTCTAGCTCGTTCGTAATGCATTAGCATCCGCAAT
CGAACTTCGGATTGACTTGGCGTAATAGACTATTCGCTGAGGAATTCTAGTCTTCGGACT
AGAGCCGGGTTGGGTTAAAGGAAGCTTCTAATCAGAATGTCTACATTTTAAGATTAGAT
CTCAAATCAGGTAGGACTACCCGCTGAACTTAAGCATATCA。

532：CGGCATGCATTCTTTGCAGCGCTTATTGCGCGGCGATAAACCTTACACACATTGTC
TAGTTTTTTTGAACTTTGCTTTGGGTGGTGAGCCTGGCTTACTGCCCAAAGGTCTAAACA
CATTTTTTTTTAATGTTAAAACCTTTAACCAATAGTCATGAAAATTTTTAACAAAAATTAA
AATCTTCAAAACTTTCAACAACGGATCTCTTGGTTCTCGCAACGATGAAGAACGCAGCG

AAATGCGATACGTATTGTGAATTGCAAATTTTCGTGAATCATCGAATCTTTGAACGCAC
ATTGCACCCTCTGGTATTCCAGAGGGTATGCCTGTTTGAGCGTCATTTCTCTCTCAAACC
TTCGGGTTTGGTATTGAGTGATACTCTGTCAAGGGTTAACTTGAAATATTGACTTAGCAA
GAGTGTACTAATAAGCAGTCTTTCTGAAATAATGTATTAGGTTCTTCCAACTCGTTATAT
CAGCTAGGCAGGTTTAGAAGTATTTTAGGCTCGGCTTAACAACAATAAACTAAAAGTTT
GACCTCAAATCAGGTAGGACTACCCGCTGAACTTAAGCATATCAAAAGCGGGGAAGGAA。

534：TGGCTTGCTTCTATTGCAGCGCTTATTGCGCGGCGATAAACCTTACACACATTGTCT
AGTTTTTTTGAACTTTGCTTTGGGTGGTGAGCCTGGCTTACTGCCCAAAGGTCTAAACAC
ATTTTTTTAATGTTAAAACCTTTAACCAATAGTCATGAAAATTTTTAACAAAAATTAAAA
TCTTCAAAACTTTCAACAACGGATCTCTTGGTTCTCGCAACGATGAAGAACGCAGCGAA
ATGCGATACGTATTGTGAATTGCAGATTTTCGTGAATCATCGAATCTTTGAACGCACATT
GCACCCTCTGGTATTCCAGAGGGTATGCCTGTTTGAGCGTCATTTCTCTCTCAAACCTTC
GGGTTTGGTATTGAGTGATACTCTGTCAAGGGTTAACTTGAAATATTGACTTAGCAAGAG
TGTACTAATAAGCAGTCTTTCTGAAATAATGTATTAGGTTCTTCCAACTCGTTATATCAGC
TAGGCAGGTTTAGAAGTATTTTAGGCTCGGCTTAACAACAATAAACTAAAAGTTTGACC
TCAAATCAGGTAGGACTACCCGCTGAACTTAAGCATATCAAAAGCCCGGAGGAAA。

（2）酵母的形态特征（图 2-87、图 2-88）。

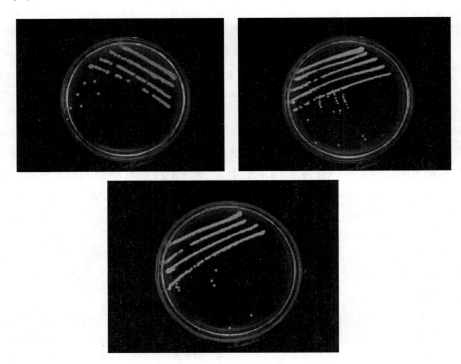

图 2-87　菌株的菌落形态特征

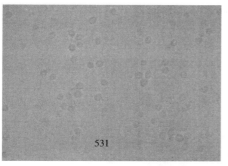
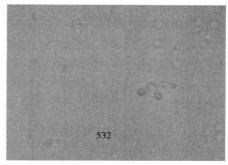

图 2-88　酵母菌的显微形态（100 倍）

（3）生长曲线测定。以 YPD 液体培养基接种，于 30℃摇床培养，根据 OD_{600} 吸光度值绘制生长曲（图 2-89）。

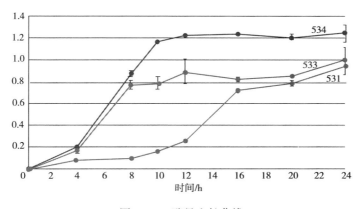

图 2-89　酵母生长曲线

从图 2-89 可知，531 胶红酵母的对数生长期在 12~16h，534 异常威客汉姆酵母对数生长期在 4~10h，而 536 酿酒酵母对数生长期 4~8h。

（4）酶活性检测（图 2-90~图 2-93）。

（5）小结。从环境筛选到 32 株酵母菌株，经分子生物学检测后，确定 3 株菌株进行进一步研究。分别为 1 株胶红酵母 531、1 株异常威克汉姆酵母 534、1 株酿酒酵母 533。

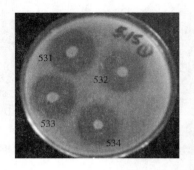

图 2-90　菌株产蛋白酶酶活性的检测

图 2-91　胶红酵母果胶酶酶活性检测

图 2-92　纤维素酶酶活性检测

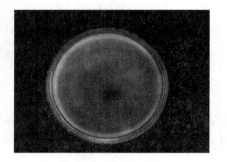

图 2-93　淀粉酶酶活性检测

3 株菌株的生长周期略有差别，531 胶红酵母的对数生长期在 12～16h，535 异常威客汉姆酵母对数生长期在 4～10h，而 536 酿酒酵母对数生长期在 4～8h。

2.3.7.7　小结

（1）利用真菌培养方法从六堡茶中筛选得到 3 株金花菌，经过菌种鉴定，1 株为冠突曲霉（Aspergilluscristatus）、2 株为谢瓦氏曲霉（Aspergilluschevalieri），具有多种酶活性且产生香味。筛选到 3 株具有应用潜力的酵母菌株，经分子生物学检测分别鉴定为 1 株胶红酵母 531、1 株异常威克汉姆酵母 534、1 株酿酒酵母 533。

（2）对 3 株散囊菌属真菌在固体橘皮粉和固体烟粉培养基内进行了生理生化研究和生长、发酵产酶工艺条件优化，获得了最佳生长、发酵产酶工艺条件。对液体发酵液的还原糖和总糖含量、氨基酸含量、总抗氧化能力、DPPH·降解能力和茶多酚含量进行了测定，发现这 3 株金花菌的发酵能使培养基内的这些成分和指标发生显著的变化。

（3）从菌株 A. cristatus E6 中克隆到多个具有可利用前景的基因，编码 β-葡萄糖苷酶的基因 bgN 和 bg2E、编码内切葡聚糖酶的基因 egB、编码果胶甲酯酶的基因

pmea 及编码聚半乳糖醛酸酶的基因 *PG Ⅱ*。*PG Ⅱ*成功在毕赤酵母 GS115 中进行了高效表达，获得了表达菌株 GS01，对 rePGII 蛋白进行了酶学性质分析和酶动力学参数的测定，对 rePGII 的表达进行了优化。

（4）筛选到金花菌 E2 和酵母工程菌 GS01 两种优质烟叶生物醇化剂。利用金花菌 E2 和酵母工程菌 GS01 发酵 2016 年广西百色上桔三（B3F）烟叶，对菌种添加量、水分添加量、发酵温度以及发酵时间等进行了研究优化，通过对实验烟叶进行感官质量评价，确定了金花菌 E2 和酵母工程菌 GS01 的最佳发酵工艺条件。

2016 年广西百色上桔三（B3F）烟叶经金花菌 E2 和酵母工程菌 GS01 发酵后，烟叶杂气减少、刺激性减小、烟气柔和顺畅、回甜感增加、品质明显提升。

（5）筛选到可以用于烟叶仓储醇化的生物醇化剂金花菌 E2。利用金花菌生物醇化剂发酵醇化 2017 年贺州中桔三（C3F）24 个月，对醇化烟叶进行跟踪评价，测定了烟叶常规化学成分、香味物质成分，并进行感官质量评价。发现在菌种添加量为 3×106CFU/g 烟叶时，处理样烟叶香气量微有增加、杂气减少、刺激性略有下降、烟气柔和顺畅、有回甜感、浓度较好、劲头略有下降、内在品质明显提升。

2.3.8　生物处理技术醇化低次烟叶的应用研究

2.3.8.1　卷烟感官评吸分析方法

按照 GB/T 16447—2004 调节卷烟样品的水分，制备样品。按 GB 5606.4—2005 评吸样品，并记录结果。利用香味轮廓分析法对卷烟进行感官评价。品质指标（香气量、香气质、杂气、刺激性、透发性、甜度、余味）和特征指标（烟气浓度、劲头）采用 9 分制，见表 2-40。

表 2-40　卷烟感官评分表

样品描述或样品编号	标度值	品质指标								特征指标	
		香气质	香气量	杂气	刺激性	透发性	柔细度	甜度	余味	浓度	劲头
	9	好+	足+	轻+	小+	好+	好+	好+	好+	浓+	大+
	8	好	足	轻	小	好	好	好	好	浓	大
	7	好	足-	轻-	小-	好-	好-	好-	好-	浓-	大-
	6	中+	中+	中+	中+	中+	中+	中+	中+	中+	中+
	5	中	中	中	中	中	中	中	中	中	中
	4	中-	中-	中-	中-	中-	中-	中-	中-	中-	中-
	3	差+	少+	重+	大+	差+	差+	差+	差+	淡+	小+
	2	差	少	重	大	差	差	差	差	淡	小
	1	差-	少-	重-	大-	差-	差-	差-	差-	淡-	

注　对于品质指标，“+”“-”表示该指标的优劣程度；对于特征指标，“+”“-”表示该指标的变化趋势。

2.3.8.2 单料烟基础成分分析及构效关系分析

（1）7种不同烟叶单料烟的感官分析。用管式填充机将实验烟丝分别卷制成烟支，并在（22±1）℃、（60±2）％条件下平衡48h。经广西中烟工业有限责任公司技术中心10人评吸小组进行感官质量评吸后进行综合评价比较，其结果见表2-41。值得注意的是，对于品质指标刺激性和杂气的评分标度是刺激性大的卷烟评分低，刺激性小的卷烟评分高，杂气也是如此。

表2-41 7种不同单料烟感官评分结果

			品质指标								特征指标		
	标度值		香气质	香气量	杂气	刺激性	透发性	柔细度	甜度	余味	浓度	劲头	
样品描述或样品编号	9		好+	足+	轻+	小+	好+	好+	好+	好+	浓+	大+	品质指标合计得分
	8		好	足	轻	小	好	好	好	好	浓	大	
	7		好−	足−	轻−	小−	好−	好−	好−	好−	浓−	大−	
	6		中+	中+	中+	中+	中+	中+	中+	中+	中+	中+	
	5		中	中	中	中	中	中	中	中	中	中	
	4		中−	中−	中−	中−	中−	中−	中−	中−	中−	中−	
	3		差+	少+	重+	大+	差+	差+	差+	差+	淡+	小+	
	2		差	少	重	大	差	差	差	差	淡	小	
	1		差−	少−	重−	大−	差−	差−	差−	差−	淡−	小−	
年	产地/编号	等级	注：对于品质指标，"+""−"表示该指标的优劣程度；对于特征指标，"+""−"表示该指标的变化趋势										
2010	隆回	B2F	4.5	5	4.5	4	5	4.5	4	4.5	5.5	6.5	36
2010	隆回	C3F	5	5	5	5.5	5	5.5	5	5	5.5	5	41
2010	郴州	B3F	5	5	5	5	5	5	5	5	5.5	5.5	40
2010	郴州	B2F	5.5	6	5.5	5.5	5.5	5.5	5.5	5.5	6	5.5	44.5
2010	郴州	C3F	6	5.5	5.5	6	5.5	6	5.5	5.5	6	5.5	45.5
2010	邵阳	C3F	4	4.5	5	5	4.5	4.5	4	4	4.5	5	34.5
2010	邵阳	B2F	3.5	4	4	4	4	4.5	4	4	5	5.5	32
烟叶定性评价			隆回B2F：劲头较大，稍有香气，有杂气，口感欠适，整体稍差。隆回C3F：稍有香气，有杂气，整体中下。郴州B3F：略有杂气，稍有刺激，整体中下。郴州B2F：香气量尚足，略有杂气，整体中上。郴州C3F：香气尚足，尚有甜度，整体中上。邵阳C3F：略有香气，杂气较重，欠透发，整体较差。邵阳B2F：杂气较重，略有香气，刺激略大，整体较差										

（2）基于感官评价的不同单料烟样品的PCA分析。采用定量感官分析方法，对7个样品分别在10个属性方面进行打分，采用统计学方法，利用感官评分数据对样品进行主成分分析（PCA分析），分析结果见图2-94，由于两个主成分累积贡

献率为 96%（>85%），前 2 个主成分已经包含了几乎全部的信息，能够反映样品的整体信息，能够清楚地显示出判定结果，说明主成分之间的独立性较强，因此只建立了 PC1—PC2 的二维判别图，分析图中可能得到的信息。由图 2-94 可知，7 个样品之间表现出显著差异，7 个样品沿着 PC1 轴由左到右的方向分布。大体可分为 3 类，邵阳 B2F、邵阳 C3F 位于最左侧，郴州 B2F、郴州 C3F 位于最右侧，而隆回 B2F、郴州 B3F、隆回 C3F 位于上述样品中间，且郴州 B3F 与隆回 C3F 距离很近，说明邵阳 B2F、C3F 与郴州 B2F、C3F 卷烟抽吸时品质特征差异显著，郴州 B3F 与隆回 C3F 抽吸品质特征相似。同时发现，对于同一产地的上部叶（B2F）与中部叶（C3F）之间的差异，隆回产地不同部位间的差异大于邵阳、郴州产地。根据产地的不同可以将样品区别，但样品抽吸时品质特征之间的具体差异程度仍需进一步分析讨论。

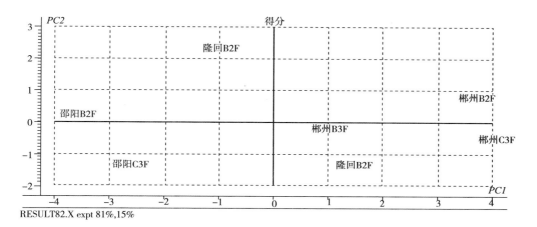

图 2-94 基于感官评分的不同单料烟主成分分析（PCA）图

（3）烟气和烟丝的雷达图分析。电子鼻是通过气体传感器阵列的响应曲线来实现对气体的识别，其可以对样品的气体信息进行对比分析。对原料烟烟丝样品进行电子鼻分析，由图 2-95 所示的电子鼻指纹雷达图谱分析得到：7 种烟气样品除 TA/2、T40/1、T40/2、P10/2、LY2/gCT 传感器上的信号差异不大外，其余 13 根传感器上的信号显示出明显的差异性。这说明 7 种原料烟叶之间存在一定的差异性。

图 2-96 为 7 种原料烟卷烟抽吸后烟气样品的电子鼻雷达指纹图谱，从图中可以发现，烟气样品在 18 根传感器上的响应值存在一定差异。由于不同样品烟气的风味化合物组成及含量不同，引起传感器的敏感程度不同，电子鼻响应值也不同。烟气样品在传感器上响应值 n1 和 n2 显著强于其余样品，尤其在 LY2/gCT、LY2/gCT1、LY2/GH、LY2/AA、LY2/G、T40/2、P30/2、P40/2、P30/1、PA/2 和 T70/2 传感器上，其响应值明显增大。通过电子鼻分析可以准确快速的反映不同样品的整体风味轮廓，但是直接通过雷达指纹图谱对不同样品间差异性进行判断时，准确性较差，因此进一步需要用统计方法进行处理。

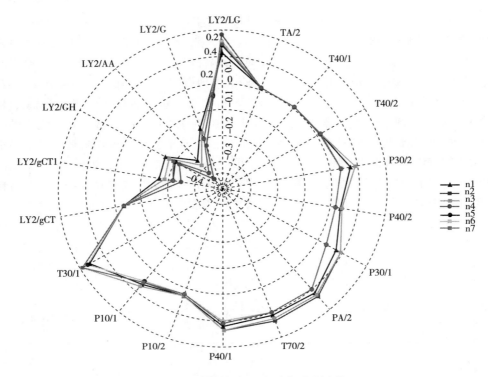

图 2-95　原料烟烟丝电子鼻雷达图谱

注：s1：郴州 B2F，s2：郴州 B3F，s3：郴州 C3F，s4：隆回 B2F，s5：隆回 C3F，s6：邵阳 B2F，s7：邵阳 C3F

（4）基于烟气和烟丝电子鼻分析的 PCA 分析。

1）基于烟气电子鼻分析样品间差异性。将电子鼻传感器检测得到的样品信号数据进行主成分分析，结果如图 2-97 所示。不同样品的前两个主成分的累积方差贡献率为 95%，这说明 PC1—PC2 已经包含了大量的信息量，能够反映样品的风味特征，因此只建立了 PC1—PC2 的二维判别图，从中分析可能得到的信息。由图 2-97 可以看出，样品邵阳 B2F、邵阳 C3F 位于得分图的左侧，而样品郴州 B2F、郴州 C3F、郴州 B3F、隆回 C3F 与它们负相关，位于图的右侧，样品隆回 B2F 得分较低，几乎处于坐标抽上。隆回 C3F 的位置接近于郴州 B2F、郴州 B3F 样品，说明隆回 C3F 的品质特征与郴州 B2F、郴州 B3F 类似。以上结果一方面表明电子鼻能够快速将样品区分，另一方面也说明了电子鼻的客观性证实了感官分析结果的正确性。

2）基于烟丝电子鼻分析样品间差异性。基于烟丝样品电子鼻传感器检测得到的信号数据进行主成分分析，结果如图 2-98 所示。从图中可以得到所有样品以第一主成分的 0 坐标界为轴，明显分为两大组群：左边是邵阳 B2F、邵阳 C3F、隆回 B2F、隆回 C3F 样品，右边是郴州 B3F、郴州 B2F、郴州 C3F 样品，说明前 4 个样品在某些感官品质方面是类似的，而后 3 个样品在某些感官上是类似的，但与前 4 个样品相反，并且由于气味强度的差别造成产品的差异使之得分不同。进一步分析

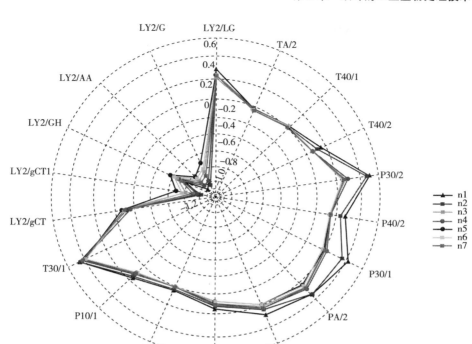

图 2-96 原料烟烟气电子鼻雷达图谱

注：n1：郴州 B2F，n2：郴州 B3F，n3：郴州 C3F，n4：隆回 B2F，
n5：隆回 C3F，n6：邵阳 B2F，n7：邵阳 C3F

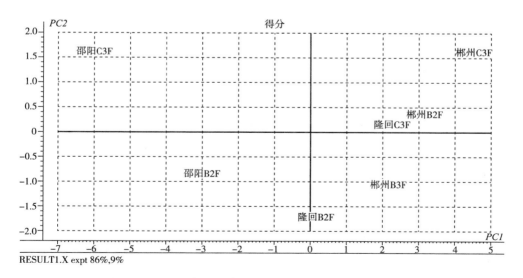

图 2-97 基于烟气电子鼻分析的样品主成分分析（PCA）图

发现，位于左侧的样品，属于邵阳、隆回的烟叶，位于右侧的属于郴州地区的烟叶，与产地距离远近相关。隆回产地的上部烟叶（B2F）与中部烟叶（C3F）的差异比邵阳、郴州上部叶与中部叶间的差异大，这与基于感官评分的原料烟叶样品的 PCA 分析结果一致。进一步证实了电子鼻快速客观性检测分析与感官评价的一致性。

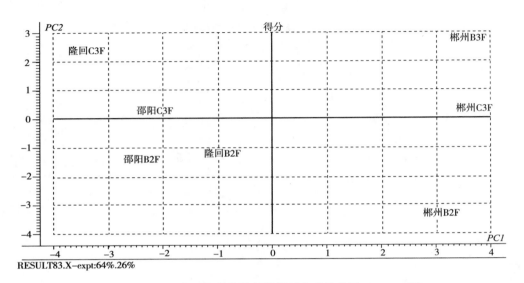

图 2-98　基于烟丝电子鼻分析的样品主成分分析（PCA）图

（5）感官分析与电子鼻响应值的相关性分析研究。为了研究感官指标和电子鼻传感器响应之间的相关性，采用 PLS2（多个自变量，多个因变量）对二者进行了相关性分析。以 18 根电子鼻传感器为 X 变量，感官指标为 Y 变量的 PC1—PC2 载荷图。分析发现，18 根传感器除 1 根 LY 型（LY2/LG）位于载荷图左侧外，其余 17 根传感器都位于载荷图的右侧；感官指标也集中分布于右下侧。PLSR 第一主成分对传感器数据的解释方差为 64%，尽管对感官指标的解释方差为 48%，但透发性、香气质、香气量、杂气、透发型、余味、甜度及浓度指标位于 50% 的可解释方差之外，与 17 根传感器信号呈显著正相关，与 LY2/LG 传感器信号呈显著负相关。感官指标中劲头、刺激性在模型中的权重较低，但对 17 根传感器信号也具有正相关关系，与 LY2/LG 传感器信号呈负相关。通过以上的相关性分析说明电子鼻响应值与感官指标之间有较好的相关性，也进一步说明电子鼻可以作为一种辅助性分析手段对样品进行客观、快速的评价。

（6）原料烟叶常规化学成分分析及其对卷烟品质的影响。烟草中的常规化学成分是烟叶内部各类致香化合物形成某种香韵风格的平衡点，原料中常规化学成分的协调与平衡，很大程度上决定了卷烟吃味的好坏。同时也能通过降解和与其他化学成分反应等途径形成香味成分而影响卷烟香韵。

表 2-42 为 7 种原料烟叶的常规组分含量。烟草中的水溶性总糖和还原糖对烟

叶品质有重要影响，我国烤烟中水溶性总糖和还原糖的含量范围分别为 13%~22% 和 10%~18%，还原糖在水溶性总糖中占 90%，以 15% 为佳。由于不同叶位叶片在生长期间所处的环境条件不同，含糖量也存在差异，一般来讲，中部>上部>下部。由表 2-43 可知，原料烟叶的水溶性总糖和还原性糖含量随着叶位的降低（由上部 B2F/B3F→中部 C3F）而增加。烟叶中的糖类物质在热解、蒸馏和燃烧的条件下，能分解生成许多的新生化合物，从而影响烟草的吸食品质。水溶性糖，特别是其中的还原性糖，在烟支燃吸时一方面能产生酸性反应，抑制烟气中碱性物质的碱性，使烟气的酸碱平衡适度，降低刺激性，产生令人满意的吃味；另一方面烟叶在加热和烟支燃吸过程中，糖类是形成香气物质的前提，当温度在 300℃ 以上时，可单独热解形成多种香气物质，其中最重要的有呋喃衍生物、简单的酮类和醛类等羰基化合物。糖类与氨基酸经过美拉德反应能形成多种香气物质，产生令人愉快的香气，掩盖其他物质产生的杂气。此外，水溶性糖含量高的烟叶比较柔软，富有弹性，色泽鲜亮，耐压而不易破碎。有关化学分析表明，随着烟叶商品等级的提高，含糖量增加。因此，水溶性总糖和还原糖的含量被认为是体现烟草优良品质的指标，是烟草化学分析的重要项目之一。

表 2-42　原料烟叶常规化学成分含量

组成成分	原料烟叶品种						
	郴州 B2F	郴州 B3F	郴州 C3F	隆回 B2F	隆回 C3F	邵阳 B2F	邵阳 C3F
水溶性总糖/%	15.95±0.20	14.29±0.25	20.53±0.36	13.66±0.31	16.08±0.28	13.10±0.87	17.85±0.30
还原糖/%	15.21±0.20	13.34±0.19	19.60±0.36	12.87±0.30	14.99±0.32	12.31±0.84	17.03±0.38
淀粉/%	2.29±0.09	1.58±0.11	1.78±0.29	1.35±0.08	1.26±0.16	1.69±0.19	1.53±0.18
蛋白质/%	6.52±0.19	6.93±0.02	6.34±0.07	7.17±0.17	7.24±0.13	7.12±0.19	6.81±0.19
总植物碱/%	3.17±0.04	3.02±0.03	2.44±0.07	3.86±0.02	2.77±0.04	3.96±0.05	2.83±0.03
钾/%	2.57±0.05	2.38±0.04	2.64±0.08	2.29±0.03	3.25±0.08	2.34±0.02	2.73±0.04
氯/%	0.51±0.01	0.58±0.01	0.58±0.01	0.44±0.01	0.40±0.01	0.43±0.01	0.38±0.01
钙/%	6.69±0.17	7.82±0.12	7.58±0.12	7.97±0.09	7.48±0.13	7.21±0.27	7.70±0.06
镁/%	0.21±0.01	0.26±0.01	0.17±0.01	0.22±0.01	0.22±0.02	0.23±0.01	0.19±0.01
挥发酸/%	0.49±0.01	0.51±0.02	0.48±0.01	0.42±0.01	0.52±0.01	0.44±0.01	0.54±0.03
挥发碱/%	0.43±0.01	0.43±0.01	0.36±0.01	0.52±0.01	0.38±0.00	0.55±0.01	0.39±0.00
石油醚提取物/%	6.56±0.17	4.40±0.09	4.28±0.31	7.27±0.16	5.04±0.03	7.16±0.37	4.89±0.09
PH	4.79±0.01	4.82±0.01	4.90±0.01	4.79±0.01	4.87±0.00	4.78±0.01	4.88±0.00

续表

组成成分	原料烟叶品种						
	郴州 B2F	郴州 B3F	郴州 C3F	隆回 B2F	隆回 C3F	邵阳 B2F	邵阳 C3F
糖碱比	5.04±0.06	4.74±0.11	8.44±0.35	3.54±0.08	5.80±0.16	3.31±0.25	6.30±0.10
钾氯比	5.04±0.08	4.10±0.04	4.55±0.04	5.20±0.05	8.13±0.02	5.44±0.03	7.18±0.08
葡萄糖/%	2.37±0.06	2.40±0.05	4.40±0.01	2.65±0.10	2.870.09	1.66±0.06	2.91±0.01
甘露糖/%	0.06±0.00	0.09±0.01	0.00±0.00	0.09±0.01	0.09±0.00	0.04±0.00	0.10±0.00
果糖/%	2.71±0.04	2.62±0.01	3.55±0.02	3.69±0.05	4.05±0.03	1.82±0.04	2.78±0.04

表 2-43 原料烟叶游离氨基酸含量

游离氨基酸/(μg/g)	郴州 B2F	郴州 B3F	郴州 C3F	隆回 B2F	隆回 C3F	邵阳 B2F	邵阳 B3F
Asp	21.86	37.53	70.41	1375.44	1049.17	523.85	446.69
Glu	112.73	174.36	166.67	2428	2578.53	2433.01	1566.25
Ser	3.08	0.09	2.7	57.37	100.91	1.97	0.86
His	25.34	41.8	25.56	191.73	288.65	499.81	286.06
Gly	50.67	53.57	51.58	4592.74	1077.26	756.58	528.94
Thr	5.9	14.41	10.75	431.35	567.62	467.69	95.34
Arg	138.57	171.51	364.13	1983.26	329.41	361.31	1720.86
Ala	161.41	263.18	227.76	2148.18	2426.86	3661.64	2019.65
Tyr	29.31	51.16	53.43	201.44	482.77	753.39	451.76
Cys	13.32	1.1	15.68	21.18	166.99	167.93	2.05
Val	31.1	46.12	42.97	447.66	1148.77	726.92	430.57
Met	2.23	61.78	66.11	232.64	29.58	512.61	20.31
Phe	70	123.31	99.27	586.74	1513.79	1616.27	996.13
Lle	5.31	8.42	6.84	344.95	423.9	204.03	49.98
Leu	9.39	11.38	7.87	550.63	636.9	365.25	70.27
Lys	7.28	12.73	5.56	669.47	173.67	402.4	55.65
Pro	1031.21	1518.22	1276.8	3114.44	10531.3	16534.3	13096.3
总含量	1718.71	2590.67	2494.09	19377.22	23526.08	29988.96	21837.67

尽管如此，烟叶中糖含量并不是越高越好，烟草的吸食质量是各种化学成分综合影响的结果。糖含量高对烟叶的燃烧性产生不良影响，燃烧不易达到完全的程度，烟气中产生焦油也高，增加烟气对人体的危害。烟叶水溶性总糖含量与烟碱含量应保持适当的比例，简称糖碱比。糖碱比例协调能使烟气在醇和的同时又保持具

有香气、吃味及适宜的浓度和劲头。一般清香型烤烟的糖碱比以 10~15 为宜，浓香型烤烟以 8~9 为宜。郴州 C3F 糖碱比为 8.44，较合适，其余 7 种原料烟糖碱比均小于 6.30，其中隆回 B2F 和邵阳 B2F 的糖碱比明显偏低，其感官评吸时杂气较重、刺激略大、整体较差。

以淀粉形式存在的糖类在烟支燃吸时，对烟气质量产生不良影响：一是影响燃烧速度和燃烧完全性；二是燃烧时产生糊焦气味，使烟草的香味变坏。所以从烟草制品来讲，不希望淀粉含量高。淀粉含量随着叶位的降低（由上部 B2F/B3F→中部 C3F）而减少。中部烟叶显示相对较低的淀粉含量，对照感官评吸结果，中部烟叶也显示相对较高的品质得分。

烟叶中适量的蛋白质能赋予烟草充足的香气和丰富的吃味强度。蛋白质含量过高，香吃味变差，产生辛辣味、苦味和刺激性；蛋白质含量过低，抽吸是平淡无味，吃味和香气也变差。其中原料烟叶中的蛋白质含量差异不大。在 7 种原料烟叶中，含量最高的氨基酸是脯氨酸，其中含量最高的达 16534.3μg/g，最低的也有 1031.21μg/g。其次是丙氨酸和谷氨酸的含量也都大于 100μg/g。邵阳 B2F 烟叶原料中游离氨基酸的总含量最高，是郴州 3 种烟叶中含量的 11 倍以上。虽然氨基酸可以与还原糖发生美拉德反应，生成具有甜味、烤香、爆米花香、坚果香、奶酪香等特征香味的化合物，对烟叶和卷烟抽吸质量具有十分重要的意义，但是氨基酸的含量较高时，直接燃烧生成烧焦羽毛的气味，对烟质是不利的，这也是导致邵阳与隆回单料烟抽吸感官质量较差的原因之一。

烟草总植物碱中，烟碱最为重要，约占 95% 以上，其次是去甲基烟碱、新烟草碱、假木贼碱等。我国烤烟总植物碱为 1.92%~3.60%，以 2%~2.5% 为佳。表 2-42 显示，郴州 C3F 烟碱含量为 2.44%，在最佳范围；其余 6 种原料烟总植物碱含量明显偏高。邵阳 B2F 的烟碱含量尤其偏高，为 3.96%。

K、Cl 是烟草生长必需的元素，过低和过高都会对卷烟原料的品质产生不良影响。K、Cl 含量的高低对烟叶品质有很大影响，主要表现在提高烟叶的燃烧性和吸湿性，改善烟叶的颜色和品质。K 含量>2%，Cl 含量<1%，以 0.3%~0.8% 为佳。表 2-42 显示，K 含量以邵阳 B2F 相对最低，为 2.34%；Cl 含量在 0.38%~0.58% 范围。

Ca 能增加烟碱和糖含量，Ca 含量高的烟叶表现为过厚、粗糙、僵硬、使用价值低，Ca 含量以 2.5% 左右为宜，Mg 对糖类的分解有重要作用，Mg 含量以 0.3%~1.2% 范围为佳。表 2-42 显示，该 7 种原料烟叶的 Ca 含量均大于 6.69%，Mg 含量均小于 0.26%，说明该原料烟 Ca、Mg 含量极度不合理。

挥发性酸由于其挥发性在卷烟抽吸过程中可直接进入烟气，对吃味和香气有良好作用。一般质量好、香气量大的烟叶，其挥发性酸含量也比较高。因此，高含量的挥发性酸含量是优质烟叶的化学特征。挥发性碱是与烟叶刺激性相关的指标。

烤烟叶片中的石油醚提取物是用石油醚作溶剂，对烟叶样品进行萃取得到的物质。关于其成分，有人认为是挥发油、树脂、油脂、蜡和类胡萝卜素等化学成分，也有人认为是脂肪、游离脂肪酸、精油、树脂、蜡质、类脂物、甾醇、色素和有机酸等有机物质的混合物。但无论成分如何，其含量与烟叶的整体质量及香气量呈正相关，一般石油醚提取物含量高的烟叶其整体品质也较高。我国一般要求烤烟石油醚提取物含量不低于5%，高于7%为佳。

（7）微量元素对感官品质的贡献分析。

1）微量元素对香气质、香气量的贡献分析。采用 Jack-Knife 不确定测试方法，通过计算估计回归系数进一步对微量元素含量和感官品质之间的相关性进行了分析。微量元素对香气质、香气量的贡献性分析结果如图 2-99 所示，K、Cl 含量与香气质和香气量呈正相关，回归系数分别为 0.22、0.23、0.60 和 0.48；Mg、Ca 含量及 K/Cl 与香气质和香气量呈负相关，回归系数分别为 -0.18、-0.22、-0.27、-0.08、-0.42 和 -0.62。因此，K、Cl 含量越高，香气质和香气量越好/大；Mg、Ca 含量及 K/Cl 的值越高，香气质和香气量越差/小。

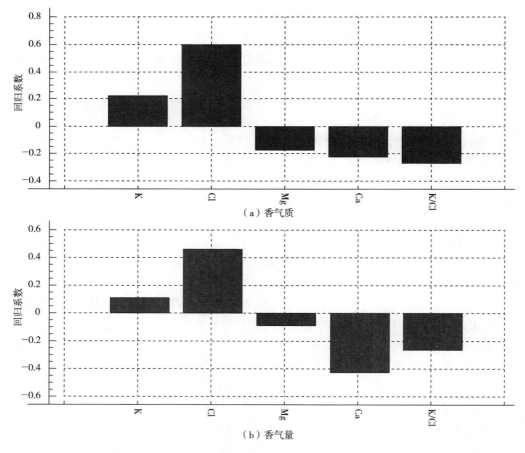

图 2-99　微量元素对感官品质香气质、香气量的贡献分析

2）微量元素对刺激性、杂气的贡献分析。图 2-100 给出了 PLS1 的回归分析结果，阐明了微量元素对刺激性和杂气的贡献。K、Cl、Mg、Ca 含量及 K/Cl 对刺激性和杂气的贡献一致，即 K、Cl 含量与刺激性和杂气的得分呈正相关，回归系数分别为 0.60、0.64、0.19 和 0.59；Mg、Ca 含量及 K/Cl 与刺激性和杂气的得分呈负相关，回归系数分别为 -0.18、-0.43、-0.05、-0.15、-0.26 和 -0.29。结合感官评分表（表 2-41）可知，刺激性大的卷烟，得分低；刺激性小的卷烟，得分高；杂气也是如此。因此，K、Cl 含量越高，刺激性、杂气的分值越高，卷烟的刺激性越小，杂气越小；Mg、Ca 含量及 K/Cl 值越高，刺激性、杂气的分值越低，卷烟的刺激性越大，杂气越大。可见，提高 K、Cl 含量，降低 Mg、Ca 含量，对改善原料烟卷烟抽吸时的刺激性和杂气有重要作用。

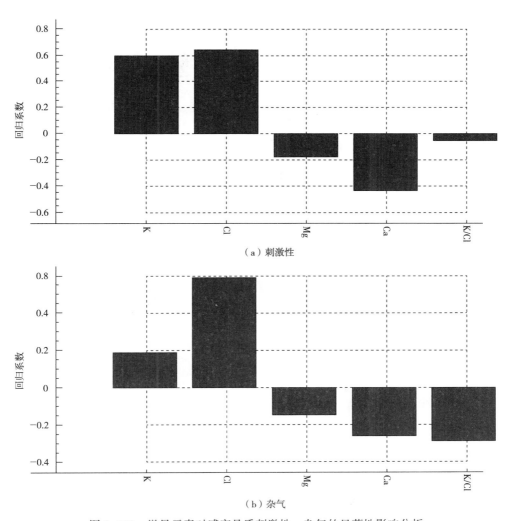

图 2-100　微量元素对感官品质刺激性、杂气的显著性影响分析

3）微量元素对透发性、余味的贡献分析。微量元素对透发性、余味的贡献性分析结果如图 2-101 所示，K、Cl 含量与透发性和余味呈正相关，回归系数分别为 0.16、0.19、0.51 和 0.59；Mg、Ca 含量及 K/Cl 与透发性和余味呈负相关，回归系数分别为-0.19、-0.26、-0.25、-0.15、-0.26 和-0.29。因此，K、Cl 含量越高，透发性和余味越好；Mg、Ca 含量及 K/Cl 值越高，透发性和余味越差。

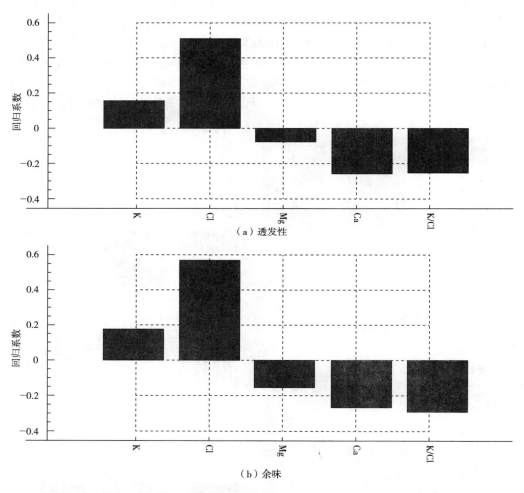

图 2-101 微量元素对感官品质透发性、余味的显著性影响分析

4）微量元素与柔细度、甜度的贡献分析。微量元素对柔细度、甜度的贡献性分析结果如图 2-102 所示，K 含量与柔细度和甜度呈正相关，回归系数分别为 0.61 和 0.63，Cl 含量与柔细度和甜度呈显著性正相关，回归系数分别为为 0.67 和 0.83；Mg、Ca 含量及钾氯比与柔细度和甜度的呈负相关，回归系数分别为-0.20、-0.35、-0.11 和-0.18、-0.22，-0.18。因此，K、Cl 含量越高，柔细度和甜度越

高，尤其是 Cl 含量的变化，对柔细度和甜度的变化有显著性影响；随着 Mg、Ca 含量及 K/Cl 值的升高，柔细度和甜度降低。

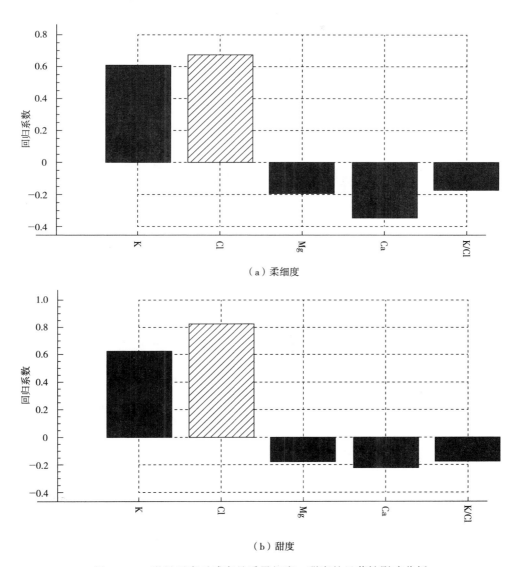

（a）柔细度

（b）甜度

图 2-102　微量元素对感官品质柔细度、甜度的显著性影响分析

　　5）微量元素对浓度、劲头的贡献分析。微量元素对浓度、劲头的贡献性分析结果如图 2-103 所示，Cl 含量与浓度呈正相关，回归系数为 0.42，Mg、Ca 含量及 K/Cl 与浓度呈负相关，回归系数分别为 -0.17、-0.09、-0.29。K 含量与劲头呈负相关，回归系数为 -0.30，Cl、Mg、Ca 含量与劲头呈正相关，回归系数分别为 0.11、0.01、0.07，K/Cl 与劲头呈显著负相关，回归系数为 -0.26。因此，

K 含量越高，劲头标度值越小；同时 K/Cl 越大，浓度标度值越小，劲头标度值越小。

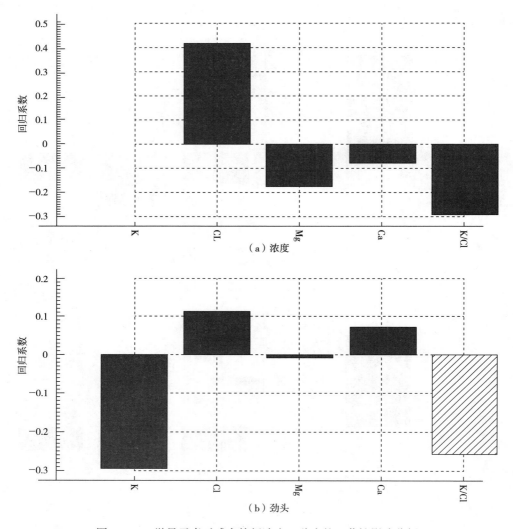

图 2-103　微量元素对感官特征浓度、劲头的显著性影响分析

（8）糖类对感官品质的贡献分析。烟叶中的糖类有许多种，对烟质影响较大的是水溶性总糖、淀粉等。因为它们在热解、蒸馏和燃烧的条件下，能分解生成许多的新化合物，从而影响烟草的吸食品质。烟草中的水溶性总糖主要可分为还原性糖和非还原性糖，据研究，调制后的烤烟中还原性糖一般占水溶性总糖的 90% 左右，主要包括葡萄糖、果糖和甘露糖等。

1）糖类对香气质、香气量的贡献分析。类似地，将不同糖类对感官品质指标香气质、香气量的影响进行了 PLS1 分析，结果见图 2-104，总糖、还原性糖、葡萄糖、果糖和淀粉与香气质具有正相关关系，与香气量也具有正相关关系；甘露糖对香气质和香气量具负影响，但影响均不显著，这表明糖类和卷烟抽吸时香气质和香气量有一定的相关性，但影响不显著。

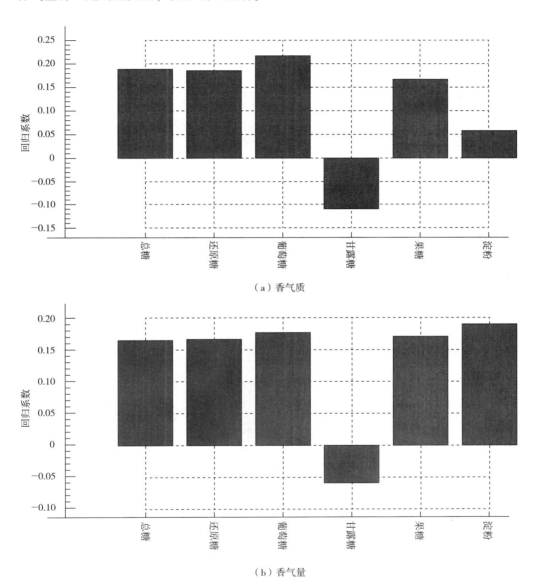

（a）香气质

（b）香气量

图 2-104　糖类对感官品质香气质、香气量的显著性影响分析

2）糖类对刺激性、杂气的贡献分析。结合感官评分（表 2-41），刺激性大的卷烟，得分低；刺激性小的卷烟，得分高；杂气也是如此。将不同糖类对感官品质

指标刺激性、杂气的影响进行了 PLS1 分析，结果见图 2-105，总糖与感官品质指标刺激性和杂气呈正相关，且对刺激性的影响显著（$P<0.05$），即总糖含量越高，刺激性指标的得分越高，对应卷烟抽吸的刺激性越小，还原性糖和其中的葡糖糖对感官品质指标刺激性和杂气的影响与总糖趋势相同，说明适当增加水溶性总糖含量尤其是其中葡萄糖的量对降低卷烟抽吸的刺激性具有重要作用。果糖、淀粉与刺激性和杂气呈正相关，甘露糖对刺激性和杂气具负影响，但影响均不显著。

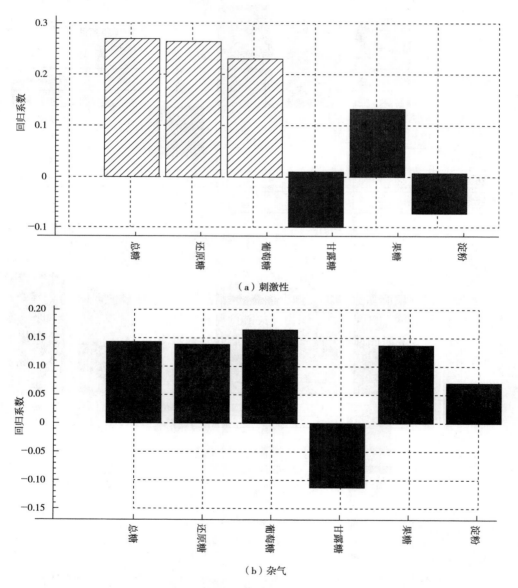

图 2-105　糖类对感官品质刺激性、杂气的显著性影响分析

3）糖类对透发性、余味的贡献分析。将不同糖类对感官品质指标透发性、余味的影响进行了 PLS1 分析，结果见图 2-106，总糖、还原性糖、葡萄糖、果糖和淀粉与透发性呈正相关，与余味也呈正相关；甘露糖对透发性和余味有负影响，但影响均不显著，这表明糖类对卷烟抽吸时透发性和余味的贡献不大。

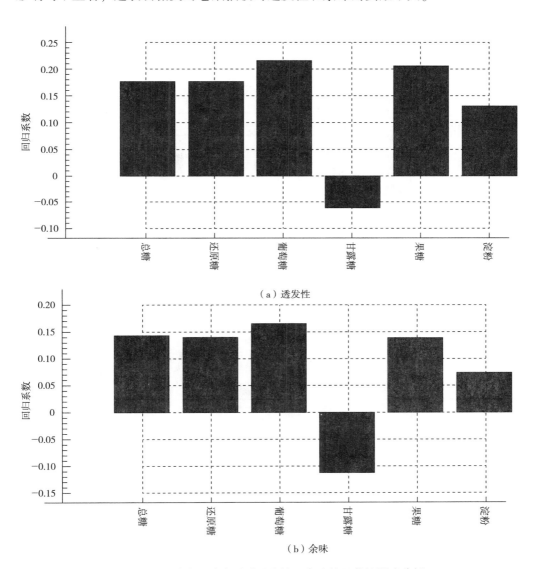

图 2-106　糖类对感官品质透发性、余味的显著性影响分析

4）糖类对柔细度、甜度的贡献分析。将不同糖类对感官品质指标柔细度、余味的影响进行了 PLS1 分析，结果见图 2-107，总糖、还原性糖、葡萄糖、果糖和淀粉与柔细度呈正相关，与甜度也呈正相关；甘露糖对柔细度和甜度有负影响，但

影响均不显著，这表明糖类对卷烟抽吸时柔细度和甜度的贡献不大。

5）糖类对浓度、劲头的贡献分析。将不同糖类对感官特征指标浓度、劲头的影响进行了 PLS1 分析，结果见图 2-108，不同糖类对感官特征指标浓度的影响均不显著，表明糖类对卷烟抽吸时浓度的影响不显著。总糖、还原性糖、葡萄糖、甘露糖、果糖对特征指标劲头的影响也不显著，但淀粉与其呈显著正相关，说明淀粉对卷烟抽吸劲头有正效应，降低淀粉含量可达到降低劲头的目的。

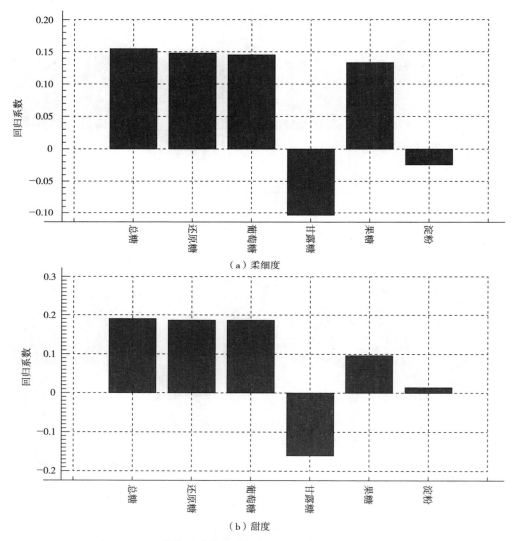

图 2-107　糖类对感官品质柔细度、甜度的显著性影响分析

（9）含氮化合物对感官指标的贡献分析。烟草中含氮化合物主要包括氨基酸、蛋白质、氨、酰胺等，氨基酸是合成蛋白质的原料，又是蛋白质的降解产物，与烟

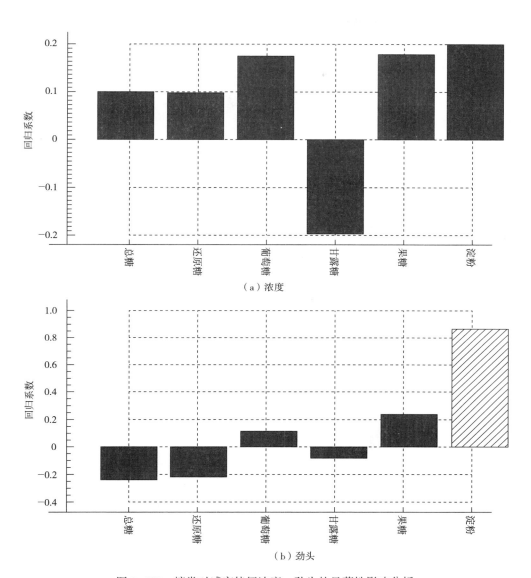

图 2-108　糖类对感官特征浓度、劲头的显著性影响分析

叶调制、陈化、燃吸过程所发生的复杂生物化学变化关系密切。一方面可以通过与糖发生美拉德反应生成挥发性羰基化合物，作为烟叶香气前体物的间接前提，另一方面也可在调制过程中直接转化为挥发性羰基化合物。烟叶中各种氨基酸的组成和含量与烟叶的评吸品质有一定的关系，每种氨基酸对香吃味的贡献不同，所以有必要对各种氨基酸与感官指标进行相关性分析。

　　1）含氮化合物对香气质、香气量的贡献分析。将蛋白质和 17 种氨基酸对感官品质指标香气质、香气量的影响进行了 PLS1 分析，结果见图 2-109，蛋白质对感官品质指标香气质和香气量有负的影响，但不显著；组氨酸（His）和酪氨酸（Tyr）与感官品质指标香气质和香气量均呈显著负相关；丙氨酸（Ala）与香气质呈显著负相关；其他14种氨基酸与香气质和香气量表现出不同程度的相关性，但影响要低于前3种氨基酸。以上表明，不同的氨基酸对感官品质特征的影响不同，通过各种技术措施，改变烟叶氨基酸的种类和组成，对改善烟叶感官品质指标香气质和香气量具有一定的潜力。

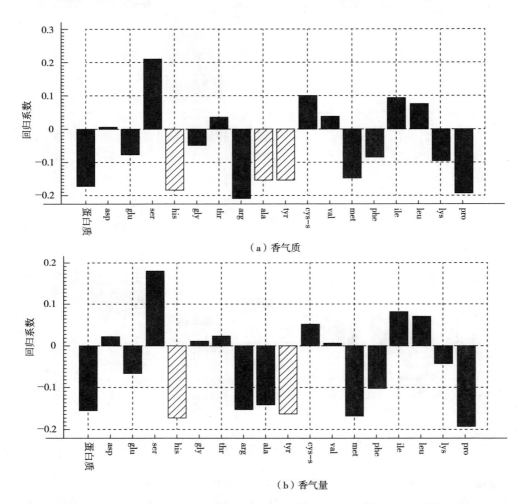

（a）香气质

（b）香气量

图 2-109　含氮化合物对感官品质香气质、香气量的显著性影响分析

2）含氮化合物对刺激性、杂气的贡献分析。蛋白质及17种氨基酸对刺激性、杂气的影响的PLS1分析结果见图 2-110，蛋白质及17种氨基酸均与感官品质指标刺激性呈负相关。组氨酸和丙氨酸与杂气显著负相关，说明烟叶中的组氨酸和丙氨酸可能会给卷烟带来一些杂气。蛋白质及其余15种氨基酸对感官品质指标杂气无

显著影响。以上表明，不同的氨基酸对感官品质刺激性和杂气的影响不同，通过各种技术措施，改变烟叶氨基酸的种类和组成，对降低烟叶的刺激性和杂气具有一定的潜力。

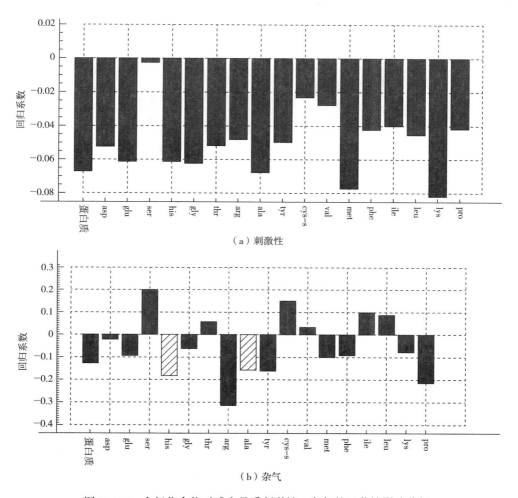

（a）刺激性

（b）杂气

图 2-110　含氮化合物对感官品质刺激性、杂气的显著性影响分析

3）含氮化合物对透发性、余味的贡献分析。将蛋白质和 17 种氨基酸对感官品质指标透发性、余味的影响进行了 PLS1 分析，结果见图 2-111，蛋白质对感官品质指标透发性、余味有负影响，但不显著；组氨酸（His）和丙氨酸（Ala）与评吸的透发性、余味呈显著负相关；另外，酪氨酸和脯氨酸与透发性呈显著负相关；其他 13 种氨基酸对透发性和余味的影响不明显。以上表明，不同的氨基酸对感官品质特征的影响不同，通过各种技术措施，改变烟叶氨基酸的种类和组成，特别是组氨酸、丙氨酸、酪氨酸（Tyr）和脯氨酸（Pro），对改善烟叶评吸的透发性和余味

具有一定的效果。

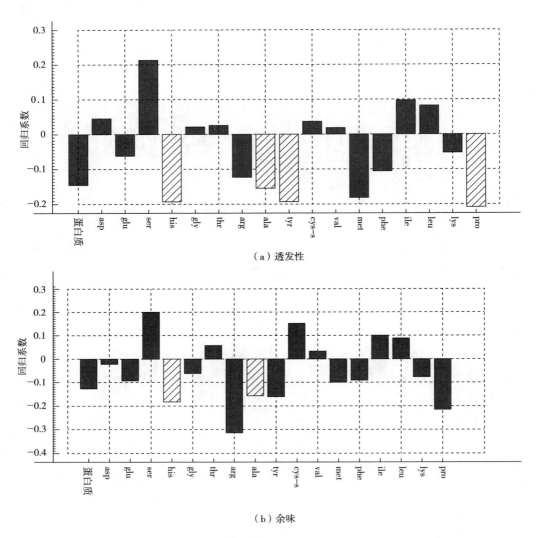

（a）透发性

（b）余味

图 2-111　含氮化合物对感官品质透发性、余味的显著性影响分析

4）含氮化合物对柔细度、甜度的贡献分析。将蛋白质和 17 种氨基酸对感官品质指标柔细度、甜度的影响进行了 PLS1 分析，结果见图 2-112，蛋白质对感官品质指标柔细度、甜度有负影响，但不显著；组氨酸（His）、丙氨酸（Ala）与评吸的柔细度和甜度呈显著负相关，其他 13 种氨基酸对柔细度、甜度的影响不明显。以上表明，不同的氨基酸对感官品质特征的影响不同，通过各种技术措施，改变烟叶氨基酸的种类和组成，特别是组氨酸和丙氨酸，对改善烟叶评吸的柔细度、甜度具有一定的潜力。

5）含氮化合物对浓度、劲头的贡献分析。将蛋白质和 17 种氨基酸对感官品质指标浓度、劲头的影响进行了 PLS1 分析，结果见图 2-113，蛋白质及 17 种氨基酸对感官品质指标浓度和劲头的影响均不明显。这表明含氮化合物对浓度和劲头的贡献不明显。

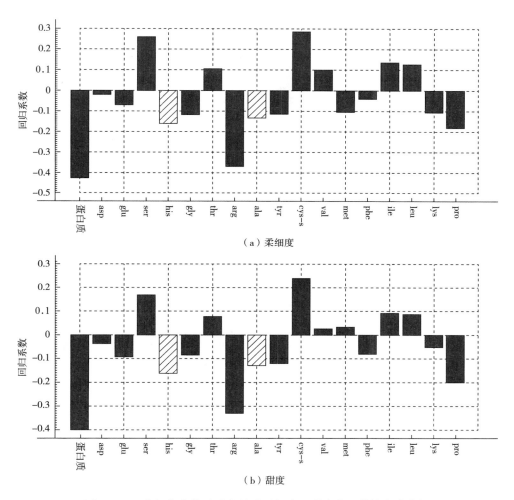

图 2-112　含氮化合物对感官品质柔细度、甜度的显著性影响分析

（10）烟碱、挥发酸、挥发碱及糖碱比对感官品质特征的贡献分析。生物碱在烟叶加工处理和高温条件下形成含氮类的香气成分。几种吡啶化合物是从烟碱高温分解过程中形成的，这些化合物可能产生一种烟草烟气中特有的树脂味道。烟叶中的酸包括挥发酸和非挥发酸，挥发酸是指能同水蒸气一起蒸出的酸，是烟叶中重要的一类致香成分。香味物质按照所含化学元素的不同可分为含氮化合物和碳氢化合物，含氮化合物含量过高往往与烟叶燃烧时杂气、刺激性增强相关。因此，最大限

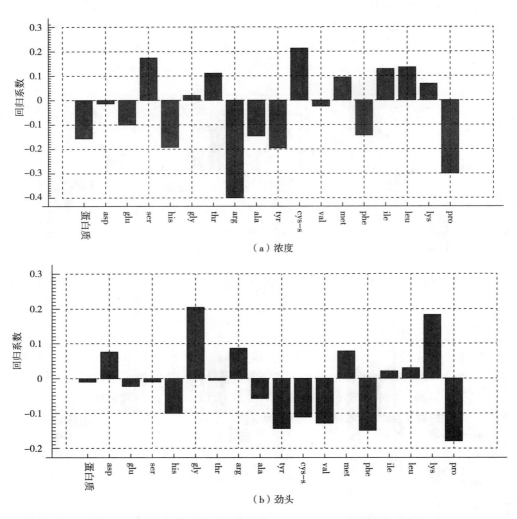

图 2-113 含氮化合物对感官特征浓度、劲头的显著性影响分析

度地提高烟气质量需要有适宜的碳氮代谢水平。从而，将糖氮比、糖碱比值（糖碱比）作为衡量烟叶品质和香气的指标。

1）烟碱、挥发酸、挥发碱及糖碱比对香气质、香气量的贡献分析。将烟碱、挥发酸、挥发碱及糖碱比对香气质、香气量的影响进行了 PLS1 分析，结果见图 2-114，烟碱、挥发酸、挥发碱及糖碱比对香气质有负影响，其中挥发碱对香气质的影响显著（$P<0.05$）；烟碱、挥发碱与香气量呈负相关，挥发酸、糖碱比与其呈正相关，虽未到达显著水平，但可能需要通过调节烟草的酸碱度来间接影响烟抽吸后的香气，在烟气中起平衡作用。调节酸碱度对改善香气质、香气量有一定的效果。

2）烟碱、挥发酸、挥发碱及糖碱比对刺激性、杂气的贡献分析。将烟碱、挥

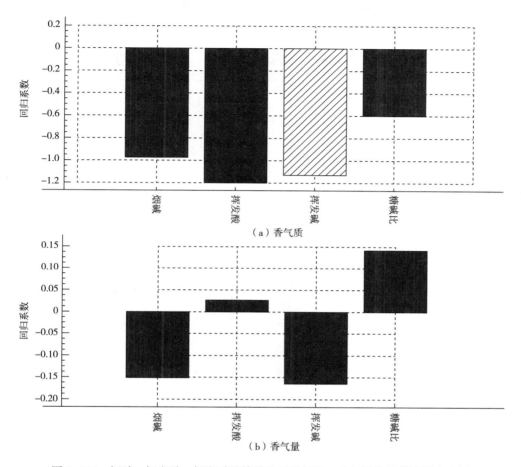

图 2-114 烟碱、挥发酸、挥发碱及糖碱比对香气质、香气量的显著性影响分析

发酸、挥发碱及糖碱比对刺激性、杂气的影响进行了 PLS1 分析，结果见图 2-115，烟碱、挥发碱与刺激性呈显著负相关，挥发酸、糖碱比与其正相关，说明烟碱、挥发性碱含量高时，感官品质刺激性的得分低，卷烟的刺激性越大。烟碱、挥发酸、挥发碱及糖碱比对杂气有负影响，但不显著。降低烟碱、挥发性碱含量对降低卷烟抽吸的刺激性有一定的作用。

3）烟碱、挥发酸、挥发碱及糖碱比对透发性、余味的贡献分析。将烟碱、挥发酸、挥发碱及糖碱比对透发性、余味的影响进行了 PLS1 分析，结果见图 2-116，烟碱和挥发碱与透发性负相关，挥发酸和糖碱比与其正相关，但不显著。烟碱、挥发酸、挥发碱及糖碱比对其有负影响，但也不显著。烟碱、挥发酸、挥发碱及糖碱比对透发性、余味的贡献不大。

4）烟碱、挥发酸、挥发碱及糖碱比对柔细度、甜度的贡献分析。将烟碱、挥

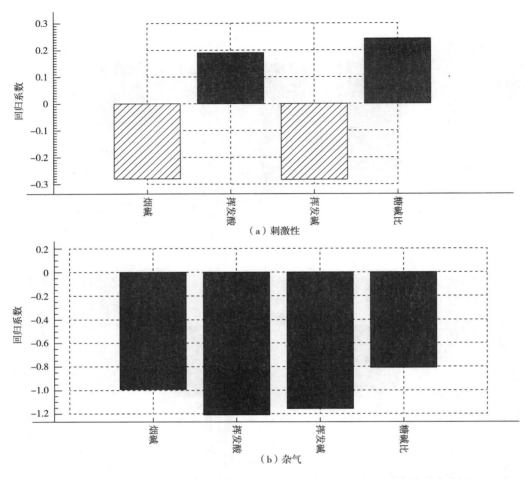

图2-115　烟碱、挥发酸、挥发碱及糖碱比与刺激性、杂气的显著性影响分析

发酸、挥发碱及糖碱比对柔细度、甜度的影响进行了PLS1分析，结果见图2-117，烟碱与柔细度和甜度负相关，且对柔细度的影响达到显著水平；挥发碱与柔细度和甜度负相关，且对柔细度的影响也达到显著水平；挥发酸与柔细度和甜度正相关，糖碱比与其正相关。可见，可以通过适当降低烟碱、挥发性碱含量达到提高卷烟抽吸柔细度的目的。

　　5）烟碱、挥发酸、挥发碱及糖碱比对浓度、劲头的贡献分析。PLS1分析结果见图2-118，烟碱、挥发酸、挥发碱及糖碱比对感官品质指标浓度和劲头的影响均不明显。说明通过调节烟碱、挥发酸、挥发碱及糖碱比值对浓度和劲头的改善不显著。

　　（11）多酚类化合物的含量分析及其对卷烟感官品质的影响。

　　1）多酚类化合物的含量分析。酚类化合物广泛存在于各种植物中，是一大类

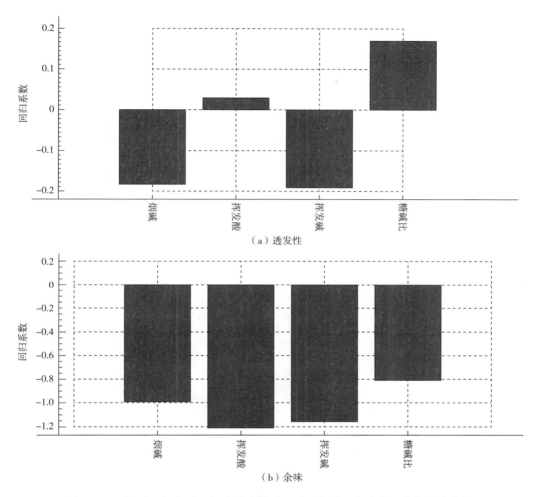

图 2-116　烟碱、挥发酸、挥发碱及糖碱比对透发性、余味的显著性影响分析

植物次生物质。烟草酚类化合物对烟株自身具有多种生理功能，有些甚至有自毒作用。但在活体组织中，酚类化合物几乎全都以糖苷和酯的形式存在。随着对烟草酚类化合物的结构和性质的研究及反应活性的初步揭示，使人们不仅认识到酚类化合物是烟草产量和质量形成的重要因素，而且是烟草化学防御机制中的有效物质，可以作为中间体用于烟叶调制中，具有广阔的开发应用前景。

酚类物质按其结构可分为简单酚和多酚，烟叶中简单酚的含量极微，绿原酸、芸香苷、莨菪亭是烟草主要的多酚类化合物，绿原酸占总酚量的 75%～95%。评价烟草及其制品的质量指标主要有色泽、香吃味、生理强度和安全性。而烟草中的多酚类化合物不仅对烟草的生理生化活动有重要作用，而且对上述品质特征指标有重要影响，所以分析多酚类物质对具体感官品质特征指标的影响具有重大意义。

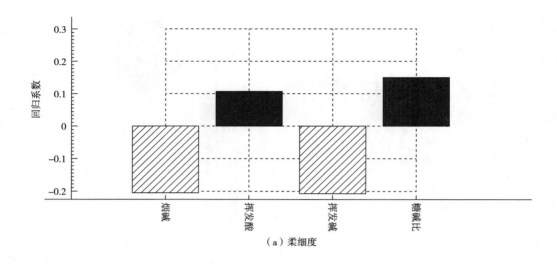

（a）柔细度

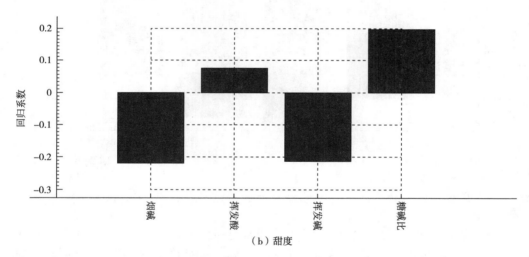

（b）甜度

图 2-117　烟碱、挥发酸、挥发碱及糖碱比对柔细度、甜度的显著性影响分析

从原料烟叶中多酚类化合物的含量（表 2-44）可以看出，同一原料烟叶中，绿原酸含量最高，其中邵阳 B2F 的绿原酸含量最低；其次是芸香苷、莨菪亭含量最低。另外，不同部位多酚类物质含量不同，且有一定的规律，中部烟叶（C3F）多酚类物质含量明显高于上部烟叶（B2F/B3F）。酚类化合物挥发性低，燃吸时很少直接进入烟气，但它们在烟草燃吸时发生反应生成酸性物质，能中和部分碱性物质，使吃味醇和。越是高等级的烟叶，经贮存、陈化、发酵过程，叶色变深越明显，其吃味变得越醇和。

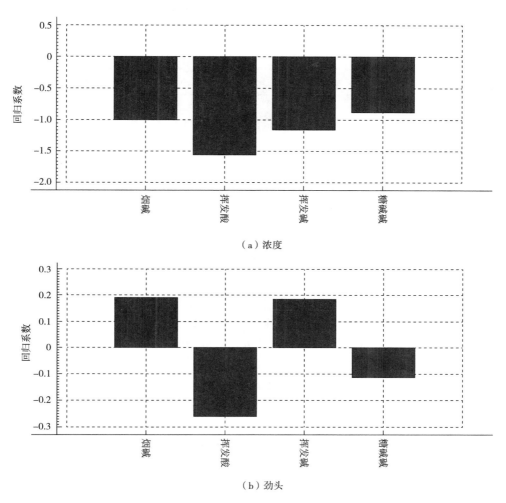

（a）浓度

（b）劲头

图 2-118　烟碱、挥发酸、挥发碱及糖碱比对浓度、劲头的显著性影响分析

表 2-44　原料烟叶中主要多酚类化合物的含量

种类	绿原酸/（mg/g）	莨菪亭/（mg/g）	芸香苷/（mg/g）
郴州 B2F	10.85±0.33	0.33±0.01	7.78±0.43
郴州 B3F	9.77±0.25	0.36±0.03	7.34±0.22
郴州 C3F	11.84±0.23	0.31±0.01	7.23±0.22
隆回 B2F	8.45±0.17	0.35±0.01	7.44±0.11
隆回 C3F	9.02±0.26	0.40±0.03	5.34±0.40

续表

种类	绿原酸/（mg/g）	莨菪亭/（mg/g）	芸香苷/（mg/g）
邵阳 B2F	8.12±0.54	0.28±0.03	7.61±0.29
邵阳 C3F	9.80±0.11	0.34±0.01	6.11±0.13

2）多酚类化合物与卷烟感官品质特征指标的相关性分析。采用 PLSR 对多酚类物质含量（绿原酸、芸香苷和莨菪亭）和感官品质数据的相关性进行分析，寻找与感官品质相关性最强的多酚类物质。以绿原酸、芸香苷和莨菪亭含量为 X 变量，感官品质为 Y 变量做 PLSR 分析。可以发现，PC1 所解释的变量中，除劲头外，所有的感官品质指标都集中分布且都在 50% 的解释方差外（除浓度），表明它们具有相关性并能够很好地被 PLSR 模型所解释。绿原酸与香气质、香气量、刺激性、杂气、透发性、余味、柔细度、甜度等 8 项感官品质的距离很近，说明绿原酸与这些感官品质具有较大的相关关系。一般认为绿原酸对烟草的香气和吃味有好的影响。

（12）多酚类化合物对卷烟感官品质特征指标的贡献分析。

1）多酚类化合物对香气质、香气量的贡献分析。将绿原酸、莨菪亭、芸香苷与香气质、香气量的影响进行了 PLS1 分析，结果见图 2-119，绿原酸与香气质和香气量呈显著正相关，莨菪亭、芸香苷与其呈正相关。因此绿原酸对提高香气质和香气量具有一定的效果，这种效果可能源于绿原酸在热裂解时（在燃烧期间，600℃以上）产生的一些挥发性物质对香气质和香气量的影响。

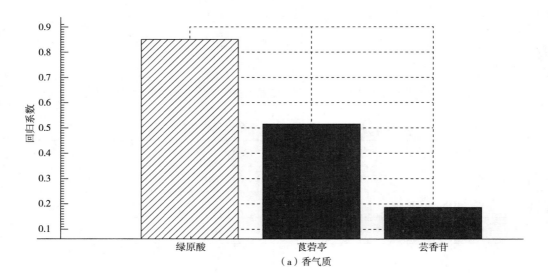

（a）香气质

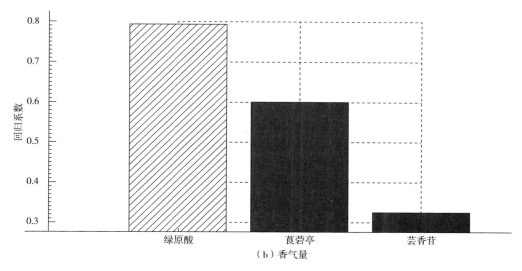

图 2-119　多酚类化合物与香气质、香气量的显著性影响分析

2）多酚类化合物对刺激性、杂气的贡献分析。将绿原酸、莨菪亭、芸香苷对刺激性、杂气的影响进行了 PLS1 分析，结果见图 2-120，绿原酸与刺激性和杂气呈正相关，且对刺激性的影响达到显著水平（$P<0.05$）；莨菪亭与其呈正相关，芸香苷与刺激性呈负相关，与杂气呈正相关。结合感官评分表（表 2-41），可得到绿原酸含量越高，感官指标刺激性的得分越高，卷烟的刺激性越小。说明绿原酸对降低卷烟抽吸的刺激性具有一定作用，可能是因为烟草在燃吸时，绿原酸发生反应生成酸性物质，能中和部分碱性物质，从而使吃味醇和、刺激性降低，这与绿原酸含量的增加可以提高香气质和香气量的结果是一致的。

3）多酚类化合物对透发性、余味的贡献分析。将绿原酸、莨菪亭、芸香苷对透发性、余味的影响进行了 PLS1 分析，结果见图 2-121，绿原酸与透发性和余味呈正相关，且对透发性的影响达到显著水平；莨菪亭、芸香苷与其呈正相关。说明绿原酸对增强卷烟抽吸的透发性也具有一定作用，这可能与烟草燃吸时，绿原酸热裂解产生的一些具有较强挥发性的物质有关。

4）多酚类化合物对柔细度、甜度的贡献分析。将绿原酸、莨菪亭、芸香苷对柔细度、甜度的影响进行了 PLS1 分析，结果见图 2-122 以上 3 种多酚类化合物与柔细度和甜度呈正相关。说明绿原酸可能对卷烟抽吸的柔细度和甜度具有一定作用。

5）多酚类化合物对浓度、劲头的贡献分析。将绿原酸、莨菪亭、芸香苷对浓度、劲头的影响进行了 PLS1 分析，结果见图 2-123，以上 3 种多酚类化合物与浓

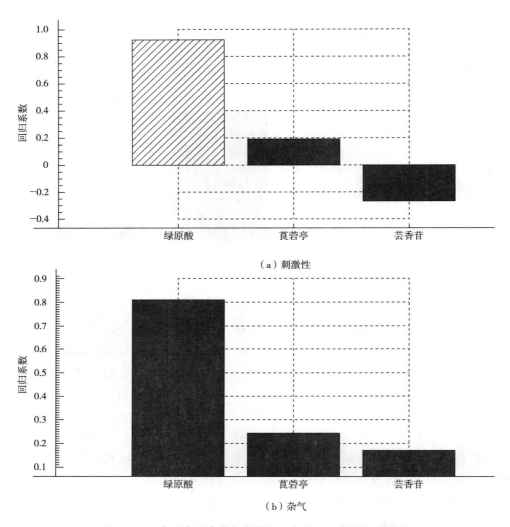

（a）刺激性

（b）杂气

图 2-120　多酚类化合物与刺激性、杂气的显著性影响分析

度呈正相关。绿原酸、莨菪亭与劲头呈负相关，芸香苷与其呈正相关。说明多酚类化合物可能会对抽吸的浓度和劲头产生一定影响。这种影响可能与卷烟抽吸时多酚类化合物的热裂解有关。

（13）多元酸和高级脂肪酸含量分析。烟草中的化学成分及其含量是决定烟草感官品质的主要因素。多元酸和高级脂肪酸也在一定程度上对卷烟的香吃味产生影响。有研究认为，烟草中的多元酸能调节质子化和游离态烟碱的比例，减轻烟草的刺激性，影响卷烟的劲头和吃味，在烟气中起平衡的作用。

烟叶中的酸包括挥发酸和非挥发酸，一般认为，高含量的挥发酸是优质烟叶

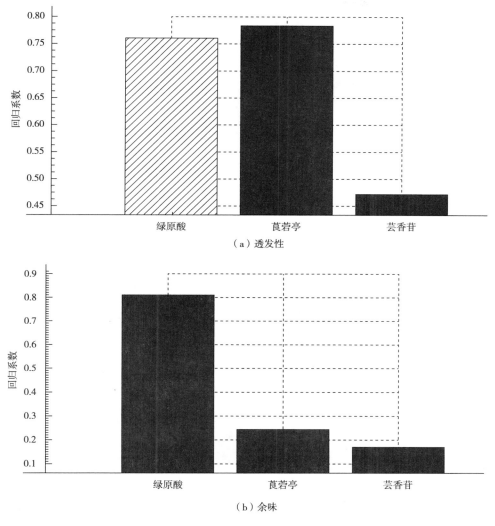

图 2-121　多酚类化合物与透发性、余味的显著性影响分析

的化学特征，烟叶中的非挥发酸对卷烟的香吃味也具有一定影响。非挥发酸包括分子量较大的脂肪酸、脂环酸、芳香族酸、萜烯酸、二元酸、多元酸、羧基酸等。烟叶中的非挥发酸虽然对烟气的香味没有明显的直接作用，但可以调节烟草的酸碱度，使吸味醇厚，还可以增加烟气浓度，因而间接影响烟气的香气，在烟气中起平衡作用。表 2-45 考察了 7 种原料烟叶中酸类物质的含量，其中丙酸含量最高，其次是 2-甲基丁酸和 3-甲基丁酸。高级脂肪酸中，十六酸含量最高，其次是亚油酸。同时发现，这些挥发酸和非挥发酸在上部烟叶中的含量高于中部烟叶。

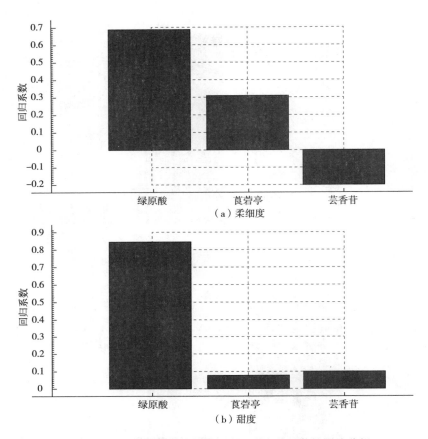

（a）柔细度

（b）甜度

图 2-122　多酚类化合物与柔细度、甜度的显著性影响分析

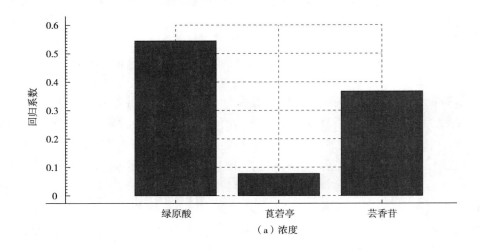

（a）浓度

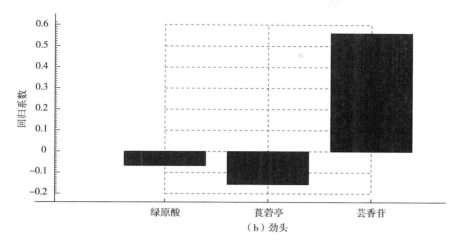

图 2-123 多酚类化合物与浓度、劲头的显著性影响分析

表 2-45 原料烟叶中多元酸和高级脂肪酸含量（μg/g）

名称	郴州 B2F	郴州 B3F	郴州 C3F	隆回 B2F	隆回 C3F	邵阳 B2F	邵阳 C3F
乙酸	10.07	10.02	10.01	10.02	10.02	10.12	10.03
丙酸	323.41	171.67	129.79	132.22	103.94	123.97	134.27
丁酸	4.83	2.88	1.85	1.97	1.32	1.88	2.03
3-甲基丁酸	1.18	0.85	0.71	0.59	0.30	0.55	0.57
2-甲基丁酸	73.02	41.35	33.20	22.53	12.06	22.53	17.88
3-甲基戊酸	75.25	54.74	51.24	37.38	18.34	53.10	35.52
反-2-己烯酸	36.87	21.44	8.32	2.04	1.11	1.62	1.65
总计	524.63	302.95	235.12	206.75	147.09	213.77	201.95
十四酸	0.65	1.85	1.15	1.32	0.78	1.75	1.09
十六酸	40.54	90.69	17.32	82.19	53.43	93.05	71.47
十七酸	4.27	6.24	0.90	4.93	3.20	6.24	3.42
硬脂酸	9.23	18.12	3.20	16.86	8.82	18.12	12.66
油酸	30.68	51.13	8.13	51.25	22.21	58.00	34.13
亚油酸	30.86	64.23	12.41	64.63	38.26	72.83	55.72
总计	116.23	232.26	43.11	221.18	126.7	249.99	178.49

（14）多元酸和高级脂肪酸与感官品质特征的相关性分析。采用 PLSR 对多元酸和高级脂肪酸与感官品质数据的相关性进行分析，寻找与感官品质相关性最强的酸类物质。以酸类物质含量为 X 变量，感官品质为 Y 变量做 PLSR 分析。可以发现，PC1 所解释的变量中，所有的感官品质指标都集中分布在 50% 的解释方差外（除劲头外），表明这些感官品质指标能够很好地被 PLSR 模型所解释。十四酸、十六酸、十七酸、硬脂酸、油酸和亚油酸这些高级脂肪酸集中位于 PC1 左侧，丙酸、丁酸、3-甲基丁酸、2-甲基丁酸、3-甲基戊酸、反-2-己烯酸这些低碳原子酸（小于 10 个碳原子的酸）集中位于 PC1 右上方。说明高级脂肪酸与低碳原子酸呈显著负相关。以上感官品质指标（除劲头外）与高级脂肪酸呈显著负相关，与低碳原子酸呈显著正相关。而乙酸、劲头在模型中的权重较低。以上分析说明高级脂肪酸一般对烟草的香气和吃味有不良影响，低碳原子酸对烟草的香气和吃味有积极影响。

（15）多元酸和高级脂肪酸对感官品质特征的贡献分析。

1）多元酸和高级脂肪酸对香气质、香气量的贡献分析。将多元酸及高级脂肪酸对香气质、香气量的影响进行了 PLS1 分析，结果见图 2-124，乙酸、十六酸、十七酸、硬脂酸、油酸和亚油酸对香气质有负影响，丙酸、丁酸、3-甲基丁酸、2-甲基丁酸、3-甲基戊酸、反-2-己烯酸、十四酸与香气质呈正相关。乙酸、十四酸、十六酸、十七酸、硬脂酸、油酸和亚油酸与香气量呈负相关，丙酸、丁酸、3-甲基丁酸、2-甲基丁酸、3-甲基戊酸、反-2-己烯酸与香气量呈正相关，其中反-2-己烯酸对香气量的影响达到显著水平。说明高级脂肪酸对香气没有直接影响。另外，烯酸是类胡萝卜素降解产物之一，因此反-2-己烯酸对增进烟气的香气量有一定作用。

2）多元酸和高级脂肪酸对刺激性、杂气的贡献分析。将多元酸及高级脂肪酸对刺激性、杂气的影响进行 PLS1 分析，结果见图 2-125，乙酸、十四酸、十六酸、十七酸、硬脂酸、油酸及亚油酸与刺激性和杂气呈负相关，其中十六酸、硬脂酸、油酸及亚油酸对刺激性的影响达到显著水平。丙酸、丁酸、3-甲基丁酸、2-甲基丁酸、3-甲基戊酸、反-2-己烯酸与刺激性和杂气呈正相关。感官评分结果（表 2-45），邵阳 B2F 和邵阳 C3F 中的十六酸、硬脂酸、油酸及亚油酸含量越高，感官品质刺激性的得分越低，卷烟抽吸的刺激性越大。说明十六酸、硬脂酸、油酸及亚油酸可增加烟气的刺激性。

3）多元酸和高级脂肪酸对透发性、余味的贡献分析。将多元酸及高级脂肪酸对透发性、余味的影响进行了 PLS1 分析，结果见图 2-126，乙酸、十四酸、十六酸、十七酸、硬脂酸、油酸及亚油酸与透发性、余味呈负相关，丙酸、丁酸、3-甲基丁酸、2-甲基丁酸、3-甲基戊酸、反-2-己烯酸与其呈正相关，且 2-甲基丁酸与透发性呈显著正相关。有关资料显示：2-甲基丁酸是烟草中的酸性物质成分，能在烟草制品中增添水果、酒和乳脂等风味，使烟气柔和滋润，改善辛辣刺激。这可能

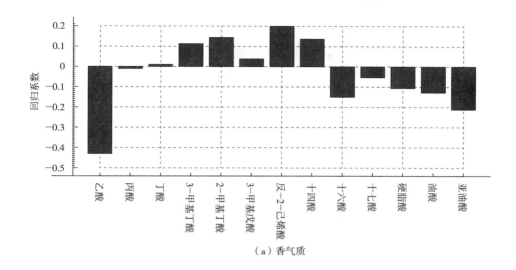

（a）香气质

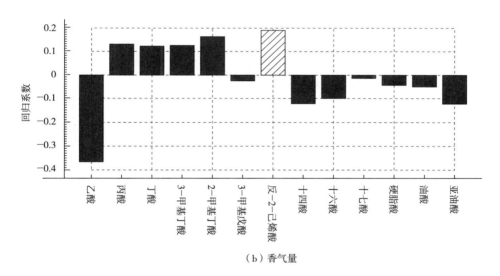

（b）香气量

图 2-124　多元酸和高级脂肪酸与香气质、香气量的显著性影响分析

源于其对烟气的柔和滋润作用，在降低刺激的同时使其对抽吸的透发性也有一定增强效果。

4）多元酸和高级脂肪酸对柔细度、甜度的贡献分析。将多元酸及高级脂肪酸对柔细度、甜度的影响进行了 PLS1 分析，结果见图 2-127，乙酸、十四酸、十六酸、十七酸、硬脂酸、油酸及亚油酸与柔细度和甜度呈负相关，其中十六酸、硬脂酸、油酸及亚油酸对柔细度的影响达到显著水平。丙酸、丁酸、3-甲基丁酸、2-甲基丁酸、3-甲基戊酸、反-2-己烯酸与柔细度和甜度呈正相关。说明十六酸、硬脂

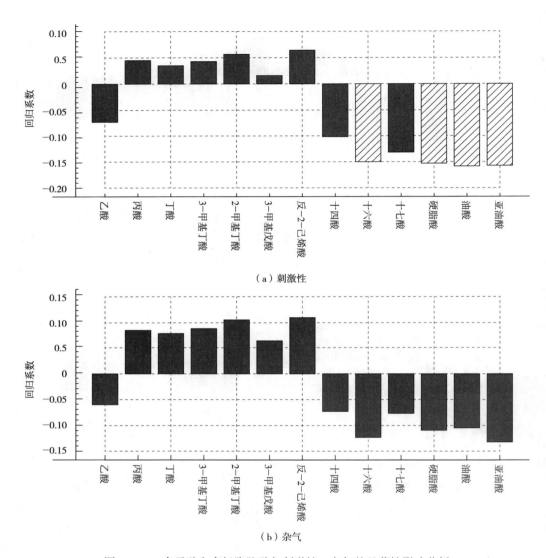

（a）刺激性

（b）杂气

图 2-125　多元酸和高级脂肪酸与刺激性、杂气的显著性影响分析

酸、油酸及亚油酸含量的增加不利于卷烟优良柔细度的产生。

5）多元酸和高级脂肪酸对浓度、劲头的贡献分析。将多元酸及高级脂肪酸对浓度、劲头的影响进行了 PLS1 分析，结果见图 2-128，乙酸、十四酸、十六酸、十七酸、硬脂酸、油酸及亚油酸与烟气浓度呈负相关，丙酸、丁酸、3-甲基丁酸、2-甲基丁酸、3-甲基戊酸、反-2-己烯酸与其呈正相关。以上所有的酸类物质与劲头呈正相关。总之，挥发性的小分子酸的增加会增加或提高烟气的浓度和劲头；而多元脂肪酸的增加虽然可以提高劲头，但是会降低卷烟抽吸的浓度特

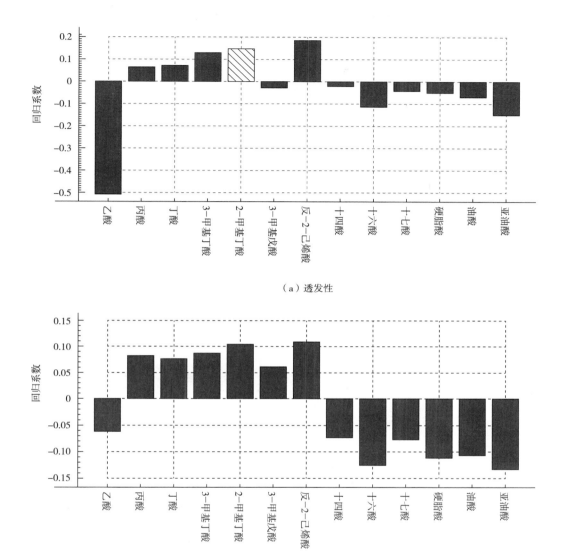

（a）透发性

（b）余味

图 2-126　多元酸和高级脂肪酸与透发性、余味的显著性影响分析

征指标。

（16）料烟主流烟气的中性成分分析及鉴定。卷烟通过吸烟机抽吸时，经过复杂的化学反应过程产生主流烟气，以剑桥滤片收集主流烟气粒相物进行GC-MS 定性定量分析。有一部分卷烟中的化学成分直接进入烟气，但是绝大部分烟气成分都在抽吸过程中经过热解等一系列反应产生的小分子化合物，这些化学成分直接进入口腔，直接对人体感官产生生理满足感，是对感官贡献最

直接、最重要的物质组分。本实验采用超声波辅助溶剂萃取法提取 7 种单料烟中的香气成分，并利用 GC-MS 对分离出的中、碱性香气成分分别进行了分析检测（表 2-46）。通过样品对比，探讨其中的规律性，为加香加料技术提供理论参考。

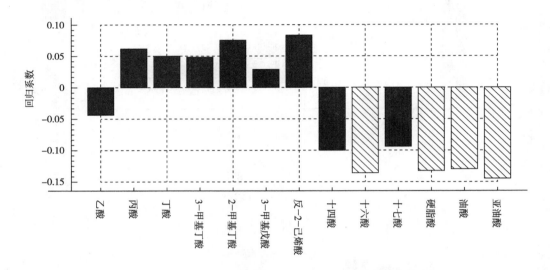

（a）柔细度

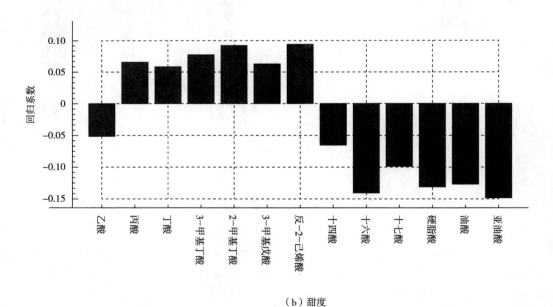

（b）甜度

图 2-127　多元酸和高级脂肪酸与柔细度、甜度的显著性影响分析

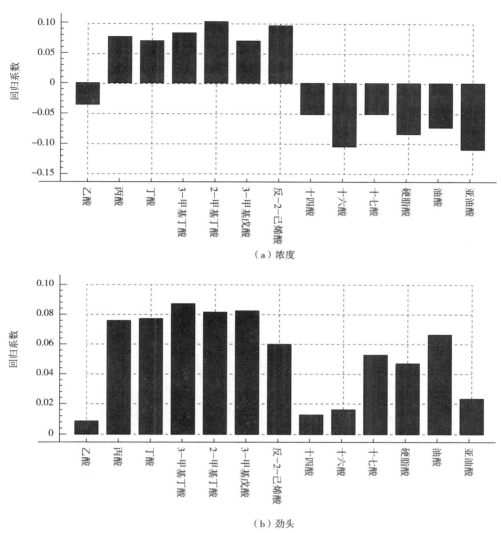

（a）浓度

（b）劲头

图 2-128　多元酸和高级脂肪酸与浓度、劲头的显著性影响分析

表 2-46　7 种单料烟烟气中性成分的含量比较（μg/支）

成分	郴州 B2F	郴州 B3F	郴州 C3F	隆回 B2F	隆回 C3F	邵阳 B2F	邵阳 C3F
环丁醇	—	0.055	—	—	0.286	—	0.024
3-丁炔-1-醇	—	0.179	—	—	—	—	—
糠醇	0.531	0.697	0.701	0.552	0.551	0.532	0.780
2-甲基四氢呋喃［2，3-D］［1，3］二氧杂环戊烯-6-醇	—	—	—	—	—	0.322	0.208

成分	郴州 B2F	郴州 B3F	郴州 C3F	隆回 B2F	隆回 C3F	邵阳 B2F	邵阳 C3F
2-二乙氨基乙硫醇	—	—	—	—	—	0.118	—
2-十五烷醇	—	—	—	—	—	—	0.219
苯甲醇	0.437	—	—	0.264	0.179	—	—
2-十九醇	0.046	—	—	—	0.208	—	—
4-氟苯甲醇	—	0.334	—	—	0.298	—	—
3-甲基-3-己醇	0.219	—	—	—	0.321	—	—
麦芽醇	0.155	—	—	—	—	—	0.876
2-乙烯氧基乙醇	—	—	—	—	0.124	—	—
2-己醇	1.617	0.450	0.209	0.827	3.993	0.753	0.252
3-十二烷醇	—	—	0.253	—	0.203	—	—
1-(4-甲基苯基)-1-乙醇	—	—	—	0.505	—	—	—
庚乙二烯乙二醇	0.049	3.781	0.426	—	2.028	—	—
丙酮	5.056	0.152	—	0.879	0.472	0.340	0.026
3-乙基-2-羟基-2-环戊烯-1-酮	—	0.300	—	—	—	—	—
3-乙基-4-甲基-2,5-呋喃二酮	0.394	0.717	0.486	0.444	—	0.703	—
四氢吡咯-2-硫酮	0.504	0.151	0.143	—	—	0.262	0.131
3,4-二甲基-2-羟基-2-环戊烯酮	0.527	0.855	6.216	0.648	0.775	0.975	1.412
甲基环戊烯醇酮	3.810	5.829	2.672	2.296	3.271	2.888	7.343
3,5-二甲基环戊烯醇酮	0.183	0.474	0.335	0.273	0.391	1.120	—
3-乙基-2-羟基-2-环戊烯-1-酮	0.996	1.501	1.064	1.099	1.515	1.292	1.951
6-乙基-7-羟基-4-辛烯-3-酮	—	—	—	0.284	—	—	—
2-甲基-3-羟基-4-吡喃酮	—	—	—	—	0.490	—	—

成分	郴州 B2F	郴州 B3F	郴州 C3F	隆回 B2F	隆回 C3F	邵阳 B2F	邵阳 C3F
2-羟基-3-丙基-2-环戊-1-酮	0.279	0.391	0.478	0.216	0.559	0.290	0.400
5,6-二氢-6-戊基-2H-吡喃-2-酮	—	—	—	—	1.217	—	1.269
4-羟基-4-甲基-2-戊酮	—	2.722	2.381	2.108	1.211	1.184	0.576
2-(甲氧基甲基)-3,5-二甲基-2,5-环己二烯-1,4-二酮	—	5.097	—	—	—	—	—
3-甲基丁醛	—	—	—	—	—	—	0.098
辛醛	0.316	—	—	—	—	—	—
糠醛	—	0.305	—	—	0.118	0.043	0.222
5-甲基糠醛	—	0.327	—	0.132	0.166	0.219	0.244
丁醛	—	—	—	—	0.047	—	—
3-(1-乙氧基)-丁醛	—	—	—	—	—	0.344	—
2-吡咯甲醛	—	0.259	—	—	0.144	—	—
2-甲烯基-3-苯并[b]噻吩甲醛	—	—	—	—	0.421	—	—
5-羟甲基糠醛	4.695	8.713	10.920	5.477	4.530	—	8.539
巨豆三烯酮	1.455	1.448	1.419	0.645	1.818	1.773	3.000
总量	21.269	34.737	27.703	16.649	25.336	13.158	27.570

注　"—"表示未检出。

　　中性香气成分是卷烟中最重要的致香物质，对增强和改进卷烟的香气和吃味有着明显的作用。它们主要为醇类、醛类、酮类和酯类化合物。在烟气中这些化合物多来源于卷烟燃吸时烟丝中挥发油的转化和转移、糖和氨基酸美拉德反应产物以及萜烯化合物的降解。从表 2-46 可知，甲基环戊烯醇酮、5-羟甲基糠醛、2-己醇、4-羟基-4-甲基-2-戊酮和巨豆三烯酮等成分在所测卷烟中的含量较高。而有些化合物仅在某一种或两种烟叶中检测出，如 2-(甲氧基甲基)-3,5-二甲基-2,5-环己二烯-1,4-二酮仅在邵阳 B2F 中检出，2-甲基-3-羟基-4-吡喃酮仅在郴州 C3F 中检出。相同的中性香气成分在不同品牌卷烟中的含量也有较大差距，如 5-羟甲基糠醛，物质含量最大差距达 10 倍。7 个单料烟所测中性成分总量从大到小依次为：郴州 B3F、郴州 C3F、邵阳 C3F、隆回 C3F、郴州 B2F、隆回 B2F、邵阳 B2F。单料烟含有的化学成分不同是造成中性成分含量差异的主要原因。

（17）单料烟主流烟气的碱性成分分析及鉴定。碱性香气成分多为杂环化合物，它们大多是卷烟燃吸时烟丝中含氮化合物的热解、转化产物以及糖和氨基酸美拉德反应产物。这些化合物是卷烟中重要的致香成分，对卷烟的特征香味起着重要作用。

由表 2-47 可知，所测 7 个单料烟中含量最高的成分是尼古丁，其次含量较高的有麦斯明、可替宁、2,3-二吡啶和 2-甲基吡啶。其他成分在这些卷烟中的含量相对较低。相同碱性香气成分在不同单料烟中的含量也有较大差异，如隆回 B2F 中的尼古丁含量最高，其次是邵阳 B2F，是郴州 C3F 的 1.7 倍左右。7 个单料烟所测碱性成分总量从大到小依次为：隆回 B3F、邵阳 B3F、郴州 B3F、郴州 B2F、邵阳 C3F、隆回 C3F、郴州 C3F。可以发现上部烟叶烟气中产生的碱性成分要高于中部烟叶，这与不同部分、不同产地烟叶中的化学成分不同有密切的关系。另外，烟气中碱性成分含量过高，对喉部的刺激增加，这也是隆回 B2F、邵阳 B2F 和郴州 B2F 在其感官特点上的杂气、刺激性和劲头强于其他 3 种单料烟的原因之一。

表 2-47　7 种单料烟烟气碱性成分的含量比较（μg/支）

化合物	郴州 B2F	郴州 B3F	郴州 C3F	隆回 B2F	隆回 C3F	邵阳 B2F	邵阳 C3F
吡啶	0.666	0.810	0.871	1.265	0.846	0.987	0.522
2-甲基吡啶	1.334	1.608	1.585	2.683	1.497	2.383	1.296
2，4-二甲基吡啶	0.079					0.444	
3-氨基吡啶	—	0.233	—	0.176	0.066		
2-乙基吡啶	0.455	0.265	—			0.701	
2，5-二甲基吡啶	0.051	0.421		0.755	0.072	0.421	
3-乙基吡啶	—	0.574	0.544	0.656	0.491	—	0.291
3-乙烯基吡啶	2.120	0.093	1.054	2.082	1.261	2.070	1.536
2，3-环戊烯并吡啶	0.094			0.434		0.155	
3-丁基吡啶	—	0.216	—	—	—	—	—
3-乙酰基吡啶		0.346	0.451	0.421	0.280	8.891	0.322
2-丙酰基吡啶						0.033	
2-甲基-5-（1-甲基乙烯基）吡啶	0.182	0.305	—	—	—	—	—
3-（1-甲基-2-吡咯烷基）-吡啶		0.451					0.113

续表

化合物	郴州 B2F	郴州 B3F	郴州 C3F	隆回 B2F	隆回 C3F	邵阳 B2F	邵阳 C3F
2-甲基 1-1H-吡咯 [2，3-b] 吡啶	—	—	0.007	0.239	0.793	—	0.268
3-（1-甲基-2-哌啶基）-吡啶	1.952	1.535	—	1.629	0.986	2.568	1.717
3-（1，3-环戊二烯基）-吡啶	0.395	—	—	0.344	—	—	—
1，4-二氢-1-甲基-3-氰基吡啶	1.720	—	—	—	—	—	1.309
3-（1-甲基-1-氧-2-吡咯烷基）吡啶	0.460	—	—	0.655	—	—	—
3-苯基吡啶	0.549	—	0.473	0.875	0.499	0.883	0.687
2，3-二吡啶	8.627	11.772	8.411	15.558	6.787	15.973	6.816
N-甲基异丙基胺	0.008	—	—	—	0.153	0.162	
N-甲基甲酰胺	—	0.559					
N，N-二丁基甲酰胺	0.143	0.354	—	—	0.194	—	0.375
3-甲基-1-丁酰胺	0.897	0.178	0.695	—	0.765	0.649	0.580
N，N-二甲基-3-乙氧基丙胺	0.144	—	—	—	—	—	—
4-甲基戊酰胺	—	0.436	0.770	0.741	—	0.505	0.568
N-亚环戊基-甲胺	1.469	1.735	—	—	—	—	—
油酸酰胺	—	—	—	14.298	10.602	12.639	12.250
2-乙烯基喹啉	—	—	0.215	—	—	—	—
5，6，7，8-四氢喹啉	—	0.090	—	—	—	—	—
喹啉	0.457	0.446	0.032	0.447	0.383	0.418	0.498
2-甲基喹啉	—	0.557	—	0.572	—	0.344	—
1，2，3，4-四氢-3-甲基喹啉	0.115	0.018	—	—	—	—	—
异丙烯基吡嗪	—	—	—	2.192	—	—	—
2-乙基吡嗪	—	0.607	—	—	—	—	—
吡咯并 [1，2-α] 吡嗪	—	0.358	—	—	—	0.433	—

化合物	郴州 B2F	郴州 B3F	郴州 C3F	隆回 B2F	隆回 C3F	邵阳 B2F	邵阳 C3F
吡嗪	—	1.620	—	—	—	—	—
2-甲基吡嗪	0.035	—	—	—	—	—	—
尼古丁	1065.84	1094.60	857.37	1470.38	872.87	1463.26	1002.50
麦斯明	7.12	4.77	4.02	9.76	4.67	7.97	4.14
可替宁	8.58	6.38	5.47	9.13	7.37	5.74	6.06
总量	1103.492	1131.337	881.968	1535.292	910.585	1527.629	1041.848

注 "—"表示未检出。

（18）小结。7个烟叶原料的基本化学成分含量差异显著，表现在感官评吸、电子鼻响应值及烟气的化学成分上也存在显著差异。

采用 PLSR 方法得出，影响低质烟叶感官质量的关键影响因素包括如下4个方面：

1）水溶性总糖和还原糖的含量偏低。比优质烟叶如郴州 C3F 低5%～7.5%。其中具有显著影响的葡萄糖在低质烟叶中的含量比优质烟叶低2.5%左右。

2）烟碱含量偏高，糖碱比例不协调，显著偏低。隆回 B2F 和邵阳 B2F 的糖碱比明显偏低，其感官评吸杂气较重，刺激略大，整体较差。

3）多酚含量尤其是绿原酸含量较低，比优质烟叶低3‰左右。

4）多元酸含量偏低，而高级脂肪酸含量偏高。其中影响显著的反-2-己烯酸在优质烟叶的含量较低质烟叶高20倍左右；而高级脂肪酸含量是优质烟叶的3倍以上。

2.3.8.3 邵阳 B2F 提质研究

（1）前期原料烟叶分析主要结论。

研究目标：对典型的优、劣烟叶的化学成分和感官质量性能进行系统的比较分析，建立典型优劣烟叶的感官质量与基础成分之间的关系，通过数学方法明确影响低质烟叶感官质量的关键因素。

邵阳 B2F 抽吸的主要特点：刺激性大（呛刺），劲头较大，烟气浓度较大，香气中等，杂气大，余味差。

关键影响因素：7个原料烟叶在感官评吸、基本化学成分、电子鼻响应值及烟气化学成分上存在显著差异。采用 PLSR 方法分析，得出影响低质烟叶感官质量的关键影响因素，主要包括以下4个方面：

1）蛋白质含量偏高。

2）水溶性总糖和还原糖的含量偏低，比优质烟叶如郴州 C3F 低5%～7.5%；还原糖中葡萄糖具有显著影响，在低质烟叶中含量比优质烟叶中低2.5%左右。

3）烟碱含量偏高，糖碱比例不协调，糖碱比显著偏低。邵阳 B2F 的烟碱含量高，导致感官评吸刺激大，杂气较重，整体较差。

4）低分子量有机酸含量偏低，而高级脂肪酸含量偏高。其中高级脂肪酸含量是优质烟叶的 3 倍以上。

（2）生化处理的原理及措施。

1）原理。水溶性糖（特别是还原糖）含量高的烟叶比较柔软，富有弹性，色泽鲜亮，耐压而不易破碎；木聚糖酶降解烟叶中纤维素生成水溶性糖，同时破坏烟草细胞细胞壁，使胞内物质如蛋白质暴露，更易被蛋白酶降解生成氨基酸及肽，并与水溶性糖在高温下发生美拉德反应，产生香味物质；同时胞内呈味物质如挥发油、有机酸等也呈现出来，增加烟叶可用性；卷烟中的有机酸对卷烟的香吸味有重要影响，通过高温处理和美拉德反应增加低分子量有机酸含量，协调香气；同时降解产生不利影响的高级脂肪酸。糖、肽及氨基酸高温降解产物中富含小分子酸性物质，和有机酸共同作用结合游离烟碱，可以适当降低低质烟叶劲头。

2）处理措施。

处理一：葡萄糖+柠檬酸+肽、110℃。

将烟片散开，剔除烟梗、杂物等；润叶，喷洒超纯水，使水分含量（质量分数）为 18%~20%；切丝，采用烟草专用实验室微型切丝机进行切丝，切丝宽度 1mm；喷洒 2%葡萄糖+0.7%柠檬酸溶液（即每 100g 烟丝，添加 2g 葡萄糖、0.7g 柠檬酸，用 5mL 纯水溶解），喷洒后，继续喷洒 0.05%肽溶液（即每 100g 烟丝，添加 0.05g 肽，用 5mL 纯水溶解），喷洒完毕后，在 22℃、60%的条件下放置 4h；高温处理，将以上处理好的烟丝在 110℃烘箱中烘 10min。最后将其置于 22℃、60%的恒温恒湿箱中平衡 48h 以上，直至水分含量平衡在 12%时，进行卷烟，感官评吸。

处理二：葡萄糖+柠檬酸+肽、150℃。

处理方法与处理一相同，但高温处理条件为 150℃烘箱中烘 5~7min。最后将其置于 22℃、60%的恒温恒湿箱中平衡 48h 以上，直至水分含量平衡在 12%时，进行卷烟，感官评吸。

处理三：木聚糖酶+酸性蛋白酶+葡萄糖+柠檬酸、110℃。

将烟片散开，剔除烟梗、杂物等；润叶，喷洒超纯水，使水分含量（质量分数）为 18%~20%；切丝，采用烟草专用实验室微型切丝机进行切丝，切丝宽度 1mm；喷洒 0.05%的木聚糖酶液（即每 100g 烟丝，加酶量为 0.05g，用 10mL 纯水溶解，同时用乙酸钾调节 pH=8.0），喷洒完毕后，在 60℃、60%的条件下酶解 10h；喷洒 0.2%的酸性蛋白酶液（即每 100g 烟丝，加酶量为 0.2g，用 10mL 纯水溶解，同时用柠檬酸调节 pH=3.5），在 35℃、60%的条件下酶解 6h；之后喷洒 2%葡萄糖+0.7%柠檬酸溶液（即每 100g 烟丝，添加 2g 葡萄糖，0.7g 柠檬酸，用 5mL 纯水溶解），在 22℃、60%的条件下放置 4h；高温处理，将以上处理好的烟丝在 110℃烘箱中烘 10min。最后将其置于 22℃、60%的恒温恒湿箱中平衡 48h 以上，直至水分含量平衡在 12%时，进行卷烟。

处理四：木聚糖酶+酸性蛋白酶+葡萄糖+柠檬酸、150℃。

处理方法与处理三相同,但高温处理条件为150℃烘箱中烘5～7min。最后将其置于22℃、60%的恒温恒湿箱中平衡48h以上,直至水分含量平衡在12%时,进行卷烟,感官评吸。

(3)不同处理对烟叶糖碱比的影响。资料显示和前期研究表明,随着烟叶商品等级的提高,含糖量增加。同时,烟叶的吸食品质是各种化学成分综合影响的结果,烟叶水溶性总糖含量与烟碱含量之比(简称糖碱比)应保持适当的比例。糖碱比协调能使烟气具有醇和的香吃味。由表2-48可知,与空白组相比,处理后样品的糖碱比明显提高,其中处理一糖碱比升高至4.8,处理三、处理四升高至4.24。

表2-48 不同处理烟叶的糖碱比

样品名称	处理一	处理二	处理三	处理四	空白
处理方法	葡萄糖+柠檬酸+肽、110℃	葡萄糖+柠檬酸+肽、150℃	木聚糖酶+酸性蛋白酶+葡萄糖+柠檬酸、110℃	木聚糖酶+酸性蛋白酶+葡萄糖+柠檬酸、150℃	邵阳B2F
总糖/(g/100g)	19.36	14.72	16.95	16.34	16.56
总烟碱/(g/100g)	4.03	3.78	4.00	3.85	4.38
总糖/总烟碱	4.80	3.89	4.24	4.24	3.78

处理组(除处理一外)的总糖含量并未显著提高,处理二反而有所降低,说明处理组糖碱比的提高主要是由其总烟碱的降低导致,更进一步证实了处理过程中糖裂解产生大量形成甜、酸味的小分子化学成分,从而降低总烟碱量。

(4)不同处理对烟叶中总氨基酸含量的影响。文献报道和第一阶段研究都证实,烟叶中总氨基酸含量与烟叶品质负相关。由图2-129可知,样品经处理后,总氨基酸含量显著减少。说明这4种处理方案有利于烟叶品质的提高。

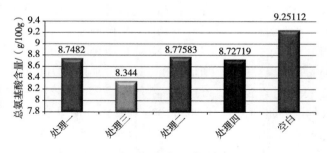

图2-129 不同处理烟叶中总氨基酸含量

在相同的处理温度下,酸性蛋白酶+木聚糖酶+葡萄糖+柠檬酸处理的总氨基酸量略小于葡萄糖+柠檬酸+肽处理组。这是因为酶处理后蛋白质降解为肽和氨基酸参与美拉德反应形成香气物质。

（5）不同处理对烟叶中游离氨基酸含量的影响。图 2-130 显示，与空白相比，处理后游离氨基酸含量变化不大。总氨基酸包括游离氨基酸和肽结合氨基酸，由以上结果可以看出，处理后游离氨基酸与空白组相比差别不大，而处理后总氨基酸与空白组相比明显减少，说明不同处理后肽结合型氨基酸显著减少，这是由以下两种反应造成的，蛋白质和肽在酶解或高温处理后降解，生成氨基酸和小分子量肽；这些产物又与还原糖在高温下发生美拉德反应，产生有机酸类及风味物质等，从而降低游离烟碱、协调烟气质量。高温处理时肽更容易降解和进一步参与美拉德反应，温度越高，反应越充分，从而使总氨基酸越少。

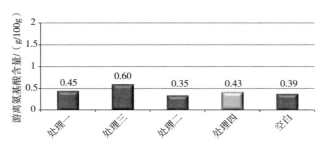

图 2-130　不同处理烟叶中游离氨基酸含量

（6）不同处理对烟叶中有机酸含量的影响。由表 2-49 可知，与空白组相比，处理后低分子量有机酸的含量均显著增加，这对提高烟叶的等级品质是非常有利的。结合第一阶段的分析结果，其中异丁酸、异戊酸、苯甲酸在改善烟叶的刺激性和劲头方面有显著作用，分析发现，经处理后，异丁酸增加了 2.24~2.98 倍，异戊酸增加了 2.15~2.69 倍，苯甲酸增加了 0.27~0.39 倍。

表 2-49　不同处理烟叶中有机酸含量（μg/g）

样品名称		处理一	处理二	处理三	处理四	空白
处理方法		葡萄糖+柠檬酸+肽、110℃	葡萄糖+柠檬酸+肽、150℃	木聚糖酶+酸性蛋白酶+葡萄糖+柠檬酸、110℃	木聚糖酶+酸性蛋白酶+葡萄糖+柠檬酸、150℃	邵阳 B2F
低分子量有机酸	乙酸	47.15	44.96	52.66	57.10	24.68
	丙酸	0.64	0.55	0.63	0.67	0.18
	异丁酸	0.97	1.08	1.06	1.19	0.25
	异戊酸	19.50	19.79	20.21	22.90	6.21
	庚酸	8.86	9.10	9.05	9.37	9.77
	辛酸	8.68	9.41	8.90	9.12	8.34
	癸酸	10.66	13.93	10.74	11.60	18.12
	苯甲酸	36.09	38.76	37.54	39.61	28.52
	总量	132.56	137.60	140.79	151.57	96.08

续表

样品名称		处理一	处理二	处理三	处理四	空白
高级脂肪酸	肉豆蔻酸	23.55	26.81	27.93	24.52	31.87
	棕榈酸	590.65	915.11	791.94	567.24	1018.37
	硬脂酸	301.18	527.67	434.58	321.24	582.34
	油酸	635.46	644.32	836.84	669.46	991.07
	亚油酸	235.63	526.77	351.22	252.76	427.45
	总量	1786.48	2640.68	2442.51	1835.23	3051.10

在相同的处理温度下，添加酸性蛋白酶+木聚糖酶+葡萄糖+柠檬酸处理的低分子量有机酸总量高于葡萄糖+柠檬酸+肽处理，其原因可能是经酸性蛋白酶和木聚糖酶处理后，烟叶中的蛋白质降解后生成的氨基酸和肽及纤维素降解生成的糖类物质经高温裂解发生美拉德反应，产生有机酸类物质。另外，同种添加处理、不同温度条件下，高温150℃下产生的低分子量有机酸总量高于110℃处理组，主要原因可能是高温导致的裂解反应更激烈。

高级脂肪酸一般对烟叶和烟气的香气没有直接作用，大多数脂肪酸会增加烟气的蜡味和脂肪味，尽管饱和高级脂肪酸如棕榈酸和硬脂酸能调节烟草的酸碱度使吸味醇和，但是不饱和脂肪酸如油酸、亚油酸等会增加烟气的粗糙感、刺激性、青杂气，并产生涩味。一般情况下高级脂肪酸与抽吸品质负相关。

从高级脂肪酸含量的变化发现，与空白相比，处理后高级脂肪酸的含量显著降低，这是高温裂解和美拉德反应的综合结果。其中，除处理二的亚油酸外，对柔细度和刺激性具有显著性不利影响的十六酸、油酸及亚油酸含量均显著降低。

在醇化过程中，烟叶高级脂肪酸分子中的不饱和双键氧化断裂，生成低级醛类，再氧化成低级脂肪酸，一方面与醇类直接结合生成酯类，另一方面在高温下氧化裂解成低级脂肪酸再结合醇类生成酯类，这对降低烟气刺激性和青杂气、增加醇和性具有重要意义。

（7）不同处理对烟叶生物碱含量的影响。由表2-50、表2-51可知，与空白相比，经处理后，5种生物碱含量均出现不同程度的降低，其中麦斯明和新烟碱降低幅度较大，麦斯明在处理四中降低44.14%，新烟碱在处理四中降低45.04%，这些生物碱成分的降低对烟叶劲头和刺激性的改善具有重要作用。

表2-50 不同处理烟叶生物碱含量（μg/g）

样品名称	处理一	处理二	处理三	处理四	空白
处理方法	葡萄糖+柠檬酸+肽、110℃	葡萄糖+柠檬酸+肽、150℃	木聚糖酶+酸性蛋白酶+葡萄糖+柠檬酸、110℃	木聚糖酶+酸性蛋白酶+葡萄糖+柠檬酸、150℃	邵阳B2F
烟碱	31402.23	30325.39	32691.57	31733.205	32694.88

续表

样品名称	处理一	处理二	处理三	处理四	空白
麦斯明	1364.91	1170.94	1113.99	1015.70	1818.20
新烟碱	658.38	455.01	511.62	478.70	871.06
2，3-联吡啶	6553.67	5602.48	5460.02	4990.59	8002.98
可替宁	325.916	253.68	232.46	251.43	364.18

表 2-51　与空白组相比处理组生物碱含量减少百分比 （%）

生物碱组分	处理一	处理二	处理三	处理四
烟碱	3.95	7.25	0.01	2.94
麦斯明	24.93	35.60	38.73	44.14
新烟碱	24.42	47.76	41.26	45.04
2，3-联吡啶	18.11	30.00	31.78	37.64
可替宁	10.51	30.34	36.17	30.96

（8）不同处理对烟叶中碱性成分的影响。由表 2-52 可知，烟叶中检出的碱性成分种类较少，其结果是与实际相符合的。碱性香气成分多为杂环化合物，它们大多是卷烟燃吸时烟丝中含氮化合物的热解、转化产物以及糖和氨基酸美拉德反应产物。这些化合物是卷烟中重要的致香成分，对卷烟的特征香味起着重要作用。

表 2-52　不同处理烟叶中碱性成分含量 （μg/g）

处理	处理一	处理二	处理三	处理四	空白
方法	葡萄糖+柠檬酸+肽，110℃	葡萄糖+柠檬酸+肽，150℃	木聚糖酶+酸性蛋白酶+葡萄糖+柠檬酸，110℃	木聚糖酶+酸性蛋白酶+葡萄糖+柠檬酸、150℃	邵阳 B2F
烟碱	2055.68	1651.09	2054.66	1451.23	2257.49
2-吡啶基乙酸甲酯	105.295	118.007	124.891	115.416	111.043
2-（2-吡啶)咪唑	33.1651	51.1479	38.3088	18.3422	32.5454
1-咪唑-4,5-吡啶-2-糠醛	22.3475	16.9714	24.0246	18.9989	16.7149
二烯烟碱	38.154	35.9109	33.7398	29.0926	53.0438
2,3'-联吡啶	83.7568	79.0319	91.1075	46.5658	97.9758
3-（1-甲基-2-哌啶基）-吡啶	28.0404	43.354	39.215	31.8531	38.7036

续表

处理	处理一	处理二	处理三	处理四	空白
2,6,8-三甲基-3,4-嘧啶-4-吡啶酮	17.8522	13.4092	11.4292	12.2148	15.4767
总量	2384.29	2008.92	2417.37	1723.72	2622.99

分析发现，与空白组相比，处理后各碱性成分的含量均有不同程度的减少，且各处理组碱性成分总量均显著低于空白组。同种方法不同温度处理时，高温150℃下产生的这些碱性成分含量分别低于110℃处理组，这说明高温处理导致含氮杂环化合物的裂解反应更激烈。

各处理组的烟碱、二烯烟碱、2,3-联吡啶等含量均显著低于空白组，这对改善烟叶的刺激性和劲头是非常有利的。另外，对于含有吡啶基的酯类、酮醛类如2-吡啶基乙酸甲酯、1-咪唑-4,5-吡啶-2-糠醛、2,6,8-三甲基-3,4-嘧啶-4-吡啶酮等，因其含有羰基，在美拉德反应中可以作为前体物质或反应物，尽管处理组个别组分含量与空白组差异不十分明显，但从总体看，处理组碱性成分的总量显著小于空白组，且高温150℃处理下碱性成分总量显著小于110℃处理。

（9）不同处理对烟叶中中性成分的影响。由表2-53可知，与空白组相比，处理后各中性成分含量均有增加；且同种处理方法不同温度处理时，高温150℃下产生的中性成分总量显著高于110℃处理，以上结果说明，添加葡萄糖+柠檬酸+肽或木聚糖酶+酸性蛋白酶+葡萄糖+柠檬酸均能促使美拉德中性风味产物的生成，且高温更利于这种反应的进行。

表 2-53 不同处理烟叶中中性成分含量 （μg/g）

处理	处理一	处理二	处理三	处理四	空白
方法	葡萄糖+柠檬酸+肽、110℃	葡萄糖+柠檬酸+肽、150℃	木聚糖酶+酸性蛋白酶+葡萄糖+柠檬酸、110℃	木聚糖酶+酸性蛋白酶+葡萄糖+柠檬酸、150℃	邵阳 B2F
苯乙烯	340.61	491.78	315.62	350.24	198.45
异长叶醇	21.94	43.43	25.76	39.67	21.10
2-氰基-3-甲基-丁酸乙酯	44.37	70.45	46.00	53.87	34.65
2-乙基-4-羟基-5-甲基-3-呋喃酮	37.08	53.87	39.12	63.14	21.10
5-甲基-2-（1-甲乙烯基）-4-己烯-1-醇	21.59	23.45	22.56	20.98	22.19

处理	处理一	处理二	处理三	处理四	空白
二氢-α-紫罗兰酮 A	32.14	42.56	30.98	27.60	26.54
Z-四氢-6-（2-戊烯基）-2-吡喃-2-酮	88.14	101.14	46.44	92.15	46.27
异长叶醇	54.19	46.53	13.60	46.95	18.78
仲辛醇	78.03	96.76	85.69	126.87	87.28
二氢-α-紫罗兰酮 B	46.09	87.02	32.57	32.41	28.25
异辛醇	90.37	127.76	120.25	190.81	76.13
香豆内酯	74.36	62.75	100.43	74.41	44.90
2-癸醇	35.12	69.64	67.26	90.74	50.39
胡椒醇	22.75	19.73	12.35	19.28	14.16
二氢-α-紫罗兰酮 C	68.53	76.50	88.63	115.03	51.36
3-羟基苯甲醇	19.31	23.34	30.66	18.03	15.07
2-癸醇	46.99	108.47	96.38	136.83	129.48
5-甲基-2-（1-甲乙烯基）-4-己烯-1-醇	95.35	147.71	136.35	277.02	185.10
孕烯醇酮	202.56	125.69	70.86	51.48	67.77
总量	1419.53	1818.59	1381.53	1827.51	1138.98

（10）不同处理对烟气中有机酸含量的影响。由表 2-54 可知，与空白组相比，处理后各低分子量有机酸的含量均有不同程度的增加，且各处理组低分子有机酸的总量均显著增加；对高级脂肪酸分析发现，110℃处理组的高级脂肪酸总量均小于空白组，150℃处理组的高级脂肪酸总量均大于空白组。前期研究发现烟叶中非挥发性酸与所有的感官指标呈负相关，其中十六酸、油酸及亚油酸与柔细度和刺激性显著负相关。但结合感官评吸结果分析，烟气中非挥发性酸的含量高低可能对卷烟吸食品质影响不大，该结果在后期研究中有待进一步分析讨论。

表 2-54 不同处理烟气中有机酸含量（μg/支）

样品名称	处理一	处理二	处理三	处理四	空白
处理方法	葡萄糖+柠檬酸+肽、110℃	葡萄糖+柠檬酸+肽、150℃	木聚糖酶+酸性蛋白酶+葡萄糖+柠檬酸、110℃	木聚糖酶+酸性蛋白酶+葡萄糖+柠檬酸、150℃	邵阳 B2F

样品名称		处理一	处理二	处理三	处理四	空白
低分子量有机酸	乙酸	23.73	24.77	29.95	14.86	16.34
	丙酸	2.83	3.81	4.57	1.68	1.49
	异戊酸	0.66	1.06	0.89	0.86	0.43
	正戊酸	0.32	0.56	0.44	0.52	0.16
	苯甲酸	9.94	13.28	11.29	11.91	9.60
	总量	37.48	43.48	47.15	29.83	28.02
高级脂肪酸	棕榈酸	11.48	21.40	15.89	31.92	16.79
	硬脂酸	9.98	14.87	12.16	19.21	10.28
	油酸	78.39	75.50	74.27	89.41	78.69
	亚油酸	6.71	8.49	7.12	13.11	8.69
	总量	106.57	120.27	109.43	153.65	114.46
有机酸总量		144.04	163.75	156.58	183.48	142.47

（11）不同处理对烟气生物碱含量的影响。由表 2-55、表 2-56 发现，与空白相比，经处理后，烟气中 5 种生物碱含量均显著减少，其中处理一和处理二的减少量较大，如处理二的烟碱比空白减少 32.64%、麦斯明减少 51.50%、新烟碱减少 43.80%，这些生物碱成分的减少对改善烟叶的劲头和刺激性具有重要作用。处理一和处理二样品中 5 种生物碱总量减少量明显高于处理三和处理四，说明添加葡萄糖+柠檬酸+肽对降低烟气中生物碱含量有显著效果。

表 2-55　不同处理下烟气的生物碱含量（μg/支）

样品名称	处理一	处理二	处理三	处理四	空白
处理方法	葡萄糖+柠檬酸+肽、110℃	葡萄糖+柠檬酸+肽、150℃	木聚糖酶+酸性蛋白酶+葡萄糖+柠檬酸、110℃	木聚糖酶+酸性蛋白酶+葡萄糖+柠檬酸、150℃	邵阳 B2F
烟碱	1905.45	1823.11	2305.66	2376.20	2706.41
麦斯明	63.33	60.05	89.89	97.66	123.81
新烟碱	28.72	27.68	38.11	35.72	49.24
2,3-联吡啶	140.47	128.72	172.97	177.65	216.57
可替宁	23.62	18.99	21.04	26.12	27.64

表 2-56　与空白组相比处理组生物碱含量减少百分比（%）

生物碱组分	处理一	处理二	处理三	处理四
烟碱	29.59	32.64	14.81	12.20
麦斯明	48.85	51.50	27.40	21.13
新烟碱	41.68	43.80	22.60	27.45
2,3-联吡啶	35.14	40.57	20.13	17.97
可替宁	14.57	31.31	23.90	5.51
总量	30.80	34.10	15.88	13.14

（12）不同处理对烟气中碱性成分的影响。烟草经燃吸后烟气中的碱性致香成分主要包括吡啶、吡咯、呋喃、喹啉和吡嗪等杂环化合物，这些碱性致香成分对烟草制品的感官特性有着非常重要的影响作用。由表 2-57 可知，与空白组相比，处理后各碱性成分的含量均有不同程度的减少，且各处理组碱性成分总量均显著低于空白组，这对提高烟叶的等级品质是非常有利的。处理四碱性成分总量显著低于其余处理，碱性成分含量与烟气的抽吸品质负相关，说明处理四在提高烟叶抽吸品质方面优于其他处理。

表 2-57　不同处理烟气中碱性成分含量（μg/支）

编号	处理一	处理二	处理三	处理四	空白
处理方法	葡萄糖+柠檬酸+肽、110℃	葡萄糖+柠檬酸+肽、150℃	木聚糖酶+酸性蛋白酶+葡萄糖+柠檬酸、110℃	木聚糖酶+酸性蛋白酶+葡萄糖+柠檬酸、150℃	邵阳 B2F
烟碱	2705.15	2762.01	2740.43	2358.16	2964.59
2-吡啶基乙酸甲酯	11.85	11.77	11.61	15.24	11.92
4-甲基-1-吲哚-2,3-二酮	52.95	52.82	74.04	42.43	65.81
2-(2-吡啶)咪唑	18.88	22.39	21.91	12.84	16.81
1-咪唑-4,5-吡啶-2-糠醛	7.06	6.49	6.73	4.53	6.78
二烯烟碱	12.51	10.44	10.70	10.91	11.03
2,3'-联吡啶	15.67	14.90	15.30	14.07	18.36
4-二甲基氨基吡啶	5.66	5.75	7.73	5.12	6.01

续表

编号	处理一	处理二	处理三	处理四	空白
四氢-6-（顺-2-戊烯基）-2-吡喃酮	16.56	9.33	13.77	8.39	15.23
2-甲基-1,5-二氢吡啶-1,4-二氮-4-酮	12.15	7.67	13.23	7.28	11.21
4-（1-吡咯烷基）-吡啶	2.48	4.60	12.06	3.62	7.41
3-（1-甲基-2-哌啶基）-吡啶	10.97	16.56	19.32	13.57	17.30
2,6,8-三甲基-3,4-嘧啶-4-吡啶酮	11.24	13.76	14.81	11.39	11.43
总量	2883.13	2938.48	2961.63	2507.53	3163.91

（13）不同处理对烟气中中性成分的影响。中性香气成分是卷烟中最重要的致香物质，对增强和改进卷烟的香气和吃味有着明显的作用。它们主要为醇类、醛类、酮类和酯类化合物。在烟气中这些化合物多来源于卷烟燃吸时烟丝中挥发油的转化和转移、糖和氨基酸美拉德反应产物以及萜烯化合物的降解。由表2-58可知，与空白组相比，处理三、处理四的中性成分总量显著增加，处理二稍有增加，处理一微低于空白组。说明添加木聚糖酶+酸性蛋白酶+葡萄糖+柠檬酸易于中性风味物质的生成，即通过酶解烟叶中木质素及蛋白质比直接添加风味肽更利于美拉德反应中性风味物质的生成，这是由于酶解过程中破坏细胞壁，使细胞中的物质暴露出来，通过酶解生成羰基化合物和氨基类物质，再与还原性糖发生美拉德反应，这样不仅使美拉德反应更充分，同时也减少烟叶中本身含有的木质素及蛋白质类物质，而直接添加葡萄糖、柠檬酸和肽的处理（如处理一、处理二），其风味物质大多来自于外加的还原糖及肽，烟叶本身含有的糖和氨基由于细胞壁的限制不能充分发生美拉德反应，致使处理一和处理二的中性风味物质与空白组差别不大。

表2-58 不同处理烟气中中性成分含量（μg/支）

处理	处理一	处理二	处理三	处理四	空白
方法	葡萄糖+柠檬酸+肽、110℃	葡萄糖+柠檬酸+肽、150℃	木聚糖酶+酸性蛋白酶+葡萄糖+柠檬酸、110℃	木聚糖酶+酸性蛋白酶+葡萄糖+柠檬酸、150℃	邵阳B2F
苯乙烯	74.02	89.82	96.66	113.99	93.34

处理	处理一	处理二	处理三	处理四	空白
2-氰基-3-甲基丁酸乙酯	9.61	6.83	7.81	5.81	3.90
2-乙基-4-羟基-5-甲基-3-呋喃酮	4.14	6.48	6.09	6.70	6.20
5-甲基-2-(1-甲乙烯基)-4-己烯-1-醇	8.92	7.33	8.60	9.02	8.73
二氢-α-紫罗兰酮	6.92	5.97	5.59	4.61	4.71
Z-四氢-6-(2-戊烯基)-2H-吡喃-2-酮	9.60	8.06	4.40	13.65	4.08
异长叶醇	9.36	9.56	12.67	18.23	9.38
仲辛醇	7.98	12.17	17.46	15.06	11.56
二氢-α-紫罗兰酮	7.08	6.94	4.86	8.79	7.61
异辛醇	3.38	3.16	2.22	5.12	5.10
2-癸醇	7.08	7.50	4.87	5.11	5.30
1-(2-甲氧基乙氧基)-2-甲基-异丙醇	22.62	27.84	48.66	39.15	32.51
3-羟基苯甲醇	14.89	14.74	19.04	19.03	19.02
2-癸醇	8.62	12.68	14.61	31.03	12.60
5-甲基-2-(1-甲乙烯基)-4-己烯-1-醇	9.98	11.27	18.70	23.46	8.01
孕烯醇酮	28.59	16.73	30.47	6.74	4.41
总量	232.76	247.07	302.71	325.50	236.46

（14）感官结果。由于本实验添加方案的设计理念旨在找到改善邵阳 B2F 的最优的添加配方及工艺条件，鉴于实际工艺条件的局限性，结合工厂的实际工艺路线和工艺参数，在满足工厂最大经济效益的情况下，对醇化剂的配方和使用工艺做了适当的调整，将原有工艺的"各个添加"改为"主要物质的合并添加"即在加料时将酸性蛋白酶、葡萄糖及柠檬酸溶解后一并添加（处理五），添加处理后，邵阳 B2F 的感官评吸品质同样有显著改善，邵阳 B2F 的可用性和实用性增强。

表 2-59　感官评吸结果

处理	处理方法	感官评吸结果
空白	—	香气质中等，烟气浓度大，劲头大，刺激大，杂气明显（木质气、焦枯气），余味不够干净
处理一	葡萄糖+柠檬酸+肽、110℃	香气质略提高，刺激性、杂气降低
处理二	葡萄糖+柠檬酸+肽、150℃	香气质提高，香气量和浓度保持比较好，柔细度较好，劲头明显降低，刺激性、杂气减少
处理三	木聚糖酶+酸性蛋白酶+葡萄糖+柠檬酸、110℃	香气质提升较大，劲头降低，整体质量较好，口腔略有回苦的感觉（上部烟叶的特点）
处理四	木聚糖酶+酸性蛋白酶+葡萄糖+柠檬酸、150℃	香气柔细程度最好，香气丰满，劲头明显降低（比处理三明显），刺激性降低，余味干净，略有甜味 效果最好，可用性强。总体比空白显著提高
处理五	（酸性蛋白酶、葡萄糖及柠檬酸）150℃	劲头、刺激性明显降低，浓度降低，香气保留较好，余味干净
整体评价	处理四≈处理五>处理二>处理三>处理一>空白	

（15）结论。针对邵阳 B2F 抽吸的主要不足：刺激性大（呛刺），劲头较大，烟气浓度较大，香气质中等，杂气大，余味差。本阶段主要从 3 个方面处理达到改善的目的：生化处理改变烟叶本身的化学组分实现提质；高温处理对高级脂肪酸、烟碱的降解作用；美拉德反应产物对烟气品质的影响。

1）刺激性降低。处理后，刺激性均降低，这与处理后烟叶及烟气中生物碱及碱性成分的减少直接相关，与空白相比，处理后烟气和烟叶生物碱含量分别减少了13.14%～34.1%，7.87%～13.60%。而生物碱及碱性成分的减少源于酶解作用下，蛋白质酶解成氨基酸参与美拉德反应。

2）杂气减小、余味改善。处理后杂气均有不同程度的减少，余味变得干净，略带甜味，这与高级脂肪酸特别是油酸、亚油酸的显著减少相关，处理后烟叶中高级脂肪酸含量降低了 13.45%～41.45%，其中，处理一降低了 41.45%，处理四降低了 39.85%。高温处理导致高级脂肪酸分子中的不饱和双键氧化断裂，生成低级醛类，再氧化成低级脂肪酸，一方面与醇类直接结合生成酯类，另一方面在高温下继续氧化裂解成更低级酸再结合醇类生成酯类，这对降低烟气刺激性和杂气，增加醇和性，具有重要意义。

3）香气质、香气量提升。处理后，香气质均提高，这与处理后烟叶及烟气中中性成分的增加直接相关，与空白相比，处理四中性成分增加了 37.66%，处理三增加了 28.02%。这是美拉德反应的结果。烟叶在醇化过程中，由氨基酸与单糖缩合生成的氨基糖类具有增加吃味，圆和烟气，增加甜香和香味的作用。

（16）小结。要着重解决邵阳 B2F 刺激性强、杂气重、劲头大等的问题，前期工作已经取得明显效果。但按照广西中烟的产品结构和风格特点，单纯解决邵阳 B2F 的问题还不能很快投入生产应用，为此，希望针对几种原料烟叶组成的劲头大、杂气及刺激性大的叶组模块进行提质处理，根据处理的结果投入合适的卷烟牌号生产应用。

1）在分析烟叶的感官质量与基础成分的基础上，通过 PLSR 数学分析方法，明确影响烟叶感官质量的关键因素，建立感官质量和烟叶化学组成的构效关系。

2）在此构效关系的指导下，进行加料配方的调整或生化处理，并通过烟丝加工工艺的配合改进，可以针对性地调控烟叶化学组成和烟气化学成分，从而改善邵阳 B2F 等级烟叶的评吸质量，拓展其应用范围和经济价值。

第一，对小叶组模块进行实验室提质处理。由广西中烟技术中心产品所提出拟提质处理的叶组模块，课题组对叶组烟叶进行化学成分测定，针对叶组原料的组成特性，并借鉴前期研究方法和结果的指导，选取合适的醇化剂配方，进行提质处理，实现小叶组模块的提质。

第二，处理工艺的重复与放大。实验室研究达到预期效果后，按照广西中烟公司目前的加料和干燥工艺条件，在年内完成小叶组模块提质的重复和放大实验，确定适合生产要求的工艺路线和工艺参数，为此后投入公司的生产应用做好技术储备。

3）本研究成果、特别是研究思路和方法对解决其他烟叶原料的应用局限和提质增值有参考和指导价值。

2.3.8.4　基于邵阳 B2F 的叶组提质研究

（1）生化处理的工艺及具体实施措施。

1）处理一：木聚糖酶+酸性蛋白酶+葡萄糖+柠檬酸、150℃。将烟片散开，剔除烟梗、杂物等；润叶，喷洒超纯水，使水分含量（质量分数）为 18%～20%；切丝，采用烟草专用实验室微型切丝机进行切丝，切丝宽度 1mm；喷洒 0.05% 的木聚糖酶液（即每 100g 烟丝，加酶量为 0.05g，用 10mL 纯水溶解，同时用乙酸钾调节 pH=8.0），喷洒完毕后，在 60℃、60% 的条件下酶解 10h；喷洒 0.2% 的酸性蛋白酶液（即每 100g 烟丝，加酶量为 0.2g，用 10mL 纯水溶解，同时用柠檬酸调节 pH=3.5），在 35℃、60% 的条件下酶解 6h；之后喷洒 2% 葡萄糖+0.7% 柠檬酸溶液（即每 100g 烟丝，添加 2g 葡萄糖、0.7g 柠檬酸，用 5mL 纯水溶解），在 22℃、60% 的条件下放置 4h；高温处理，将以上处理好的烟丝在 150℃ 烘箱中烘 5min。最后将其置于 22℃、60% 的恒温恒湿箱中平衡 48h 以上，直至水分含量平衡在 12% 时，进行卷烟。

2）处理二：葡萄糖+柠檬酸+肽、150℃。将烟片散开，剔除烟梗、杂物等；润叶，喷洒超纯水，使水分含量（质量分数）为 18%～20%；切丝，采用烟草专用实验室微型切丝机进行切丝，切丝宽度 1mm；喷洒 2% 葡萄糖+0.7% 柠檬酸溶液（即每 100g 烟丝，添加 2g 葡萄糖、0.7g 柠檬酸，用 5mL 纯水溶解），喷洒后，继续喷洒 0.05%肽液（即每 100g 烟丝，添加 0.05g 肽，用 5mL 纯水溶解），喷洒完毕后，在 22℃、60%的条件下放置 4h；高温处理，将以上处理好的烟丝在 150℃烘箱中烘 5min。最后将其置于 22℃、60%的恒温恒湿箱中平衡 48h 以上，直至水分含量平衡在 12%时，进行卷烟，感官评吸。

3）处理三：酸性蛋白酶+葡萄糖+柠檬酸、150℃。将烟片散开，剔除烟梗、杂物等；润叶，喷洒超纯水，使水分含量（质量分数）为 18%～20%；切丝，采用烟草专用实验室微型切丝机进行切丝，切丝宽度 1mm；喷洒 0.2%的酸性蛋白酶液（即每 100g 烟丝，加酶量为 0.2g，用 10mL 纯水溶解）和 2%葡萄糖+0.7%柠檬酸溶液（即每 100g 烟丝，添加 2g 葡萄糖，0.7g 柠檬酸，用 5mL 纯水溶解），在 35℃、60%的条件下酶解 6h；之后在 22℃、60%的条件下放置 4h；高温处理，将以上处理好的烟丝在 150℃烘箱中烘 5min。最后将其置于 22℃、60%的恒温恒湿箱中平衡 48h 以上，直至水分含量平衡在 12%时，进行卷烟。

（2）不同处理对烟叶糖氮比的影响。表 2-60 显示，处理后还原糖、总糖含量明显提高，蛋白质含量减少，其中处理三显著减少。资料显示和前期研究表明，随着烟叶商品等级的提高，含糖量增加。同时，烟叶的吸食品质是各种化学成分综合影响的结果，烟叶水溶性总糖含量与总氮含量之比（简称糖氮比）应保持适当的比例。糖氮比协调能使烟气具有醇和的香吃味。由表 2-60 可知，与空白组相比，处理后样品的糖氮比明显提高，其中处理三糖氮比升高至 8.49，处理一、处理二分别提高至 7.52、7.98，均达到较为理想的水平。

表 2-60　不同处理烟叶的糖碱比值

样品名称	处理一	处理二	处理三	空白
处理方法	木聚糖酶+酸性蛋白酶+葡萄糖+柠檬酸、150℃	葡萄糖+柠檬酸+肽、150℃	酸性蛋白酶+葡萄糖+柠檬酸、150℃	—
还原糖/%	15.80	16.28	15.31	10.70
总糖/%	16.55	17.48	16.39	11.72
含氮量/%	2.20	2.19	1.93	2.34
粗蛋白含量/%	14.00	13.90	12.30	14.90
糖氮比（总糖/总氮）	7.52	7.98	8.49	5.01

蛋白质燃烧裂解生成含氮化合物，产生具有烧焦羽毛的气息，一般认为，蛋白质与烟草品质呈负相关关系，烟叶中蛋白质较高时香吃味变差，产生辛辣味、苦味和刺激性。处理后蛋白质含量均减少，其中处理三明显减少。

（3）不同处理对烟叶中总氨基酸含量的影响。文献报道和第一阶段研究都证实，烟叶中总氨基酸含量与烟叶品质负相关。从表 2-61 可知，样品经处理后，总氨基酸含量显著减少。说明这 3 种处理方案有利于烟叶品质的提高。

表 2-61　不同处理烟叶的总氨基酸含量（g/100g）

总氨基酸	处理一	处理二	处理三	空白
Asp	1.28	1.36	1.32	1.46
Glu	1.50	1.61	1.53	1.61
Ser	0.37	0.38	0.36	0.38
His	0.16	0.18	0.17	0.19
Gly	0.47	0.48	0.46	0.48
Thr	0.35	0.37	0.35	0.37
Arg	0.34	0.39	0.35	0.39
Ala	0.53	0.56	0.53	0.56
Tyr	0.22	0.23	0.22	0.23
Cys	0.03	0.04	0.04	0.04
Val	0.50	0.52	0.50	0.52
Met	0.05	0.05	0.11	0.08
Phe	0.46	0.50	0.48	0.50
Ile	0.36	0.38	0.36	0.37
Leu	0.57	0.61	0.57	0.59
Lys	0.24	0.27	0.25	0.29
Pro	0.70	0.77	0.74	0.78
总含量	8.14	8.69	8.34	8.85

其中，木聚糖酶+酸性蛋白酶+葡萄糖+柠檬酸处理和酸性蛋白酶+葡萄糖+柠檬酸处理的总氨基酸量均小于葡萄糖+柠檬酸+肽处理组。这是因为酶处理后蛋白质降解为肽和氨基酸参与美拉德反应形成香气物质。

（4）不同处理对烟叶中游离氨基酸含量的影响。表 2-62 显示，处理二与空白相比，游离氨基酸含量变显著减少。这是由于经高温处理后，烟叶中的游离氨基酸与葡萄糖发生美拉德反应，使处理后游离氨基酸总量减少。处理一和处理三与空白的游离氨基酸含量差别不明显，这是由于蛋白质在酶解或高温处理后降解生成氨基酸和小分子量肽；这些产物又与还原糖在高温下发生美拉德反应，致使处理后游离氨基酸含量变化不明显。

表 2-62　不同处理烟叶中游离氨基酸含量（g/100g）

总氨基酸	处理一	处理二	处理三	空白
Asp	0.0157	0.0013	0.0022	0.0086
Glu	0.0391	0.0225	0.0267	0.0305
Ser	0.0002	0.0002	0.0001	0.0002
His	0.0087	0.0045	0.0057	0.0055
Gly	0.0147	0.0136	0.0145	0.0312
Thr	0.0070	0.0043	0.0050	0.0057
Arg	0.0018	0.0017	0.0014	0.0013
Ala	0.0532	0.0424	0.0455	0.0489
Tyr	0.0151	0.0109	0.0117	0.0153
Cys	0.0053	0.0050	0.0063	0.0090
Val	0.0076	0.0062	0.0064	0.0072
Met	0.0001	0.0002	0.0001	0.0140
Phe	0.0247	0.0158	0.0184	0.0209
Ile	0.0022	0.0021	0.0019	0.0022
Leu	0.0026	0.0032	0.0023	0.0029
Lys	0.0036	0.0023	0.0024	0.0029
Pro	0.2276	0.1512	0.2073	0.1906
总含量	0.4292	0.2874	0.3579	0.3970

（5）不同处理对烟叶中有机酸含量的影响。由表 2-63 可知，与空白组相比，处理后低分子量有机酸的含量均显著增加，这对提高烟叶的等级品质是非常有利的。结合第一阶段的分析结果，其中异戊酸、苯甲酸对改善烟叶的刺激性和劲头方面有显著作用，分析发现，经处理后，异戊酸、苯甲酸均显著增加。资料显示乳酸对降低烟叶刺激性，提高柔细度方面有改善作用，表 2-63 显示乳酸显著增加。

表 2-63　不同处理烟叶中有机酸含量（mg/g）

	样品名称	处理一	处理二	处理三	空白
低分子量有机酸	甲酸	0.17	0.13	0.17	0.05
	乙酸	0.58	0.50	0.34	0.56
	丙酸	0.06	0.06	0.04	0.06
	异丁酸	0.01	0.01	0.01	0.01
	丁酸	0.02	0.01	0.01	0.02
	2-甲基丁酸	0.01	0.01	0.01	0.01
	异戊酸	0.02	0.01	0.15	0.01

	样品名称	处理一	处理二	处理三	空白
低分子量有机酸	戊酸	0.09	0.07	0.06	0.02
	乳酸	0.17	0.12	0.14	0.07
	己酸	0.06	0.05	0.62	0.06
	2-呋喃甲酸	0.06	0.05	0.04	0.05
	庚酸	0.03	0.02	0.02	0.03
	苯甲酸	0.03	0.02	0.02	0.01
	辛酸	0.03	0.02	0.02	0.03
	壬酸	0.35	0.31	0.29	0.22
	癸酸	0.01	0.01	0.01	0.01
	低分子酸总量	1.69	1.40	1.86	1.29
高级脂肪酸	月桂酸	0.01	—	—	0.01
	肉豆蔻酸	0.01	0.01	—	0.01
	正十五酸	—	—	—	—
	棕榈酸	0.38	0.29	0.28	0.40
	亚油酸	0.03	0.02	0.01	0.03
	油酸	0.03	0.02	0.01	0.03
	硬脂酸	0.31	0.21	0.22	0.34
	高级脂肪酸总量	0.76	0.55	0.53	0.82
有机酸总量		2.45	1.95	2.39	2.11

　　高级脂肪酸一般对烟叶和烟气的香气没有直接作用，大多数脂肪酸会增加烟气的蜡味和脂肪味，尽管饱和高级脂肪酸如棕榈酸和硬脂酸能调节烟草的酸碱度，使吸味醇和，但是不饱和脂肪酸如油酸、亚油酸等会增加烟气的粗糙感、刺激性、青杂气，并产生涩味。一般情况下高级脂肪酸与抽吸品质负相关。

　　从高级脂肪酸含量的变化发现，与空白相比，处理后高级脂肪酸的含量显著降低，这是高温裂解和美拉德反应的综合结果。其中，处理二、处理三分别降低32.9%和34.8%，对柔细度和刺激性具有显著性不利影响的十六酸、油酸及亚油酸含量均显著降低。

　　在醇化过程中，烟叶高级脂肪酸分子中的不饱和双键氧化断裂，生成低级醛类，再氧化成低级脂肪酸，一方面与醇类直接结合生成酯类，另一方面在高温下氧化裂解成低级脂肪酸再结合醇类生成酯类，这对降低烟气刺激性和青杂气、增加醇和性具有重要意义。

　　（6）不同处理对烟叶生物碱含量的影响。烟草生物碱是一类特殊的含氮化合物，烟草生物碱是一个类群，除烟碱外还包含其他近 50 种物质，如去甲基烟碱（降烟碱）、去甲基去氢烟碱（麦斯明）、二烯烟碱、假木贼碱、新烟草碱、2,3-联吡啶、可替宁等。

由表 2-64 可知，与空白相比，经处理后，烟碱含量均出现不同程度的降低。处理一和处理二烟碱含量分别降低约 10%，经处理后，生物碱总量降低，总生物碱含量的减少对烟叶劲头和刺激性的改善具有重要作用。

表 2-64　不同处理烟叶的生物碱含量（g/100g）

样品名称	处理一	处理二	处理三	空白
处理方法	木聚糖酶+酸性蛋白酶+葡萄糖+柠檬酸、150℃	葡萄糖+柠檬酸+肽、150℃	酸性蛋白酶+葡萄糖+柠檬酸、150℃	—
烟碱	0.7725	0.7804	0.7837	0.7922
麦斯明	0.0017	0.0018	0.0019	0.0018
降烟碱	0.0321	0.0326	0.0367	0.0357
假木贼碱	0.0074	0.0073	0.0081	0.0077
二烯烟碱	0.0021	0.0021	0.0029	0.0020
新烟碱	0.0594	0.0598	0.0626	0.0616
2,3-联吡啶	0.0016	0.0016	0.0020	0.0016
可替宁	0.0026	0.0025	0.0038	0.0033
生物碱总量	0.8793	0.8883	0.9018	0.9059

烟碱本身具有烟草特殊香味，烟气中的几种吡啶化合物香气成分是由烟碱高温分解形成的。如烟碱在 600~800℃ 裂解成吡咯、2,2-联吡啶、3-甲基吡啶等，这些化合物可产生类似烟叶的树脂香味。烟碱在烟叶和烟气中均以游离态和结合态两种形式存在，游离态烟碱的碱性强于结合态，产生的刺激性亦强。因此控制烟气的碱度可减轻刺激性。烟叶及烟制品含有适量的烟碱，将会给吸食者以适当的生理强度和优质的香气和吃味。烟碱含量过低则劲头小，吸食淡而无味；含量过高则劲头大，刺激性增加，产生辛辣味。

烟草生物碱中，烟碱最为重要，它约占烟草生物碱总量的 95% 以上，其次是去甲基烟碱、新烟草碱、假木贼碱等。生物碱的组成和含量是烟叶的重要质量要素，直接影响烟草制品的生理强度、烟气特征和安全性。烟叶中的烟碱去甲基酶在一定条件下使烟碱转化为去甲基烟碱（降烟碱），烟碱向降烟碱转化或降烟碱占总生物碱比例增加对感官抽吸具有不利影响。表 2-65 显示，处理组降烟碱比例均小于空白组。处理后烟叶降烟碱比例减少，将有利于卷烟的抽吸品质的改善。

表 2-65　不同形式生物碱在总生物碱中的百分比 （%）

样品名称	处理一	处理二	处理三	空白
处理方法	木聚糖酶+酸性蛋白酶+葡萄糖+柠檬酸、150℃	葡萄糖+柠檬酸+肽、150℃	酸性蛋白酶+葡萄糖+柠檬酸、150℃	—
烟碱	87.45	87.85	87.86	86.90
麦斯明	0.20	0.19	0.21	0.21
降烟碱	3.94	3.65	3.67	4.07
假木贼碱	0.85	0.84	0.82	0.90
二烯烟碱	0.22	0.24	0.23	0.32
新烟碱	6.80	6.76	6.74	6.95
2,3-联吡啶	0.18	0.18	0.18	0.22
可替宁	0.37	0.29	0.29	0.42

（7）不同处理对烟叶中风味成分的影响。由表 2-66 可知，与空白组相比，处理后各中性成分含量均显著增加，碱性风味物质成分显著减少，风味物质总量显著增加，这对增加烟叶香气量，提高烟叶等级具有重要作用。

表 2-66　不同处理烟叶中风味成分含量 （μg/g）

处理	处理一	处理二	处理三	空白
2-甲基-四氢呋喃-3-酮	0.1090	0.0370	0.1170	0.1000
6-甲基-5-庚烯-2-酮	0.0100	0.0130	0.0160	0.0100
糠醛	0.0820	0.0580	0.0890	0.0670
2-乙酰呋喃	0.0710	0.0440	0.0760	0.0460
苯甲醛	0.1120	0.0900	0.1580	0.0860
2,3-环氧-3,5,5-三甲基-1-环己酮	3.1680	3.3990	2.9680	3.0070
3-甲基-2-环戊烯-1-酮	0.7770	0.5100	0.8180	0.6590
芳樟醇	0.0290	0.0290	0.0350	0.0340
5-甲基糠醛	0.0190	0.0100	0.0160	0.0160
异佛尔酮	0.0300	0.0230	0.1350	0.0060
2-乙酰基-5-甲基呋喃	0.0400	0.0210	0.0210	0.0290
苯乙醛	0.0820	0.0530	0.0950	0.0620
2-环戊烯-1,4-二酮	0.0150	0.0200	0.0380	0.0170
糠醇	0.0590	0.0360	0.0750	0.0510
香芹酮	0.1150	0.0690	0.1270	0.0290

处理	处理一	处理二	处理三	空白
香茅醇	0.9310	0.6220	0.9210	0.9570
β-二氢大马酮	1.2000	0.8440	1.2190	1.1110
甲基环戊烯醇酮	0.4900	0.3960	0.6020	0.5210
香叶基丙酮	0.0690	0.0360	0.0420	0.0350
苯甲醇	0.0150	0.0130	0.0260	0.0110
苯乙醇	0.0140	0.0060	0.0190	0.0110
β-紫罗兰酮	0.0100	0.0050	0.0140	0.0030
棕榈酸甲酯	0.0360	0.0260	0.0390	0.0270
法尼基丙酮	0.0140	0.0110	0.0400	0.0130
(2E,6E)-金合欢醇	0.0130	0.0080	0.0180	0.0130
5-羟甲基糠醛	0.0010	0.0010	0.0020	0.0210
中性风味物质总量	13.5140	14.3780	23.7260	8.9400
吡啶	0.1760	0.2220	0.2590	0.2900
噻唑	0.0320	0.0210	0.0190	0.0260
2-甲基吡嗪	0.0000	0.0010	0.0190	0.0020
2-乙基吡啶	0.0040	0.0050	0.0100	0.0060
2,5-二甲基吡嗪	0.2240	0.1740	0.1860	0.1830
2-甲氧基吡嗪	0.3420	0.3000	0.3570	0.3790
2,3-二甲基吡嗪	0.1420	0.1230	0.1650	0.1460
3-乙基吡啶	0.7960	0.7390	0.7980	0.7990
2-乙基-3-甲基吡嗪	0.0390	0.0310	0.0420	0.0310
2,3,5-三甲基吡嗪	0.8920	0.6410	0.8310	0.8450
2,3-二乙基吡嗪	0.0340	0.0210	0.0220	0.0320
四甲基吡嗪	0.1910	0.1120	0.2090	0.1420
3-乙烯基吡啶	0.1250	0.0820	0.0780	0.2440
吡咯	0.0720	0.0510	0.0730	0.0960
2-乙酰吡啶	0.1000	0.0750	0.1000	0.1160
1-甲基-2-乙酰吡咯	0.0430	0.0420	0.0460	0.0620
3-乙酰吡啶	0.1450	0.0950	0.1790	0.1290
喹啉	0.0810	0.0550	0.0530	0.0940
2-乙酰吡咯	0.0050	0.0060	0.0080	0.0560

处理	处理一	处理二	处理三	空白
二烯烟碱	0.0021	0.0021	0.0029	0.0020
新烟草碱	0.0594	0.0598	0.0626	0.0616
吲哚	0.2390	0.1410	0.1440	0.5400
2,3-联吡啶	0.0016	0.0016	0.0020	0.0016
可替宁	0.0026	0.0025	0.0038	0.0033
碱性风味物质总量	3.7480	3.0020	3.6700	4.2870
风味物质总量	17.2620	17.3790	27.3960	13.2270

烟叶中检出的碱性成分含量小于中性风味物质含量，其结果是与实际相符合的。碱性香气成分多为杂环化合物，它们大多是卷烟燃吸时烟丝中的含氮化合物的热解、转化产物以及糖和氨基酸的美拉德反应产物。这些化合物是卷烟中重要的致香成分，对卷烟的特征香味起着重要作用。

以上结果说明，添加葡萄糖+柠檬酸+肽或木聚糖酶+酸性蛋白酶+葡萄糖+柠檬酸均能促使美拉德中性风味产物的生成。

（8）不同处理对烟气中有机酸含量的影响。由表 2-67 可知，与空白组相比，各处理组低分子有机酸总量显著增加，处理三增加幅度达 30%；对高级脂肪酸分析发现，除正十五酸与空白相比变化不大外，其余各高级脂肪酸均小于空白。前期研究发现烟叶中非挥发性酸与所有的感官指标呈负相关，其中对柔细度和刺激性达到负的显著性影响的亚油酸及油酸分别降低了 33.50%、-33.51% 和 7.83%、-17.89%，同时处理组的高级脂肪酸总量均显著低于空白。结合感官评吸结果分析，处理三表现较优，且添加处理工艺条件经济便捷。

表 2-67　不同处理烟气中有机酸含量（mg/g）

样品名称		处理一	处理二	处理三	空白
低分子量有机酸	甲酸	0.24	0.23	0.19	0.16
	乙酸	0.51	0.49	0.43	0.32
	丙酸	0.01	0.01	0.01	0.01
	异丁酸	0.42	0.36	0.36	0.21
	丁酸	0.10	0.09	0.09	0.09
	2-甲基丁酸	0.00	0.00	0.00	0.00
	异戊酸	0.02	0.02	0.02	0.02
	戊酸	0.01	0.01	0.01	0.02
	乳酸	0.17	0.14	0.12	0.10

样品名称		处理一	处理二	处理三	空白
	己酸	0.03	0.02	0.02	0.02
	2-呋喃甲酸	0.00	0.00	0.01	0.00
	庚酸	0.01	0.00	0.00	0.00
低分子量有机酸	苯甲酸	0.01	0.01	0.03	0.04
	辛酸	0.08	0.07	0.08	0.08
	壬酸	0.19	0.18	0.15	0.01
	癸酸	0.01	0.01	0.01	0.01
	低分子酸总量	1.82	1.68	1.55	1.09
	月桂酸	0.01	0.01	0.01	0.01
	肉豆蔻酸	0.03	0.03	0.03	0.07
	正十五酸	0.01	0.01	0.01	0.01
高级脂肪酸	棕榈酸	6.19	6.32	6.67	6.99
	亚油酸	0.59	0.59	0.59	0.89
	油酸	0.32	0.36	0.33	0.39
	硬脂酸	6.06	6.08	6.08	7.90
	高级脂肪酸总量	13.21	13.40	13.72	14.25

（9）不同处理对烟气生物碱含量的影响。由表 2-69 可知，与空白相比，经处理后，烟气中 5 种生物碱含量均显著减少，处理后生物碱总量减少了 22.01%、28.76%、27.98%，其中处理二和处理三的减少量较大，麦斯明和降烟碱分别减少 60.30%、66.07%，二烯烟碱、新烟碱、2,3-联吡啶、可替宁也减少 27.57%、70.19%，这些生物碱成分的减少对改善烟叶的劲头和刺激性具有重要作用。

表 2-68   不同处理烟气生物碱含量（mg/支）

样品名称	处理一	处理二	处理三	空白
处理方法	木聚糖酶+酸性蛋白酶+葡萄糖+柠檬酸、150℃	葡萄糖+柠檬酸+肽、150℃	酸性蛋白酶+葡萄糖+柠檬酸、150℃	—
烟碱	1.0639	0.9716	0.9820	1.3639
麦斯明	0.0001	—	0.0001	0.0001
降烟碱	—	0.0001	0.0001	0.0003
假木贼碱	0.0004	0.0004	0.0004	0.0005
二烯烟碱	0.0004	0.0006	0.0005	0.0004

样品名称	处理一	处理二	处理三	空白
新烟碱	0.0002	0.0002	0.0002	0.0005
2,3-联吡啶	0.0003	0.0003	0.0004	0.0005
可替宁	0.0001	—	0.0001	0.0001
生物碱总量	1.0654	0.9733	0.9839	1.3662

表2-69　与空白组相比处理组生物碱含量变化百分比（%）

生物碱组分	处理一	处理二	处理三
烟碱	-22.01	-28.76	-27.98
麦斯明	0.00	-60.30	11.20
降烟碱	-98.86	-66.07	-66.07
假木贼碱	-8.32	-8.32	-10.67
二烯烟碱	0.00	27.57	18.96
新烟碱	-47.96	-47.96	-47.28
2,3-联吡啶	-44.40	-44.40	-9.44
可替宁	0.00	-70.19	-44.58
生物碱总量	-22.01	-28.76	-27.98

（10）不同处理对烟气中风味成分的影响。中性香气成分是卷烟中最重要的致香物质，对增强和改进卷烟的香气和吃味有着明显的作用。它们主要为醇类、醛类、酮类和酯类化合物。在烟气中这些化合物多来源于卷烟燃吸时烟丝中挥发油的转化和转移、糖和氨基酸的美拉德反应产物以及萜烯化合物的降解。由表2-70可知，与空白组相比，处理组的中性成分总量显著增加，其中处理一中性成分总量增加幅度最大，其次是处理三、处理二。说明添加木聚糖酶+酸性蛋白酶+葡萄糖+柠檬酸易于中性风味物质的生成，即通过酶解烟叶中木质素及蛋白质比直接添加风味肽更利于美拉德反应中性风味物质的生成，这是由于酶解过程中破坏细胞壁，使细胞中的物质暴露出来，通过酶解生成羰基化合物和氨基类物质，再与还原性糖发生美拉德反应，这样不仅使美拉德反应更充分，同时也减少烟叶中本身含有的木质素及蛋白质类物质。

表2-70　不同处理烟气中风味成分含量（μg/支）

处理	处理一	处理二	处理三	空白
2-甲基-四氢呋喃-3-酮	0.040	0.040	0.020	0.030
6-甲基-5-庚烯-2-酮	0.070	0.070	0.040	0.030

处理	处理一	处理二	处理三	空白
糠醛	0.030	0.030	0.010	0.010
2-乙酰呋喃	0.040	0.040	0.020	0.020
苯甲醛	0.030	0.030	0.020	0.020
2,3-环氧-3,5,5-三甲基-1-环己酮	0.030	0.030	0.020	0.020
3-甲基-2-环戊烯-1-酮	0.150	0.140	0.180	0.090
芳樟醇	0.060	0.050	0.030	0.030
5-甲基糠醛	0.010	0.010	0.040	0.010
异佛尔酮	0.030	0.020	0.010	0.010
2-乙酰基-5-甲基呋喃	0.040	0.030	0.020	0.020
苯乙醛	0.060	0.040	0.040	0.030
2-环戊烯-1,4-二酮	0.060	0.050	0.030	0.040
糠醇	0.060	0.060	0.070	0.030
香芹酮	0.030	0.020	0.010	0.010
香茅醇	0.030	0.030	0.010	0.010
β-二氢大马酮	0.130	0.100	0.070	0.070
甲基环戊烯醇酮	0.050	0.040	0.030	0.030
香叶基丙酮	0.440	0.270	0.120	0.170
苯甲醇	2.630	2.370	2.730	1.370
苯乙醇	0.020	0.020	0.010	0.010
β-紫罗兰酮	0.060	0.050	0.040	0.040
棕榈酸甲酯	0.030	0.030	0.020	0.020
法尼基丙酮	0.040	0.030	0.030	0.030
(2E,6E)-金合欢醇	0.030	0.020	0.020	0.020
5-羟甲基糠醛	0.070	0.070	0.070	0.050
中性风味物质总量	4.270	3.690	3.710	2.220
吡啶	0.009	0.014	0.009	0.014
噻唑	0.021	0.040	0.026	0.052
2-甲基吡嗪	0.007	0.018	0.009	0.017
2-乙基吡啶	0.013	0.023	0.017	0.026
2,5-二甲基吡嗪	0.008	0.017	0.010	0.016
2-甲氧基吡嗪	0.003	0.009	0.004	0.006
2,3-二甲基吡嗪	0.501	0.502	0.501	0.502
3-乙基吡啶	0.042	0.071	0.051	0.091

处理	处理一	处理二	处理三	空白
2-乙基-3-甲基吡嗪	0.014	0.031	0.019	0.036
2,3,5-三甲基吡嗪	0.051	0.030	0.026	0.042
2,3-二乙基吡嗪	0.012	0.024	0.008	0.027
四甲基吡嗪	0.012	0.014	0.014	0.020
3-乙烯基吡啶	0.124	0.211	0.135	0.251
吡咯	0.016	0.038	0.022	0.042
2-乙酰吡啶	0.004	0.009	0.006	0.010
1-甲基-2-乙酰吡咯	0.006	0.012	0.007	0.013
3-乙酰吡啶	0.056	0.095	0.066	0.119
喹啉	0.017	0.025	0.019	0.031
2-乙酰吡咯	0.058	0.033	0.036	0.049
吲哚	0.127	0.073	0.071	0.103
碱性风味物质总量	1.101	1.289	1.057	1.470
风味物质总量	5.371	4.979	4.767	3.690

烟草经燃吸后烟气中的碱性致香成分主要包括吡啶、吡咯、呋喃、喹啉和吡嗪等杂环化合物，这些碱性致香成分对烟草制品的感官特性有着非常重要的影响作用。由表 2-70 可知，与空白组相比，处理后各碱性成分的含量均有不同程度的减少，且各处理组碱性成分总量均显著低于空白组，这对提高烟叶的等级品质是非常有利的。处理三碱性成分总量显著低于其余处理，碱性成分含量与烟气的抽吸品质负相关，说明处理三在提高烟叶抽吸品质方面优于其他处理。

（11）感官结果（表 2-71）。由于本实验添加方案的设计理念旨在提高叶组的可用性和配伍性，寻求最优的添加配方及工艺条件，鉴于实际工艺条件的局限性，在满足工厂最大经济效益的情况下，结合醇化剂的使用条件及工厂的实际工艺路线和工艺参数，将原有工艺的"各个添加"改为"主要物质的合并添加"，即在将酸性蛋白酶、葡萄糖及柠檬酸溶解后一并添加（处理三），添加处理后，感官评吸品质同样有显著改善，叶组可用性和实用性增强。

表 2-71　感官评吸结果

处理	处理方法	感官评吸结果
空白	—	香气质中等，烟气浓度大，劲头大，刺激大，杂气明显（木质气、焦枯气），余味不够干净

处理	处理方法	感官评吸结果
处理一	木聚糖酶+酸性蛋白酶+葡萄糖+柠檬酸、150℃	香气柔细程度最好，香气丰满，劲头明显降低（比处理三明显），刺激性降低，余味干净，略有甜味。效果最好，可用性强。总体比空白显著提高
处理二	葡萄糖+柠檬酸+肽、150℃	香气质提高，香气量和浓度保持比较好，柔细度较好，劲头明显降低，刺激性、杂气减少
处理三	酸性蛋白酶+葡萄糖+柠檬酸、150℃	劲头、刺激性明显降低，浓度降低，香气质提高，香气量和浓度保留较好，柔细度好，余味干净
整体评价	处理一>处理三>处理二>空白	

（12）结论。针对小叶组（主要是上部叶）抽吸的主要不足：刺激性大（呛刺），劲头较大，烟气浓度较大，香气质中等，杂气大，余味差。

本阶段主要从 3 个方面处理以达到改善的目的：生化处理改变烟叶本身的化学组分实现提质；高温处理对高级脂肪酸、烟碱的降解作用；美拉德反应产物对烟气品质的影响。

1）刺激性降低。处理后，刺激性均降低，这与处理后烟叶及烟气中生物碱及碱性成分的减少直接相关，与空白相比，处理后烟气和烟叶生物碱含量均显著降低。而生物碱及碱性成分的减少源于酶解作用下，蛋白质酶解成氨基酸参与美拉德反应。

2）杂气减小、余味改善。处理后杂气均有不同程度的减少，余味变得干净，略带甜味，这与高级脂肪酸特别是油酸、亚油酸的显著减少相关。高温处理导致高级脂肪酸分子中的不饱和双键氧化断裂，生成低级醛类，再氧化成低级脂肪酸，一方面与醇类直接结合生成酯类，另一方面在高温下继续氧化裂解成更低级酸，再结合醇类生成酯类，这对降低烟气刺激性和杂气、增加醇和性具有重要意义。

3）香气质、香气量提升。处理后，香气质均提高，这与处理后烟叶及烟气中中性成分的增加直接相关，与空白相比，处理一烟气中中性成分增加了 45.56%。这是美拉德反应的结果。烟叶在醇化过程中，由氨基酸与单糖缩合生成的氨基糖类具有增加吃味，圆和烟气，增加甜香和香味的作用。

本研究成果、特别是研究思路和方法对解决其他烟叶原料的应用局限和提质增值有参考和指导价值。

第3章　烟草薄片工业生物加工技术

3.1　概述

3.1.1　背景及意义

我国是世界烟草生产与消费大国,烟草行业在国民经济中占据着非常重要的位置。但随着消费者对健康问题的日益关注,卷烟的"减害降焦"已经成为烟草行业的重要战略;受国家政策的影响,全国烟叶种植面积逐步调减,烟叶成本增加。因此,提高烟叶原料的利用率从而节约生产成本、保证卷烟感官品质的同时实现有害成分的降解,已然成为烟草行业急需解决的问题。烟草薄片的诞生正好解决了这一难题。烟草薄片以卷烟生产过程中的废弃烟梗烟末为原料,其制作过程吸取造纸工艺的优点,使薄片纸基具有疏松的结构。相比于天然烟叶,燃吸性能更好,可调节性更强,质量更稳定。烟草薄片可以降低烟草原料消耗,节约成本,其在减害降焦方面也有不小潜力,这些优势符合当今烟草行业的发展趋势。近年来,烟草薄片已经成为卷烟重要的填充材料。然而在抄造纸基的过程中,传统的水提工艺萃取率较低,只是单纯提取可溶性物质,大量的纤维素、果胶质和木质素等大分子物质及致香前体成分存留于基片中,其含量甚至高于天然烟叶。萃取率低导致提取液中香气成分含量少,薄片香气不足,吸食无味;基片中的大分子过量使薄片燃烧时产生的一氧化碳、烟碱、巴豆醛等有害物质的含量增多。因此,改进造纸法烟草薄片的萃取工艺,人工调控降解薄片原料中的有害前体,是增加薄片应用价值的不二之选。本项目拟以几种不同厂家的薄片为研究对象,利用生物酶解与复合微生物发酵技术针对性地降解薄片中果胶、蛋白质等大分子有害前体,提高烟梗烟末提取率。采用美拉德反应对降解小分子物质及外源糖氨进行强化修饰,降低薄片卷烟的青杂气和刺激感。同时,降低巴豆醛和 CO 等有害成分释放量,改善薄片燃吸品质,建立可以应用于烟草薄片生产的生物技术工艺。

3.1.2　研究进展

造纸法烟草薄片被称作匀质烟叶或再生烟叶,是一种烟草资源再生利用的产品。传统工艺采用水提法提取烟草原料得到提取浓缩液,通过造纸工艺将提取后的烟草原料抄造成纸基,再将提取浓缩液重新回涂到片基上制成烟草薄片。添加烟草薄片至卷烟中可降低卷烟制作成本，实现烟草原料再生利用。同时，可以按照消费者的要求与喜好对烟草薄片进行风味特征和理化性质的改善与调整，提高其燃吸品质。目前，烟草薄片在卷烟中的添加量通常在22%左右，部分西方国家的添加量甚至高达35%。凭借其低成本、低危害、实现资源再生利用的重要优势，烟草薄片的生产加工和研究利用技术获得了迅速发展。

研究发现，烟草的品质特性与其化学成分密切相关，卷烟产品特有的感官特征是烟草中各种成分经燃烧后的综合反映，烟草化学成分对烟草的感官评吸质量具有决定性作用。薄片作为目前烟草行业重要的卷烟充填物，其化学成分组成与感官品质特性也存在密切联系。烟草行业已有多个简单有效的半经验公式，如施木克值（水溶性总糖/蛋白质）、糖氮比、糖烟碱比等，可以对烟草和薄片感官品质进行初步总体评价。刘维涓等通过对比造纸法再造烟叶和烤烟烟叶的热裂解产物，发现二者的总氮、钾和蛋白质含量差别较小，氯含量和糖碱比在造纸法再造烟叶中明显较高，总糖、还原糖、烟碱含量和氮碱比在烤烟烟叶中明显较高。姚元军通过处理烟草薄片中的醛类物质，如甲醛、乙醛等，使之形成低分子量的致香物质，降低了薄片的刺激性，提高了薄片卷烟的抽吸品质。王月侠等指出总糖、烟碱和总氮在烟梗和梗丝中的含量一般较低，而细胞壁物质含量较高。2012年，贺磊等对进口薄片和国产薄片进行热重分析，对比发现国产薄片的纤维素含量要高于进口薄片，纤维素含量越高的薄片在抽吸过程中产生的杂味和木质气就越多，CO含量也会越多，严重影响卷烟的感官品质与健康。这些研究成果均为烟草薄片感官质量的化学评价提供了基础性数据支持。

但是相较于烟叶，烟草薄片的原材料中拥有较多的有害物质前体，如果胶、木质素、蛋白质、纤维素等，这些物质过量会导致卷烟燃烧时具有刺激性强、杂气重、木质气与辛辣感强烈等燃吸缺点。除了上述大分子化合物外，还含有辣椒素、单宁、苷和多酚等，这些物质如果过量，在燃烧时也会产生刺激性和苦涩味，影响烟草薄片的感官品质。同时，由于造纸法烟草薄片的片基中木质素和纤维素的含量较高，其烟气的CO/焦油比值高于卷烟，且多种存在于Hoffman清单中的有害物质的含量与普通卷烟相当，甚至高于后者。烟草薄片技术的发展受到上述两种不利因素的限制，其在卷烟产品中的添加使用效果也受到了严重的影响，因此，烟草行业越来越重视对具有优良品质的烟草薄片产品的开发研究。近年来，研究者们将研究方向集中于提高薄片打浆阶段原料有效成分的利用率、降解薄片原料中的有害前体物质以及改善薄片卷烟的香气成分等方面，将外源酶技术、仿酶技术、微生物发酵技术和美拉德反应引入薄片生产中。其中单独利用外源酶技术和美拉德反应的应用相对广泛，且多限于国外的研究。而将外源酶技术和美拉德反应、生物发酵技术与美拉德反应高效结合，从而提高烟草薄片内在品质的研究鲜有报道。

烟草薄片传统提取工艺大多采用水提法，有效成分溶出度不高，制备工艺只是一个原料的物理重组过程，大分子成分在这个过程中几乎没有转化，纸基中残留有大量不溶性的果胶、木质素、多糖和蛋白质等有害成分。为了进一步改善烟草薄片的感官质量，近年来，越来越多的研究者开始关注酶降解技术在改善烟草薄片品质方面的应用，通过酶降解技术降解木质素、蛋白质等不利前体以改善烟草薄片感官品质。作为生物催化剂，酶拥有催化效率高，催化专一性强，酶解条件温和等特点。在一定条件下，用少量的酶便可以在短时间内将原材料中的大分子成分进行降解。采用酶法辅提取能够使更多细胞壁间物质溶出，一方面将烟草原料中的有效成分尽可能降解溶至提取液中，在后续的生产工艺中通过美拉德强化修饰等技术手段将降解的小分子成分进一步利用，生成对最终烟草薄片燃吸品质有利的风味物质，提高烟草薄片的内在品质；另一方面也使纸基中的大分子物质含量减少，避免大分子物质对纸基带来不良的感官效果，使其香气更加纯净。并且酶制剂和一般的非生物催化剂不同，其添加使用方便，污染程度小，使用后无须进行特殊工艺处理，在降低生产成本的同时可起到有效提高产品质量的作用。何汉平等在提取溶液中加入复合酶制剂，以提高薄片的香气品质；范运涛等采用生物酶处理烟草原料以提高有效成分的溶出率；李鲁和葛少林研究了烟草原料中蛋白质的酶降解，从而达到了提高烟草薄片质量的目的。烟草原料中木质素组分在热裂解过程中产生大量一氧化碳，孙德平等通过 Fe-CA 仿酶体系来降解烟草原料中的木质素含量，可以减少烟草薄片燃烧时产生的一氧化碳。

在卷烟调制、储藏、加工以及燃吸等各个过程中，美拉德反应被广泛应用，美拉德反应是形成卷烟烟气风味物质的重要反应，也是生成烟草特征香味的重要来源。烟草原料中的含氮类物质和还原糖可以通过美拉德反应形成大量的特征风味物质。烟叶等烟草原料中的 Amadori 化合物大约占烟草干重的 2% 且种类较多，脯氨酸 Amadori 化合物是其中含量最多的。Amadori 化合物通过裂解反应所产生的很多物质都是卷烟中重要的积极贡献香味成分，并且早已在卷烟烟用香料中得到广泛应用。美拉德反应的产物非常复杂，一般包括挥发性成分和色素类物质。挥发性成分中通常包括主要产生坚果香和焙烤香的含氮杂环化合物，如吡啶、吡嗪、吡咯等；环状烯醇结构化合物可以形成焦糖香，如麦芽酚等是这类香气的主要贡献物质；以丙酮醛为代表的多羰基化合物能产生焦香香味；单羰基化合物如 Strecker 醛类物质可以产生各类醛和酮的香气；在 150℃ 下将烤烟进行烘焙可以形成呋喃和呋喃酮类物质，具有改善卷烟的吸味作用。美拉德反应能够较好的改善和控制烟制品的质量，是因为褐变反应产物中具有较多的对烟草品质有积极贡献的致香成分，积极作用主要表现为减弱烟气刺激性、减少杂气，使烟味更加柔和谐调、整体香气浓郁，使烟草薄片具有和天然烟丝相近的香味。菲利浦莫里斯公司用 74% 含量的果糖和天异戊醛、门冬酰胺、氢氧化铵共热，稀释处理后作用于烟草薄片，使其烟味足，无粗糙感；利用果糖含量丰富的玉米糖浆和经氢氧化铵处理后的碱性水解蛋白，在100℃、150min 条件下进行卷烟加料处理，可使卷烟粗糙感减少，吸味更为醇和。美拉德反应程度相对较高的烟草制品，烟气的品质也表现得更好。冯洪涛等研究表明将 D-葡萄糖与 L-脯氨酸进行美拉德反应，所得产物应用到烟草薄片产品中，不仅对其糖含量进行了有效的调控，还能减少杂气、降低刺激性，同时使薄片烟香得到很好的增补。程昌合等研究发现烟末提取浓缩液经醇化处理后，其挥发性组分的含量得到了明显的增加，处理后所制得的烟草薄片的刺激性、木质杂气、协调性、香气量和余味等很多方面均有较大改善。刘伟等研究表明将酶制剂加入烟草浸提浓缩液中，使浸提浓缩液发生生物降解反应，反应生成了单糖和氨基酸等小分子物质。糖和氨基酸在后续的加工工艺中通过美拉德反应会生成大量的致香成分，减少了烟草薄片的杂气和刺激性，改善了烟草薄片的燃吸品质。因此，针对烟草薄片的原料和生产工艺，利用美拉德反应转化烟草薄片原料中对最终产品品质不利的有害物质，减弱烟草薄片的刺激感和杂气，减少有害成分的释放量，改善其吃味，对进一步提高烟草薄片的内在品质，提高其实用性有着非常重要的现实意义。

微生物发酵处理烟草薄片是指微生物在一定的温、湿度下，改变烟草薄片的理化性质，促使其青杂气及刺激味减少，香气含量增加，余味醇和。自烟叶醇化开始便发生微生物作用，其对烟叶醇化具有积极的促进作用。醇化烟叶经加工后，废弃的烟末烟梗便是烟草薄片的原料。因此，微生物发酵无论是对烟叶醇化还是对烟草薄片的加工均有重要影响。早在 19 世纪就有学者将微生物添加至烟叶中并观察其提质效果。Koller 首先报道了在烟叶中添加菌株的研究，被视为微生物技术运用于烟草研究的开端。烟叶表面微生物种类丰富，包括细菌、真菌、放线菌等。其种类及数量随着醇化的时间不同而有所变化，吸引了国内外学者的关注。Reid 等从烤烟烟叶中发现大量的细菌和真菌，细菌占比最高的是巨大芽孢杆菌，真菌占比最高的是青霉和曲霉。Garner 等对白肋烟进行细菌和酵母的分离，发现酵母菌的数量少于细菌，且细菌主要为枯草芽孢杆菌，在烟叶醇化初期，细菌数量增长显著，之后随着时间延长逐渐下降。Pounds 等研究了大量的醇化烟叶样品，发现嗜热性酵母菌和细菌普遍存在于这些样品中。国内的学者也对烟叶表面微生物做了相关研究，陈福星等从烟叶中分离出 4 种细菌优势菌株，经鉴定均为芽孢杆菌，将其作用于烟叶上，色香味均优于自然醇化烟叶；韩锦峰等对未经发酵、自然醇化和人工发酵的 3 种烟叶中微生物的动态变化做了比较，发现在自然醇化和人工发酵的过程中，烟叶表面的微生物数量逐渐减少，芽孢杆菌和梭状芽胞杆菌成为优势菌株，霉菌和酵母至后期基本检测不出。烟叶中的微生物是提高烟草品质的重要因素，因此醇化、发酵成为烟草加工过程中的一项关键工艺。微生物发酵改善烟草薄片品质的机理主要有 3 个。第一，微生物在生长的过程中可以分泌多种酶，这些酶不仅可以直接降解薄片中的多糖和蛋白质等大分子，还能激活薄片中固有的酶系，将底物降解为小分子醇类、醛酮类、酸类等香味物质及香味中间体，从而具有增香效果。孙斯文从土壤中筛选出两株高产果胶酶的真菌，经鉴定分别是微紫青霉和黑曲霉，运用发酵罐培养，分别确定两株菌的最佳培养时间，通过响应面法优化两株菌的发酵工艺，经粗酶液在优化条件下处理后，烟梗中果胶质分别降解了 41.35% 和 19.71%，有效降解了薄片原料中的果胶大分子；王莹等从津巴布韦醇化片烟中筛选出一株枯草芽孢杆菌，其分泌的酶系可以降解纤维素，研究该菌株所产纤维素酶的最适温度、pH 以及金属离子的作用，在优化条件下将该菌株施加到薄片原料中，纤维素失重率达 41.23%。张耀广等从不同年份的复烤烟叶中筛选出 5 株具有较高果胶降解能力的细菌，通过复筛确定产果胶酶最优菌株 SMXP-58，将其制成菌剂后喷洒于烟叶表面，评吸总分提高 1.02，烟叶果胶含量显著降低。第二，培养环境中的糖类及蛋白质能被微生物快速吸收并分解发酵，形成醇类、酯类及氨基酸等代谢产物，在一定程度上优化了烟叶的香味物质，减少了蛋白质过多而产生的臭味。Tamayo 研究发现微球菌及杆菌可以减少烟叶中蛋白质及烟碱的含量，优化香气成分，从而提高烟叶感官质量。Koiwai 等研究表明，从烟叶中分离出的细菌菌株接种到 Nambu 雪茄烟中，游离氨基酸的含量发生了显著的变化，烟叶香气得到明显改善。第三，微生物自身可产生内酯类及氮杂环类等致香物质的前体或中间物质。Kenpler 筛选出来的细菌可以产薄荷醇；郭志等从大曲中筛出一株产香细菌 X19，经鉴定属于地衣芽孢杆菌，可以产 2-正戊基呋喃、2，3，5-三甲基吡嗪等致香物质。张晨等利用安全可食用的酿酒酵母对烟草薄片生产工艺中的萃取液进行增香处理，处理后萃取液致香成分较未处理组多出 35 种，对卷烟香气贡献较大的醛酮类物质含量增长一倍，增香效果明显，酿酒酵母处理可以平衡再造烟叶的烟气，感官评吸发现处理后的再造烟叶烟气协调性更佳，余味改善明显。总之，微生物发酵作用于烟草薄片的机理相对复杂，同时存在酶催化和化学反应，这些反应也共同构成了烟叶在醇化过程中理化性质的改变。

综上所述，利用酶解技术、微生物发酵技术和美拉德反应进行强化修饰，3 种手段均可以在一定程度上有效提高烟草薄片燃吸品质，是烟草行业中吸引国内外学者竞相研究的热门领域。然而已报道的各项成果中，多为单独运用一种技术进行薄片品质提升研究，鲜有多项技术偶联使用的研究。

3.1.3　研究内容

3.1.3.1　生物技术提高薄片质量的研究

（1）对不同来源的薄片进行测定，获得几种不同厂家、不同质量薄片的主要化学成分和感官质量数据，通过数学分析方法处理，发现影响薄片质量的关键影响因素，为提高薄片质量提供理论数据支持。

（2）在萃取过程中，筛选出合适的可用于烟梗、烟末辅助提取的生物酶体系。筛选合适的果胶酶、蛋白酶、漆酶等降解薄片原料中的果胶、木质素、蛋白质，提高原料萃取率和涂布率，改善薄片的感官质量。

（3）从仓储醇化烟叶中筛选并鉴定可以分泌多种酶，如果胶酶、蛋白酶、降解木质素和烟碱酶的微生物菌株，通过筛选与复配优化，探讨研究利用复合微生物发酵制剂来高效降解薄片打浆液中的果胶、蛋白质等大分子物质，提高薄片感官质量。

（4）在烟梗和烟末萃取液高温浓缩过程中，通过内源微生物、酶的醇化处理及美拉德反应的补充；在烟梗和烟末萃取液的溶剂浓缩物中，进行美拉德反应前体物质的修饰，通过加热处理强化美拉德反应，进一步降低果胶、蛋白质等大分子物质含量，增加浓缩液和烟草薄片烟气的致香成分，减少杂气及巴豆醛和 CO 的量，提高薄片质量。

（5）提出利用生物技术提高薄片质量的工艺，并在产品中应用实验。

3.1.3.2　烟草果胶生物降解及应用技术研究

（1）烟草果胶降解菌株的筛选及鉴定，采用含烟草果胶的限制性培养基进行烟草果胶降解菌株筛选。通过培养特征和生理生化特性及 ITS 序列测定、系统发育分析对菌株进行鉴定，以此筛选出的菌株作为后续实验的菌株。

（2）优选菌株降解烟草果胶质的条件优化，在摇瓶条件下对优选的菌株产果胶酶的影响因子进行优化，包括研究菌株的生长特性及培养基组分（碳源、氮源等）、培养温度、初始 pH 等对产酶的影响，根据菌株不同环境下的生长特性获得高产量酶的条件。

（3）烟草果胶质降解酶的纯化及酶学特性研究，通过对果胶酶进行纯化，研究果胶粗酶的特性。对优选菌株发酵液（胞外酶）进行沉淀、透析、凝胶过滤、离子交换等步骤纯化酶，鉴定酶的纯度并测定其分子量大小。研究烟草果胶酶最适作用 pH、最适温度，以及在适宜的底物浓度下的酶反应速率 V_{max} 和 K_m，建立米氏方程。

（4）烟草果胶降解菌降解烟草果胶的条件优化，研究粗果胶酶对烟草中果胶质的酶解条件。将菌株所产粗酶液喷洒至烟草样品表面进行酶解。由此优化粗酶的使用比例、时间、温度等不确定参数，从而减少薄片制造工艺中的果胶质。

（5）烟草果胶质酶解产物理化性质研究，对烟草果胶和降解产物进行提取纯化，并利用 Py-GC-MS、红外光谱分析、GC-MS 等仪器对烟草样品酶解前后、烟草果胶和生成产物进行物理及化学分析，分析相关香气成分的变化。

（6）烟草果胶质降解酶的基因重组与表达应用，根据果胶酶的基因，设计含有酶切位点的引物，将其连接至适宜表达载体中，转入表达细胞（毕赤酵母菌）中进行表达并对重组蛋白的活力进行检测。

3.2　实验及检测方法

3.2.1　实验材料

3.2.1.1　生物技术提高薄片质量的实验材料

烟末、纸基：广东韶关国润再造烟叶有限公司；醇化烟叶：郴州、大理、漂河、宣威、韶关 5 个不同产地的醇化烟叶 C3F 段；成品薄片：广西中烟、云南中烟、江西中烟等多家烟草公司；果胶酶（50000U/g）、漆酶（40000U/g）、纤维素酶（40000U/g）、蛋白酶（70000U/g）：诺维信（中国）生物技术有限公司；标准品乙酸苯乙酯、半乳糖醛酸：色谱纯级，西格玛奥德里奇（上海）贸易有限公司；果胶、苯丙氨酸、甘氨酸、脯氨酸、半胱氨酸、果糖、葡萄糖、氢氧化钠、乙酸钠、无水硫酸钠、磷酸氢二钠、一水合柠檬酸、无水乙醇等：分析纯，国药集团。

3.2.1.2　筛选分离培养基

NA 培养基：牛肉膏 3.0g，蛋白胨 10.0g，NaCl 5.0g，琼脂 20.0g，水 1000mL，pH 7.0，115℃灭菌 20min。

LB 培养基：酵母膏 5.0g，蛋白胨 10.0g，NaCl 10.0g，琼脂 20.0g，水 1000mL，pH 7.0，115℃灭菌 20min。

MRS 培养基：酵母膏 5.0g，蛋白胨 10.0g，牛肉膏 10.0g，葡萄糖 20.0g，柠檬酸三铵 2.0g，Tween 80 1mL，乙酸钠 5.0g，磷酸氢二钾 2.0g，硫酸镁 0.58g，硫酸锰 0.25g，琼脂 20.0g，水 1000mL，pH 6.5，115℃灭菌 20min。

3.2.1.3　产酶定性培养基

漆酶定性培养基：愈创木酚 2.5g，酵母膏 10.0g，葡萄糖 20.0g，琼脂 20.0g，水 1000mL，pH 7.0，115℃灭菌 20min。

纤维素酶定性培养基：刚果红 0.2g，KCl 0.5g，$NaNO_3$ 3.0g，KH_2PO_4 1.0g，CMC·Na 15.0g，$MgSO_4·7H_2O$ 0.5g，$FeSO_4·7H_2O$ 0.01g，琼脂 20.0g，水 1000mL，pH 7.0，115℃灭菌 20min。

果胶酶定性培养基：桔皮粉 4.0g，蛋白胨 10.0g，牛肉膏 3.0g，NaCl 5.0g，KH_2PO_4 1.0g，K_2HPO_4 0.3g，琼脂 20.0g，水 1000mL，pH 7.0，115℃灭菌 20min。

3.2.1.4　烟草果胶质降解菌实验材料

（1）土样。由本院实验室从云南省烟田采集的土壤中分离得到，经生工生物工程（上海）股份有限公司检测鉴定。

（2）培养基。

1）分离培养基：自提烟草果胶 5g/L，$NaNO_3$ 3g/L，$FeSO_4$ 0.1g/L，$MgSO_4$ 0.5g/L，KH_2PO_4 0.1g/L，琼脂 25g/L，pH 5.8，121℃灭菌。

2）定性验证培养基：2%的果胶琼脂平板。

3）液体种子培养基：果胶 5g/L，酵母粉 10g/L，$FeSO_4$ 0.1g/L，$MgSO_4$ 0.5g/L，KH_2PO_4 1g/L，pH 6，装液量 100mL，121℃灭菌。

4）基础液体培养基：葡萄糖 30g/L，果胶 0.5g/L，蛋白胨 3g/L，pH 6，121℃灭菌。

（3）实验试剂。3,5-二硝基水杨酸（DNS）；葡萄糖、蛋白胨、果胶粉、酵母粉、柠檬酸、磷酸氢二钠；D-半乳糖醛酸标准品［97%，西格玛奥德里奇（上海）贸易有限公司］；PCR 系列试剂 2×Taq MasterMix（含染料）；染色剂、UNIQ-10 柱式 DNA 胶回收试剂盒［生工生物工程（上海）股份有限公司］；琼脂糖等。

（4）其他试剂。氯仿/异戊醇（24∶1），平衡酚，70%乙醇，3mol/L 醋酸钠，10% CTAB。

（5）仪器与设备。SFLY-100B 台式小容量摇床；BS200S 型电子分析天平（北京）；HH-4 型电热数字水浴锅；UV-17001C 紫外分光光度计；DSX-280A 型灭菌锅；CF-16RXⅡ冷冻离心机（Hitachi）；SPX-160B-2 恒温培养箱；SN-CJ IFD 型超净工作台等。

3.2.1.5 优选菌株产胞外果胶酶的液体培养条件优化实验材料

（1）供试菌种。黑曲霉（Aspergillus niger）sw06、微紫青霉（Penicillium janthinellum）sw09 由本院实验室从云南省烟田采集的土壤中分离得到，生工生物工程（上海）股份有限公司检测鉴定。

（2）培养基。斜面保藏培养基：葡萄糖 30g/L，蛋白胨 3g/L，NaCl 5g/L，$FeSO_4$ 0.1g/L，$MgSO_4$ 0.5g/L，KH_2PO_4 1g/L，琼脂 25g/L，pH 自然，121℃灭菌。

活化培养基：葡萄糖 30g/L，蛋白胨 3g/L，NaCl 5g/L，KH_2PO_4 1g/L，果胶粉 5g/L，pH 自然，琼脂 25g/L，121℃灭菌。

其他同 2.1.4.4。

（3）实验试剂。柠檬酸、葡萄糖、果糖、磷酸氢二钠、蛋白胨、果胶粉、酵母粉、硫酸铵、3,5-二硝基水杨酸（DNS）；D-半乳糖醛酸标准品［97%，西格玛奥德里奇（上海）贸易有限公司］；所有试剂均为分析纯。

（4）仪器设备。SFLY-100B 台式恒温培养摇床；SPX-160B-2 恒温培养箱；BS200S 型电子分析天平；DSX-280A 型灭菌锅；MV-1800（PC）紫外分光光度计等。

3.2.1.6 酶的纯化及酶特性研究实验材料

本实验所用菌株是由实验室首次从烟草土壤中分离筛选得到，在最适培养条件下发酵得到目的产物，经离心去除菌丝体得粗酶液。

（1）实验试剂。硫酸铵、磷酸氢二钠；3,5-二硝基水杨酸（DNS）、柠檬酸；D-半乳糖醛酸标准品［97%，西格玛奥德里奇（上海）贸易有限公司］；交联琼脂糖 CL-6B、DEAE-交联琼脂糖 FF；十二烷基硫酸钠（SDS）、β-巯基乙醇、低分子质量标准蛋白（TIANGEN BIOTECH 北京），牛血清白蛋白（96%），考马斯亮蓝等，所有试剂均为分析纯。

（2）仪器设备。MV-1800（PC）紫外可见分光光度计；KMC-1300V 漩涡振荡器；DLH-A 电脑恒流泵、DBS-100 自动收集器；SFLY-100B 台式小容量恒温培养摇床，LGJ-10 真空冷冻干燥机等。

3.2.1.7 薄片生产线中果胶质生物降解条件优化材料

（1）实验材料。样品来自河南中烟再造烟叶工艺生产线上的二级解纤纯梗、二号出口梗末、混合浆。果胶酶来自实验室利用含烟草果胶的限制性培养基进行高产微生物筛选的黑曲霉（A. niger）sw06 及微紫青霉（P. janthinellum）sw09 产出的粗果胶酶液。

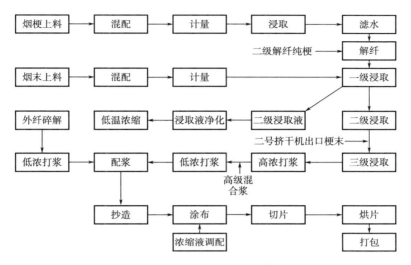

图 3-1　再造烟叶工艺流程简图

（2）实验试剂。3,5-二硝基水杨酸（DNS）（天津）；无水乙醇（天津）、2mol/L NaOH、浓硫酸、盐酸（开封）；果胶粉（上海）；D-半乳糖醛酸［97%，西格玛奥德里奇（上海）贸易有限公司］；0.15%咔唑溶液（天津）等。

（3）仪器设备。BS200S 分析天平（北京）；UV-17001C 紫外分光光度计（上海）；HH-4 型恒温水浴锅（常州）；DSX-280A 型灭菌锅（上海）；CF-16RX II 型离心机（Hitachi）。

3.2.1.8　解纤梗果胶质降解理化性质研究实验材料

（1）实验材料。以酶解前后的二级解纤纯梗和酶解后从残余解纤梗中提取出来的果胶质为实验材料。

（2）实验试剂。无水乙醇；三氟乙酸、吡啶、甲醇等，以上均为国产分析纯。双（三甲基硅烷基）三氟乙酰胺：三甲基氯硅烷（BSTFA：TMCS，99：1）（东京化成工业株式会社，色谱纯），KBr（色谱纯）。

（3）仪器设备。热重分析仪（美国 TA）；CDSPYROBE2000 裂解仪；HP7890A/5973N 气质联用仪（美国 Agilent）；Nexus470 傅立叶变换红外光谱仪（美国惠普）；尺寸排阻色谱（SEC）、多角度激光光散射仪（MALLS）、示差折光检测器（RI）（美国怀亚特）。

3.2.2　生物技术提高薄片质量实验方法

3.2.2.1　薄片常规化学成分的测定

分别依照 YC/T 31—1996、YC/T 381—2010、YC/T 251—2008、YC/T 216—

2007、YC/T 161—2002、GB/T 23226—2008、YC/T 173—2003 和 YC/T 162—2002 规定的方法测定烟叶中的水分、总糖、还原糖、淀粉、总氮、总植物碱、钾和氯。

3.2.2.2 不同成品薄片感官评吸方法

按照 GB/T 16447—2004 调节卷烟样品的水分，在（22±1）℃、（60±2）%的恒温恒湿环境条件下平衡 48h。按 GB 5606.4—2005，利用香味轮廓分析法对 10 种成品薄片样品进行感官评价，包括品质指标（香气量、香气质、杂气、刺激性、透发性、甜度、余味）和特征指标（烟气浓度、劲头）。本研究采用 9 分制打分，杂气越重、刺激性越大评分越低，反之评分越高。由 10 名评吸专家组成的评吸小组对卷烟样品进行综合评定。

3.2.2.3 美拉德反应方法

向烟末提取浓缩液中加入不同配比的外源氨基酸和糖类，用 NaOH 溶液调节 pH，70℃恒温加热一定时间，进行美拉德反应，反应结束后冰水迅速冷却至室温，用一水合柠檬酸调节 pH 至 4.75，得到美拉德反应液，备用。

3.2.2.4 酶法辅助提取烟末工艺

取一定量烟末，加水［固液比（质量分数）= 7∶93］制成混合液，添加一定量的酶（按烟末质量计，下同），50℃条件下恒温搅拌（$v \geqslant 270r/min$）酶解，密闭环境下保温 2h 后停止加热，90℃灭酶 10min，酶解液进行过滤，固液分离得到烟末提取液和残渣。

3.2.2.5 烟末提取浓缩液的制备

将 3.2.2.4 中得到的烟末提取液进行真空浓缩，至原有体积的 1/4 左右（固形物含量约 9.42%），得到烟末提取浓缩液。

3.2.2.6 烟末水提物提取率的测定

40℃下烘干提取前的烟末样品至恒重，得提取前烟末干质量，通过烘干前后的质量差计算得到烟末的水分，相同条件下烘干提取后烟末样品至恒重，得提取后烟末干质量，通过提取前后烟末样品干质量的变化计算得出烟末水提物的提取率。

3.2.2.7 酶法—美拉德反应强化修饰中试实验工艺

中试实验工艺流程如图 3-2 所示。

3.2.2.8 菌株的分离筛选

用无菌生理盐水制备 5 种不同产地醇化烟叶的微生物提取液，用 0.9% 的无菌生理盐水梯度稀释成 $10^{-8} \sim 10^{-1}$，分别用平板涂布法涂布于 NA、LB 及 MRS 培养基上，在 37℃隔水式恒温培养箱中培养 24h，观察生长情况。挑选形态差异明显的单一菌落重复划线培养，直至纯化为性状稳定的子代单菌落。并为纯化菌株编号，用甘油法保藏于-20℃冰箱中备用。

3.2.2.9 高酶活菌株的定性筛选

纤维素酶定性培养基中的刚果红能与羧甲基纤维素（CMC）显色，与 CMC 水

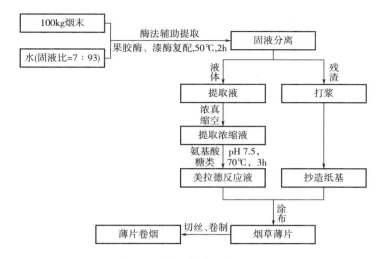

图 3-2　中试实验工艺流程图

注：打浆的原料以烟梗为主，烟末酶解后残渣参与打浆

解后的小分子糖不显色，从而在菌落周围形成透明圈；果胶酶能水解培养基中橘皮粉的果胶质，从而在菌落周围形成透明圈；漆酶能将定性培养基中的愈创木酚聚合为低分子聚合物，使底物在培养基上显色，在菌落周围形成棕褐色有色圈。

将 2.2.8 中的菌株按编号接种于纤维素酶、果胶酶和漆酶的定性培养基上。37℃培养 24h，保留产生透明圈或棕色圈的菌株。使用游标卡尺准确测量菌落直径和透明圈直径，根据透明圈直径/菌落直径（即 *HC* 值）的大小以及透明圈清晰度筛选产酶菌。

3.2.2.10　高酶活菌株的复筛

将 2.2.9 定性筛选出的菌株以 2% 的接种量接入 NA 液体培养基中，37℃培养 12h 后，以 2% 的接种量接种于液体 NA 培养基中摇瓶发酵，发酵条件为 37℃、200r/min，发酵 24h 后测定发酵液中纤维素酶、果胶酶和漆酶酶活力。

3.2.2.11　酶活力的测定方法

发酵液在 8000r/min 离心 10min，取上清得粗酶液。

纤维素酶酶活力的测定：取 1mL 粗酶液，50℃预热 2min，加入 4mL CMC·Na 溶液，50℃加热 5min，立即加入 2mL DNS 和 1mL 的 NaOH 溶液，对照管中加入 1mL 发酵液后立即沸水浴 5min，定容至 20mL，在 520nm 处测吸光值。定义 1min 每毫升酶液水解底物产生 1μg 葡萄糖所需的酶量为 1 个酶活力单位（U/mL）。

果胶酶酶活力的测定：利用 3,5-二硝基水杨酸与半乳糖醛酸共热产生棕红色的氨基化合物，在 540nm 下测定吸光值，从而换算成酶活的方法。定义 1min 每毫升酶液水解底物产生 1μg 半乳糖醛酸所需的酶量为 1 个酶活力单位（U/mL）。

漆酶酶活力的测定：采用 ABTS 法，在 420nm 下测定其吸光值，换算为酶活。

定义 1min 氧化 1μmol ABTS 所需的酶量为一个酶活力单位（U/L）。

3.2.3　烟草果胶生物降解实验方法

3.2.3.1　烟草果胶生物降解菌株形态学鉴定

将菌株接种到 NA 培养基上进行培养。观察菌落形态、颜色、表面质地、边缘及光学特性等特征。挑取少量菌株进行革兰氏染色，经涂片、固定、干燥、初染、媒染、脱色、复染、水洗和干燥后置于光学显微镜下观察。

3.2.3.2　菌株的生理生化鉴定

参照《常见细菌系统鉴定手册》和《伯杰氏系统细菌学手册》对菌株进行明胶水解、硝酸盐还原、V-P 实验、过氧化氢酶、糖类氧化发酵等常规生理生化鉴定。

3.2.3.3　菌株 16S rDNA 序列鉴定

在常规鉴定的基础上利用 16S rDNA 测序分析对菌株进行种属鉴定，通用引物为 27F：5′—GAGTTTGATCMTGGCTCAG—3′ 和 1492R：5′—TACGGYTACCTTGTTAC-GACTT—3′。送样至上海华大基因科技有限公司进行测序。

3.2.3.4　烟末中纤维素、木质素、果胶的含量测定

烟末中纤维素测定参照 GB/T 2677.10—1995、酸溶及酸不溶木质素的测定分别参照 GB/T 10337—2008 和 GB/T 2677.8—1994、果胶的测定参照 YC/T 346—2010。

3.2.3.5　烟草薄片丝的制备

将美拉德反应液均匀涂布在纸基上，40℃下保温干燥，切丝，得到烟草薄片，装袋后置于-4℃冰箱中保存备用。

3.2.3.6　烟草薄片卷烟的制备

将烟草薄片细化均匀，控制烟支质量 0.83g，平均质量偏差在（±0.02）g 内，制成卷烟样品，备用于后期感官品质评吸与烟气粒相物成分分析。

3.2.3.7　强化后烟草薄片卷烟感官评吸

按照 GB/T 16447—2004 调节卷烟样品的水分，在（22±1）℃、（60±2）% 的恒温恒湿环境条件下平衡 48h。按照 GB 5606.4—2005，采用香味轮廓分析法对薄片卷烟样品进行感官评价，包括品质指标（烟香味、透发性、杂气、刺激性、辛辣感、协调性、余味、劲头）。本研究采用 10 分制，杂气越重卷烟评分越低，杂气越轻卷烟评分越高，刺激性和辛辣感品质指标同理。对卷烟样品进行综合评定的评吸小组由 10 名评吸专家组成。

3.2.4　烟草果胶质降解菌的筛选、鉴定及形态观察方法

3.2.4.1　果胶酶生产菌的分离及菌落形态特征

稀释平板法处理云南烟田土壤样品，再挑取单个孢子分离菌株。将土样溶解到生理盐水中摇晃混匀，静置 2h，吸取上清液，稀释成不同浓度（10^{-3}、10^{-5}、10^{-7}）

后涂布于分离培养基上，28℃培养 2d，挑取产生较大透明圈的单一菌落的真菌单个孢子至定性培养基中培养，于 28～30℃真菌恒温培养箱内培养 4d 后，再挑取单菌落，采用平板划线法获得单一纯菌种。对初筛的菌种摇瓶复筛扩大培养，采用 DNS 法测定果胶酶活力，选取出高产果胶酶的菌株进行形态学观察并做 ITS 序列鉴定。

3.2.4.2　果胶酶总活力测定方法

参照 Miller（1959）法测定酶活力。取 0.4mL、1%果胶溶液于试管中，加入 1.0mL、pH 5 的 0.04mol/L Na$_2$HPO$_4$—0.02mol/L 柠檬酸缓冲液，45℃ 水浴平衡 5min。加入 0.1mol/L 适当稀释的酶液，45℃反应 30min（对照组以煮沸失活的酶液代替），加入 3.0mL DNS 溶液终止反应，煮沸显色 5min，冷却，定容至 15mL，于分光光度计 540nm 波长下测吸光度，定量半乳糖醛酸。酶活力单位定义：1mL 酶液在 pH 5.0、45℃的条件下，每分钟分解底物产生 1μg 半乳糖醛酸定义为 1 单位果胶酶活力，以 U/mL 表示。

DNS 法标准曲线的绘制：配置浓度为 1.00mg/mL 的半乳糖醛酸标准溶液。取 1.00mg/mL 半乳糖醛酸溶液 0、0.2mL、0.4mL、0.6mL、0.8mL、1.0mL 于试管中，补水至 1mL，加 DNS 试剂 3mL，均匀摇晃后沸水浴 7min，冷却至室温，定容至 15mL，使用紫外分光光度计在 540nm 处测吸光度。

3.2.4.3　菌丝体培养与收集

将单菌落接种于液体培养基，28℃培养 2d，离心取菌丝体冷冻干燥，将干燥的菌丝体经液氮碾磨成细粉，冷冻干燥后立即使用或保存于−20℃的冰箱中。

3.2.5　优选菌株产胞外果胶酶的液体培养条件优化方法

3.2.5.1　种子液的制备

将经活化培养基培养至产生孢子的菌株用 1%的生理盐水反复洗下孢子，收集孢子悬浊液 2mL，或用打孔器取两块 0.5cm^2 的边缘长满新生菌丝的接种块，接种到 100mL 液体种子培养基中，28℃、160r/min 的条件下培养 2d。

3.2.5.2　摇瓶发酵培养、菌丝干重测定及粗酶提取

按 4%的接种量将种子液接入 100mL 液体培养液中，160r/min、28℃培养 48h。摇瓶培养结束后的液体发酵液进行抽滤并收集菌丝体，菌丝体以蒸馏水冲洗至无色，70℃烘干至无水分，称重。液体发酵液抽滤离心去除菌体后，定量滤液的体积，测定果胶酶活力。

3.2.5.3　单因素液体发酵条件的优化

（1）不同发酵条件对产果胶酶活力的影响。将接种后的基础液体培养基于 26～34℃（梯度为 2℃）恒温摇瓶培养 48h，测定菌丝干重及果胶酶活力。用 10%HCl 和 NaOH 溶液调节基础液体培养基的起始 pH 为 3.0～8.0（梯度为 1），28℃、160r/min 恒温培养 48h，测定菌丝干重及酶活力。

（2）不同培养基组成对产果胶酶活力的影响。分别以 30g/L 不同种类碳源（果

糖、蔗糖、麦芽糖、乳糖）代替基础液体培养基中的葡萄糖，28℃、160r/min 恒温培养 48h，测定菌丝干重及果胶酶活力，平行 3 次重复。同时，为确定氮源对酶活力的影响，分别用 3g/L 不同的氮源［酵母浸粉、$NaNO_3$、NH_4NO_3、$(NH_4)_2SO_4$］代替基础液体培养基中的蛋白胨，在与上述相同的条件下培养 48h，测定菌丝干重及酶活力。此外，在基础发酵培养基中分别添加 0.5% 的无机盐（$FeSO_4$、$MgSO_4$、KCl、KH_2PO_4、Na_2SO_3），28℃、160r/min 恒温培养 48h 后确定无机盐对酶活力的影响。

3.2.5.4　中心组合设计（Central Compostie Design）

采用中心组合设计五水平法对液体优化发酵培养基的碳、氮源及催化底物果胶粉的不同浓度进行考察，筛选影响黑曲霉产果胶酶的主要因素，以确定最佳配方。采用 "Design Expert 8.05b"（USA）软件进行 CCD 实验的设计和数据分析。

3.2.5.5　正交实验设计

采用四因素三水平正交实验，对液体优化培养基的碳、氮源及催化底物果胶粉的不同浓度进行考察，筛选影响微紫青霉产果胶酶的主要因素，以确定最佳配方。

3.2.6　酶的纯化及酶特性实验方法

3.2.6.1　$(NH_4)_2SO_4$ 分级沉淀

将优化培养液 100mL 于 4℃、10000r/min 离心 20min 去除菌丝体，滤液为粗酶液，缓慢加入不同饱和度的 $(NH_4)_2SO_4$ 并快速均匀搅拌，4℃下放置 12h 后测定上清液中果胶酶的酶活力及蛋白质含量。$(NH_4)_2SO_4$ 饱和度为 20%~100%，采用考马斯亮蓝法测定上清液中蛋白质含量。

3.2.6.2　酶的分子筛纯化

经硫酸铵沉淀后酶液透析 12h 除盐，冷冻干燥后用 2mL 缓冲液溶解，用琼脂糖凝胶（Sepharose CL-6B）柱（2.5cm×60cm）进行酶蛋白纯化，上样量为 2mL/次。采用 pH 5.0 的磷酸盐（0.04mol/L Na_2HPO_4—0.02mol/L 柠檬酸，下同）缓冲液洗脱，流速为 1.5mL/min。在 280nm 波长处测蛋白质吸光度，并根据蛋白峰测定酶活力部分，透析后对有果胶酶活力的部分进行真空冷冻干燥，制成粉末。

3.2.6.3　酶的离子交换纯化

将冷冻干燥的酶粉溶解于 2mL 缓冲液，用 DEAE-Sepharose FF 阴离子交换柱纯化，上样量为 2mL/次，用 pH 6.5 的磷酸盐缓冲液洗脱，跟踪测定酶活力，收集活性部分。

3.2.6.4　纯化物的鉴定

将纯化好的果胶酶样品和分子量为 14.4~94.0kDa 的标准蛋白进行电泳比照。聚丙烯酰胺凝胶的浓度为 12%。

3.2.6.5　粗酶液酶学特性研究

（1）最适 pH 和酸碱稳定性研究。在 45℃ 的反应温度下，在 pH 3.0~8.0 的磷酸盐溶液中进行酶促反应，测定不同条件下的果胶酶活力；粗酶液（即去除菌丝体未经纯化的发酵液）在经 pH 3.0~8.0 磷酸盐溶液稀释适当倍数后，在 4℃下静置 5h，调节 pH 到 5.0，测定果胶酶活力，计算相对酶活力（相对于原粗酶液酶活力的百分比），确定酸碱稳定性范围。

（2）最适温度和热稳定性研究。以最适 pH 的磷酸盐缓冲液稀释粗酶液，粗酶液与 1%果胶底物在 35~60℃条件下酶促反应 30min，测定酶活力；将粗酶液置于 30~60℃不同温度下的恒温水浴锅中，每隔 20min 取 1mL 稀释酶液，立即测定残余酶活力。

3.2.6.6　米氏常数（K_m）和最大反应速度（V_{max}）的测定

在最适宜 pH 的磷酸盐缓冲液中，以不同浓度的果胶为底物（2~40mg/mL），45℃下进行酶解反应 30min，测定不同梯度的酶活力，按 Lineweave-Burk 双倒数法作图，求得米氏常数 K_m 和最大反应速率 V_{max}。

3.2.7　薄片生产线中果胶质生物降解条件优化方法

3.2.7.1　单因素实验

（1）酶活力对果胶质降解效果的影响。将不同酶活力（即不同浓度）的粗酶按料液比［样品质量（g）与粗酶液体积（mL）之比，下同］为 1∶3 的用量，用喷雾器均匀喷施于 10g 样品上，在 50℃下充分反应 2h。酶解过程结束后用 70%热乙醇及蒸馏水充分洗涤，去除外源性糖等物质，并迅速将其放入 105℃的烘箱中使酶失活，烘干至恒重，再放入恒温恒湿箱中备用，测量各处理样品中的果胶质含量。

（2）反应时间对果胶质降解效果的影响。用粗酶液按料液比为 1∶3 的用量处理 10g 样品，50℃下分别酶解 0.5h、1h、1.5h、2h、2.5h、3h。酶解后处理同（1）。

（3）料液比对果胶质降解效果的影响。料液比分别为 1∶1、1∶3、1∶5、1∶7、1∶9，用粗酶液处理 10g 样品，50℃下酶解 2h。酶解后处理同（1）。

（4）反应温度对果胶质降解效果的影响。用粗酶液以料液比 1∶3 的用量处理 10g 样品，分别在 30℃、35℃、40℃、45℃、50℃、55℃下，酶解 2h。酶解后处理同（1）。

3.2.7.2　正交实验优化

根据果胶降解的单因素实验，结合果胶含量的测定结果，以酶活力、反应时间、料液比、反应温度为分析因素，以测得的果胶质含量为分析指标，选用 L9（34）正交表对样品果胶降解条件优化进行研究和差异显著性分析。

3.2.7.3　果胶质含量测定方法

将干燥样品研碎，过 250 目筛，称取 10g 样品于烧杯中，先以热乙醇洗涤多次除糖，乙醇完全挥发后，再称取 5g 除糖样品（精确到 0.001g），用 150mL 加热至沸腾的 0.05mol/L 的 HCl 溶液把样品移入 250mL 锥形瓶中，装上冷凝器，于 90℃

水浴中加热回流 1h，冷却后抽滤得滤液，以 2mol/L 的 NaOH 中和至中性，滤液即为总果胶提取液，再加入少量活性炭在 45℃ 水浴锅中规则搅拌脱色，备用。

根据 GB/T 10742—2008 咔唑比色法测定果胶质含量，半乳糖醛酸为标准品。移取 1mL 待测液于装有 6mL 浓硫酸的试管中，摇匀。85℃ 水浴加热 15min 后冷却。再加入 0.3mL、0.15% 咔唑乙醇，均匀摇晃使之充分进行显色反应，暗置 30min。在 530nm 下测吸光度。根据咔唑比色法标准曲线和下式，求得待测液果胶质含量。

$$果胶(\%) = C \times V \times K \times 100/(W \times 10^6)$$

式中：C——对照标准曲线求得的果胶提取稀释液的果胶含量（μg/mL）；

V——果胶提取液原液体积（mL）；

K——果胶提取液稀释倍数；

W——样品质量（g）；

10^6——质量单位换算系数。

3.2.7.4 咔唑比色法标准曲线的绘制

准确称取 0.1000g 半乳糖醛酸标品于小烧杯中，用少量蒸馏水溶解后，转移至容量瓶中，用蒸馏水定容到 100mL。分别取 0、1mL、2mL、3mL、4mL、5mL、6mL、7mL 于 8 个 100 容量瓶中，再用蒸馏水定容，得到浓度为 0、10μg/mL、20μg/mL、30μg/mL、40μg/mL、50μg/mL、60μg/mL、70μg/mL 的标准溶液。以 3.2.7.3 的方法测定，绘制咔唑比色标准曲线。

3.2.7.5 果胶降解率的计算

对照组和实验组的三种薄片制造原料中的果胶含量的测定按上述方法进行，果胶质降解率的计算公式如下：

$$E_i(\%) = (C_0 - C_i)/C_0 \times 100$$

式中：E_i 为果胶的降解率；C_0 为空白对照样中果胶含量；C_i 为加酶处理后样品中残余果胶含量。

3.2.7.6 感官评价实验

取空白烟丝（烟丝来自河南中烟配方烟丝）及酶解前后解纤梗若干，放置于恒温恒湿箱中平衡［相对湿度（60±5）%、温度（22±2）℃］48h。按烟丝重量的 15%（即称取 0.12g 解纤梗）添加酶解前后的解纤梗与 85% 配方烟丝，均匀混合后手动卷烟，实验组为酶解处理后的解纤梗，对照组为灭活酶液处理后的解纤梗，空白组为添加蒸馏水。

按照每支烟支总重（0.80±0.01）g 的标准手动卷制烟样，按照国标要求，如 2.7.6 平衡 24h。按照国家现行成品烟评析标准 GB 5606.4—2005，对酶解前后的卷烟进行质量评吸鉴定和评价，专家人数：7 人。

3.2.8 解纤梗果胶质降解理化性质实验方法

3.2.8.1 热重分析

用热重分析仪分析黑曲霉酶解前后的二级解纤纯梗的热重变化，将酶解前后的样品烘干打成粉末，填充于玻璃管中上样。温度以 10℃/min 的速度从室温上升到 900℃。

3.2.8.2　热裂解产物的测定

采用裂解器和 GC-MS 联机在线方式对样品的裂解产物进行多次重复测定。根据贺磊等的研究，烟草薄片在 600℃就发生了热分解。此外，周顺等的研究结果指出果胶在无氧环境下的热解温度为 121℃。综合考虑，这次实验的热裂解温度设置为 600℃。

称取一定量的样品（酶解前后的解纤梗烘干打粉）置于裂解装置中，裂解条件：初温 30℃，以 20℃/ms 的升温速率升至 600℃，保持 10s，氦气。热裂解产物用 HP6890GC/5973 质谱仪检测，GC/MS 条件参见杨琛琛的研究。

3.2.8.3　解纤梗中果胶酶解前后的红外光谱分析

（1）果胶提取方法。酶解后的解纤梗以稀酸提取残余果胶质，提取液中加入活性炭（0.1g/mL），在 45℃水浴锅中规则搅拌脱色，滤液在 70℃下旋蒸浓缩到原体积的 1/5，冷却至室温后，加入 1.5 倍浓缩液体积的无水乙醇，使果胶质沉析出来，过夜充分静置，过滤、离心得到果胶精品后进行冷冻干燥，得到干燥果胶粉末，称量。

（2）果胶的红外光谱分析。取 1~2mg 酶解前后解纤梗精制果胶样品，用溴化钾（KBr）压片，用傅里叶变换红外光谱仪扫描 4000~400cm^{-1} 区间的红外吸收。

3.2.8.4　GC-MS 测定单糖组分分析

称取 3.2.8.3 中精制果胶 0.003g 于 5mL 棕色瓶中，密封，121℃下水解 2h，用 0.22μm 水相滤膜过滤，蒸干，加入 3 次 1mL 二氯甲烷反复蒸干，再加入 0.9mL 吡啶和 0.1mol/L 衍生试剂 BSTFA：TMCA（99：1）；80℃密闭保存 2h 后即可进样，GC-MS 条件参见杨琛琛。

3.2.8.5　凝胶过滤法测定酶解前后果胶的相对分子量

以 0.2mol/mL 的 NaCl 缓冲液平衡 Sepharose CL-6B 凝胶柱，流速 1.0 为 mL/min，每管平衡 5min。外水体积（V_0）通过使用 2mL 的 40mg/mL 蓝色葡聚糖 2000，测得 615nm 处的吸光值的峰值来定量，床体积（V_t）通过使用 2mL 的 2mg/mL 细胞色素 C 测 412nm 处的吸光值的峰值来定量。用浓度为 5mg/mL 的标准葡聚糖（dextran T-150，T-70，T-40，T-10）上样，体积 2mL，使用苯酚—硫酸法在 490nm 处跟踪显色，峰值处为洗脱体积（V_e），计算标准糖的分配系数 K_{av} 值，$K_{av}=V_e-V_0/V_t-V_0$，以 K_{av} 为横坐标，$logM$（标准糖相对分子量的对数）为纵坐标绘制标准曲线。在相同条件下测定酶解前后果胶的 V_e，由标准曲线求得相对分子量。

3.2.8.6　SEC-MALLS 测定酶解前后果胶的绝对分子量

采用尺寸排除色谱、多角度激光光散射仪和示差折光仪联用装置（SEC-MALLS-RI）测定果胶绝对分子量。使用缓冲液（50mmol/mL NaNO$_3$ 和 0.02% NaNO$_3$，抽滤后超声 4h 去除气泡）溶解不同精制果胶样品，浓度为 2mg/mL，使用

0.22μm 的水相膜过滤，进样。流动相流速为 0.5mL/min，进样量为 100μL，样品的 dn/dc 值根据相关文献设置为 0.14mL/g。使用软件 Astra 4.72（美国怀亚特）计算果胶重均分子量（M_w）和均方根旋转半径（$<S^2>z^{1/2}$）。均方根的半径是由外推法得到的一阶德拜曲线的斜率决定的。从均方根半径与重均分子量的双对数曲线中，拟合建立 M_w 与 $\langle S^2 \rangle z^{1/2}$ 的关系式（$\langle S^2 \rangle z^{1/2} = kM_w^{\alpha}$），其中 α 可以判断果胶分子在水溶液中的构象：$\alpha < 0.3$，为球形；$0.3 \leq \alpha \leq 0.6$，为无规则卷曲；$\alpha > 0.6$，为刚性链状。

3.3 生物技术提升烟草薄片品质应用与研究

3.3.1 成品薄片质量关键影响因素研究

3.3.1.1 不同成品薄片感官质量评价研究

依照方法 2.2.2，针对 10 种不同地区、不同厂家以及不同质量的烟草薄片，利用香味轮廓分析法对其进行感官评吸分析，包括品质指标（香气量、香气质、杂气、刺激性、透发性、甜度、余味）和特征指标（烟气浓度、劲头）。评吸结果显示，10 种薄片的感官特征指标（浓度和劲头）得分一样，均为（5.0±0.2），其余 8 种感官品质指标得分如下表所示。

表 3-1 不同成品薄片的的感官评分结果

薄片编号	品质指标							
	香气质	香气量	杂气	刺激性	透发性	柔细度	甜度	余味
1	4.0±0.1[c]	4.0±0.2[c]	3.7±0.4[b]	4.0±0.1[c]	3.7±0.2[b]	4.0±0.6[c]	3.7±0.2[a]	4.0±0.2[b]
2	3.7±0.2[bc]	4.0±0.1[c]	3.7±0.2[b]	3.7±0.3[b]	4.0±0.8[c]	3.7±0.2[b]	4.2±0.4[b]	3.7±0.2[ab]
3	3.0±0.3[a]	3.2±0.6[a]	3.0±0.3[a]	3.2±0.2[a]	3.0±0.2[a]	3.2±0.5[a]	3.5±0.6[a]	3.2±0.3[a]
4	3.5±0.2[b]	3.7±0.2[b]	3.5±0.2[ab]	3.7±0.5[b]	3.5±0.7[ab]	3.5±0.6[a]	3.5±0.2[a]	3.7±0.5[ab]
5	3.5±0.2[b]	3.5±0.7[b]	3.5±0.2[ab]	3.5±0.2[a]	3.5±0.6[ab]	3.5±0.2[a]	3.5±0.3[a]	3.7±0.6[ab]
6	3.7±0.4[bc]	4.2±0.3[a]	3.7±0.6[b]	3.5±0.2[b]	3.7±0.2[b]	3.7±0.3[b]	4.0±0.2[b]	3.7±0.1[ab]
7	3.5±0.2[b]	4.0±0.2[c]	3.5±0.3[ab]	3.5±0.2[a]	3.7±0.3[b]	3.7±0.2[b]	4.2±0.2[b]	3.7±0.2[ab]
8	3.2±0.5[ab]	3.5±0.2[ab]	3.2±0.2[a]	3.2±0.1[a]	3.5±0.1[a]	3.5±0.1[a]	3.5±0.1[a]	3.5±0.2[a]
9	4.0±0.2[c]	4.0±0.7	4.0±0.2[c]	4.0±0.2[c]	4.0±0.2[c]	4.0±0.2[c]	4.0±0.5[b]	4.0±0.2[b]
10	4.0±0.3[c]	4.0±0.5[a]	3.7±0.1[b]	3.7±0.2[b]	4.0±0.3[c]	4.0±0.2[c]	4.0±0.2[ab]	4.0±0.1[b]

注 表中同一列字母不同表示差异达到 5% 显著水平。

3.3.1.2　成品薄片常规化学成分分析

依照 3.2.2.1 规定的方法，对 10 种不同地区、不同厂家以及不同质量的烟草薄片进行常规化学成分分析，分析指标包括总糖、还原糖、淀粉、总氮、总植物碱、钾和氯。具体成分含量见表 3-2。

表 3-2　不同成品薄片的常规化学成分含量（%）

薄片编号	总糖	还原糖	淀粉	总氮	总植物碱	钾	氯
1	7.6±0.10	6.6±0.15	0.67±0.04	1.63±0.01	1.25±0.03	2.31±0.02	0.68±0.00
2	8.3±0.07	7.2±0.14	0.80±0.03	1.59±0.02	1.34±0.03	2.56±0.02	0.69±0.01
3	5.5±0.14	4.9±0.07	0.79±0.02	1.61±0.03	1.18±0.03	2.17±0.02	0.58±0.00
4	6.6±0.16	5.7±0.21	0.85±0.01	1.5±0.02	1.11±0.01	2.21±0.04	0.53±0.00
5	6.0±0.15	5.3±0.07	0.87±0.03	1.59±0.01	1.34±0.01	2.37±0.00	0.61±0.00
6	7.3±0.12	6.4±0.14	1.64±0.04	1.4±0.05	0.75±0.02	2.53±0.00	0.75±0.01
7	12.2±0.19	10.8±0.21	1.67±0.03	1.33±0.01	0.68±0.01	2.19±0.02	0.72±0.00
8	9.6±0.08	7.8±0.21	1.42±0.02	1.46±0.01	0.95±0.01	2.34±0.00	0.65±0.00
9	9.3±0.10	7.6±0.21	1.08±0.03	1.81±0.03	1.13±0.01	2.43±0.02	1.04±0.00
10	9.6±0.17	8.2±0.14	0.87±0.04	1.59±0.02	1.02±0.01	2.34±0.00	0.87±0.00

3.3.1.3　成品薄片感官品质与化学成分相关性分析

为了深入了解造纸法烟草薄片中常规化学成分对感官属性的贡献，基于 PLS1 分析，以 Jack-Knifed 验证薄片中 7 种常规化学成分对 10 种感官指标的影响（图 3-3），建立了薄片常规化学成分与感官吸味之间的定向连结。

通过对 10 种成品薄片中的常规化学成分含量与 8 种感官属性之间的相关性分析，发现氯元素与卷烟感官评吸质量的香气质、透发性、柔细度具有显著正相关性［图 3-3（a）、图 3-3（e）、图 3-3（f）］，总糖、还原糖与感官品质甜度正相关［图 3-3（g）］，总氮与柔细度显著正相关［图 3-3（f）］，其他相关性不显著。针对造纸法薄片的化学成分和吸味缺点，主要改善方向是降木质气，降纸味，降刺激性，降灼烧感，增加甜味。香气量和香气质均与还原糖、总糖、钾和氯具有正相关性［图 3-3（a）、图 3-3（b）］；薄片中杂气、刺激性 2 项感官品质与总糖、还原糖、总氮、总植物碱、钾、氯 6 项化学指标具有正相关性，与淀粉呈负相关［图 3-3（c）、图 3-3（d）］，但影响不显著，这与文献报道一致。说明薄片中总糖、还原糖增加可以提高甜度、改善香气量和香气质，总氮增加可以改善柔细度，但会增加卷烟的杂气与刺激性。所以，合理优化薄片中还原糖、总糖的含量以及总氮和总植物碱的含量可以显著增加甜度、改善柔细度的同时减轻杂气与刺激性。

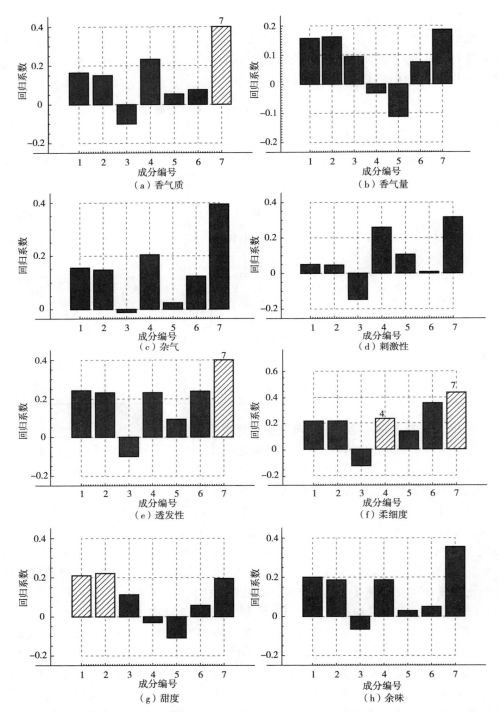

图 3-3　薄片常规化学成分对 10 种感官指标的的显著性影响分析

注：图中 PLS1 的横坐标数字 1~7 分别代表：

总糖、还原糖、淀粉、总氮、总植物碱、钾、氯

3.3.2　生物酶解—美拉德强化修饰提高烟草薄片品质的研究

3.3.2.1　酶法辅助提取提高烟草薄片品质研究

（1）酶种类及用量对酶法辅助提取效果的影响。酶法辅助提取制得烟末提取液及其浓缩液，分别按提取烟末总质量的 2.8% 和 3.6% 向提取浓缩液中添加脯氨酸与木糖，按照 3.2.2.3 进行美拉德反应。按照方法 3.2.2.12 和 3.2.2.13 进行薄片及薄片卷烟的制备，按照 3.2.2.22 所述方法进行感官评吸，酶种类及用量对烟末提取率及薄片卷烟感官评吸的影响见表 3-3～表 3-6，其中感官评吸得分以 8 种感官指标得分的总和计，空白对照组不添加任何酶进行处理。

由表 3-3 和表 3-4 可知，蛋白酶和纤维素酶处理组薄片卷烟的感官评吸得分并未因为酶的使用而有明显的变化，因此蛋白酶和纤维素酶并不能有效改善薄片的燃吸品质。同时由于酶用量的增多为烟草薄片生产工艺中引入了更多的蛋白质，杂气和刺激性增强，导致感官评吸得分有所下降。

由表 3-5 和表 3-6 可知，果胶酶和漆酶对烟草原料中的果胶和木质素起到了很好的降解作用，并且果胶和木质素对薄片感官指标的影响是显著的。由表可知，提取率最高时感官评分并不是最高的，这和酶本身也是蛋白质、对薄片燃吸品质会产生影响有关。同时考虑到生产成本，具体酶使用方案为 0.2% 果胶酶与 0.1% 漆酶复配使用。

表 3-3　蛋白酶处理组烟末提取率及感官评吸得分

酶添加量/%	0	0.2	0.4	0.6	0.8
提取率/%	43.97	44.04	44.88	44.68	44.48
评吸得分	57.6	58.1	57.3	56.2	55.7

表 3-4　纤维素酶处理组烟末提取率及感官评吸得分

酶添加量/%	0	0.1	0.2	0.4	0.6	0.8
提取率/%	43.97	44.03	44.47	46.26	46.05	46.19
评吸得分	57.6	57.3	57.4	56.5	55.6	55.0

表 3-5　果胶酶处理组烟末提取率及感官评吸得分

酶添加量/%	0	0.2	0.4	0.6	0.8	1.0
提取率/%	43.97	44.85	47.85	48.11	50.40	49.77
评吸得分	57.6	60.1	60.3	59.8	59.0	58.5

表 3-6　漆酶处理组烟末提取率及感官评吸得分

酶添加量/%	0	0.1	0.2	0.3	0.4
提取率/%	43.97	44.15	44.28	44.85	44.71
评吸得分	57.6	60.3	60.2	59.6	58.7

由于果胶和木质素是影响薄片感官指标的最重要因素，因此，后续实验将主要以降低果胶和木质素含量为指标进行研究。

（2）酶解温度对酶法辅助提取效果的影响。由于半乳糖醛酸含量的变化可以反映果胶的降解程度，提取液中还原糖的变化可以间接定性分析木质素的降解情况，因此，利用半乳糖醛酸和还原糖的含量变化来表征烟末的酶法辅助提取效果。果胶酶最适 pH 范围：5.0~6.0；漆酶最适 pH 范围：4.8~6.0。整个酶解过程中 pH 变化范围在 5.2~6.5 之间，因此，对酶法辅助提取过程中的 pH 不作特殊调整，下同。

按照 3.2.2.4 法加入 0.2% 果胶酶与 0.1% 漆酶，不同温度条件下密闭保温 2h 进行酶解，得到烟末提取液，测定提取液中的半乳糖醛酸和还原糖含量，结果如图 3-4 所示。

由图 3-4 可知，随着酶解温度的上升，提取液中还原糖和半乳糖醛酸的含量先增高后降低，均在 50℃ 左右达到最大值，这是由于温度过高抑制了酶的活性，甚至使酶发生钝化，因此，酶解温度以 50℃ 最佳。

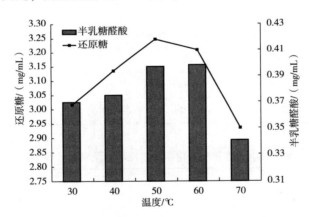

图 3-4　反应温度对半乳糖醛酸和还原糖含量的影响

（3）酶解时间对酶法辅助提取效果的影响。按照 3.2.2.4 法加入 0.2% 果胶酶与 0.1% 漆酶，50℃ 密闭保温不同时间进行酶解，测定不同酶解时间所得提取液中的半乳糖醛酸和还原糖含量，结果如下。

由图 3-5 可知，提取液中的还原糖和半乳糖醛酸含量随着酶解时间变化的趋势基本一致，在酶解时间小于 2h 时，还原糖和半乳糖醛酸含量随着反应时间的延长呈直线上升，均在 2h 左右达到最大，而后随着酶解时间的继续增加，二者的含量并无太大变化，综合考虑到生产成本和生产效率，最合适的酶解时间为 2h。

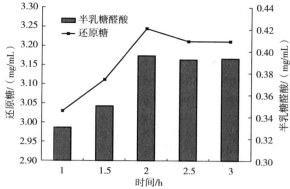

图 3-5　反应时间对半乳糖醛酸和还原糖含量的影响

　　因此，酶法辅助提取工艺条件为：果胶酶和漆酶复配使用，添加量分别为 0.2% 和 0.1%，50℃ 下酶解 2h，提取率可达到 44.86%。

3.3.2.2　液相—美拉德强化修饰提高烟草薄片品质研究

　　（1）美拉德反应体系初始 pH 对烟草薄片品质的影响。一般情况下，美拉德反应在酸性或碱性的环境中均可以发生，在酸性体系中，反应速率较慢，主要发生烯醇化反应，美拉德反应受到抑制，最终会生成类黑精或糠醛类物质；美拉德反应速度在碱性体系中特别是当在较高温度条件下会加快。

　　按照 3.3.2.1 所得的酶法辅助提取最优工艺条件，结合实际烟草薄片生产工艺，反应温度 70℃（匹配工厂实际工艺温度，下同），反应时间 10h，用氢氧化钠溶液调节反应初始 pH 为 5.5、6.5、7.5、8.5、9.5，按提取烟末总质量的 2.8% 和 3.6% 添加脯氨酸与木糖进行美拉德反应，美拉德反应液迅速冷却至室温，用柠檬酸溶液调节 pH 至 4.75，4℃ 保藏备用。制备薄片及薄片卷烟，进行感官评吸，不同 pH 条件下美拉德反应产物对薄片感官质量的影响如图 3-6 所示。

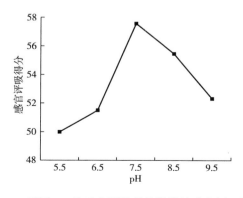

图 3-6　不同 pH 热反应制得薄片样品的感官评吸结果

由感官评吸结果可知，当反应体系 pH 为 7.5 时，薄片卷烟的综合品质得分最高，达到了 57.6，此 pH 反应条件下薄片刺激性、杂气最小，辛辣感不明显，烘焙香味较浓，烟香协调，整体燃吸品质达到最佳。当 pH 小于 7，特别是当 pH 为 5.5 时，薄片感官评吸得分最低，只有 50.0，薄片各项品质指标均不及其他处理组。在酸性环境下进行美拉德反应，氨基氮将会以质子化状态的形式存在，氮代葡萄糖基胺的形成受到阻碍，从而使美拉德反应的进程被抑制，体系不能充分反应生成更多对最终薄片燃吸品质有利的致香物质，这也很好地解释了为什么 pH5.5 和 6.5 两个处理组感官评吸结果不及 pH7.5 处理组。而当 pH 超过 7.5 并继续升高，整个反应体系处于碱性环境下时，薄片品质有所下降，很可能是由于 pH 过高，美拉德反应速率大幅提升，反应程度过大导致生成不利风味物质，影响薄片卷烟的燃吸效果。因此，美拉德反应体系初始 pH 为 7.5 时效果较好。

（2）美拉德反应时间对烟草薄片品质的影响。保持（1）其他美拉德反应条件不变，确定反应初始 pH 为 7.5，分别反应 8h、10h、12h、13h、14h、16h，制备美拉德反应液，制备薄片卷烟后进行感官评吸，不同热反应时间美拉德反应产物对薄片感官质量的影响如表 3-7 所示。

表 3-7　不同热反应时间制得薄片样品的感官评吸结果

时间/h	薄片评吸品质指标得分							
	烟香味	透发性	杂气	刺激性	辛辣感	协调性	余味	劲头
8	7.8	7.1	6.9	7.0	7.6	7.6	7.4	5.3
10	7.7	7.3	7.3	7.4	7.5	7.5	7.6	5.3
12	8.0	7.5	7.2	7.2	7.9	7.5	7.5	5.5
13	8.3	7.5	7.6	7.7	8.0	8.0	7.8	6.4
14	7.8	7.7	7.6	7.1	7.7	7.9	7.4	5.8
16	7.2	7.4	7.3	7.2	7.5	7.4	6.9	5.7

如表 3-7 所示，不同美拉德反应时间对薄片的感官评吸结果影响差异显著，感官指标除透发性、辛辣感外，烟香味、杂气、刺激性、协调性、余味、劲头均有较大的差异，不同处理组的劲头和烟香味差异性尤为明显，说明不同美拉德反应时间的处理对改善薄片品质具有重要意义，最适反应时间为 13h 时。随着反应时间延长，烟香味、透发性、杂气、刺激性、辛辣感、协调性、余味、劲头均有不同程度的提高，其中，烟香味和余味改善明显，杂气、刺激性降低显著。当反应时间达到 13h 时，以烟香味、刺激性及杂气为主的品质指标均达到最佳值，说明在热反应温度为 70℃，分别按浓缩液总质量的 2.8% 和 3.6% 添加脯氨酸与木糖进行美拉德反应的条件下，13h 为最佳热反应时间。此时反应充分利用了浓缩液中的小分子物质，实现了美拉德强化修饰，将不利的前体物质转化为风味致香成分，减少薄片杂

气和刺激性，明显改善薄片质量。随着反应时间继续增加，各项品质指标均呈下降趋势。

针对不同反应时间的美拉德反应液进行 GC-MS 分析，比较反应时间对美拉德反应挥发性风味成分及薄片吸味品质的影响。主要香气成分如表 3-8 所示。

表 3-8 不同热反应时间所得反应液的主要挥发性香气成分

化合物	化学式	香气成分含量/（μg/mL）					
		8h	10h	12h	13h	14h	16h
戊醛	$C_5H_{10}O$	0.0115	0.0107	0.0098	0.0132	0.0158	0.0073
2-甲基丁醛	$C_5H_{10}O$			0.0255	0.0261	0.0218	0.0182
草酸	$H_2C_2O_4$	0.0072	0.0116	0.0134	0.0085	0.0079	0.0105
2,3-戊二酮	$C_5H_8O_2$		0.0040	0.0017			
己醛	$C_6H_{12}O$	0.0560	0.0171	0.0098	0.0225	0.0244	0.0195
吡啶	C_5H_5N	0.0535	0.0611	0.0786	0.0822	0.0446	0.0502
2-正戊基呋喃	$C_9H_{14}O$			0.0072	0.0081		
6-甲基-2-庚酮	$C_8H_{16}O$	0.0091	0.0125	0.0155	0.0179	0.0168	
3-辛酮	$C_8H_{16}O$				0.0192	0.0123	0.0105
3-羟基-2-丁酮	$C_4H_8O_2$		0.0149	0.0153	—		
1-羟基-2-丙酮	$C_3H_6O_2$	0.0533	0.0605	0.0686	0.0895	0.0812	0.0711
2,5-二甲基吡嗪	$C_6H_8N_2$	0.0554	0.0528	0.0746	0.0935	0.0679	0.0681
2,6-二甲基吡嗪	$C_6H_8N_2$	0.0338	0.0552	0.0491	0.0803	0.0705	0.0613
2-乙基吡嗪	$C_6H_8N_2$					0.0071	
6-甲基-2-庚醇	$C_8H_{18}O$	0.0087	0.0116	0.0092	0.0178		
2-乙基-5-甲基吡嗪	$C_7H_{10}N_2$	0.0225	0.0198	0.0356	0.0334	0.0216	0.0254
2-乙基-6-甲基吡嗪	$C_7H_{10}N_2$		0.0555	0.0612	0.0622	0.0703	0.0645
壬醛	$C_9H_{18}O$			0.0112	0.0108		
2,3,5-三甲基吡嗪	$C_7H_{10}N_2$			0.1211	0.1434	0.1480	0.1358
月桂醛	$C_{12}H_{24}O$	0.0567	0.0906	0.0875	0.1125	0.0734	0.0358
乙酸	$C_2H_4O_2$	0.2445	0.3045	0.2689	0.4549	0.3221	0.1780
紫罗烯	$C_{13}H_{18}$	0.4875	0.5287	0.5542	0.5320	0.4919	0.5051
2-乙酰基呋喃	$C_6H_6O_2$		0.0722	0.0991	0.0945	0.0893	
苯甲醛	C_7H_6O	0.0451	0.0713	0.0615	0.0709	0.0662	0.0597
异佛尔酮	$C_9H_{14}O$	0.0655	0.0912	0.0773	0.1024	0.1176	0.0986
紫罗烯	$C_{13}H_{18}$	0.8357	0.1081	0.1324	0.1565	0.1622	0.0953

化合物	化学式	香气成分含量/（μg/mL）					
		8h	10h	12h	13h	14h	16h
2-乙酰基-1-甲基吡咯	C_7H_9NO	—	—	—	—	0.0412	0.0386
2-呋喃甲醇	$C_5H_6O_2$	0.9797	1.1291	1.0818	1.3245	1.2035	1.2182
5-甲基-2-呋喃甲醇	$C_6H_8O_2$	—	—	—	0.1034	0.1017	—
茄酮	$C_{13}H_{22}O$	0.6878	1.0053	0.9782	1.1022	0.8865	0.9091
3-甲基-1,2-环戊二酮	$C_6H_8O_2$	—	0.0528	0.0913	0.0877	0.0854	—
木酚	$C_7H_8O_2$	—	0.0812	0.0765	0.0952	0.1005	0.0858
苯甲醇	C_7H_8O	0.0782	0.1011	0.0995	0.1228	0.1168	0.0879
β-苯乙醇	$C_8H_{10}O$	0.0567	0.0825	0.0787	0.1232	0.1033	0.0862
2-苯基-2-丁烯醛	$C_{10}H_{10}O$	—	—	0.0072	—	—	—
麦芽酚	$C_6H_6O_3$	—	—	0.0056	0.0189	0.0085	—
甘油三乙酸酯	$C_9H_{14}O_6$	0.0955	0.1349	0.1210	0.1575	0.1382	0.1151
巨豆三烯酮	$C_{13}H_{18}O$	0.9104	0.8223	1.0076	1.1256	1.1145	0.9762
二烯烟碱	$C_{10}H_{10}N_2$	0.0796	0.0873	0.1125	0.1033	0.1258	0.0956
柠檬酸三乙酯	$C_{12}H_{20}O_7$	—	0.0381	0.0523	0.0595	0.0605	0.0449
总量		4.9339	5.1885	5.6005	6.6711	6.0193	5.1725

注 "—"表示未检出（下同）。

如表3-8所示，不同美拉德反应时间的反应液中检出的挥发性香味物质总量分别是 4.9399μg/mL、5.1885μg/mL、5.6005μg/mL、6.6711μg/mL、6.0193μg/mL 和5.1725μg/mL，其中反应时间为13h时，反应液中检出主要香气成分最多，明显高于其他实验组。呋喃类物质和醛酮类物质是重要的烟草香味物质，另外生成的吡嗪类物质不仅可使产品风格独特，掩盖杂气，改善余味，而且能使烟气丰满，提高烟气浓度。由上表可以发现，经过13h美拉德反应处理得到的反应液中含有更多易挥发性风味物质，其中对烟香贡献较大的酮类、醛类、呋喃类和酯类的种类和含量都有明显的增加。可见低温美拉德反应时间确定为13h可以有效提高烟草薄片涂布液的风味强度，有利于最终薄片质量的改善。

（3）美拉德反应体系外源糖类对烟草薄片品质的影响。一般而言，随着糖的种类不一样，美拉德反应速率有所不同，通常是五碳糖>六碳糖>双糖，醛糖>酮糖，简单小分子糖美拉德反应的效率高于复杂的双糖和多糖，所以通常采用小分子单糖进行美拉德反应的研究，具体的糖的种类对美拉德反应产物的风味和品质有待进一步探索。

在烟草原料中，糖类对卷烟抽吸烟气做出重要的贡献，是因为糖类可以直接成为风味成分的前体物，随着燃吸过程而发生热裂解反应最终形成对烟气有积极贡献的醛酮类化合物。还原糖类物质还可以和氨基酸类物质发生美拉德反应转化为许多致香成分的糖-氨基酸缩合产物，诸如含氮杂环类化合物、酮类化合物、酸类和醛类化合物等，很多的化合物都能给最终产物带来良好的感官风味。

在反应温度 70℃、反应时间 13h、初始 pH 7.5 条件下，按提取烟末总质量的 3.6% 分别添加果糖、木糖和葡萄糖进行美拉德反应，利用反应液制备薄片与薄片卷烟，进行感官评吸。空白对照组不添加任何外源糖类进行美拉德反应。不同糖类美拉德反应产物对薄片感官质量的影响如图 3-7 所示。

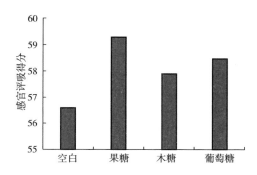

图 3-7　不同糖类热反应制得薄片样品的感官评吸结果

由图 3-7 可以发现，添加果糖实验组的感官评吸得分总和最高，达到 59.3 分，其次是葡萄糖和木糖，且均高于空白对照组。感官评吸结果表明添加果糖实验组所得薄片香气浓度稍高于其他实验组，杂气较轻，辛辣感和刺激性有较明显的改善，而添加木糖和葡萄糖实验组整体感官效果不及果糖，最可能的原因是在薄片提取液美拉德反应体系中，果糖与小分子氨基酸类物质发生热反应生成更多的致香成分，相较于木糖和葡萄糖对烟气的贡献更大。

对美拉德反应液进行 GC-MS 分析，主要挥发性成分如表 3-9 所示。

表 3-9　不同糖类热反应所得反应液的主要挥发性香气成分

化合物	不同处理组香气成分含量/（μg/mL）			
	空白	果糖	木糖	葡萄糖
2-甲基呋喃	0.0065	0.0096		0.0103
戊醛	—	0.0136	0.0094	0.0112
2-甲基丁醛	0.6283	—	0.3025	—
3-甲基丁醛	0.5621	0.0089		0.4015
草酸	0.0072	—		0.2123
2-正丁基呋喃	0.0101	0.0122		0.0061

化合物	不同处理组香气成分含量/（µg/mL）			
	空白	果糖	木糖	葡萄糖
2,3-戊二酮	—	0.0039	0.0046	0.0094
己醛	0.060	0.0145	0.0082	0.0107
吡啶	0.0236	0.0376	0.0216	0.0308
2-正戊基呋喃	—	0.1227	—	—
6-甲基-2-庚酮	0.0082	—	—	—
3-辛酮	—	—	0.3137	—
2-烯丙基呋喃	—	0.0065	—	—
3-羟基-2-丁酮	—	0.0085	0.0062	0.0033
1-羟基-2-丙酮	0.0725	0.0232	0.0315	0.0251
2,5-二甲基吡嗪	—	0.0518	—	—
2,6-二甲基吡嗪	0.0079	0.0394	0.0025	—
2-乙基吡嗪	—	0.0126	—	—
6-甲基-2-庚醇	—	0.0206	0.0116	0.0157
2-乙基-5-甲基吡嗪	0.0277	0.0251	—	0.1092
2-乙基-6-甲基吡嗪	—	0.0075	0.0032	—
壬醛	0.0065	0.0078	0.0103	0.0116
2,3,5-三甲基吡嗪	—	0.0105	0.0041	—
月桂醛	0.0522	0.0673	0.0294	0.0363
乙酸	0.2483	0.4325	0.3056	0.4568
3-糠醛	—	0.0121	—	—
紫罗烯	0.2849	0.3855	0.1625	0.3078
2-乙酰基呋喃	—	0.0665	—	0.0216
苯甲醛	0.0340	0.0435	0.0612	0.0362
乙酸糠酯	—	0.0256	—	—
2-乙酰基-1-甲基吡咯	—	0.0037	—	—
2-呋喃甲醇	—	—	0.0130	—
5-甲基-2-呋喃甲醇	—	—	0.0062	—
2,2′-联呋喃	—	0.0082	0.0115	0.0053

续表

化合物	不同处理组香气成分含量/（μg/mL）			
	空白	果糖	木糖	葡萄糖
茄酮	0.0728	1.0125	0.9753	0.5812
木酚	—	0.0107	—	0.0075
苯甲醇	0.0672	0.0731	0.0299	0.0323
麦芽酚	—	0.0047	0.0063	0.0035
巨豆三烯酮	0.9213	1.2063	0.9852	0.9024
二烯烟碱	0.0785	0.0537	0.0655	0.0586
柠檬酸三乙酯	—	0.3258	0.2139	0.0171
总量	3.1798	4.1682	3.5949	3.3238

如表 3-9 所示，果糖的美拉德反应产物中检出的挥发性香味成分种类和含量明显高于木糖和葡萄糖处理组，具体表现在吡嗪和呋喃类物质，在果糖美拉德反应液中检出吡嗪类物质 0.1469μg/mL，均高于木糖和葡萄糖美拉德反应液中的 0.0098μg/mL 和 0.0092μg/mL，生成的吡嗪类物质不仅可使产品风格独特，掩盖杂气，改善余味，而且能使烟气丰满，提高烟气浓度。对比分析 3 个处理组美拉德反应液中的香气成分可知，果糖处理组生成了较多的呋喃和醛酮类，同时，果糖处理组生成了其他处理组所没产生的 3-糠醛、乙酸糠酯、2-乙基吡嗪等物质，其中糠醛和糠酯均能赋予烟气更多的焦甜风味，吡嗪类物质能赋予烟气有利香味气息。通过美拉德反应液的风味物质成分分析不难发现结果与感官评吸结果吻合，因此，将果糖确定为美拉德反应的碳源。

（4）外源氨基酸和糖类的组合与配比对烟草薄片品质的影响。氨基酸本身对薄片烟气香味的作用效果并不明显，但其通过与糖类物质发生反应会生成对烟气产生积极贡献的物质。通过酶降解之后的烟末萃取液，大分子物质得到充分释放并且降解生成大量小分子成分，其中含有较多的糖和氨基酸类物质，通过添加外源糖类和氨基酸进行美拉德强化修饰，可以进一步促进美拉德反应的效率和进程，使反应产物中香味物质增多，产生对薄片燃吸品质有积极贡献的风味成分。由 3.3.2.2 中的（3）可知果糖是烟末提取浓缩液发生美拉德反应的最佳碳源，通过添加不同种类的氨基酸与果糖进行美拉德修饰，以及糖胺组合与配比对薄片感官质量的影响进行探究，以寻求最佳的外源氨基酸和糖类的组合与配比。

在反应温度 70℃、反应时间 13h、初始 pH 7.5 条件下，向浓缩液中添加不同种类与配比的氨基酸和果糖进行美拉德反应，空白对照组不添加任何外源氨基酸和糖类进行热反应。具体方案如表 3-10 所示（具体方案是经过大量预实验所得的结果，表中方案为最具代表性的实验参数，配比为摩尔比近似值）。

表 3-10　热反应中外源氨基酸和糖类的不同组合与配比方案

实验组	美拉德配方（摩尔比）	美拉德反应条件
处理 1	空白对照	
处理 2	苯丙氨酸：果糖 = 1：1	
处理 3	甘氨酸：果糖 = 1：1	初始 pH 7.5
处理 4	脯氨酸：果糖 = 1：1	70℃
处理 5	半胱氨酸：果糖 = 1：1	反应时间 13h
处理 6	苯丙氨酸：甘氨酸：脯氨酸：半胱氨酸：果糖 = 6.5：6.5：6.5：1：35	
处理 7	苯丙氨酸：甘氨酸：脯氨酸：半胱氨酸：木糖 = 6.5：6.5：6.5：1：35	
处理 8	苯丙氨酸：甘氨酸：脯氨酸：半胱氨酸：葡萄糖 = 6.5：6.5：6.5：1：35	

不同组合与配比的氨基酸和糖美拉德反应产物对薄片感官质量的影响如表 3-11 所示。

表 3-11　不同组合与配比外源氨基酸和糖类热反应制得薄片样品的感官评吸结果

实验组	薄片评吸品质指标得分							
	烟香味	透发性	杂气	刺激性	辛辣感	协调性	余味	劲头
处理 1	7.0	7.2	6.9	7.1	7.0	7.2	7.3	6.9
处理 2	7.6	7.8	7.5	7.7	7.4	7.9	8.0	7.8
处理 3	8.0	7.9	8.0	8.2	8.1	8.3	7.9	8.1
处理 4	7.7	7.9	7.9	8.1	7.8	7.8	7.6	7.7
处理 5	7.9	7.9	8.1	8.1	7.9	8.0	7.7	7.7
处理 6	8.6	8.5	8.9	8.5	8.4	8.5	8.5	8.3
处理 7	8.3	8.2	8.3	8.0	8.0	7.9	8.5	8.2
处理 8	8.4	8.3	8.6	8.3	8.2	8.4	8.4	8.1

由表 3-11 可知，添加不同外源氨基酸与糖类配比的实验组感官评吸得分值均高于空白组，其中处理 6，即不同氨基酸用量与果糖复配使用的实验组感官评吸得分值最高，且产品烟香味和透发性较好，杂气小，刺激性较小，余味干净，烟气柔和，舌面残留小。

针对上述美拉德反应产物分别进行 GC-MS 分析，产物香气成分如表 3-12 所示。

表 3-12　不同组合与配比外源氨基酸和糖类的美拉德反应液主要挥发性香气成分

化合物	不同处理组香气成分含量/（μg/mL）							
	1	2	3	4	5	6	7	8
2-甲基呋喃	0.0065	0.0103	0.0188	—	—	0.0249	0.0198	0.0203
戊醛	—	0.0105	—	0.0113	0.0152	0.0217	0.0234	0.0209

化合物	不同处理组香气成分含量/（µg/mL）							
	1	2	3	4	5	6	7	8
2-甲基丁醛	0.6283	—	0.0263	0.0181	0.0198	0.0352	0.0198	0.0267
3-甲基丁醛	0.5621	—	0.0121	—	—	0.0075	0.0102	—
草酸	0.0072	0.0016	0.0126	0.0105	0.0081	—	0.0046	0.0102
2-正丁基呋喃	0.0101	—	0.0067	—	0.0092	0.0187	0.0085	0.0121
2,3-戊二酮	—	0.0045	0.0067	—	—	—	0.0059	0.0032
己醛	0.0600	0.0161	—	0.0095	0.0254	0.0362	0.0155	0.0211
吡啶	0.0236	0.0459	0.0586	0.0502	0.0436	0.0729	0.0496	0.0533
2-正戊基呋喃	—	—	0.0063	—	0.0133	0.0109	0.0125	0.0085
6-甲基-2-庚酮	0.0082	0.0125	0.0156	0.0115	0.0169	0.0225	—	0.0316
3-辛酮	—	—	0.0208	0.0116	0.0132	0.0261	—	—
2-烯丙基呋喃	—	0.0035	0.0109	—	0.0087	0.0121	—	0.0074
3-羟基-2-丁酮	—	0.0119	—	—	—	—	0.0162	—
1-羟基-2-丙酮	0.0725	0.0614	—	0.0753	0.0502	0.1336	0.0985	0.1012
2,5-二甲基吡嗪	—	0.0497	0.0587	0.0628	0.0697	0.1235	0.1062	0.0898
2,6-二甲基吡嗪	0.0079	0.0543	0.0462	0.0323	0.0685	0.1579	0.1106	—
2-乙基吡嗪	—	0.0054	0.1096	0.0062	0.0070	0.1007	—	—
6-甲基-2-庚醇	—	0.0216	—	—	—	0.0278	0.0445	0.0079
2-乙基-5-甲基吡嗪	0.0277	0.0168	0.0384	0.0245	0.0562	0.1156	0.0443	0.0082
2-乙基-6-甲基吡嗪	—	—	0.0508	0.0045	0.0718	0.0922	—	0.0251
壬醛	0.0065	0.0139	0.0132	—	—	0.0518	0.0322	0.0609
2,3,5-三甲基吡嗪	—	—	—	0.1061	0.1209	0.1679	0.0355	0.0547
月桂醛	0.0522	0.0917	0.0812	0.0478	0.0726	0.1023	0.0861	0.0379
乙酸	0.2483	0.3172	0.2698	0.1087	0.3244	0.4629	0.2881	0.2579
3-糠醛	—	0.0066	0.0528	0.0036	0.0439	0.0785	—	0.0347
紫罗烯	0.2849	0.5947	0.3341	0.5016	0.4189	0.7180	0.5352	0.4985
2-乙酰基呋喃	—	0.0712	—	—	0.0845	0.1294	0.1508	0.0775
苯甲醛	0.0340	0.0725	0.0366	0.0407	0.0632	0.0918	0.0082	0.0605
乙酸糠酯	—	0.0347	0.0065	—	0.0289	0.0558	—	—
2-乙酰基-1-甲基吡咯	—	—	—	—	0.0072	—	0.0412	—
2-呋喃甲醇	—	1.1256	0.8987	1.0113	1.2051	1.5652	0.9837	1.3562

化合物	不同处理组香气成分含量/（μg/mL）							
	1	2	3	4	5	6	7	8
5-甲基-2-呋喃甲醇	—	—	0.1029	—	0.1115	0.2035	0.1034	0.1459
2,2′-联呋喃	—	—	—	0.0875	—	0.1342	—	0.1045
茄酮	0.0728	1.0036	0.9285	0.9193	0.6780	1.3095	0.9846	1.0828
木酚	—	0.0285	0.0647	0.0758	0.1012	0.1083	0.1225	0.0083
苯甲醇	0.0672	0.1331	0.1215	0.0956	0.0963	0.1358	0.1274	0.0789
麦芽酚	—	—	0.0065	—	0.0093	0.0392	0.0650	0.0476
巨豆三烯酮	0.9213	1.0183	1.0270	0.9641	1.1189	1.5456	1.1283	1.3099
二烯烟碱	0.0785	0.0937	0.1425	0.0987	0.1356	0.1243	0.1080	0.1122
柠檬酸三乙酯	—	0.0363	0.0712	0.0346	0.0615	0.0695	—	0.0054
总量	3.1798	4.9676	4.6568	4.4237	5.1787	8.1335	5.3903	5.7818

由表 3-12 可知，在不同的美拉德反应体系中，反应液中的主要香气成分含量相差较大，对烟香贡献较大的酮类、吡嗪类、醛类、呋喃类和酯类的种类和含量都有不同程度的变化，处理 6、处理 7 和处理 8 实验组香气成分含量明显高于其他处理组，其中以处理 6 效果最为明显。除空白组外，不同实验组美拉德产物均形成了大量的吡嗪类物质，生成的产物都具有焙烤、浓郁焦烤、咖啡香气，对卷烟的烤香香味具有积极贡献。反应生成的吡嗪类物质有 2-乙基-5-甲基吡嗪、2,6-二甲基吡嗪、2-乙基-6-甲基吡嗪、2-乙基吡嗪等，它们都具有浓郁的焦烤香气，能使卷烟劲头适中，并能掩盖部分杂气，改善余味。其中，2-乙基吡嗪、2,3,5-三甲基吡嗪能使烟气质饱满，提高烟香浓度；2-乙基-5-甲基吡嗪、2,6-二甲基吡嗪和 2-乙基-6-甲基吡嗪能增强烟香，提升烟草成熟感，同时掩盖一定的杂气，还可以使烟气圆润柔和细腻。而醛酮类多数可以改善卷烟吸味，如苯甲醛、巨豆三烯酮等能与烟香谐调，增加烟草的自然风味和玫瑰味花香，能降低刺激性，掩盖杂气，达到了有效改善薄片品质的目的。通过对结果的分析和讨论，处理 6 所添加的外源氨基酸和糖类为美拉德反应较佳底物，具体组合与配比为苯丙氨酸∶甘氨酸∶脯氨酸∶半胱氨酸∶果糖=6.5∶6.5∶6.5∶1∶35。

因此，美拉德强化修饰的工艺条件为：外源氨基酸和糖类按照提取烟末原料质量的百分比进行添加，苯丙氨酸 0.5%、甘氨酸 0.46%、脯氨酸 0.48%、半胱氨酸 0.076%、果糖 1.44%（即摩尔比约为苯丙氨酸∶甘氨酸∶脯氨酸∶半胱氨酸∶果糖=6.5∶6.5∶6.5∶1∶35），在体系初始 pH 7.5、反应温度 70℃条件下，反应 13h。

3.3.2.3　生物酶解—美拉德强化修饰提高烟草薄片的中试生产与品质效果评价
（1）生物酶解—美拉德强化修饰提高烟草薄片中试生产。基于 3.3.2.1 与

3.3.2.2 得出的酶解—美拉德反应工艺，对薄片卷烟进行中试实验。

根据三方协商讨论，中试实验对 100kg 烟末进行酶法辅助提取，添加 1329kg 水（料水比 7∶93）。自然 pH 条件下，添加 0.2kg 果胶酶与 0.1kg 漆酶，50℃ 保温 2h，90℃、10min 灭酶，过滤得滤液 360kg，固形物含量为 9.42%（由于酶解罐下部滤网易堵、放料过慢，过滤后残余液渣约 450kg，其中液体损失约 300kg，建议取消 90℃ 灭酶过程，酶解后直接浓缩）。酶解滤液经 70℃ 真空浓缩，得到浓缩液 152kg，波美度为 7，折合固形物含量为 18%。

（2）烟草薄片感官质量评价研究。对对照组与实验组薄片卷烟进行感官品质评价，结果见表 3-13 与表 3-14。

表 3-13　不同处理制得薄片卷烟样品的感官评吸得分

组别	薄片评吸品质指标得分				
	香气量	协调性	杂气	刺激性	余味
对照组	7.7	7.1	6.9	6.6	7.5
实验组	7.6	8.0	7.8	7.9	8.0

表 3-14　薄片样品描述性感官评吸结果

指标	对照组	实验组
香气量	烟草香明显，烟香气息少，吃味明显缺失	焙烤香浓郁，烟香厚实
协调性	协调性不佳，口感差	香气协调平和，烟香顺畅
杂气	青滋气较突出，杂气残留，有烧纸味	杂气较轻，吃味较好，明显优于对照组
刺激性	辛辣感强，刺激感强，有明显灼烧感	灼烧感较轻，略有刺激性
余味	木质气重，有异味，口腔残留不良味道	余味干净，烟香清新，效果较对照组更好

综合分析表 3-13、表 3-14 可知，实验组与对照组薄片卷烟燃吸时主要风格存在差异，对照组烟草香较充足但协调性不佳，同时杂气、刺激性较重。实验组烟草香平和、烘烤香浓郁，整体香气协调、厚实，同时刺激性、杂气较轻。

（3）烟草薄片香气成分分析。采用 GC-MS 分析技术，对对照组和实验组的薄片挥发性香气成分进行分析，薄片主要挥发性成分含量如表 3-15 所示。采用 GC-MS-O 分析技术，对对照组和实验组的薄片挥发性香气成分风味类型及强度进行分析，结果如表 3-16 所示。

表 3-15　薄片主要挥发性香气成分含量

化合物	对照组	实验组
	含量/（μg/mL）	含量/（μg/mL）
羟基丙酮	0.2970	—

续表

化合物	对照组	实验组
	含量/（μg/mL）	含量/（μg/mL）
甲基环己基二甲氧基硅烷	0.2758	—
反式-4-甲基-2-戊烯	0.1086	—
2-糠醛	1.1918	2.3812
2-甲基吡咯啉	—	0.2084
2-甲基-四氢呋喃-3-酮	—	0.3257
2-乙基丁基乙酯	—	0.2989
甲基环己基二甲氧基硅烷	—	0.4056
丁内酯	—	0.1860
4-乙基环己醇	0.1373	—
富马酸	—	0.0980
3,4-环氧-2-丁酮	—	0.0599
氨基磺酸	—	0.0275
正二十二烷	0.1142	0.0243
苯乙醛	8.6674	2.3200
5-甲基-2-糠醇	0.2484	0.1473
3-吡啶甲醛	0.1629	0.1111
香茅醇	0.0917	—
（E）-3,7-二甲基-2,6-辛二烯醛	—	0.1123
苯甲醛	0.4455	0.6438
5-甲基-2-糠醛	0.1697	0.2552
2-环戊烯-1,4-二酮	0.5691	1.0146
苯甲酸	—	0.3070
2（5H）-呋喃酮	0.1572	0.1797
大马士酮	0.3132	0.9148
甲基环戊烯醇酮	0.6683	0.7256
香叶基丙酮	0.2159	—
新植二烯	6.6518	6.2587
6,10-二甲基-5,9-十一双烯-2-酮	—	0.2215
4-（2,6,6-三甲基-1,3-环己二烯-1-基）-3-丁烯-2-酮	—	0.1161

续表

化合物	对照组	实验组
	含量/（μg/mL）	含量/（μg/mL）
2-乙酰吡咯	0.1741	0.3382
2-吡咯甲醛	0.1011	0.0636
三醋酸甘油酯	0.2128	0.5179
1-甲基-1H-吡咯甲醛	—	0.0955
1,4-二甲基-7-乙基薁	—	0.2165
巨豆三烯酮	0.2374	1.0826
（1-甲氧乙基）苯	—	0.0524
2,4-二叔丁基苯酚	0.4749	0.4518
1,2-苯并二氢吡喃酮	0.6259	0.2852
8-甲基喹啉	0.0998	0.1048
二氢猕猴桃内酯	0.2246	0.2764
2,3′-联吡啶	0.5454	0.4717
柠檬酸三乙酯	—	0.9004
2-乙酰呋喃	0.2009	0.0927
三甲基四氢萘	—	0.2615
四十三烷	0.0861	—
5-甲基十一烷	0.1523	—
四十四烷	0.1716	—
二十一烷	—	0.1797
二十八烷	0.2427	0.0724
十七烷	0.3650	—
2-甲基呋喃	0.0967	—
N-硝基二丁胺	—	0.0530
15-冠醚-5	3.0457	2.5821
1,2,3,4-四氢-1,1,6-三甲基萘	1.2692	—

表 3-16　薄片主要挥发性香气成分风味类型及强度

化合物	风味类型	强度值	
		对照组	实验组
2-糠醛	烤香	2	4

续表

化合物	风味类型	强度值	
		对照组	实验组
2-甲基吡咯啉	香甜	—	4
2-甲基-四氢呋喃-3-酮	烟草香	—	3
2-乙基丁基乙酯	奶油香味		5
甲基环己基二甲氧基硅烷	青草香	—	5
丁内酯	原烟烟香	—	3
富马酸	烤香味		4
3,4-环氧-2-丁酮	药草味	—	4
氨基磺酸	清香	—	5
正二十二烷	淡香	1	3
苯乙醛	烟香	3	3
5-甲基-2-糠醇	烟香	3	2
3-吡啶甲醛	清香	2	2
香茅醇	原烟味	3	—
(E)-3,7-二甲基-2,6-辛二烯醛	烟香	—	4
苯甲醛	烤香味	3	5
5-甲基-2-糠醛	烤烟香	3	4
苯甲酸	烟香	—	5
2(5H)-呋喃酮	烟香	3	5
大马士酮	烤烟香	5	5
甲基环戊烯醇酮	烟香	3	4
香叶基丙酮	烤烟味	3	—
新植二烯	甜香	2	2
6,10-二甲基-5,9-十一双烯-2-酮	药材味	—	5
4-(2,6,6-三甲基-1,3-环己二烯-1-基)-3-丁烯-2-酮	烤烟香	—	4
2-乙酰吡咯	植物甜香	2	4
2-吡咯甲醛	甜香,花香	3	4
三醋酸甘油酯	烤烟香	4	5
1-甲基-1H-吡咯甲醛	花香	—	3
1,4-二甲基-7-乙基薁	烤烟香	—	5

续表

化合物	风味类型	强度值	
		对照组	实验组
巨豆三烯酮	花香,烤香	2	4
1-甲氧乙基苯	烤香味	—	4
2,4-二叔丁基苯酚	甜香,烟香	4	4
1,2-苯并二氢吡喃酮	浓烟香	1	5
8-甲基喹啉	花香	2	4
二氢猕猴桃内酯	药材味	3	4
柠檬酸三乙酯	植物清香		4
愉悦香气合计 37 种			
2-乙酰呋喃	木质气	4	2
三甲基四氢萘	木质味	—	4
四十三烷	木头味	3	—
5-甲基十一烷	淡木头味	2	—
四十四烷	臭味,青草味	2	—
二十一烷	臭味	—	2
二十八烷	辛辣味	4	3
十七烷	辛辣味	2	—
2-甲基呋喃	木质味	3	—
N-硝基二丁胺	刺鼻味		3
15-冠醚-5	异味刺鼻	5	3
1,2,3,4-四氢-1,1,6-三甲基萘	烟灰味	3	—
不愉悦气味合计 12 种			

对比可知，薄片经酶解—美拉德强化修饰后不愉悦风味成分种类减少、含量降低、嗅闻感知强度也减弱，同时愉悦香气成分种类明显增多，虽然总量略有降低，但整体嗅闻感知强度明显增强，说明实验组样品香气丰富饱满、协调一致。分析发现，烟香味主要来自于 2-甲基-四氢呋喃-3-酮、苯乙醛、2（5H）-呋喃酮、（E）-3,7-二甲基-2,6-辛二烯醛、5-甲基-2-糠醇、香茅醇、1,2-苯并二氢吡喃酮、甲基环戊烯醇酮、（E）-3,7-二甲基-2,6-辛二烯醛等醛、酮、醇类物质，其中仅有 5-甲基-2-糠醇和香茅醇两种醇类物质所体现的烟香味在对照组中感知强度较大，其余醛、酮类物质所体现的烟香均在实验组中感知强度大，且含量也相应较高。苯甲醛、5-甲基-2-糠醛、大马士酮、香叶基丙酮、4-（2,6,6-三甲基-1,3-

环己二烯-1-基）-3-丁烯-2-酮、三醋酸甘油酯、1,4-二甲基-7-乙基薁、巨豆三烯酮、（1-甲氧乙基）苯等物质具有明显的烤烟风味，实验组薄片中的烤烟味成分的感知强度与含量明显高于对照组，其中巨豆三烯酮是类胡萝卜素降解产物，可以增加烟香和花香特征，大马士酮可以赋予充分成熟的烟草香味特征，二者均是烟草中重要的致香物质，对照组中分别含有 0.2374μg/mL、0.3132μg/mL，而实验组中含有 1.0826μg/mL、0.9148μg/mL，分别提高了 356.0% 和 192.0%。另外，新植二烯、2-乙基丁基乙酯、2-乙酰吡咯、二氢猕猴桃内酯等物质具有甜香、花香、清香、药材香等美好香气风格，实验组与对照组相比，新植二烯、羟基丙酮和 2,3′-联吡啶的含量略有减少，而 2-环戊烯-1,4-二酮、2-乙基丁基乙酯、2-乙酰吡咯、二氢猕猴桃内酯等物质的含量和感知强度均有明显增加。二氢猕猴桃内酯本身具有药材的清香味，同时还有消除刺激的作用，其含量的提高可以使处理组香气更加和谐、刺激性降低，与对照组相比，实验组中二氢猕猴桃内酯含量从 0.2246μg/mL 上升至 0.2764μg/mL，同时，嗅闻感知强度也从 3 上升至 4。

同时，12 种令人不愉快的气味之中，2-乙酰呋喃、四十三烷、2-甲基呋喃等具有木质味；四十四烷、正二十一烷具有臭味；十七烷、二十八烷具有辛辣味；N-硝基二丁胺和 15-冠醚-5 具有刺激性异味。相比于对照组，实验组中大部分不愉悦气味物质含量降低，甚至检测不到，说明酶解—美拉德强化修饰可以有效减少薄片中不愉悦气味物质含量，降低刺激性和异味感。

为了更清楚地说明问题，比较了处理前后主要特征香气物质的强度变化，结果如表 3-17 所示。

表 3-17　处理后薄片样品的特征香气成分强度变化情况

化合物	风味类型	强度变化
2-甲基吡咯啉	香甜味	+
2-乙基丁基乙酯	奶油香味	+
丁内酯	原烟烟香	+
富马酸	烤香味	+
3,4-环氧-2-丁酮	药草味	+
（E）-3,7-二甲基-2,6-辛二烯醛	烟香	+
苯甲酸	烟香	+
4-(2,6,6-三甲基-1,3-环己二烯-1-基)-3-丁烯-2-酮	烤烟香	+
1,4-二甲基-7-乙基薁	烤烟香	+
（1-甲氧乙基)苯	烤香味	+
氨基磺酸	清香	+
四十三烷	木头味	−

化合物	风味类型	强度变化
5-甲基十一烷	淡木头味	-
四十四烷	臭味,青草味	
十七烷	辛辣味	-
2-甲基呋喃	木质味	
1,2,3,4-四氢-1,1,6-三甲基萘	烟灰味	-
2-糠醛	烤香	↑
5-甲基-2-糠醛	烤烟香	↑
2(5H)-呋喃酮	烟香	↑
甲基环戊烯醇酮	烟香	
2-乙酰吡咯	植物甜香	↑
2-吡咯甲醛	甜香,花香	↑
巨豆三烯酮	花香,烤香	↑
8-甲基喹啉	花香	↑
二氢猕猴桃内酯	药材味	↑
2-乙酰-呋喃	木质气	↓
二十八烷	辛辣味	↓
15-冠醚-5	异味,刺鼻	↓

注 强度变化"+""-"分别表示和对照产品相比,风味新增和减少;"↑""↓"表示该指标的变化趋势,即增强和减弱。

由表 3-17 可知,实验组与对照组相比较,烟香味增加主要是由于薄片中丁内酯、5-甲基-2-糠醛、2(5H)-呋喃酮、巨豆三烯酮等醛酮类物质,而由四十三烷、2-甲基呋喃、1,2,3,4-四氢-1,1,6-三甲基萘、2-乙酰-呋喃、15-冠醚-5 等物质带来的木质气和杂气减少,刺激性和辛辣感降低。在对照产品的基础上,实验组薄片致香成分增多,主要香气成分强度增大,不利风味物质成分含量和强度均有不同程度降低,薄片质量得到明显改善。

（4）烟草薄片烟气粒相物成分分析。按照 3.2.3.3 和 3.2.3.4 方法,分别对实验组和对照组薄片进行烟气粒相物捕集及分析,测试结果如表 3-18 所示:

表 3-18 薄片烟气粒相物化学成分含量

化合物	含量/（μg/mL）	
	对照组	实验组
2-氧-3-环戊烯-1-乙醛	3.0576	5.8032
5-甲基呋喃醛	—	1.9968
苯乙醛	1.4976	3.8688

化合物	含量/（μg/mL）	
	对照组	实验组
2-甲基-2-环戊烯-1-酮	1.9344	2.3088
2-乙酰基四氢呋喃	—	0.4992
3-甲基-2-环戊烯-1-酮	1.6848	2.6208
3,4-二甲基-2-环戊烯-1-酮	0.8112	1.8096
2,3-二甲基-2-环戊烯-1-酮	3.2488	2.9952
2-羟基-3-甲基-2-环戊烯-1-酮	1.4976	2.1840
3-乙基-2-羟基-2-环戊烯-1-酮	2.7456	6.6144
1-（1-环己烯-1-基）-乙酮	0.8736	0.3744
3-甲基-2-环戊烯-1-酮	1.6848	0.4368
2,3-二氢-1H-茚酮	0.9360	3.3072
E-5-异丙基-8-甲基-6,8-壬二烯-2-酮	0.9984	0.8736
4-羟基-3-苯基-环己酮	—	0.4992
二苯甲酮	2.4960	3.8064
巨豆三烯酮	1.5600	4.5552
醛酮类合计 17 种	25.0264	44.5536
2-甲基吡啶	0.4992	0.2496
甲基吡啶	0.3744	—
3-（2-哌啶基）-吡啶	300.8304	389.1264
2,3′-联吡啶	1.7472	1.8720
2-（7-十七碳炔基氧基）四氢-2H-吡喃	–	1.1856
4-甲基-5-苯基嘧啶	—	0.8112
3-氨基-7-二甲基氨基-2-甲基-吩嗪	—	0.5616
3-甲基吲哚	1.3728	2.3088
杂环类合计 8 种	304.8240	396.1152
4-乙烯基愈创木酚	5.1792	—
酚类合计 1 种	5.1792	—
豆蔻烯酸	—	5.3664
棕榈酸	3.8688	3.8064
α-亚麻酸	1.4976	—
豆甾-5-烯-3-醇-油酸	0.9984	0.8112

化合物	含量/（μg/mL）	
	对照组	实验组
羧酸类合计 4 种	6.3648	9.9840
二乙酸甘油酯	26.0832	16.0992
2,2,4-三甲基-1,3-戊二醇二异丁酸酯	25.5216	21.6528
乙酸十六烷基酯	—	3.8064
6,9-十八碳二烯酸甲酯	12.7920	—
庚二酸二乙酯	—	3.4944
十六酸甲酯	2.1840	6.7392
9,12-十八碳二烯酸(Z,Z)-甲基酯	1.0608	10.2336
酯类合计 7 种	67.6416	62.0256
N,N-二甲基苯胺	0.8112	—
1-(4-甲基苯基)-1-甲基乙胺	—	0.5616
9-十八烯酰胺	126.4224	90.4176
胺类合计 3 种	127.2336	90.9792
新植二烯	20.5296	17.7840
角鲨烯	1.1856	2.6208
萜烯类合计 2 种	21.7152	20.4048
十六烷	12.0432	7.9872
十七烷	4.7424	2.8704
二十烷	—	0.6240
二十八烷	1.1232	—
三十六烷	11.6688	12.9168
碘代十六烷		2.4336
2-甲基十五烷	—	1.4976
环己基甲氧基甲基硅烷	0.7488	0.8736
2,6,11-三甲基十二烷	—	0.7488
烷烃类合计 9 种	30.3264	29.9520

　　由表 3-18 可知，烟草薄片经燃吸后产生大量的杂环类、胺类、酯类、烷烃类、醛酮类、羧酸类和酚类等物质，其中醛酮类、酯类、羧酸类成分均是烟草中主要的致香物质。对照组薄片烟气中检测出 37 种粒相物成分，实验组薄片检测出 45 种

成分。

与对照组相比，实验组中致香物质杂环类、醛酮类和羧酸类化合物的含量均有明显提高，分别从 304.824μg/mL、25.0264μg/mL、6.3648μg/mL 提高至 396.1152μg/mL、44.5536μg/mL、9.9840μg/mL，尤其是公认的烟草致香物质巨豆三烯酮、苯乙醛等，其含量分别提高了 192.0%、158.3%，说明经酶解—美拉德修饰强化后，薄片燃烧后产生的烟气致香成分种类与含量均有所增加，使薄片烟气香气更加丰富、协调。

与对照组烟气粒相物成分相比，实验组中的胺类、酚类、酯类、烷烃类以及萜烯类物质含量有所下降。大多数酚类物质以及部分胺类物质是烟气粒相物成分中的有害成分，其中4-乙烯基愈创木酚、N，N-二甲基苯胺等物质是文献报道的常见有害成分。分析发现，每毫升对照组烟气粒相物中含有 5.1792μg 4-乙烯基愈创木酚、0.8112μg N，N-二甲基苯胺，而实验组中均未检测到此两种有害成分，说明本研究中的处理对烟草薄片减害具有一定作用。由上述烟丝香气成分 GC-MS-O 分析发现，部分烷烃类物质如十七烷、二十八烷等具有辛辣味，而相比于对照组，实验组的烟气粒相物成分中此两种物质分别减少了 39.47% 和 100%，说明经酶解—美拉德强化修饰处理后，薄片的刺激感减弱、杂气降低，与感官评吸结果相一致。

3.3.3 微生物发酵—美拉德反应偶联技术改善烟草薄片品质研究

3.3.3.1 醇化烟叶高酶活菌株的筛选

（1）醇化烟叶中细菌菌株的分离。对郴州、大理、漯河、宣威、韶关 5 个不同产地的醇化烟叶样品进行细菌菌株的平板分离。从中共筛出细菌菌株 126 株，其中郴州 29 株、大理 21 株、漯河 28 株、宣威 18 株、韶关 30 株。以烟叶产地大写首字母命名菌株，分别为 CZ、DL、LH、XW、SG。不同醇化烟叶样品所筛菌株数量及菌株编号见表 3-19。

表 3-19　醇化烟叶细菌菌株分离及编号

样品来源	细菌菌株	
	数量/株	编号
郴州（CZ）	29	CZ1~CZ29
大理（DL）	21	DL1~DL21
漯河（LH）	28	LH1~LH28
宣威（XW）	18	XW1~XW18
韶关（SG）	30	SG1~SG30

由表 3-19 可知，不同产地醇化烟叶分离出的细菌菌株数量不同，范围在 18~

30 株。研究表明，烟叶中数量最多的微生物是细菌，约占醇化烟叶微生物总数的
87.7%~97.9%，处于绝对优势。

（2）醇化烟叶中细菌菌株的产酶定性筛选。将分离出的 126 株细菌菌株按编号
分别接种于纤维素酶、果胶酶和漆酶的定性培养基上，测量透明圈直径和菌落直
径，计算出透明圈直径/菌落直径（即 HC 值）的大小。结果表明不同产地的菌株
产酶情况差异显著。共有 68 株菌显示出至少 1 种产酶活性，其中 9 株菌同时具有
3 种产酶活性，58 株菌未显示任何酶活性。部分菌株透明圈见图 3-8，至少显示一
种酶活性的菌株 HC 值见表 3-20。

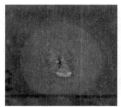 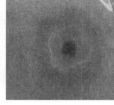 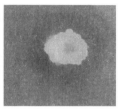

（a）纤维素酶　　　　　（b）果胶酶　　　　　（c）漆酶

图 3-8　部分菌株产酶透明圈

表 3-20　不同产地醇化烟叶细菌菌株产酶初筛结果

菌株编号	HC 值		
	纤维素酶	果胶酶	漆酶
CZ1	2.19±0.09 **	1.69±0.01 **	1.90±0.11 **
CZ2	1.58±0.05	1.26±0.06	—
CZ3	1.59±0.07	1.22±0.09	—
CZ4	2.56±0.06 **	1.25±0.02	1.38±0.02 *
CZ5	1.90±0.03	1.12±0.11	—
CZ6	1.40±0.09	1.21±0.02	—
CZ7	1.64±0.05 *	1.20±0.10 *	—
CZ8	1.65±0.04 *	1.28±0.04 **	1.35±0.09
CZ9	1.35±0.08	—	—
CZ10	1.35±0.04 *	1.29±0.07 **	1.25±0.04 *
CZ13	1.46±0.07 **	—	—
CZ14	1.68±0.09 **	—	—
CZ15	1.92±0.11 *	—	—
CZ16	1.65±0.08 *	—	—

续表

菌株编号	HC 值		
	纤维素酶	果胶酶	漆酶
CZ17	—	—	2.02±0.09 **
CZ21	1.59±0.15 *	1.28±0.02 *	1.05±0.18
CZ22	1.45±0.07	1.10±0.12	—
CZ23	—	1.23±0.08	
CZ24	1.25±0.08 *	1.24±0.04	0.97±0.03
CZ25	—	1.17±0.01	1.28±0.11 *
CZ26	—	1.24±0.11	—
CZ27	—	1.22±0.09	1.44±0.10 **
CZ28	—	1.19±0.06	1.12±0.04
CZ29	1.88±0.01	1.09±0.13	1.06±0.07
DL2	1.67±0.02	1.56±0.06 **	1.14±0.13
DL3	1.82±0.02 *	1.29±0.08	1.04±0.09
DL4	—	—	1.75±0.02 **
DL12	1.33±0.04	—	1.16±0.08
DL14	1.60±0.06	—	1.32±0.05
DL20	1.34±0.09 *	—	—
LH1	1.38±0.08	—	—
LH2	1.23±0.10	—	—
LH3	1.40±0.01	—	—
LH4	1.28±0.04	—	—
LH6	1.32±0.07 *	1.30±0.15 **	—
LH8	1.63±0.05	—	—
LH9	1.71±0.12	—	—
LH10	1.64±0.10	—	—
LH13	1.17±0.02 *	—	—
LH15	1.44±0.09 *	—	—
LH16	1.32±0.14 **	—	—
LH17	1.43±0.03	—	—
LH18	1.72±0.14	—	—
LH19	1.40±0.05	—	—
LH20	2.42±0.03 **	—	—

续表

菌株编号	HC 值		
	纤维素酶	果胶酶	漆酶
LH21	2.04±0.02 *	—	—
LH22	1.41±0.12 *	—	—
LH23	1.66±0.02 *	1.13±0.08	—
LH24	1.42±0.04 *	1.07±0.11 *	—
LH26	2.10±0.04	—	—
XW3	1.91±0.07 *	—	—
XW6	2.01±0.06 *	—	—
XW7	2.89±0.11 **	—	—
XW8	1.60±0.03	1.15±0.08	—
XW10	1.66±0.15 *	—	—
XW12	2.02±0.06 *	—	—
XW14	1.45±0.01 *	1.21±0.05 *	—
XW15	1.87±0.19 *	1.27±0.09	—
XW16	1.76±0.08	1.19±0.04	—
XW17	1.44±0.04	—	—
XW18	1.49±0.07	1.25±0.15	—
SG11	—	1.21±0.08	—
SG12	—	1.22±0.03	—
SG18	1.99±0.14	—	—
SG19	2.10±0.10 **	—	—
SG20	1.39±0.08 *	—	—
SG21	—	1.35±0.05 **	1.64±0.03 **
SG22	—	1.29±0.04 *	—
产酶菌株总数	57	32	17

注　"—"表示未出现透明圈，"*""**"表示透明圈的清晰度增加。

　　由表3-20可知，具有纤维素酶、果胶酶和漆酶活性的菌株数分别为57、32和17，分别占分离菌株总数的45.2%、25.4%和13.5%。产纤维素酶的菌株 HC 值大于2.0的有9株，显示较强的纤维素分解能力；产果胶酶和漆酶的菌株 HC 值大于1.5的分别有2株和4株，且透明圈清晰度高，可见其对相应底物有一定的分解能力。从产酶菌株数和 HC 值方面进行定性分析，产纤维素酶的菌株数量多于产果胶酶或漆酶的菌株数，同时具有多种产酶活性的菌株其纤维素酶 HC 值均为最大。

定性筛选是对菌株降解底物能力的直观体现，由于酶在平板中会被固体凝胶阻碍，所以需要研究其在液体培养基中的酶活，从而准确了解菌株产酶性能。根据表3-23结果，对各菌株产酶HC值进行排序，综合考察HC值及透明圈清晰度，分别从产纤维素酶、果胶酶和漆酶的菌株中选出5株进入复筛，复筛备选菌株见表3-21。

表3-21　复筛备选菌株产酶初筛结果

菌株编号	纤维素酶HC	菌株编号	果胶酶HC	菌株编号	漆酶HC
CZ1	2.19±0.09	CZ1	1.69±0.01	CZ1	1.90±0.11
CZ4	2.56±0.06	CZ10	1.29±0.07	CZ17	2.02±0.09
LH20	2.42±0.03	DL2	1.56±0.06	CZ27	1.44±0.10
XW7	2.89±0.11	LH6	1.30±0.15	DL4	1.75±0.02
SG19	2.10±0.10	SG21	1.35±0.05	SG21	1.64±0.03

对初筛的备选菌株进行复筛，测定其在NA液体培养基中的酶活，实验结果见表3-22。

表3-22　不同产地醇化烟叶细菌菌株产酶复筛结果

菌株编号	纤维素酶酶活/（U/mL）	菌株编号	果胶酶酶活/（U/mL）	菌株编号	漆酶酶活/（U/L）
CZ1	128.44±13.37	CZ1	90.69±4.33	CZ1	7.86±0.27
CZ4	199.90±8.02	CZ10	136.30±7.95	CZ17	5.86±0.15
LH20	179.78±10.13	DL2	91.45±1.74	CZ27	6.11±0.33
XW7	107.92±19.70	LH6	73.64±10.06	DL4	3.92±0.82
SG19	166.86±3.99	SG21	103.13±2.54	SG21	4.78±0.26

由表3-22可知，复筛的各菌株纤维素酶活性比较强，在199.90~107.92U/mL，这与初筛结论一致。果胶酶次之，活性范围在136.30~73.64U/mL，相关研究已经证明醇化烟叶中菌株产酶活性为纤维素酶>果胶酶，这与本研究结论一致。目前国内外对微生物发酵产漆酶的研究多集中于白腐菌等真菌，对细菌的研究较少。主要原因是细菌产漆酶的能力普遍不如真菌，并且细菌降解木质素的机理尚不明确，但是细菌具有来源广泛、生长迅速、适合大规模应用的优势。本研究中的细菌菌株全部筛选自醇化烟叶，避免了外源微生物的干扰，相对于真菌，使用内源细菌更利于

控制烟末提取液的品质。

由复筛结果可知，CZ1、CZ4 和 CZ10 分别是发酵 24h 产漆酶、纤维素酶和果胶酶的最优菌株。所以选择这 3 株菌进行后续混合发酵研究。

3.3.3.2　高酶活菌株鉴定与表征

（1）高酶活菌株的形态学鉴定。将 CZ1、CZ4 和 CZ10 划线接种，运用常规方法观测不同时期菌落的形态特征。平板菌落形态见图 3-9，个体形态特征见表 3-23。

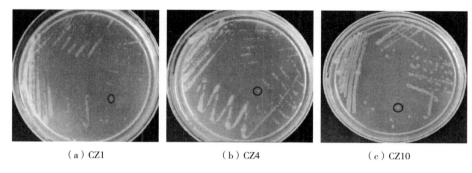

（a）CZ1　　　　　　　（b）CZ4　　　　　　　（c）CZ10

图 3-9　3 株的平板菌落形态

CZ1 在 NA 平板上菌落为乳白色，形状扁平为椭圆形，对数期菌落边缘整齐，不透明；对数期后菌落边缘呈裂叶状，中部略微隆起，干燥且有轻微皱褶。

CZ4 在 NA 平板上菌落为淡黄色，形状扁平不规则，对数期菌落边缘整齐，不透明，对数期后菌落边缘呈锯齿状，菌落干燥且中部略有褶皱。

CZ10 在 NA 平板上菌落为乳白色，形状扁平，中部有棕色色素沉积，对数期菌落边缘呈锯齿状，不透明；对数期后菌落边缘不规则，表面有褶皱及泡状突起，质地干燥。

表 3-23　3 株菌个体形态特征

菌株编号	菌体长/μm	菌体宽/μm	杆状	革兰氏	芽孢	鞭毛
CZ1	2.7	1.0	+	G⁺	+	+
CZ4	2.9	0.8	+	G⁺	+	+
CZ10	2.5	0.7	+	G⁺	+	+

注　"+"表示出现相应性状特征，"G⁺"表示革兰氏阳性菌。

（2）高酶活菌株的生理生化鉴定。根据《常见细菌系统鉴定手册》和《伯杰氏系统细菌学手册》对 CZ1、CZ4 和 CZ10 3 株菌进行部分生理生化指标测定，结果见表 3-24。

表 3-24　3 株菌的生理生化特征

测试实验	CZ1	CZ4	CZ10
过氧化氢酶	+	+	+
厌氧生长	−	−	−
V-P 实验	+	+	+
硝酸盐还原	+	+	+
明胶水解	+	+	+
淀粉水解	+	+	+
酪氨酸水解	−	−	−
D-葡萄糖	+	+	+
阿拉伯糖	+	+	+
甘露糖	+	+	+
木糖	+	+	+

注　"+"表示反应为阳性，"−"表示反应为阴性。

由表 3-24 可知，3 株菌均可使明胶和淀粉水解，产过氧化氢酶，具有硝酸盐还原阳性，可利用葡萄糖产酸等，基本符合芽孢杆菌的生理生化特征，结合菌株个体形态观察可初步断定 3 株菌属于芽孢杆菌。

3.3.4　烟草果胶质降解菌的筛选、鉴定及形态观察

3.3.4.1　高产果胶酶的真菌筛选及形态观察

从所采集的土样中共分离得到产果胶酶的真菌 14 株，挑取到定性验证培养基上纯化培养，选取出经过刚果红染色产生的透明圈直径较大的 6 株菌株进行摇瓶复筛，经测定选取出两株产果胶酶活力最高的真菌，命名为 sw06 和 sw09。sw06 为丝状真菌，菌丝发达多分枝，为有隔菌丝，菌丝初期为白色［图 3-10（a）］，质地疏松，厚绒毛状，后期菌丝分化产生分生孢子，颜色逐渐加深，成熟菌落产生大量黑色孢子［图 3-10（b）］。分生孢子头幼时成球形［图 3-10（c）］，菌丝［图 3-10（d）］有隔膜且透明。分生孢子梗着生在与菌丝相连的足细胞上，分生孢子梗较长，顶端的顶囊膨大成近球形，小梗呈放射状，分生孢子呈圆球形，直径为 2.5~4μm［图 3-10（e）］。形态特征与黑曲霉相近。sw09 其菌落为毛毡状［图 3-11（a）］，表面有絮状物，呈放射性褶皱分裂，孢子表面初生为黄色［图 3-11（b）］，后期菌落顶端转至淡粉色或淡紫色［图 3-11（c）］，背面无色至黄色转橙色至淡紫色［图 3-11（d）］。小梗少而细［图 3-11（e）］，长 8~10μm，宽 2~2.2μm，顶端急剧地变细。分生孢子为橄榄球形，两端稍尖，长径 3~3.5μm。

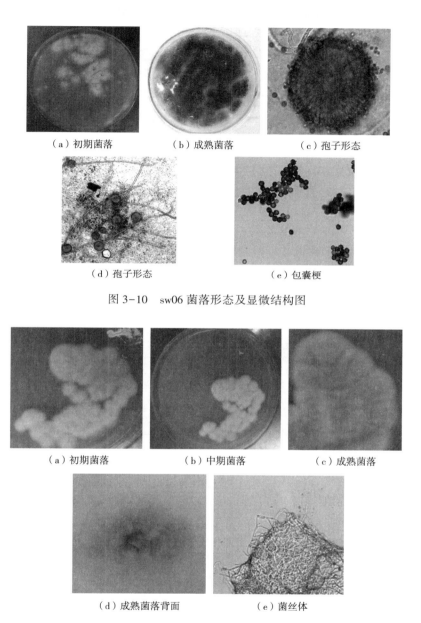

（a）初期菌落　　　　　（b）成熟菌落　　　　　（c）孢子形态

（d）孢子形态　　　　　　　（e）包囊梗

图 3-10　sw06 菌落形态及显微结构图

（a）初期菌落　　　　　（b）中期菌落　　　　　（c）成熟菌落

（d）成熟菌落背面　　　　　（e）菌丝体

图 3-11　sw09 菌落形态及显微结构图

3.3.4.2　最适培养时间的确定及形态学观察

（1）半乳糖醛酸标准曲线。以标准半乳糖醛酸浓度（mg/mL）为横坐标，吸光度（A540nm）为纵坐标，绘制标准曲线（图 3-12），得到的线性方程为：$y = 0.7723x - 0.0245$，$R^2 = 0.9951$。

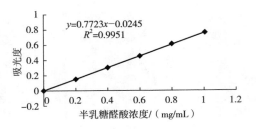

图 3-12　半乳糖醛酸标准曲线

（2）最适培养时间的确定。根据发酵罐培养时间内 *A. niger* sw06 菌丝干重及酶活力的变化（图 3-13）确定最佳培养时间为 48h，此时目标产物酶活力达到最大值为 3256.51U/mL。基础培养基的 pH（图 3-13）在 48h 内迅速下降，之后 pH 平缓下降至趋于平缓。残糖含量在发酵初期基本是平稳下降的，48h 左右残糖量迅速下降，可能是由于次级代谢产物开始大量产生，具体机理有待研究。其中菌丝干重与pH 成负相关，其他变量相关性不明显（表 3-25）。

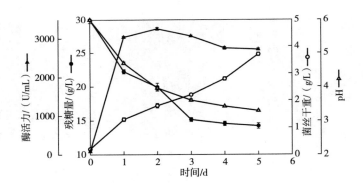

图 3-13　黑曲霉液体培养参数图

表 3-25　黑曲霉液体培养参数相关性系数表

来源		pH	残糖	菌丝干重	酶活力
pH	Pearson 相关性	1.000	0.738	-0.886[*]	0.451
	显著性（双侧）	—	0.154	0.045	0.446
残糖	Pearson 相关性	0.738	1.000	-0.753	0.833
	显著性（双侧）	0.154	—	0.142	0.080
菌丝干重	Pearson 相关性	-0.886[*]	-0.753	1.000	-0.522
	显著性（双侧）	0.045	0.142	—	0.367

来源		pH	残糖	菌丝干重	酶活力
酶活力	Pearson 相关性	0.451	0.833	−0.522	1.000
	显著性（双侧）	0.446	0.080	0.367	—

注　* 表示在 0.05 显著性水平下，相关系数显著。

根据发酵罐培养时间内 *P. Janthinellum* sw09 菌丝干重及酶活力的变化（图 3-15）确定最佳培养时间为 72h，此时目标产物酶活力达到最大值为 3071.99U/mL。基础培养基的 pH（图 3-13）在 72h 内先略有上升之后平缓下降。残糖含量一直平稳下降，72h 左右残糖量下降幅度不明显，可能是由微生物代谢糖的产生引起。其中 pH 与残糖量成正相关，即 pH 随残糖量减小而减小，其他变量相关性不明显。

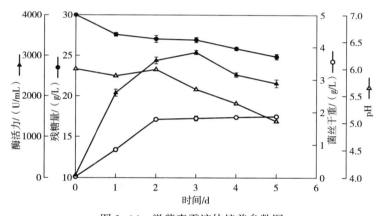

图 3-14　微紫青霉液体培养参数图

表 3-26　微紫青霉液体培养参数相关性系数表

来源		pH	残糖	菌丝干重	酶活力
pH	Pearson 相关性	1.000	0.943*	−0.495	0.249
	显著性（双侧）	—	0.016	0.397	0.687
残糖	Pearson 相关性	0.943*	1.000	−0.644	0.165
	显著性（双侧）	0.016	—	0.241	0.791
菌丝干重	Pearson 相关性	−0.495	−0.644	1.000	0.631
	显著性（双侧）	0.397	0.241	—	0.254
酶活力	Pearson 相关性	0.249	0.165	0.631	1.000
	显著性（双侧）	0.687	0.791	0.254	—

注　* 表示在 0.05 显著性水平下，相关系数显著。

（3）形态学观察。*A. niger* sw06 不同发酵时间菌丝球形态变化和菌丝球平均直径、紧密度、圆度和粗糙度的变化见图 3-15 和图 3-16。在第 1d 菌丝球已经显现明显的菌核，但是菌丝球较小；2d 后菌丝体变大，丝状体含量增加，菌丝球紧实，菌丝球的外围菌丝在初期生长的十分茂盛，形成网状的结构，不易被搅拌产生的剪切力打散，此时紧密度增大，粗糙度减小。随后菌核逐渐增大，菌丝量减小且松散；4d 后菌丝球几乎只剩菌核部分，外部的菌丝少而紧密，几乎没有损伤。在培养前期菌丝球的圆度和粗糙度上下略微波动，没有明显不同；但在培养后期，菌丝球的紧密度上升，同时粗糙度减小，是由于菌丝球外围的菌丝纠结缠绕成粗绳状。菌丝干重与直径、紧密度成正相关（表 3-27）。

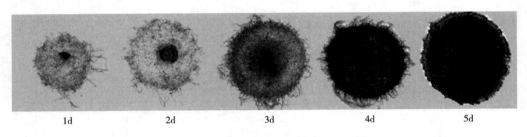

图 3-15 黑曲霉液体培养形态图

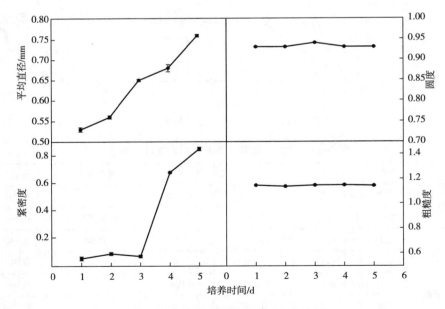

图 3-16 黑曲霉液体培养形态参数图

表 3-27 黑曲霉菌丝球形态参数相关性系数表

来源		酶活力	菌丝干重	圆度	平均直径	紧密度	粗糙度
酶活力	Pearson 相关性	1.000	-0.807	0.242	-0.811	-0.912	-0.589
	显著性（双侧）		0.099	0.695	0.096	0.031	0.296	—
菌丝干重	Pearson 相关性	-0.807	1.000	-0.096	0.980**	0.923*	0.119
	显著性（双侧）	0.099	—	0.878	0.003	0.026	0.849
圆度	Pearson 相关性	0.242	-0.096	1.000	0.084	-0.404	0.260
	显著性（双侧）	0.695	0.878	—	0.893	0.499	0.673
平均直径	Pearson 相关性	-0.811	0.980**	0.084	1.000	0.865	0.250
	显著性（双侧）	0.096	0.003	0.893	—	0.058	0.685
紧密度	Pearson 相关性	-0.912*	0.923*	-0.404	0.865	1.000	0.226
	显著性（双侧）	0.031	0.026	0.499	0.058		0.715
粗糙度	Pearson 相关性	-0.589	0.119	0.260	0.250	0.226	1.000
	显著性（双侧）	0.296	0.849	0.673	0.685	0.715	—

注 ** 表示在 0.01 显著性水平下，相关系数显著（双侧）；* 表示在 0.05 显著性水平下，相关系数显著（双侧）。

P. Janthinellum sw09 不同发酵时间菌丝球形态变化和菌丝球平均直径、紧密度、圆度和粗糙度的变化见图 3-17 和图 3-18。在第 1d 菌丝球基本为菌丝体缠绕，菌核不明显；2d 后菌丝体变大，菌丝球紧实，并有菌核产生。菌丝球的外围菌丝在初期生长的十分茂盛，但质地松散，紧密度小。3d 后菌核逐渐增大，菌丝量增大；4d 菌丝球基本呈球状，外部的菌丝多而紧密，紧密度上升，粗糙度下降。5d 后菌丝体达到稳定成熟。在培养前期菌丝球的圆度和直径迅速上升；但在培养后期，菌丝球的紧密度降低，同时粗糙度减小，是由于菌丝球外围的菌丝生长速度过快，产生分生，粗糙度与菌丝干重、圆度与紧密度呈正相关（表 3-28）。

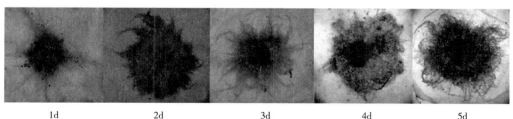

|　1d　|　2d　|　3d　|　4d　|　5d　|

图 3-17 微紫青霉液体培养形态图

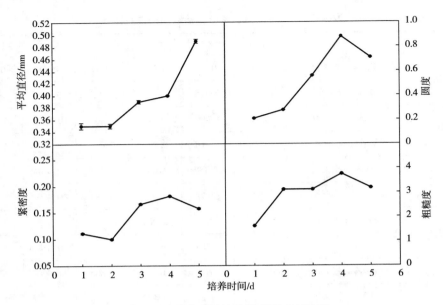

图 3-18　微紫青霉液体培养形态参数图

表 3-28　微紫青霉菌丝球形态参数相关性系数表

来源		酶活力	菌丝干重	圆度	平均直径	紧密度	粗糙度
酶活力	Pearson 相关性	1.000	0.631	0.070	-0.206	0.148	0.536
	显著性（双侧）	—	0.254	0.910	0.739	0.812	0.351
菌丝干重	Pearson 相关性	0.631	1.000	0.679	0.511	0.552	0.591[*]
	显著性（双侧）	0.254	—	0.208	0.379	0.334	0.013
圆度	Pearson 相关性	0.070	0.679	1.000	0.684	0.933[*]	0.792
	显著性（双侧）	0.910	0.208	—	0.203	0.021	0.110
平均直径	Pearson 相关性	-0.206	0.511	0.684	1.000	0.591	0.428
	显著性（双侧）	0.739	0.379	0.203	—	0.294	0.472
紧密度	Pearson 相关性	0.148	0.552	0.933[*]	0.591	1.000	0.648
	显著性（双侧）	0.812	0.334	0.021	0.294	—	0.237
粗糙度	Pearson 相关性	0.536	0.951[*]	0.762	0.428	0.648	1.000
	显著性（双侧）	0.351	0.013	0.110	0.472	0.237	—

注　[*] 表示在 0.05 显著性水平下，相关系数显著。

3.3.5　优选菌株产胞外果胶酶的液体培养条件优化

3.3.5.1　黑曲霉液体发酵培养条件的优化单因素实验

由图 3-19（a）可知，当反应温度为 28℃时，酶活力为 2049.07U/mL，随着温度的升高，酶的活性保持在一个几乎相同的水平，在 2000.00U/mL 左右，因此温度对产酶影响较小，最适发酵温度条件为 28℃。由图 3-19（b）可知，最适起始 pH 为 5，酶活力达到 2683.54U/mL，说明果胶酶为酸性果胶酶。由图 3-19（c）可知，以酶活力为指标，培养黑曲霉的适宜碳源是果糖。由图 3-19（d）可知，黑曲霉菌对 5 种氮源都可以利用，但利用能力存在明显差异。以蛋白胨作为氮源的时候，黑曲霉菌菌丝生物量及酶产量均达到最大，其次是酵母浸粉，以 NaNO$_3$ 等无机氮为氮源时菌丝生物量及酶产量很小，说明有机氮比无机氮更适宜作为产酶氮源，因此确定黑曲霉的最适氮源是蛋白胨。由图 3-19（e）可知，当添加 MgSO$_4$ 时酶活力最高为 1773.92U/mL，可知无机盐的添加并不利于黑曲霉产果胶酶，因此无机盐不作为中心组合实验设计的因素。

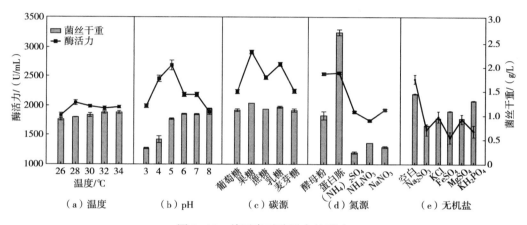

图 3-19 单因素对酶活力的影响

3.3.5.2 中心组合设计法

根据中心组合实验设计原理，对单因素实验确定的显著因素进行响应面分析实验，以决定单因素实验中所得到的主要影响因素的适宜浓度：以果糖（A）、蛋白胨（B）、果胶含量（C）为自变量，果胶酶产量（Y）为响应值设计，采用 Desigan Expert 8.05b 软件运行相关的实验设计、数据分析和模型建立，中心组合实验的变量和水平以及实验方案和结果分别如表 3-29 和表 3-30 所示。其中，d（轴向点）为 1.682。

表 3-29 中心组合实验的变量和水平

因素	水平				
	-1.682	-1	0	-1	1.682
果糖/（g/L）	23.20	30.00	40.00	50.00	56.80
蛋白胨/（g/L）	2.30	3.00	4.00	5.00	5.70
果胶/（g/L）	0.60	2.00	4.00	6.00	7.40

表3-30　中心组合实验设计及实验结果

实验号	编号	A 果糖/（g/L）	B 蛋白胨/（g/L）	C 果胶/（g/L）	Y 酶活力/（U/mL）
16	1	40.00	4.00	4.00	3556.42
3	2	30.00	5.00	2.00	1837.87
17	3	40.00	4.00	4.00	3719.76
1	4	30.00	3.00	2.00	4159.65
5	5	30.00	3.00	6.00	3499.29
20	6	40.00	4.00	4.00	3661.49
12	7	40.00	5.70	4.00	2960.88
10	8	56.80	4.00	4.00	2314.52
11	9	40.00	2.30	4.00	3690.28
9	10	23.20	4.00	4.00	2841.46
14	11	40.00	4.00	7.40	3687.04
8	12	50.00	5.00	6.00	4208.21
18	13	40.00	4.00	4.00	2994.3
15	14	40.00	4.00	4.00	3711.1
6	15	50.00	3.00	6.00	2660.88
7	16	30.00	5.00	6.00	3015.47
4	17	50.00	5.00	2.00	2073.13
19	18	40.00	4.00	4.00	3635.25
13	19	40.00	4.00	0.60	2440.06
2	20	50.00	3.00	2.00	2314.52

　　用 Design Expert 8.0.5b 软件中的方差分析功能对实验数据进行建模和分析，结果如表3-31所示。利用上述软件对表3-30的实验数据进行回归分析，各因素经回归拟合后得到的二次响应面回归方程为：$Y = 3545.87 - 156.83A - 199.63B + 373.13C + 513.94AB + 245.53AC + 453.34BC - 339.03A^2 - 74.71B^2 - 167.35C^2$，由 F 检验来判定回归方程中各变量对响应值显著性的影响。相应变量的显著性与 P 值成反比。从表3-31可知，本实验所选用的模型具有高度显著的影响（$P<0.01$）。从表3-31中的 P 值还可以看出，上述方程中的 C、AB、BC、A^2 对响应值的影响极显著，说明各实验因子与相应值并非简单的线性关系。该方程 $R^2 = 0.9585$，校正 $R^2 = 0.9212$，表示该模型拟合适用于果胶酶液体发酵最佳工艺条件的理论预测。此外，培养基配方中的各成分中，碳源对产酶得率的影响最大。

表 3-31　响应面法所建二项式模型的方差分析表

差异源	平方和	df	均方	F 值	P 值	显著性
模型	8.950×10^6	9	9.944×10^5	25.68	<0.0001	显著
A-果糖	8.950×10^6	1	3.359×10^5	8.67	0.0147	—
B-蛋白胨	5.443×10^5	1	5.443×10^5	14.05	0.0038	—
C-果胶	1.901×10^6	1	1.901×10^6	49.10	<0.0001	—
AB	2.113×10^6	1	2.113×10^6	54.56	<0.0001	—
AC	4.823×10^5	1	4.823×10^5	12.45	0.0055	—
BC	1.644×10^6	1	1.644×10^6	42.45	<0.0001	—
A^2	1.656×10^6	1	1.656×10^6	42.77	<0.0001	—
B^2	80443.12	1	80443.12	2.08	0.1801	—
C^2	4.036×10^5	1	4.036×10^5	10.42	0.0090	—
残差	3.873×10^5	10	38726.40	—	—	—
失拟误差	4029.37	5	805.87	0.011	0.9999	不显著
纯误差	3.832×10^5	5	76646.92	—	—	—
总离差	9.337×10^6	19	—	—	—	—

3.3.5.3　响应面及等高线

利用软件 Design Expert 8.05b 还可以得出碳源、氮源和诱导底物果胶粉的响应值与酶活力之间关系的等高线图和 3D 响应面图。根据拟合函数，固定一个因素"0"为水平，分析其他 2 个因素对果胶酶活力的影响，作出响应面和等高线图。图 3-20 为各因子间交互作用的 3D 响应面图和等高线图。

（1）碳源（果糖）与氮源（蛋白胨）的交互作用。由图 3-20 可知，当果胶粉一定时，蛋白胨含量为 3.00g/L 时，随果糖的升高，果胶酶活力先上升后缓慢减小，可能是由于碳源浓度增加酶活力增大，而碳源浓度过高次级代谢产物增多而产酶减少；蛋白胨含量为 5.00g/L 时，随果糖含量增加，果胶酶活力稳步上升至稳定不变。由此可以推断出，在果胶粉一定的条件下，增加碳、氮源含量有助于提高果胶酶活力，但碳源浓度过高反而不利于微生物产酶。由方差分析可知碳源与氮源的交互作用极显著。

（2）碳源（果糖）与诱导底物（果胶粉）的交互作用。由图 3-21 可知，当氮源保持不变时，果胶粉含量为 2.00g/L 时，随果糖含量的升高，果胶酶活力逐渐增大再缓慢减小，是由于碳源浓度过高抑制了酶产生；果胶粉含量为 6.00g/L 时，随果糖含量增加，果胶酶活力先增大再缓慢减小。由方差分析可知碳源与诱导底物的交互作用显著，两者线性不相关。

（3）氮源（蛋白胨）与诱导底物（果胶粉）的交互作用。由图 3-22 可知，当

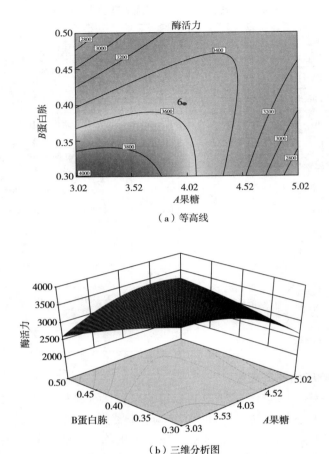

（a）等高线

（b）三维分析图

图3-20 响应面（A，B）等高线图与三维分析图

碳源保持不变时，果胶粉含量为2.00g/L时，随蛋白胨含量的升高，果胶酶活力缓慢减小，可能由于诱导底物过低，随着氮源浓度变高、次级产物增加而产酶减少；果胶粉含量为6.00g/L时，随蛋白胨含量增加，果胶酶活力迅速增加。由方差分析可知氮源与诱导底物的交互作用极显著，两者线性不相关。

3.3.5.4 验证实验

根据回归模型预测，黑曲霉（*Aspergillus niger*）sw06最佳发酵工艺为果糖含量48.90g/L、蛋白胨含量5.00g/L、果胶粉含量为6.00g/L，此时酶活力理论上可达4198.45U/mL。为了检验实验结果的正确性，根据以上实验进行验证实验，3次平行重复，以验证实验检测值与理论预测值是否相符，最终得到最后优化方案。果胶酶活力实际值为（4175.65±21）U/mL，理论预测值与理论值误差较小，可见该模型能较好地模拟和预测实验产率。

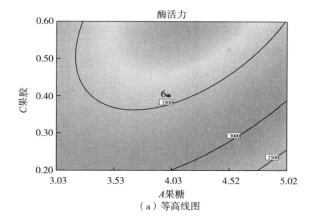

（a）等高线图

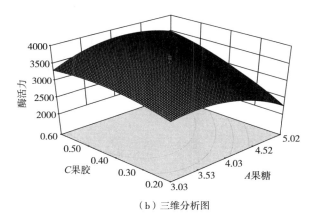

（b）三维分析图

图 3-21　响应面（A，C）等高线图与三维分析图

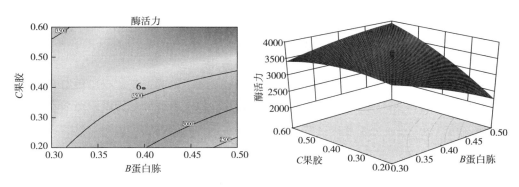

图 3-22　响应面（B，C）等高线图与三维分析图

3.3.5.5 微紫青霉液体发酵培养条件的优化单因素实验

当反应温度为32℃时，酶活力达到最大为2136.48U/mL，最适发酵温度条件为32℃［图3-23（a）］。由图3-23（b）可知，最适起始pH为5，酶活力达到1945.49U/mL，说明果胶酶为酸性果胶酶。以酶活力为指标，培养微紫青霉的适宜碳源是葡萄糖，酶活力达到2683.54U/mL［图3-23（c）］。图3-23（d）可知，有机氮比无机氮更适宜产酶，培养微紫青霉的最适氮源是酵母浸粉。并非所有无机盐都对产酶有促进作用，添加KH_2PO_4时酶活力最高，因此选择KH_2PO_4作为后续实验的无机盐。

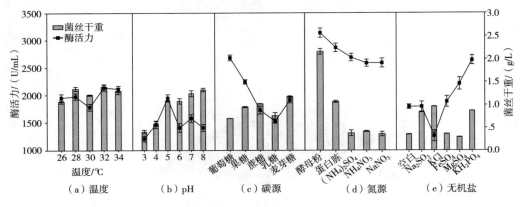

图3-23 单因素对酶活力的影响

3.3.5.6 正交实验设计法

根据单因素实验的结果确定影响青霉果胶酶产量的主要因素，并确定各因素的浓度，设计实验方案。根据上述实验结果，选取碳源、氮源、无机盐、果胶浓度4个因素，每一因素选3个水平进行正交实验，实验结果以酶活力为指标，确定3个考察因素及其编码水平见表3-32。从正交结果可知（表3-33），青霉产果胶酶最优培养基组合是$A_3B_1C_2D_1$，即葡萄糖浓度为50g/L，酵母浸粉浓度为3g/L，KH_2PO_4浓度为1g/L，果胶粉浓度为2g/L。由极差分析可得，各因素对酶活力的影响显著性为$A>D>C>B$，即葡萄糖浓度>果胶粉浓度>无机盐浓度>氮源浓度。方差分析表明（表3-34）碳源及诱导底物果胶粉对酶活力影响极显著。经验证实验得最优组合培养条件下，果胶酶活力为3210.49U/mL，与预计值较为一致。由此确定微紫青霉菌产果胶酶的最佳培养基条件是：50g/L葡萄糖，3g/L酵母浸粉，1g/L KH_2PO_4 和2g/L果胶粉。

表3-32 正交实验的变量和水平

因素	葡萄糖/（g/L）	酵母粉/（g/L）	KH_2PO_4/（g/L）	果胶粉/（g/L）
1	30	3	0.5	2

因素	葡萄糖/（g/L）	酵母粉/（g/L）	KH$_2$PO$_4$/（g/L）	果胶粉/（g/L）
2	40	4	1	4
3	50	5	1.5	6

表 3-33　微紫青霉正交实验方案设计及实验结果

实验号	葡萄糖浓度（A）	酵母粉浓度（B）	KH$_2$PO$_4$浓度（C）	果胶浓度（D）	酶活力/（U/mL）
1	1	1	1	1	1848.37±207.21
2	1	2	2	2	1880.75±51.79
3	1	3	3	3	1608.83±45.32
4	2	1	2	3	2243.30±187.75
5	2	2	3	1	2359.83±84.16
6	2	3	1	2	2155.90±158.62
7	3	1	3	2	3097.89±38.85
8	3	2	1	3	2861.58±16.19
9	3	3	2	1	3159.39±29.13
k_1	1779.32	2396.52	2288.62	2455.87	—
k_2	2253.01	2367.39	2427.81	2378.18	—
k_3	3039.62	2308.04	2355.52	2237.90	—
R	1260.30	88.48	139.19	217.96	—
较优水平	A_3	B_1	C_2	D_1	—
主次因素	$A>D>C>B$				

表 3-34　方差分析表

方差来源	偏差平方和	自由度	方差	F 值	F_α	显著性
A：葡萄糖	201.50	2	100.75	267.85	$F_{0.05}(2, 18) = 3.55$	**
B：酵母粉	1.16	2	0.58	1.54	$F_{0.01}(2, 18) = 6.01$	—
C：KH$_2$PO$_4$	1.89	2	0.94	2.51		—
D：果胶粉	5.02	2	2.51	6.67		**
误差 e_2	6.77	18	—			
误差 e	6.77	18	0.38			
总和	216.32	26	—			

3.3.6 酶的纯化及酶特性研究

3.3.6.1 黑曲霉产果胶酶的纯化

由图 3-24 可知，黑曲霉产果胶酶经初步分子筛纯化后出现了 1 个蛋白峰，并根据蛋白峰检测酶活力发现峰尖酶活力为 3930.08U/mL，收集 42~65 管洗脱液为活力蛋白洗脱液。

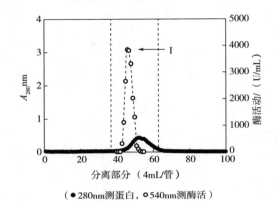

（●280nm测蛋白，○540nm测酶活）

图 3-24　Sepharose CL-6B 分子筛洗脱图谱

3.3.6.2 微紫青霉产果胶酶的纯化

由图 3-25 可知，粗酶经分子筛纯化出现两个蛋白峰，峰 1 共 24 管，总酶活力为 92U/mL，由于酶活力低、蛋白含量少，判定峰 1 为杂蛋白废弃不要；第 2 个蛋白峰共 30 管，经测定峰尖酶活力为 1423.00U/mL，收集 40~60 管洗脱液为活力蛋白部分。

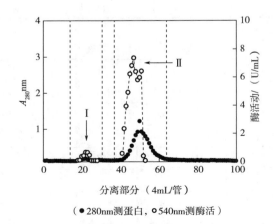

（●280nm测蛋白，○540nm测酶活）

图 3-25　Sepharose CL-6B 分子筛洗脱图谱

3.3.6.3 DEAE-Sepharose FF 离子交换纯化

由图 3-26 可知，经冷冻干燥的粗酶粉用 DEAE-Sepharose FF 离子交换柱分离纯化后出现 1 个蛋白峰，测定峰尖处（即为目的组分）酶活力 1880.54U/mL，收集 11~19 管洗脱液，再进行透析，作电泳检测备用。

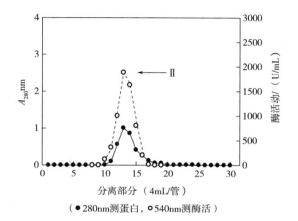

图 3-26　DEAE-Sepharose FF 离子交换洗脱图谱

3.3.6.4 DEAE-Sepharose FF 离子交换纯化

由图 3-27 可知，经冷冻干燥的粗酶粉用 DEAE-Sepharose FF 离子交换柱纯化后出现 1 个蛋白峰的共 7 管，测定峰尖（即为目的组分）酶活力 2978.30U/mL，收集 6~12 管洗脱液，再进行透析，作电泳检测备用。

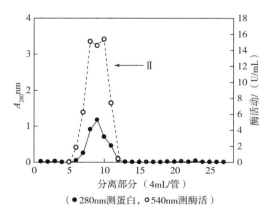

图 3-27　DEAE-Sepharose FF 离子交换洗脱图谱

3.3.6.5 SDS-PAGE 电泳结果

将纯化的酶样品与低分子量标准蛋白进行 SDS-PAGE 电泳对比，电泳检测均为

1 条清晰带，达到了电泳纯。由图 3-28、图 3-29 可知，两种霉菌产单一酶分子质量约为 66.2kDa。

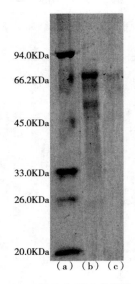

| 图 3-28 黑曲霉产果胶酶纯化电泳图 | 图 3-29 微紫青霉产果胶酶纯化电泳图 |

3.3.6.6 黑曲霉产果胶酶酶学特性

（1）pH 对酶活力的影响及 pH 稳定性。酶活力随着 pH 的升高呈先上升后下降的趋势，但是受 pH 影响不显著（图 3-30）。当 pH 为 5 时，酶活力最高，为 3835.94U/mL。pH 在 3~5 之间酶活力变化不明显，说明酶活力持续稳定；但当 pH 超过 6 时，其酶活力下降 1/4，但仍保有较高酶活。

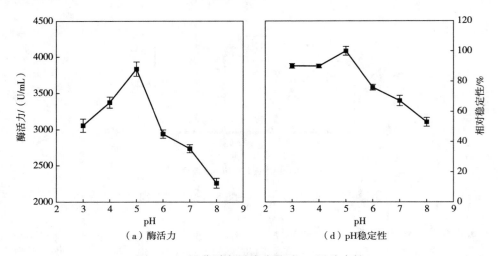

图 3-30 黑曲霉产果胶酶最适 pH 及稳定性

（2）温度对酶活力的影响及酶的热稳定性。果胶酶活力随着温度的升高均呈现先上升后降低的趋势（图 3-31）。在 35~65℃ 温度范围内，温度升高酶活力升高，温度超过 55℃ 后，酶活力开始急速降低。因此，果胶酶的最佳酶促反应温度为 55℃，此时酶活力达到 4282.66U/mL。粗酶因水浴时间的增加，活力逐渐降低。在 30℃、40℃、50℃ 时，在 0~120min 内，酶活力下降不明显；50℃ 以下，2h 以后仍能保持 56.7% 酶活，温度升高，酶的热稳定性下降。60℃ 以上时，酶活力随时间延长而快速降低，在 2h 后果胶酶活力仍然剩余 20%，表明了酶的热稳定性较好。

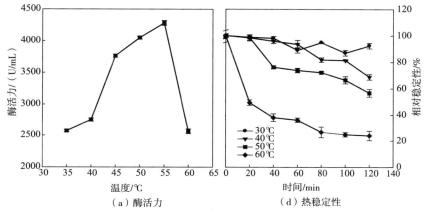

（a）酶活力　　　　　　　　　（d）热稳定性

图 3-31　黑曲霉产果胶酶最适温度及热稳定性

3.3.6.7　微紫青霉产果胶酶酶学特性

（1）pH 对酶活力的影响及 pH 稳定性。酶活力随着 pH 的升高呈先上升后下降的趋势（图 3-32），但是受 pH 影响不显著。当 pH 为 5 时，酶活力最高，为 3052.57U/mL。pH 在 4~7 范围内酶活力稳定；pH 高于 7 或低于 4 时，其活力略有降低，但依旧保有很高的活力，说明酶在弱酸至弱碱均可适用。

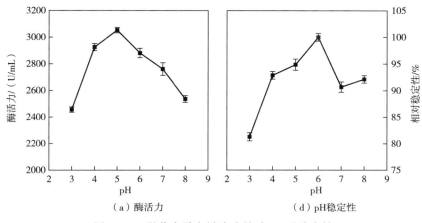

（a）酶活力　　　　　　　　　（d）pH稳定性

图 3-32　微紫青霉产果胶酶最适 pH 及稳定性

（2）温度对酶活力的影响及酶的热稳定性。随着反应温度的升高酶活力均呈先上升后下降趋势（图3-33）。在35~65℃温度范围内，酶活力随温度升高而升高，但温度超过45℃后，温度过高，酶活力急速下降。因此，此酶最适反应温度是45℃，此时酶活力为3046.10U/mL。酶活力因热水浴时间的增加而下降。在30℃、40℃、50℃时，在0~120min范围内，酶活力下降不明显；60℃以后酶活力因时间延长而降低，但2h以后仍有40%的活力，表明此酶耐热极好。

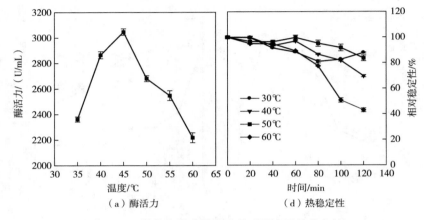

图3-33　微紫青霉产果胶酶最适温度及热稳定性

3.3.7　薄片生产线中果胶质生物降解条件优化

3.3.7.1　咔唑比色标准曲线

以半乳糖醛酸的浓度（μg/mL）为横坐标，吸光度值（A）为纵坐标，得到咔唑比色标准曲线（图3-34）。标准曲线方程为：$y=0.0088x+0.0098$，相关系数为0.9991，相关性良好。

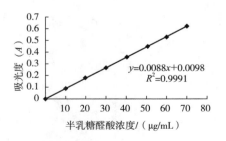

图3-34　咔唑比色标准曲线

3.3.7.2　黑曲霉产果胶酶降解二级解纤纯梗果胶质的影响因素

如图3-35所示，样品果胶质降解率随酶活力的增大基本上呈现出降解率逐渐增大的趋势，但是当酶活为 29000U/mL 时稍有下降。因此选择酶活力为 29000U/mL、10000U/mL、3700U/mL 作为正交实验设计中酶活力的 3 个水平。果胶质的降解率随反应时间的延长表现出先增大后平缓的趋势。当反应时间增加到 2h 时果胶质降解率达到最大。因此选择反应时间 1.5h、2h、2.5h 作为正交实验设计中反应时间的 3 个水平。随着料液比的逐渐减小，降解率出现先增后减的波动趋势，但不明显。选择料液比 1:1、1:3、1:5 作为正交实验设计中反应料液比的 3 个水平。果胶质降解率随反应温度的增加表现为先增后减的趋势；当反应温度达到 50℃ 时，降解效果最好。说明当温度在 50℃ 时，酶的活性被激发达到最大值；当反应温度大于 50℃ 时，酶被钝化，降解效果变差。因此选择温度 45℃、50℃、55℃ 作为正交实验设计中反应温度的 3 个水平。

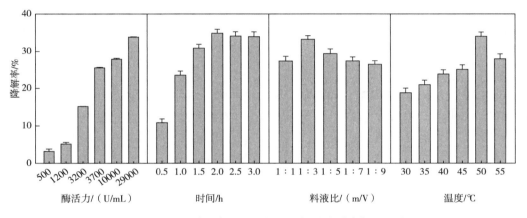

图 3-35　4 种单因素对二级解纤纯梗果胶质降解的影响

3.3.7.3　微紫青霉产果胶酶降解二级解纤纯梗果胶质的影响因素

如图 3-36 所示，果胶质降解率随酶活力的减小而逐渐减小，因此选择酶活力为 14000U/mL、6000U/mL、小于 3000U/mL 作为正交实验设计中酶活力的 3 个水平。果胶质降解率随反应时间的延长呈现出先增大后平缓的势态。当反应时间增加到 2.5h 时纯梗中果胶质降解率达到最大。因此选择反应时间 2h、2.5h、3h 作为正交实验设计中反应时间的 3 个水平。随着料液比的逐渐减小，降解率先增加再略有减小，因此选择料液比 1:1、1:3、1:5 作为正交实验设计中反应时间的 3 个水平。纯梗降解率随酶解温度的升高有先升高后减小的势态；当反应温度达到 45℃ 时，降解率达到最大。说明当温度在 45℃ 时，酶的活性最大；当反应温度大于 50℃ 时，酶被钝化，降解率降低。因此选择温度 40℃、45℃、50℃ 作为正交实验设计中反应温度的 3 个水平。

3.3.7.4　黑曲霉产果胶酶降解二号挤干机出口梗末果胶质的影响因素

如图 3-37 所示，梗末中果胶质降解率随酶活力的减小呈现出降解率逐渐减小

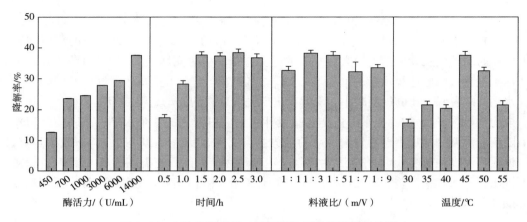

图 3-36　4 种单因素对二级解纤纯梗果胶质降解的影响

的趋势；当酶活力最大时，降解率达到最大。因此选择酶活力为 29000U/mL、10000U/mL、3700U/mL 作为正交实验设计中酶活力的 3 个水平。当作用时间增加到 2h 时果胶质降解效果最好。因此选择反应时间 1.5h、2h、2.5h 作为正交实验设计中反应时间的 3 个水平。当料液比大于 1:3 时，梗末没有被酶液全部淹没，使降解率偏低；当料液比小于 1:5 时，酶分子较为分散，与梗末接触困难，降解效果变差。因此选择料液比 1:1、1:3、1:5 作为正交实验设计中反应料液比的 3 个水平。梗末降解率随反应温度的升高而先增后减；当反应温度达到 50℃时，降解率达到最大。说明酶的最佳适用温度是 50℃，因此选择温度 45℃、50℃、55℃作为正交实验设计中反应温度的 3 个水平。

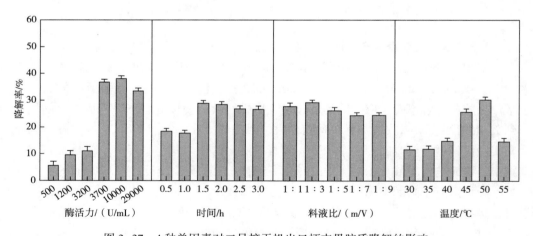

图 3-37　4 种单因素对二号挤干机出口梗末果胶质降解的影响

3.3.7.5　微紫青霉产果胶酶降解二号挤干机出口梗末果胶质的影响因素

如图 3-38 所示，梗末果胶质随酶活力小于的减小而难以降解；当酶活力小于

3000U/mL 时，降解率基本不变，当酶活力达到 6000U/mL 时，降解率达到最大。因此选择酶活力为 14000U/mL、6000U/mL、3000U/mL 作为正交实验设计中酶活力的 3 个水平。降解率随作用时间的延长有先增大后平缓的势态，当反应时间增加到 2.5h 时梗末降解率达到最大。因此选择反应时间 2h、2.5h、3h 作为正交实验设计中反应时间的 3 个水平。当料液比为 1∶3 时，梗末能与酶分子充分接触，降解效果最好；当料液比小于 1∶5 时，酶分子较为分散，与梗末接触困难，降解效果变差。选择料液比 1∶1、1∶3、1∶5 作为正交实验设计中反应料液比的 3 个水平。梗末中果胶质的降解率随作用温度的提高依然先增后减；当反应温度达到 45℃ 时，降解率达到最大。说明当温度在 45℃ 时，酶的达到最大；当反应温度大于 50℃ 时，酶被钝化，降解率降低。因此选择温度 40℃、45℃、50℃ 作为正交实验设计中反应温度的 3 个水平。

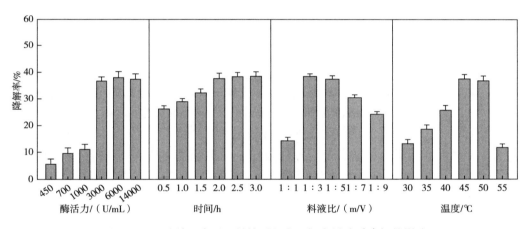

图 3-38　4 种单因素对二号挤干机出口梗末果胶质降解的影响

3.3.7.6　黑曲霉产果胶酶降解混合浆果胶质的影响因素

如图 3-39 所示，混合浆中的果胶质降解率随酶活力的增大逐渐增大，但是当酶活为 29000U/mL 时稍有下降。当酶活力为 10000U/mL 时，降解率达到最大。因此选择酶活力为 29000U/mL、10000U/mL、3700U/mL 作为正交实验设计中酶活力的 3 个水平。当降解时间增加到 2h 时混合浆降解率达到最大。因此选择反应时间 2h、2.5h、3h 作为正交实验设计中反应时间的 3 个水平。料液比大于 1∶7 以内时，混合浆与酶混合充分，降解率随着料液比的变化呈现出轻微波浪状的趋势，降解率较高，且变化不大。当料液比为 1∶9 时，混合浆与酶分子被稀释，降解速率下降。因此选择料液比 1∶1、1∶3、1∶5 作为正交实验设计中反应料液比的 3 个水平。混合浆的降解率随作用温度的增加而先增大后降低；说明当温度在 50℃ 时，酶的活性达到最大；当酶促反应温度为 55℃ 时，由于酶逐渐失活而降解率迅速下降。因此选择温度 45℃、50℃、55℃ 作为正交实验设计中反应温度的 3 个水平。

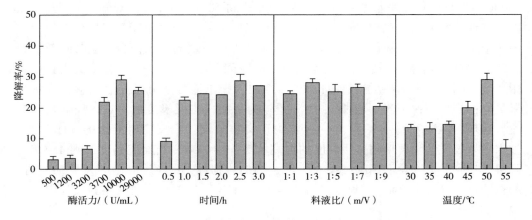

图 3-39　4 种单因素对混合浆果胶质降解的影响

3.3.7.7　微紫青霉产果胶酶降解混合浆果胶质的影响因素

如图 3-40 所示，果胶质随酶活力的减小而降解困难；当酶活力达到 3000U/mL 时，样品果胶的降解率基本无变化。因此选择酶活力为 14000U/mL、6000U/mL、3000U/mL 作为正交实验设计中酶活力的 3 个水平。降解率随时间的延长而增大。当反应时间增加到 2.5h 时果胶质降解率达到最大，时间短则降解效果差。因此选择反应时间 2h、2.5h、3h 作为正交实验中反应时间的 3 个水平。料液比的变化对降解率影响不大，选择料液比 1∶1、1∶3、1∶5 作为正交实验设计中反应料液比的 3 个水平。样品中果胶质的降解率随作用温度升高而变化；当反应温度达到 45℃ 时，降解率达到最大。因此选择温度 40℃、45℃、50℃ 作为正交实验设计中反应温度的 3 个水平。

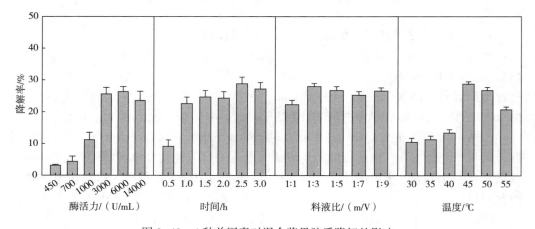

图 3-40　4 种单因素对混合浆果胶质降解的影响

3.3.7.8　黑曲霉产果胶酶降解二级解纤纯梗果胶质的正交实验

在单因素实验的基础上，选取酶活力、料液比、反应时间和反应温度这 4 个主要影响果胶降解率的因素进行正交实验设计，其中每个因素选取 3 个水平，以降解率为考察指标，采用正交表 $L_9(3^4)$ 进行实验，因素水平见表 3-35。

表 3-35　黑曲霉 sw06 产果胶酶降解二级解纤纯梗果胶质的因素水平表

水平	因素			
	A：酶活力/（U/mL）	B：料液比/（m/V）	C：反应温度/℃	D：反应时间/h
1	29000	1：1	45	1.5
2	10000	1：3	50	2
3	3700	1：5	55	2.5

正交实验结果见表 3-36，由极差分析（R 值）比较得到果胶质降解率影响因素排序为：反应温度>反应时间>酶活力>料液比。4 种因素对果胶质降解率的最优组合是 $A_1B_2C_2D_2$，即酶活力为 29000U/mL、料液比 1：3、反应温度 50℃、处理时间 2h。与实验最优值结果相符。由方差分析可知，反应温度的 F 值为 6.25，$F_{0.01(2,18)}=6.01$，反应温度对降解率有极显著影响；反应时间的 F 值为 4.57，$F_{0.05(2,18)}=3.55$，则反应时间对降解率有显著影响。对此条件验证，纯梗中果胶质的降解率达到 34.82%。验证结果与最优实验结果 34.91% 相符，达到了 30% 以上。杨慧芳从烟草物料中筛选出的青霉菌酶活力为 1467.29U/mL，在 50℃ 恒温酶解 12h，样品中果胶质降低了 29.38%，与该文献相比本实验的作用时间缩短，且降解效果显著。

表 3-36　黑曲霉果胶酶降解二级解纤纯梗果胶质的正交实验

实验号	A：酶活力/（U/mL）	B：料液比/（m/V）	C：反应温度/℃	D：反应时间/h	降解率/%
1	1（29000U/mL）	1（1：1）	1（45℃）	1（1.5h）	26.04±5.16
2	1	2（1：3）	2（50℃）	2（2h）	34.91±3.10
3	1	3（1：5）	3（55℃）	3（2.5h）	27.35±1.63
4	2（10000U/mL）	1	2	3	26.63±2.11
5	2	2	3	1	27.59±2.94
6	2	3	1	2	25.49±2.49
7	3（3700U/mL）	1	3	2	30.95±1.88
8	3	2	1	3	25.60±2.83
9	3	3	2	1	29.57±1.61

续表

实验号	A：酶活力/ （U/mL）	B：料液比/ （m/V）	C：反应 温度/℃	D：反应 时间/h	降解率/ %
k_1	29.38	27.90	25.71	27.74	—
k_2	26.60	29.37	30.40	30.45	—
k_3	28.71	27.42	28.58	26.50	—
R	2.78	1.95	4.69	3.95	—
较优水平	A_1	B_2	C_2	D_2	—
主次因素	$C>D>A>B$				

表3-37　方差分析表

方差来源	偏差平方和	自由度	方差	F值	F_α	显著性
A：酶活力	38.00	2	19	2.36	$F_{0.05}(2, 18)=3.55$	—
B：料液比	18.48	2	9.24	1.15	$F_{0.01}(2, 18)=6.01$	—
C：反应温度	100.63	2	50.32	6.26	—	**
D：反应时间	73.49	2	36.74	4.57	—	*
误差 e_2	144.63	18	—	—	—	—
误差 e	144.63	18	8.04	—	—	—
总和	375.23	26	—	—	—	—

3.3.7.9　微紫青霉产果胶酶降解二级解纤纯梗果胶质的正交实验

在单因素实验的基础上，选取酶活力、料液比、反应时间和反应温度这4个因素进行正交实验设计，其中每个因素选取3个水平，以降解率为考察指标，采用正交表 L_9（3^4）进行实验，因素水平见表3-38。

表3-38　微紫青霉产果胶酶降解二级解纤纯梗果胶质的因素水平表

水平	因素			
	A：酶活力/（U/mL）	B：料液比/（m/V）	C：反应温度/℃	D：反应时间/h
1	14000	1：1	40	2
2	6000	1：3	45	2.5
3	3000	1：5	50	3

正交实验结果见表3-39，由 R 值得到影响因素排序为：反应温度>酶活力>料液比>反应时间。最优组合为 $A_1B_3C_3D_1$，即酶活力为14000U/mL、料液比1：5、反应温度50℃、处理时间2h。与实验最优值结果相符。由方差分析可知，反应温度

的 F 值为 28.85，$F_{0.01}$（2，18）= 6.01，反应温度对降解率有极显著影响。对此条件进行验证，纯梗果胶质降解率达到最大，为 41.35%。验证结果与最优实验结果（41.26%）相符，达到了 40% 以上。

表 3-39　微紫青霉产果胶酶降解二级解纤纯梗果胶质的正交实验

实验号	A：酶活力/（U/mL）	B：料液比/（m/V）	C：反应温度/℃	D：反应时间/h	降解率/%
1	1（14000U/mL）	1（1:1）	1（40℃）	1（2h）	23.16±5.00
2	1	2（1:3）	2（45℃）	2（2.5h）	19.84±1.69
3	1	3（1:5）	3（50℃）	3（3h）	41.26±3.32
4	2（6000U/mL）	1	2	3	20.95±4.61
5	2	2	3	1	35.35±12.35
6	2	3	1	2	18.36±1.69
7	3（3000U/mL）	1	3	2	36.09±4.19
8	3	2	1	3	19.84±3.56
9	3	3	2	3	23.90±3.38
k_1	28.09	26.73	20.45	27.47	—
k_2	24.89	25.01	21.56	24.76	—
k_3	26.61	27.84	37.56	27.35	—
R	3.20	2.83	17.11	2.71	—
较优水平	A_1	B_3	C_3	D_1	—
主次因素	$C>A>B>D$				

表 3-40　方差分析表

方差来源	偏差平方和	自由度	方差	F 值	F_α	显著性
A：酶活力	46.19	2	23.10	0.81	$F_{0.05}$（2，18）= 3.55	—
B：料液比	36.64	2	18.32	0.64	$F_{0.01}$（2，18）= 6.01	—
C：反应温度	1650.40	2	825.20	28.85	—	**
D：反应时间	42.10	2	21.05	0.74	—	—
误差 e_2	514.73	18	—	—	—	—
误差 e	514.73	18	28.60	—	—	—
总和	2290.06	26	—	—	—	—

3.3.7.10 黑曲霉产果胶酶降解二号挤干机出口梗末果胶质的正交实验

在单因素实验的基础上,选择因素进行正交实验设计,采用正交表 $L_9(3^4)$ 进行实验,因素水平见表3-41。

表3-41 黑曲霉产果胶酶降解二号挤干机出口梗末果胶质的因素水平表

水平	因素			
	A:酶活力/(U/mL)	B:料液比/(m/V)	C:反应温度/℃	D:反应时间/h
1	29000	1:1	45	1.5
2	10000	1:3	50	2
3	3700	1:5	55	2.5

正交实验结果见表3-42,由极差分析(R值)得到影响因素排序为:反应时间>酶活力>料液比>反应温度。从表3-53可知酶活力、料液比和反应时间对降解率影响极显著,而反应温度影响则不显著,在实验设计中可根据需要适当的放宽反应温度。最优组合是:$A_3B_1C_2D_1$,即酶活力为3700U/mL、料液比1:1、反应温度50℃、处理时间1.5h。对此条件进行验证,解纤梗果胶质降解率达到32.47%。

表3-42 黑曲霉果胶酶降解二号挤干机出口梗末果胶质的正交实验

实验号	A:酶活力/(U/mL)	B:料液比/(m/V)	C:反应温度/℃	D:反应时间/h	降解率/%
1	1(29000U/mL)	1(1:1)	1(45℃)	1(1.5h)	29.23±3.05
2	1	2(1:3)	2(50℃)	2(2h)	19.15±2.34
3	1	3(1:5)	3(55℃)	3(2.5h)	11.63±1.83
4	2(10000U/mL)	1	2	3	26.48±2.35
5	2	2	3	1	31.85±1.25
6	2	3	1	2	14.14±3.33
7	3(3700U/mL)	1	3	2	29.41±1.45
8	3	2	1	3	27.15±0.85
9	3	3	2	1	31.55±2.45
k_1	20.00	28.37	23.51	30.88	—
k_2	24.16	26.05	25.72	20.90	—
k_3	29.37	19.11	24.30	21.75	—
R	9.37	9.27	2.22	9.98	—
较优水平	A3	B1	C2	D1	—
主次因素	$D>A>B>C$				

表 3-43　方差分析表

方差来源	偏差平方和	自由度	方差	F 值	F_α	显著性
A：酶活力	414.50	2	207.25	39.18	$F_{0.05}$ （2，18）= 3.55	**
B：料液比	408.07	2	204.03	38.57	$F_{0.01}$ （2，18）= 6.01	**
C：反应温度	22.93	2	11.46	2.17	—	—
D：反应时间	556.07	2	278.03	52.56	—	**
误差 e_2	95.26	18	—	—	—	—
误差 e	95.26	18	5.29	—	—	—
总和	1496.83	26	—	—	—	—

3.3.7.11　微紫青霉产果胶酶降解二号挤干机出口梗末果胶质的正交实验

在单因素实验的基础上，选择因素进行正交实验设计，采用正交表 L_9（3^4）进行实验，因素水平见表 3-44。

表 3-44　微紫青霉产果胶酶降解二号挤干机出口梗末果胶质的因素水平表

水平	因素			
	A：酶活力/（U/mL）	B：料液比/（m/V）	C：反应温度/℃	D：反应时间/h
1	14000	1：1	40	2
2	6000	1：3	45	2.5
3	3000	1：5	50	3

正交实验结果见表 3-45，由极差分析（R 值）得到影响因素排序为：酶活力>反应温度>料液比>反应时间。最优组合是 $A_3B_2C_3D_1$，即酶活力为 3000U/mL、料液比 1：3、反应温度 50℃、处理时间 2h。与实验最优值结果相符。对此条件进行验证发现梗末中果胶质处理效果良好，降解率达到 38.51%。验证结果与最优实验 38.92%结果相近。

表 3-45　微紫青霉产果胶酶降解二号挤干机出口梗末果胶质的正交实验

实验号	A：酶活力/（U/mL）	B：料液比/（m/V）	C：反应温度/℃	D：反应时间/h	降解率/%
1	1（14000U/mL）	1（1：1）	1（40℃）	1（2h）	20.06±4.24
2	1	2（1：3）	2（45℃）	2（2.5h）	15.87±2.68
3	1	3（1：5）	3（50℃）	3（3h）	25.60±4.83
4	2（6000U/mL）	1	2	3	13.87±5.66
5	2	2	3	1	34.20±3.08

实验号	A：酶活力/（U/mL）	B：料液比/（m/V）	C：反应温度/℃	D：反应时间/h	降解率/%
6	2	3	1	2	24.22±1.89
7	3（3000U/mL）	1	3	2	38.92±2.88
8	3	2	1	3	38.21±3.42
9	3	3	2	1	32.53±3.28
k_1	20.51	24.29	27.50	28.93	—
k_2	24.10	29.43	20.76	26.34	—
k_3	36.55	27.45	32.91	25.90	—
R	16.04	5.14	12.15	2.59	—
较优水平	A_3	B_2	C_3	D_1	—
主次因素	$A>C>B>D$				

表 3-46　方差分析表

方差来源	偏差平方和	自由度	方差	F 值	F_α	显著性
A：酶活力	1276.26	2	638.13	46.19	$F_{0.05}(2, 18)=3.55$	**
B：料液比	121.17	2	60.58	4.39	$F_{0.01}(2, 18)=6.01$	*
C：反应温度	666.95	2	333.48	24.14	—	**
D：反应时间	48.43	2	24.21	1.75	—	—
误差 e_2	248.66	18	—	—	—	—
误差 e	248.66	18	13.81	—	—	—
总和	2361.48	26	—	—	—	—

3.3.7.12　黑曲霉产果胶酶降解混合浆果胶质的正交实验

与上述条件相同，采用正交表 $L_9（3^4）$ 进行实验，因素水平见表 3-47。

表 3-47　黑曲霉产果胶酶降解混合浆果胶质的因素水平表

水平	因素			
	A：酶活力/（U/mL）	B：料液比/（m/V）	C：反应温度/℃	D：反应时间/h
1	29000	1:1	45	2
2	10000	1:3	50	2.5
3	3700	1:5	55	3

正交实验结果见表 3-48，由 R 值可知影响果胶质降解率的因素排序为：反应时间>料液比>酶活力>反应温度。最佳组合是 $A_2B_1C_2D_3$，即酶活力为 10000U/mL、料液比 1:1、反应温度 50℃、处理时间 3h。对此条件进行验证，降解率达到最大，为 29.26%。

表 3-48 黑曲霉降解混合浆果胶质的正交实验

实验号	A：酶活力/ (U/mL)	B：料液比/ (m/V)	C：反应温度/℃	D：反应时间/h	降解率/%
1	1 (29000U/mL)	1 (1:1)	1 (45℃)	1 (2h)	9.39±2.15
2	1	2 (1:3)	2 (50℃)	2 (2.5h)	6.26±4.85
3	1	3 (1:5)	3 (55℃)	3 (3h)	20.15±2.10
4	2 (10000U/mL)	1	2	3	29.26±1.06
5	2	2	3	1	9.77±2.11
6	2	3	1	2	11.03±0.45
7	3 (3700U/mL)	1	3	2	9.99±2.32
8	3	2	1	3	18.17±0.42
9	3	3	2	1	15.89±1.35
k_1	11.93	16.21	12.86	11.68	—
k_2	16.69	11.40	17.14	9.09	—
k_3	14.68	15.69	13.30	22.53	—
R	4.76	4.81	4.27	13.43	—
较优水平	A2	B1	C2	D3	—
主次因素	$D>B>A>C$				

表 3-49 方差分析表

方差来源	偏差平方和	自由度	方差	F 值	F_α	显著性
A：酶活力	102.51	2	51.26	10.09	$F_{0.05}$ (2, 18) = 3.55	**
B：料液比	125.54	2	62.77	12.36	$F_{0.01}$ (2, 18) = 6.01	**
C：反应温度	99.45	2	49.72	9.79	—	**
D：反应时间	914.22	2	457.11	89.99	—	**
误差 e_2	91.43	18				
误差 e	91.43	18	5.08	—	—	
总和	1333.15	26	—	—	—	

3.3.7.13 微紫青霉降解混合浆果胶质的正交实验

与上述实验一致，采用正交表 L_9（3^4）进行实验，因素水平见表3-50。

表3-50 微紫青霉降解混合浆果胶质的因素水平表

水平	因素			
	A：酶活力/（U/mL）	B：料液比/（m/V）	C：反应温度/℃	D：反应时间/h
1	14000	1：1	40	2
2	6000	1：3	45	2.5
3	3000	1：5	50	3

正交实验结果见表3-51，由极差分析（R值）可知4因素影响排序为：反应时间>反应温度>酶活力>料液比。从表3-51可知反应时间和反应温度对降解率影响极显著，酶活力、料液比影响显著，最佳组合是 $A_3B_1C_3D_3$，即酶活力为3000U/mL、料液比1：1、反应温度50℃、处理时间3h。对此条件进行验证，混合浆中的果胶质降解达到28.63%。

表3-51 微紫青霉产果胶酶降解混合浆果胶质的正交实验

实验号	A：酶活力/（U/mL）	B：料液比/（m/V）	C：反应温度/℃	D：反应时间/h	降解率/%
1	1（14000U/mL）	1（1：1）	1（40℃）	1（2h）	18.12±0.58
2	1	2（1：3）	2（45℃）	2（2.5h）	15.26±1.78
3	1	3（1：5）	3（50℃）	3（3h）	28.4±2.62
4	2（6000U/mL）	1	2	3	27.50±3.52
5	2	2	3	1	25.58±1.53
6	2	3	1	2	12.90±4.45
7	3（3000U/mL）	1	3	2	26.24±1.25
8	3	2	1	3	27.34±0.99
9	3	3	2	1	19.49±2.56
k_1	20.62	23.95	19.45	21.06	—
k_2	22.00	22.73	20.75	18.13	—
k_3	24.36	20.29	26.77	27.78	—
R	3.73	3.66	7.32	9.64	—
较优水平	A3	B1	C3	D3	—
主次因素	D>C>A>B				

表 3-52　方差分析表

方差来源	偏差平方和	自由度	方差	F 值	F_α	显著性
A：酶活力	65.84	2	32.92	5.83	$F_{0.05}$（2，18）= 3.55	*
B：料液比	60.36	2	30.18	5.34	$F_{0.01}$（2，18）= 6.01	*
C：反应温度	275.17	2	137.59	24.35	—	**
D：反应时间	426.21	2	213.11	37.72	—	**
误差 e_2	101.63	18	—	—	—	
误差 e	101.63	18	5.65	—	—	
总和	929.22	26	—	—	—	

3.3.8　解纤梗果胶质降解理化性质研究

3.3.8.1　热失重实验

图 3-41 分析可知，加酶组和对照组加热失重趋势基本一致，加酶组和对照组在 347.6℃和 325.6℃的失重速率最大。根据周顺等的研究，果胶较纤维素和淀粉的燃烧能力较差，而对照组最后的残重为 24.46%，加酶组经降解果胶后的残重为 9.84%，与之前的实验结果相符，也就证明了纯梗经酶解后燃烧性得到了提升。

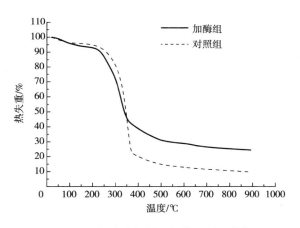

图 3-41　梗末酶解前后的热重对比分析

3.3.8.2　二级解纤纯梗酶解前后热裂解产物的测定

二级解纤纯梗经酶处理前后裂解成分类别如表 3-53 所示。由表 3-53 可知，解纤梗经黑曲霉酶解后，其裂解产物的组成、相对含量均发生了明显的变化。如实验组中醇类香气成分丙酮醇含量由（5.25±0.03）%增加到（6.06±0.02）%，使烟气吸味更加柔和，增添了酒香味；酚类香气成分总体含量略有下降，对异丙基苯酚具有涩味，实验组并没有检出该物质，挥发性羧酸类物质中乙酸含量由（9.07±

0.15)%减少到（8.31±0.12)%，减弱了烟气吸味的辛辣和刺激性；N-甲基吡咯含量增加，使吃味增甜；酮类与酯类的成分和含量略有减少，但4-环戊烯-1,3-二酮含量由（0.17±0.01)%增加至（0.37±0.08)%；醛类种类及含量增加，糠醛由（1.54±0.03)%增加到（1.68±0.09)%，该物质具有谷香、油香气，具有丰满烟香的作用。苯乙醛和癸醛在实验组的含量分别为（0.2±0.07)%和（0.09±0.00)%，在对照组中并没有检测出这两种物质，苯乙醛具有强烈的花香皂香，而癸醛具有清香的柠檬味，使烟气更加丰富。

经微紫青霉酶解后，其中裂解产物成分的组成、含量均发生了明显的变化。实验组中由于果胶含量降低，乙酸含量由（9.07±0.15)%减少到（7.42±0.10)%，减弱了烟气吸味的辛辣和刺激性；酮醛类香气成分4-环戊烯-1,3-二酮含量由（0.17±0.01)%增加到（0.53±0.01)%，苯乙酮增加了0.15%，给烟气中增加了樱桃味；苯乙醛具有强烈的花香、皂香，增加了0.19%；烟碱略有降低，由（1.69±0.11)%降低到（1.35±0.08)%，使烟气吃味变淡；紫丁香醇、糠醇使烟草香气中增加了谷香、油香；烷烃、烯烃类物质显著减少，正丁烷、2,3-二甲基-2,4-己二烯、环十二烷、正十三烷、1-十四烯、1-十五烯、十五烷、1-十六烯/鲸蜡烯、十七烷在实验组中都没有检出。

表3-53　二级解纤纯梗果胶酶处理前后裂解产物的成分

编号	保留时间/min	裂解成分	匹配度/%	相对峰面积百分比/%（600℃）		
				样品	黑曲霉	微紫青霉
1	5.37	丙醇	85	0.88±0.10[a]	0.91±0.09[a]	0.87±0.11[a]
2	5.49	2,3-丁二酮	92	2.14±0.09[a]	1.95±0.10[b]	2.51±0.09[b]
3	5.72	乙酸	91	9.07±0.15[a]	8.31±0.12[b]	7.42±0.10[b]
4	6.34	乙烯基乙酸	86	0.90±0.02[a]	—	0.86±0.02[a]
5	6.45	羟基丙酮/丙酮醇	80	5.25±0.03[a]	6.06±0.02[b]	5.96±0.05[b]
6	6.98	2,3-戊二酮	83	0.56±0.06[a]	—	0.68±0.03[b]
7	7.09	乙二醇	92	0.81±0.12[a]	0.62±0.09[a]	—
8	7.96	N-甲基吡咯	94	0.33±0.00[a]	0.35±0.01[a]	0.64±0.02[b]
9	8.16	吡啶	90	0.25±0.02[a]	0.24±0.01[a]	0.28±0.03[a]
10	8.33	吡咯	87	0.82±0.00[a]	0.94±0.03[b]	1.23±0.02[c]
11	8.79	甲苯	95	1.07±0.00[a]	1.09±0.00[b]	1.03±0.02[b]
12	9.16	丙酮酸甲酯	98	0.66±0.09[a]	0.91±0.06[b]	1.15±0.04[c]
13	9.43	环戊酮	83	0.33±0.03[a]	0.3±0.00[a]	0.41±0.02[b]

编号	保留时间/min	裂解成分	匹配度/%	相对峰面积百分比/%（600℃）		
				样品	黑曲霉	微紫青霉
14	9.61	哌啶/六氢吡啶	83	0.30±0.10[a]	—	—
15	9.85	六甲基环三硅氧烷	91	0.39±0.12[a]	0.23±0.02[b]	0.24±0.06[b]
16	10.70	糠醛	87	1.54±0.03[a]	1.68±0.09[b]	2.03±0.05[b]
17	10.89	2-甲基-1H-吡咯	80	0.67±0.01[a]	0.56±0.03[a]	0.30±0.02[b]
18	11.03	2-甲基环戊酮	95	0.30±0.01[a]	—	0.32±0.04[b]
19	11.47	糠醇	98	—	—	0.81±0.11[a]
20	11.70	乙酰氧基-2-丙酮	82	1.13±0.06[a]	0.98±0.02[b]	—
21	12.08	对二甲苯	95	0.26±0.05[a]	0.11±0.06[b]	0.23±0.11[b]
22	12.46	4-环戊烯-1,3-二酮	60	0.17±0.01[a]	0.37±0.08[b]	0.53±0.01[c]
23	12.87	苯乙烯/苏合香烯	96	0.30±0.08[a]	0.50±0.11[b]	0.43±0.07[b]
24	13.28	甲基环戊烯醇酮/2-甲基-2-环戊烯-1-酮	93	0.68±0.00[a]	0.65±0.01[b]	0.78±0.02[c]
25	13.45	2-乙酰基呋喃	86	—	0.12±0.02[a]	0.17±0.01[b]
26	13.53	γ-丁内酯	98	0.54±0.03[a]	0.51±0.03[a]	0.58±0.02[a]
27	14.07	2-羟基-2-环戊烯-1-酮	83	0.64±0.13[a]	0.84±0.15[b]	0.81±0.10[b]
28	14.48	2,3-二甲基-2,4-己二烯	86	0.16±0.03[a]	—	—
29	14.50	2-甲基-1,3-戊二烯	87	—	—	0.19±0.04[a]
30	15.46	5-甲基呋喃醛	93	0.30±0.02[a]	0.38±0.06[a]	—
31	15.58	3-甲基-2-环戊烯-1-酮	95	0.60±0.07[a]	0.60±0.09[a]	—
32	15.76	八甲基环四硅氧烷/八甲基硅油	91	0.21±0.05[a]	0.15±0.03[b]	—
33	16.51	苯酚	95	0.65±0.11[a]	0.63±0.06[a]	0.63±0.10[a]
34	16.65	3,4-二甲基-2-环戊烯-1-酮	87	0.20±0.01[a]	0.17±0.00[b]	0.24±0.02[c]
35	17.03	1,2-环己二酮	90	0.39±0.04[a]	0.27±0.05[b]	0.18±0.03[c]
36	17.83	2,5-二甲基-2,4-己二烯	83	0.20±0.00[a]	0.10±0.03[b]	0.12±0.01[b]
37	18.01	甲基环戊烯醇酮/2-羟基-3-甲基-2-环戊烯-1-酮	94	1.33±0.06[a]	1.25±0.10[a]	1.53±0.08[b]
38	18.39	2,3-二甲基-2-环戊烯酮	94	0.88±0.20[a]	0.50±0.06[b]	0.61±0.12[c]
39	18.83	苯乙醛	94	—	0.20±0.07[a]	0.19±0.09[a]
40	19.08	2-羟基-3,4-二甲基-2-环戊烯-1-酮	83	0.30±0.01[a]	0.37±0.00[b]	0.39±0.02[b]

编号	保留时间/min	裂解成分	匹配度/%	相对峰面积百分比/% （600℃）		
				样品	黑曲霉	微紫青霉
41	19.33	邻甲酚	98	0.40±0.00ᵃ	0.44±0.01ᵇ	0.59±0.01ᶜ
42	19.73	苯乙酮	64	—	—	0.15±0.00ᵃ
43	19.89	3,5-二甲基-1,2-环己二酮	68	0.09±0.02ᵃ	—	0.11±0.02ᵃ
44	19.96	3-乙基-2-环戊烯-1-酮	87	0.17±0.06ᵃ	0.09±0.02ᵇ	0.20±0.04ᵃ
45	20.23	4-甲基苯酚	97	0.53±0.05ᵃ	0.41±0.09ᵃ	0.68±0.04ᶜ
46	20.45	愈创木酚	87	0.75±0.03ᵃ	0.70±0.00ᵇ	0.80±0.01ᶜ
47	20.65	2-乙酰环戊酮	82	0.23±0.00ᵃ	—	0.18±0.01ᵇ
48	20.86	1,2-二甲基丙胺	86	0.58±0.10ᵃ	0.54±0.08ᵃ	—
49	21.00	壬醛	91	0.32±0.07ᵃ	0.32±0.10ᵃ	0.32±0.05ᵃ
50	21.40	麦芽醇/2-甲基-3-羟基-4-吡喃酮	80	0.15±0.01ᵃ	—	0.32±0.03ᵇ
51	21.59	乙基环戊烯醇酮	95	0.36±0.00ᵃ	0.34±0.01ᵇ	0.49±0.02ᶜ
52	22.01	3-乙烯-基环己酮	84	0.24±0.02ᵃ	0.24±0.03ᵃ	0.25±0.02ᵃ
53	22.54	2,6-二甲基苯酚	64	0.13±0.01ᵃ	—	0.20±0.00ᵇ
54	22.66	5-甲基嘧啶	82	0.22±0.01ᵃ	0.13±0.02ᵇ	0.18±0.02ᶜ
55	22.84	2,3-二氢-3,5-二羟基-6-甲基-4H-吡喃-4-酮	76	—	0.16±0.05ᵃ	—
56	23.00	2,4-二甲基苯酚	89	0.18±0.01ᵃ	0.16±0.00ᵇ	0.19±0.02ᵃ
57	23.06	2,5-二甲基苯酚	89	—	0.15±0.01ᵃ	—
58	23.06	2,3-二甲基苯酚	90	0.15±0.00ᵃ	—	0.18±0.01ᵇ
59	23.70	4-乙基苯酚	94	0.28±0.00ᵃ	0.32±0.01ᵇ	0.37±0.02ᶜ
60	24.23	环十二烷	96	0.14±0.00ᵃ	0.10±0.00ᵇ	—
61	24.40	4-甲基愈创木酚	96	0.22±0.10ᵃ	0.22±0.06ᵃ	0.20±0.02ᵃ
62	24.84	癸醛	89	—	0.09±0.00ᵃ	—
63	25.49	1,4:3,6-双脱水-α-D-吡喃葡萄	93	0.19±0.02ᵃ	0.15±0.03ᵃ	0.15±0.03ᵃ
64	26.24	4-乙基-3-甲基苯酚	94	—	—	0.03±0.01ᵃ
65	26.25	2-乙基-6-甲基苯酚	86	—	0.21±0.01ᵃ	—
66	26.27	对异丙基苯酚	81	0.21±0.01ᵃ	—	—
67	27.49	4-乙基愈创木酚	90	—	—	0.11±0.02ᵃ

续表

编号	保留时间/min	裂解成分	匹配度/%	相对峰面积百分比/%（600℃）		
				样品	黑曲霉	微紫青霉
68	27.86	1-十三烯	98	0.14±0.00[a]	—	—
69	27.93	1-茚酮	87	—	0.13±0.00[a]	0.13±0.01[a]
70	28.14	正十三烷	96	0.09±0.03[a]	—	—
71	28.85	对乙烯基愈疮木酚	95	0.30±0.00[a]	0.35±0.01[b]	—
72	30.04	紫丁香醇	93	—	0.07±0.10[a]	—
73	30.14	烟碱	97	1.69±0.11[a]	1.57±0.10[a]	1.35±0.08[c]
74	31.29	1-十四烯	99	0.25±0.06[a]	—	—
75	33.45	异丁香酚	97	0.14±0.00[a]	0.16±0.00[b]	0.17±0.00[b]
76	34.53	1-十五烯	99	0.13±0.03[a]	—	—
77	34.75	十五烷	97	0.13±0.00[a]	—	—
78	36.77	月桂酸/十二酸	99	0.08±0.00[a]	—	—
79	37.59	1-十六烯/鲸蜡烯	99	0.14±0.02[a]	0.07±0.00[b]	—
80	40.68	十七烷	96	0.09±0.00[a]	—	—
81	46.11	十七烷酮/甲基十五烷基甲酮	87	0.10±0.00[a]	—	—
82	46.65	棕榈酸甲酯	98	0.09±0.01[a]	—	—

注　相对峰面积百分比即为单一成分峰面积与总峰面积之比。

为了进一步分析不同类型的裂解成分，根据官能团不同，将检测出的化合物分为 8 类（表 3-54），分别是酮类、醛类、酯和内酯类、酚类、醇类、羧酸类、氮杂环类、烷烃和烯烃类。并分类计算实验组与对照组 8 类裂解成分的含量。

从表 3-54 可以看出，与对照组相比，黑曲霉组中醇类香味成分含量由（6.29±0.03）% 增加至（6.97±0.02）%；酚类含量由（3.67±0.31%）减少到（3.54±0.19）%，糖类是生成酚类的来源之一，烟气中酚类的主要前体是纤维素、半纤维素、绿原酸、果胶、淀粉等大分子，酚类化合物能与稠环芳烃发生化学反应，具有致癌性，这些大分子的减少能使解纤梗样品裂解产物中酚类物质减少。乙酸含量由 9.07% 减少到 8.31%，减弱了烟气吸味的辛辣和刺激性；氮杂环类含量由（5.06±0.03）% 降低至（4.32±0.08）%；醛酮类等羰基化合物种类较多，对烟草吸食品质影响较大，羰基化合物总含量下降 1.61%，其中醛类种类及含量增加，增加了 0.20% 的苯乙醛和 0.09% 的癸醛，使烟气中杂气及有害物质减少，增添了花香和柠檬味。

与对照组相比，微紫青霉实验组中醇类香味成分由（6.29±0.03）% 增加至

（7.72±0.01）%；酚类物质种类增加了 4-乙基愈创木酚等，含量也由（3.67±0.31）%减少到（3.53±0.24）%；氮杂环类含量由（5.06±0.03）%降低至（3.97±0.05）%；羰基化合物总含量由 32.10% 增加到 33.63%，其中醛类种类增加了（0.19±0.01）%的苯乙醛使烟气中增添了花香、皂香。

表 3-54　果胶酶处理前后裂解成分的类别及含量

分类	空白组		黑曲霉处理		微紫青霉处理	
	含量/%	种类	含量/%	种类	含量/%	种类
烷烃和烯烃类	2.20±0.36	10	1.15±0.22	5	0.90±0.12	4
氮杂环类	5.06±0.03	9	4.32±0.08	7	3.97±0.05	6
酮类	9.9±0.41	17	8.92±0.39	14	10.42±0.26	19
醛类	2.16±0.10	3	2.67±0.19	5	2.53±0.08	3
羧酸类	9.15±0.15	3	8.31±0.12	1	8.28±0.11	2
酯和内酯类	0.63±0.04	2	0.51±0.03	1	1.15±0.02	1
酚类	3.67±0.31	10	3.54±0.19	10	3.53±0.24	11
醇类	6.29±0.03	3	6.97±0.02	2	7.72±0.01	4

3.3.8.3　红外光谱分析

如图 3-42 所示，3600~2400cm^{-1} 有宽峰，判断是分子内或分子间—OH 的伸缩振动，表示果胶分子链中有—OH 的存在，且数量多；2966cm^{-1} 和 2919cm^{-1} 附近是 C—H（≡CH，—CH$_2$，—CH$_3$）的伸缩振动，说明有较多的甲基和亚甲基，且分子链长，分子量大；1625cm^{-1} 的特征吸收峰是—H 附近的—O—的不对称伸缩振动引起的；1193~1105cm^{-1} 吸收峰是 C—O 的伸缩振动引起的，它是糖环的特征吸收峰，表示构象中有吡喃环结构。另外，解纤梗果胶多糖在 1736cm^{-1} 处有吸收是因为羧基（—COOR）中 C＝O 双键的伸缩振动，说明烟草果胶中有乙酰基存在；吡喃环的伸缩振动在 1300~1000cm^{-1} 间有吸收峰；1030cm^{-1} 和 1013cm^{-1} 处的弱峰是对称的 C—O—C 伸缩振动峰，表明其结构中含有酯基，说明了糖醛酸的存在；红外光谱 830cm^{-1} 处有吸收峰，表明多糖分子含有 α-D-吡喃糖苷键。由红外光谱对比可知，解纤梗果胶酶解前后其基本结构官能团并未发生明显改变。

3.3.8.4　GC-MS 分析

根据各标准单糖的保留时间，把果胶气相色谱图中出峰时间与标准单糖进行比对，对果胶样品分别进行气相色谱分析，并以面积归一化法计算单糖含量，实验重复 3 次取平均值，结果见图 3-43~图 3-45。

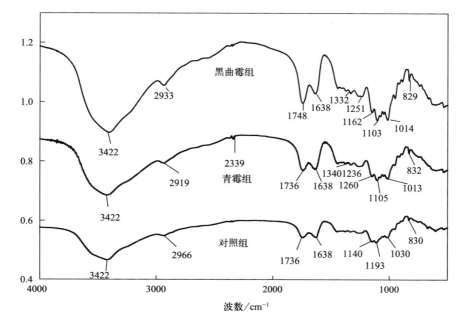

图 3-42　红外光谱图

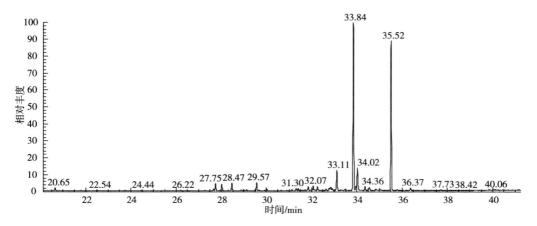

图 3-43　二级解纤纯梗精制果胶 GC-MS 图

根据面积归一化方法分析可知，7 种单糖组分在酶解前后都存在，但所含比例大有不同。原解纤梗样品中主要单糖成分为阿拉伯糖 1.83%、鼠李糖 1.73%、木糖 0.64%、半乳糖 5.43%、葡萄糖 44.52%、甘露糖 5.95%、半乳糖醛酸 39.89%，据此知原解纤梗果胶为一种酸性杂多糖。黑曲霉酶解后果胶样品中半乳糖、甘露糖含量大大增加，葡萄糖及半乳糖醛酸含量降低，这两种单糖的降低可能是引起裂解产物中羧酸类减少的原因。经微紫青霉处理后甘露糖及半乳糖醛酸含量降低，其他单糖含量增加。样品的单糖组成结果见表 3-55。

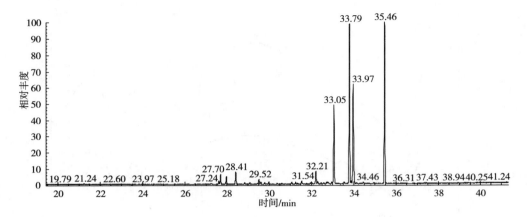

图 3-44　二级解纤纯梗经黑曲霉产酶处理后精制果胶 GC-MS 图

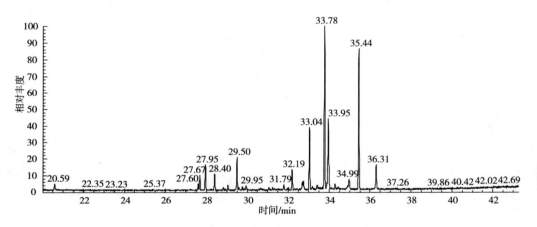

图 3-45　二级解纤纯梗经微紫青霉产酶处理后精制果胶 GC-MS 图

表 3-55　果胶酶解前后的单糖组成

单糖成分	原解纤梗果胶/%	黑曲霉酶解后残余果胶/%	青霉酶解后残余果胶/%
阿拉伯糖	1.83±0.02	2.79±0.01	3.99±0.01
鼠李糖	1.73±0.01	8.81±0.03	3.17±0.02
木糖	0.64±0.00	8.89±0.01	4.01±0.02
半乳糖	5.43±0.01	17.65±0.02	12.48±0.01
葡萄糖	44.52±0.03	22.03±0.02	46.41±0.01
甘露糖	5.95±0.00	20.13±0.01	1.87±0.02

单糖成分	原解纤梗果胶/%	黑曲霉酶解后残余果胶/%	青霉酶解后残余果胶/%
半乳糖醛酸	39.89±0.02	19.71±0.00	28.08±0.01

3.3.8.5　酶解前后相对分子量测定

以 K_{av} 和葡聚糖（dextran）标准品分子量的对数（$\log M$）为横纵坐标，线性回归方程：$y=-5.4858x+6.5379$（$R^2=0.9937$），结果如图 3-46 所示，原解纤梗中的果胶相对分子量为 341kDa，经 A. Niger 酶解后相对分子质量为 182kDa，经 P. janthinellum 酶解后小分子较多，相对分子量为 55kDa。

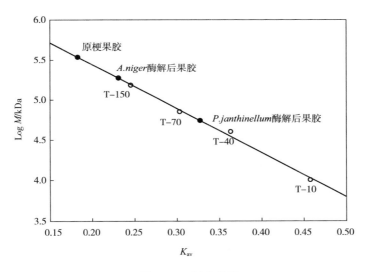

图 3-46　标准曲线

3.3.8.6　酶解前后 SEC-MALLS 绝对分子量的测定

由表 3-56 可以看出，解纤梗经酶解后，其中残余的果胶质重均分子量减小，黑曲霉处理后由原来的 3.227×10^5 g/mol，减少到 1.852×10^5 g/mol，青霉处理后减小到 7.526×10^4 g/mol，这与凝胶过滤法结果一致。分散系数（M_w/M_n）又称分子量分布系数，由 1.816 增加为 3.925 和 2.745，一般来说分散系数越大，说明分子量分布越广，组分越多，表明了酶解后果胶分子的二级结构相对发生变化，分子量降低。

表 3-56　样品果胶酶解前后的绝对分子量

组别	M_n/（g/mol）	M_w/（g/mol）	M_w/M_n	$<S^2>z^{1/2}$/nm
解纤梗果胶	1.777×10^5（±0.680%）	3.227×10^5（±0.654%）	1.816（±0.943%）	18.4（±6.0%）
黑曲霉处理	4.718×10^4（±0.981%）	1.852×10^5（±0.887%）	3.925（±1.323%）	46.7（±1.6%）

组别	$M_n/$ (g/mol)	$M_w/$ (g/mol)	M_w/M_n	$<S^2>z^{1/2}/nm$
青霉处理	2.742×10^4 （±2.270%）	7.526×10^4 （±1.225%）	2.745 （±2.580%）	19.1 （±16.1%）

对$<S^2>z^{1/2}$与M_w进行曲线拟合，建立M_w与$\langle S^2 \rangle z^{1/2}$的关系（$\langle S^2 \rangle z^{1/2} = kM_w^{\alpha}$）。由$M_w$与$\langle S^2 \rangle z^{1/2}$散点分布图（图3-47~图3-49）所示，解纤梗果胶基本为高分子聚合物，分子量在1×10^5以下的很少，$\alpha = 0.18 < 0.3$（$\langle S^2 \rangle z^{1/2} = 1.908M_w^{0.18}$），表明果胶高分子卷曲成球形，且紧密；经酶解后部分降解至分子量在1×10^5以下，由以微紫青霉降解效果显著；黑曲霉酶解后，两种分子量分布的α值为0.28（$\langle S^2 \rangle z^{1/2} = 834.1M_w^{-0.28}$）和0.16（$\langle S^2 \rangle z^{1/2} = 2.999M_w^{0.61}$），较低分子量的组分依然为球形但$\alpha$接近0.3，说明球形较松散；青霉酶解后，也出现了两个分子量分布不同的组分，其中低分子量组分的$\alpha = 1.3 > 0.6$（$\langle S^2 \rangle z^{1/2} = 8 \times 10^6 M_w^{-1.3}$），说明果胶分子中出现了刚性链结构，由部分球形结构舒展所得，随着α值的增加，高分子链的舒展性越高。

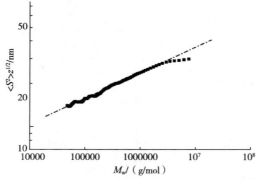

图3-47　解纤梗果胶质均方根半径对重均分子量的双对数曲线

注：$\langle S^2 \rangle z^{1/2} = 1.908M_w^{0.18}$

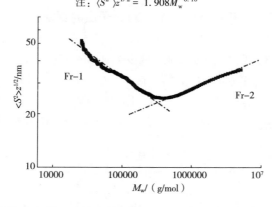

图3-48　黑曲霉处理解纤梗果胶质均方根半径对重均分子量的双对数曲线

注：Fr-1：$\langle S^2 \rangle z^{1/2} = 834.1M_w^{-0.28}$；Fr-2：$\langle S^2 \rangle z^{1/2} = 2.999M_w^{0.61}$

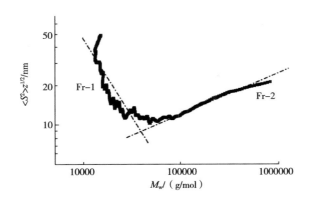

图 3-49　青霉处理解纤梗果胶质均方根半径对重均分子量的双对数曲线

注：Fr-1：$\langle S^2 \rangle_z^{1/2} = 8 \times 10^6 M_w^{-1.3}$ Fr-2：$\langle S^2 \rangle_z^{1/2} = 0.517 M_w^{0.28}$

3.4　结论

3.4.1　烟草薄片减害效果分析

对薄片卷烟主流烟气中一氧化碳、巴豆醛、烟碱、焦油含量进行测定分析。为了有效降低烟气中有害成分含量，进行工艺调整、延长酶解时间、适当减少氨基酸与糖类添加量，不同处理组薄片具体工艺参数见表 3-57，各有害成分含量见表 3-58。

表 3-57　不同处理组薄片工艺参数

牌名	实验方案
26E 薄片	0.2% 果胶酶和 0.1% 漆酶复配辅助提取 6h，提取液不进行美拉德反应直接涂布
6L 薄片	提取条件同 26E 薄片，浓缩液按中试最佳配方的 0.6 倍用量进行美拉德反应
4L 薄片	提取条件同 26E 薄片，浓缩液按中试最佳配方的 0.4 倍用量进行美拉德反应
2L 薄片	提取条件同 26E 薄片，浓缩液按中试最佳配方的 0.2 倍用量进行美拉德反应

表 3-58　烟草薄片主流烟气中有害成分

指标	26E 薄片	2L 薄片		4L 薄片		6L 薄片	
	含量/mg	含量/mg	下降率/%	含量/mg	下降率/%	含量/mg	下降率/%
一氧化碳	17.30	16.60	4.05	15.30	11.56	15.60	9.83
巴豆醛	0.0295	0.0230	22.03	0.0179	39.12	0.0262	11.19
焦油	7.15	6.54	8.53	5.96	16.64	6.29	12.03

续表

指标	26E 薄片	2L 薄片		4L 薄片		6L 薄片	
	含量/mg	含量/mg	下降率/%	含量/mg	下降率/%	含量/mg	下降率/%
烟碱	0.41	0.37	9.76	0.34	17.07	0.35	14.63
总粒相物	9.62	8.55	11.12	8.19	14.86	8.50	11.64
口数	5.04	4.95	1.79	4.96	1.59	4.92	2.38

注 表中含量以每支卷烟计；下降率按和 26E 薄片对照计算。

由表 3-58 可知，与未经过美拉德反应所制得的 26E 薄片相比较，采用相同提取条件并经过美拉德反应所得的 2L 薄片、4L 薄片和 6L 薄片在一氧化碳、烟碱、焦油等主要有害成分指标方面均有不同程度的降低，说明通过外源氨基酸和糖的加入进行美拉德强化修饰均起到了进一步消耗有害成分前体物质的作用，降低了最终薄片卷烟主流烟气中有害成分的含量。对比分析 2L 薄片、4L 薄片和 6L 薄片 3 个处理组，可以明显看出以 4L 薄片处理效果最为明显，一氧化碳含量降至 15.30mg，降低 11.56%；巴豆醛含量降至 0.0179mg，降低 39.12%；焦油含量降至 5.96mg，降低 16.64%；烟碱含量降至 0.34mg，降低 17.07%。与广东韶关国润再造烟叶公司提供的空白对照组相比，一氧化碳含量降低 12.57%，巴豆醛含量降低 30.41%。

一氧化碳、巴豆醛和焦油含量等是卷烟中重要的有害成分指标，通过优化处理方案使以上指标得到进一步降低，说明 4L 薄片在减害方面效果更加显著。

对上述优化处理的薄片样品进行描述性感官评吸，结果如下。

由表 3-59 可以看出，4L 薄片烟香浓度适中，香气质好，相较于其他处理组薄片样品，刺激性和余味感官效果更好。综合不同处理组薄片样品的减害分析和感官评吸来看，按照最优反应工艺：0.2% 果胶酶和 0.1% 漆酶复配，在 50℃ 辅助提取 6h。提取浓缩液中以提取烟末原料质量为基础，添加苯丙氨酸 0.2%、甘氨酸 0.184%、脯氨酸 0.192%、半胱氨酸 0.0304%、果糖 1.44%（将中试最佳配方用量降低至 0.4 倍），在体系初始 pH 7.5、反应温度 70℃ 条件下，反应 13h，得到的薄片样品的一氧化碳、巴豆醛、焦油、烟碱等含量均得到了最大程度的降低，减害效果更加明显，香气质、刺激性和余味相对有所改善，薄片质量得到了提高。

表 3-59　不同处理薄片样品描述性感官评吸结果

薄片样品	感官评吸
2L	香气质一般，浓度适中，刺激较大，余味较舒适
4L	香气质好，浓度适中，刺激较小，余味舒适
6L	香气质一般，浓度适中，刺激微有，有残留，余味较舒适
26E	香气量稍足，香气质一般，浓度适中，有刺激，余味较舒适

3.4.2 烟草果胶质降解菌的筛选与鉴定结果

研究通过 ITS PCR 扩增法鉴定了两株高产果胶酶的真菌，sw06 ITS 序列长度为 575bp，该菌株属于 *Aspergillus* 属，黑曲霉，命名为 *A. niger* sw06，系统发育树的建立验证了该真菌的遗传学位置。通过深层液体培养确定最佳产果胶酶周期为 48h，果胶酶活力最大为 3256.51U/mL，菌丝干重随培养时间增加逐渐增加，pH 与菌丝干重呈正相关。其形态学与酶活力大多负相关。sw09 ITS 序列长度为 560bp，该菌株属于 *Penicilliu* 属，微紫青霉，命名为 *P. janthinellum* sw09。通过深层液体发酵确定其最佳产果胶酶周期为 72h，产果胶酶活力最大达到了 3071.99U/mL，菌丝干重随培养时间增加而增加，pH 与残糖量呈正相关。其菌丝直径与酶活力负相关。结果表明，黑曲霉与微紫青霉发酵时间短，产酶活力大，可以作为潜在开发的一种资源，从应用的角度分析，黑曲霉及微紫青霉具有工业扩大生产的价值。

3.4.3 优选菌株液体培养优化结果

本研究采用响应面法优化 *A. niger* sw06 最佳产酶条件参数：果糖含量 48.90g/L，蛋白胨含量 5.00g/L，果胶粉含量为 6.00g/L。此条件下，酶活力理论上可达 4198.45U/mL，验证实验检测值为（4175.65±21）U/mL，与初始发酵培养基相比，优化后的培养基产生的果胶酶活力由原来的 2683.54U/mL 提高到 4175.65U/mL，酶活力提高 1.6 倍。这表明响应面法能够良好地完成培养基的成分优化。采用正交实验方案设计优化微紫青霉（*P. janthinellum*）sw09 最佳发酵工艺参数，得出最佳发酵条件为：葡萄糖 50g/L，酵母浸粉 3g/L，KH_2PO_4 1g/L，果胶粉 2g/L。其中碳源及诱导底物果胶粉对酶活力影响极显著，在此发酵条件下酶活力得以提升，达到 3210.49U/mL。

3.4.4 果胶酶纯化、酶学性质研究结论

为了探索从烟草土壤分离的黑曲霉 sw06、微紫青霉 sw09 生产胞外果胶酶的纯化工艺及酶学特征，通过对其发酵产物进行硫酸铵分级沉淀、Sepharose CL-6B 层析、DEAE-Sepharose FF 层析纯化，得到果胶酶的主要组分，并分别研究粗酶液的最适酶促反应 pH、温度、稳定性等酶学特性以及催化动力学。结果表明：黑曲霉产果胶酶单一组分分子质量为 66.2kD。果胶酶最适酶促反应 pH 为 5.0，最佳作用温度 55℃。pH 稳定范围为 3.0~5.0，仍保持 90%以上酶活力。50℃以下，2h 以后仍能保持 56.7%酶活，温度升高，酶的热稳定性下降。酶促反应动力学研究表明，由米氏双曲线方程求得的米氏常数 K_m =（0.50±0.01）mg/mL，最大反应速率 V_{max} =（5000.00±0.02）μg/（mL·min）。微紫青霉产果胶酶单一组分分子质量为 66.2kDa。粗酶最佳产酶 pH 为 5.0，最适反应温度 45℃。pH 稳定范围为 4.0~6.0，50℃以下，温度升高，酶的热稳定性下降。由米氏双曲线方程求得的米氏常数 K_m =（1.67

±0.03）mg/mL，最大反应速度 $V_{max}=$（3333.33±0.02）μg/（mL·min）。本研究为黑曲霉、微紫青霉产果胶酶降解烟草果胶提供了酶学理论基础。

3.4.5 果胶质微生物降解条件优化结果

以二级解纤纯梗为对象，考察黑曲霉酶活力、反应时间、料液比、反应温度4个因素对果胶质降解率的影响，各个因素对降解率的影响依次为：反应温度>反应时间>酶活力>料液比，即酶活力为29000U/mL、料液比1:3、反应温度50℃、处理时间2h，最大降解率为34.82%。考察4个因素对微紫青霉果胶降解率的影响。各个因素影响依次为：反应温度>酶活力>料液比>反应时间，即酶活力为14000U/mL、料液比1:5、反应温度50℃、处理时间2h条件下，纯梗降解率达到最大，为41.35%。

以二号挤干机出口梗末为对象，考察黑曲霉酶活力、反应时间、料液比、反应温度4个因素对梗末降解率的影响，各因素影响大小为：反应时间>料液比>酶活力>反应温度，即酶活力为3700U/mL、料液比1:1、反应温度50℃、反应时间1.5h，最大降解率为32.47%。考察微紫青霉酶活力、反应时间、料液比、反应温度4个因素对降解率的影响。各因素影响大小为：酶活力>反应温度>料液比>反应时间，即酶活力为3000U/mL、料液比1:3、反应温度50℃、处理时间2h条件下，梗末降解率达到最大，为38.51%。

以混合浆为对象，考察黑曲霉酶活力、反应时间、料液比、反应温度4个因素对果胶质降解率的影响，各因素影响大小为：反应时间>料液比>酶活力>反应温度，即酶活力为10000U/mL、料液比1:1、反应温度50℃、处理时间3h，最大降解率为29.26%。考察微紫青霉酶活力、反应时间、料液比、反应温度4个因素对果胶降解率的影响。各因素影响大小为：反应时间>反应温度>酶活力>料液比，即酶活力为3000U/mL、料液比1:1、反应温度50℃、处理时间3h，混合浆降解率达到28.63%。

感官评价表明，将酶解后的解纤梗添加到卷烟中，对卷烟的吸食品质有较大影响，香气量增加，香气质有所改善，香味更加丰富，刺激性减轻，但因羰基化合物减少使劲头不足。

3.4.6 解纤梗果胶质降解后理化性质的变化结果

由红外光谱分析可以看出，纯梗果胶中有乙酰基存在，并且含有酯基，表示含有糖醛酸，红外光谱830cm^{-1}处有指纹区特征吸收峰，表明果胶主链为α-糖苷键连接。由红外光谱对比可知，解纤梗果胶酶解前后其基本结构官能团并未发生明显改变。由气相色谱可知，果胶经酶解后，其裂解产物成分的组成、含量均发生了明显的变化。热重分析表明果胶质经酶解后残重从24.46%下降到9.84%，燃烧性得到了提升。热裂解分析可知酶解前后对各个样品的影响不尽相同，如二级解纤纯梗经黑曲霉产果胶酶酶解后醇类香味成分含量由（6.29±0.03）%增加至（6.97±0.02）%，丙酮醇含量由（5.25±0.03）%增加到（6.06±0.02）%，挥发性乙酸和氮杂环类物质含量大大降低，乙酸含量由（9.07±0.15）%减少到（8.31±0.12）%，氮杂环类含量由（4.86±0.03）%降低至（4.32±0.08）%，减少了有毒物质。经微紫青霉酶解后苯乙酮增加，给烟气中增加了樱桃味，乙酸含量减少，烷烃、烯烃类物质显著减少，使吸食品质提高。凝胶过滤法得出，果胶经酶解后分子量均得以减小，其中微紫青霉产的酶降解效果更好，相对分子量由 341kDa 降低至 55kDa。SEC-MALLS 绝对分子量测定表明，解纤梗经酶解后，其中残余的果胶质重均分子量减小，黑曲霉处理后，由原来的 3.227×10^5 g/mol 减少到 1.852×10^5 g/mol，青霉处理后减小到 7.526×10^4 g/mol，这与凝胶过滤法结果一致。分散系数（M_w/M_n）由 1.816 增加为 3.925 和 2.745，一般来说分散系数越大，说明分子量分布越广，组分越多，表明了酶解后果胶分子的二级结构相对发生变化，分子量降低。对 $<S^2>z^{1/2}$ 与 M_w 进行曲线拟合，建立 M_w 与 $<S^2>z^{1/2}$ 的关系（$<S^2>z^{1/2}=kM_w^\alpha$）。鉴定解纤梗果胶基本为高分子聚合物，卷曲成球形，且紧密；经酶解后部分降解为分子量在 10^5 以下的物质，由以微紫青霉降解效果显著，出现了两个分子量分布不同的组分，其中低分子量的组分中出现了刚性链结构，由部分球形结构舒展所得。

3.4.7　展望

科学技术水平不断发展，人类对生活质量的要求也相应增加，饮食、环境、可再生能源的研发等系列问题备受关注，因此微生物学、分子生物和酶基因工程在科学领域的研究开发与应用越来越广泛。果胶酶因其特有的专一性及生产广泛性，在食品加工、药物活性成分提取、垃圾降解、纺织造纸等行业都有广泛的应用。微生物是天然产酶的类群，它比植物、动物产酶更为高效，且产酶的种类数量巨大，并且提取酶更容易操作，产酶时间及酶活力均可人为控制，故最被人类所广泛利用。但也因其种类繁多、结构复杂、功能不同、次级代谢产物复杂等因素难以稳定的在工艺线上使用。若能在分离纯化、固定化、分子水平方向上深入研究，如酶的分泌调节机制，作用机理等，会得微生物天然产酶的应用领域前景更加广阔。此外，在基因工程发展方向来说，酶工程将成为新兴研究，通过酶分子改造和定点突变技术使各类酶产量、活性、纯度及稳定性得以提升，以满足研究和应用的实际需要，那将推动世界科技发展。

第4章 烟用香精香料的工业生物合成技术

4.1 概述

4.1.1 背景及意义

降焦减害是烟草行业的发展方向，随着卷烟焦油含量的降低，烟气中的香味物质损失严重，卷烟抽吸品质下降，导致消费者抽吸时无法获得预期的满足感和愉悦感。如何解决卷烟在焦油降低的同时，保持较高的抽吸品质这一技术难题，成为烟草行业一个共同的技术问题。在烟草行业中通常利用提高烟草原料的品质以及调香等技术来解决这一问题。因此调香也是卷烟工业的核心技术，调香主要是通过在卷烟烟丝、梗丝或薄片中添加香精香料来对卷烟的抽吸品质进行补偿。烟用香精香料包括天然香料、化学香料以及生物香料等。生物香料是烟用香料的重要组成部分，利用微生物对天然植物、动物来源的原材料进行发酵，可以获得具有鲜明特色的烟用香原料，可以用于卷烟的增香、改善口感以及减少杂气和刺激性等，也可以在嘴棒中使用，对卷烟的抽吸品质进行补偿。

4.1.2 研究进展

通过前期的研究，我们从醇化烟叶中筛选到了一些酵母菌菌株，如酿酒酵母菌、异常威克汉姆酵母菌以及胶红酵母产香酵母菌等。利用微生物菌株在产香培养基中进行发酵，其在发酵过程中可以产生具有特殊香气成分的代谢产物。另外，筛选合适的微生物菌株对特色水果、粮食等植物资源进行发酵，可以生产出独具特色、具有自主知识产权、适用于真龙卷烟的生物香料，在生物香料方面获得突破。

4.1.3 研究内容

大多数天然香料、精油由植物的根、茎、叶、花或者果实经过加工、提取精制而成。但是，天然植物香原料的化学成分复杂，其中细胞壁、多糖、果胶以及许多其他组分给卷烟的吸味带来负面影响，因此许多利用乙醇、丙二醇直接提取获得的天然植物香料缺点明显，常常给卷烟带来杂气、刺激性、苦味以及涩味等负面影响。

利用生物发酵的方法制备香料有可能改善这些缺点，增加天然香料在卷烟中应用的可能性。选取具有特色的水果或其他植物资源，利用微生物进行发酵，一方面可以减少乙醇、丙二醇直接提取的天然香料所具有的杂气、刺激性、苦味以及涩味等缺点；另一方面可以保留原料中的部分香味物质、多糖、多酚类抗氧化物质；另外，通过发酵可以合成新的香味物质以及具有保润性能的物质。生物发酵产物将是新的、不同于原材料本身的、具有自身鲜明风格特征的香料。因此，利用微生物发酵可以制备具有自主知识产权的各种烟用香料，用于卷烟的调香，改善卷烟的抽吸品质。

4.2　实验及检测方法

4.2.1　材料

4.2.1.1　仪器

冰箱、冷冻离心机、抽滤瓶、布氏漏斗、18cm 定性滤纸（快速）、真空泵、EYELA N-1100 旋转蒸发仪/ EYELA CCA-1111 冷却水循环装置（上海爱朗仪器有限公司）、YX-18HDJ 系列手提式压力蒸汽灭菌器（江阴滨江医疗设备有限公司）、HH-S6 数显恒温水浴锅（江苏金怡仪器科技有限公司）、METTLER TOLEDO PL1501-S 电子天平［梅特勒-托利多仪器（上海）有限公司］、YZQ-B 恒温摇床（上海双舜实业发展有限公司）、YJ-VS-1 单人垂直净化工作台（无锡一净净化设备有限公司）、鼓风干燥箱（德国宾得公司）、恒温恒湿箱（德国宾得公司）、蒸馏装置、20L 旋转蒸发仪（巩义市予华仪器有限责任公司）、DDT-500L 多功能提取机组、WZ-250L 单效浓缩机组（无锡华星药化设备有限公司）。

4.2.1.2　原料

甜玉米，板栗，柠檬，麦芽等。

4.2.1.3　YPD 培养基

配方：1%酵母膏、2%蛋白胨、2%葡萄糖，若制固体培养基，加入 2%琼脂粉。

配制方法：溶解 10g 酵母膏、20g 蛋白胨于 900mL 水中，如制平板加入 20g 琼脂粉，121℃灭菌 20min。在使用前加入 100mL、20%（m/v）的葡萄糖。

4.2.2　方法

4.2.2.1　葡萄糖、果糖、麦芽糖、蔗糖含量的测定

准确称取样品 0.5g 于 10mL 棕色容量瓶中，蒸馏水溶解、定容，经 0.22μm 滤膜过滤后进高效液相色谱分析，外标法定量。色谱柱：Prevail™ Carbohydrate ES 色谱柱（5μm，250mm×4.6mm）；流动相：A 相乙腈，B 相水；等度洗脱：78%A +

22%B；流速：1mL/min；柱温：30℃；进样量：10μL；RID 检测器；漂移管温度：90℃；氮气流量：2.2L/min。

4.2.2.2 挥发性、半挥发性成分分析

采用直接进样的方式。色谱柱：CD-5MS 毛细管柱（30m×0.25mm×0.25μm）。

色谱条件：进样口温度：280℃，载气：He，柱流量：1.0mL/min；不分流；进样量：1.0μL；程序升温：40℃（3min）（4℃/min）→280℃（50min）；传输线温度：280℃；四极杆温度：150℃；离子源温度：230℃；电离能量：70Ev；扫描方式：Scan，质量扫描范围：30~500amu。

对 GC-MS 色谱数据进行分析，通过谱库检索（谱库：NIST08 谱库，以匹配度高于 70%者定性），排除面积最大的溶剂峰乙醇后，定性出挥发性、半挥发性成分。

4.2.2.3 生物香料的物理指标检测

物理指标含量由技术中心实验室按照相关行业标准进行检测。

相对密度的测定执行行业标准 YC/T 145.2—2012。

挥发性成分总量通用检测方法执行行业标准 YC 145.9—2012。

折光指数的测定执行行业标准 YC 145.3—2012。

酸值的测定执行行业标准 YC 145.1—2012。

4.2.2.4 重金属检测

重金属含量由技术中心实验室按照相关行业标准进行检测。

4.2.2.5 评吸方法

将卷烟感官质量评价指标香气质、香气量、杂气、刺激性、透发性、柔细度、甜度、余味、浓度和劲头分别划分为好+、好、好−、中+、中、中−、差+、差、差−等 9 个等级进行评价。对于品质指标，"+""−"表示该指标的优劣程度；对于特征指标，"+""−"表示该指标的变化趋势。用闻香纸沾取香料样品，在参比烟烟支上均匀划 0.1~0.3mm 的细线，然后进行感官质量评吸，综合评价比较。

4.2.2.6 菌株筛选

将烟叶（约 0.5g）剪碎放入装有 200mL YPD 液体培养基的三角瓶中，放入摇床培养（30℃，180r/min）12h。取培养液用无菌水梯度稀释 1~4 倍，取 70μL 稀释倍数为 2 倍、3 倍、4 倍的液体分别涂布在 YPD 固体培养基平板上，培养 24h 后平板上长出细小单菌落（直径约 0.7mm），挑取单菌落划线到 YPD 固体培养基平板上培养 24h，获得纯培养。将纯培养进行显微观察和生理生化鉴定，获得酵母菌菌株。经过多轮筛选，从醇化烟叶中筛选到 12 株酵母菌菌株，包括酿酒酵母 *Saccharomyces cerevisiae*、异常威克汉姆酵母 *Wickerhamomyces anomalus*、胶红酵母 *Rhodotorula mucilaginosa* 等。经过初步发酵实验，将发酵效果最好的 5 株菌分别命名为酿酒酵母 GYC531、酿酒酵母 GYC532、异常威克汉姆酵母 GYC533、胶红酵母 GYC534、胶红酵母 GYC535，并保藏备用。

4.2.2.7 发酵液的制备

将酵母菌菌株活化，接种到液体 YPD 培养基中，置于摇床上，在 30℃、

180rpm 条件下培养 24h，离心，除去菌体，收集上清液，备用。经过检测，发酵液中含有淀粉酶、蛋白酶以及果胶酶等多种生物酶酶活性。

4.3 生物技术提升烟用香精香料品质应用与研究

4.3.1 麦芽烟用香料的制备和工艺优化

麦芽是将麦粒用水浸泡后，保持适宜温、湿度，待幼芽长至约 5mm 时，晒干或低温干燥制得的。麦芽中主要含 α-淀粉梅、β-淀粉酶（amylase）、催化酶（catalyticase）和过氧化异构酶（peroxidisomerase）等生物酶。含有麦芽糖、葡萄糖、多肽、氨基酸、维生素 D、维生素 E、细胞色素（cytochrome）C 等营养物质，以及麦黄酮、α-单棕榈酸甘油酯、大麦芽碱、腺苷、胆碱、β-谷甾醇以及胡萝卜苷等多种香味物质。

将市售麦芽粉碎，称取 50g 装入三角瓶中，加入 100mL 去离子水，用纱布和牛皮纸密封，置于 75℃ 下灭菌 30min。然后在无菌条件下，按照 1%（体积分数）的比例加入发酵液，混匀。将三角瓶置于 25~35℃，静置发酵 3~12h。

4.3.1.1 麦芽发酵的温度优化

（1）麦芽发酵。按照前述方法，将灭菌麦芽加入发酵液后，分别在 25℃、30℃、35℃ 条件下，静置发酵 3h。

（2）发酵液提取。发酵后，在三角瓶中加入 2.5 倍 95% 食用酒精，回流蒸馏提取 6h，然后静置 24h。

（3）发酵液浓缩。先用快速定性滤纸抽滤提取液，然后用旋转蒸发仪浓缩滤液，去除酒精。

（4）生物香料样品。用快速定性滤纸抽滤提取液，去除不溶性物质，按照 1∶1 的比例加入食品级 1,2-丙二醇，即为生物香料样品。

（5）感官质量评价。将制备的生物香料样品划线添加到卷烟上，然后对卷烟进行感官质量评定，结果见表 4-1。从表 4-1 中可以看出，麦芽在 25℃、30℃、35℃ 3 种温度条件下发酵 3h 后，提取制备的样品，添加到卷烟上以后，卷烟的感官质量都优于对照样品，对卷烟有增甜、降低刺激性等作用。其中以 30℃ 条件下发酵的效果最好。

表 4-1　发酵温度对生物香料样品品质的影响

处理	品质指标								特征指标		名次
	香气质	香气量	杂气	刺激性	透发性	柔细度	甜度	余味	浓度	劲头	
对照	中	中	中-	中	中	中	中-	中	中	中	4

处理	品质指标								特征指标		名次
	香气质	香气量	杂气	刺激性	透发性	柔细度	甜度	余味	浓度	劲头	
25℃	中	中	中	中	中	中	中	中	中	中	2
30℃	中	中+	中+	中+	中+	中+	中+	中	中	中	1
35℃	中	中	中	中	中	中	中+	中	中	中	3

注　对于品质指标，"+""−"表示该指标的优劣程度；对于特征指标，"+""−"表示该指标的变化趋势。

4.3.1.2　麦芽发酵的时间优化

根据发酵温度优化的结果，30℃发酵3h提取制备的样品效果最好，因此选择发酵温度30℃作为进一步优化的条件。

（1）麦芽发酵。按照前述方法，将灭菌麦芽加入发酵液后，在30℃条件下，分别发酵3h、6h、12h。

（2）发酵液提取。发酵后，在三角瓶中加入2.5倍95%食用酒精，回流蒸馏提取6h，然后静置24h。

（3）发酵液浓缩。先用快速定性滤纸抽滤提取液，然后用旋转蒸发仪浓缩滤液，去除酒精。

（4）用快速定性滤纸抽滤提取液，去除不溶性物质，按照1:1的比例加入食品级1,2-丙二醇，即为生物香料样品。

（5）感官质量评价。将制备的生物香料样品划线添加到卷烟上，然后对卷烟进行感官质量评定，结果见表4-2。从表4-2中可以看出，麦芽在30℃条件下发酵3h、6h后，提取制备的样品对卷烟有增甜、明晰烟香、改善口感以及增加烟香的成熟感等作用。发酵3h和6h所制备的样品对卷烟感官质量的影响没有明显的差别，添加发酵12h提取制备的样品后，卷烟感官质量下降。

表4-2　发酵时间对生物香料样品品质的影响

处理	品质指标								特征指标		名次
	香气质	香气量	杂气	刺激性	透发性	柔细度	甜度	余味	浓度	劲头	
对照	中	中	中−	中	中	中	中−	中	中	中	3
3h	中	中+	中+	中+	中+	中+	中+	中	中	中	1
6h	中	中+	中+	中+	中+	中+	中+	中	中	中	1
12h	中−	中−	中−	中−	中	中−	中−	中−	中	中	4

注　对于品质指标，"+""−"表示该指标的优劣程度；对于特征指标，"+""−"表示该指标的变化趋势。

4.3.1.3　最优工艺条件下麦芽烟用香料的制备

根据发酵温度、时间优化的结果，30℃发酵 3h、6h 提取制备的样品效果最好，因此选择优化后的发酵条件（发酵温度 30℃，发酵时间 3h）对技术工艺条件进行重复验证。

（1）麦芽发酵。按照优化后的方法，将灭菌麦芽加入发酵液后，在 30℃ 条件下发酵 3h。

（2）发酵液提取。发酵后，在三角瓶中加入 2.5 倍 95%食用酒精，回流蒸馏提取 6h，然后静置 24h。

（3）发酵液浓缩。先用快速定性滤纸抽滤提取液，然后用旋转蒸发仪浓缩滤液，去除酒精。

（4）用快速定性滤纸将提取液抽滤，去除不溶性物质，按照 1∶1 的比例加入食品级 1,2-丙二醇，即为生物香料样品。

（5）感官质量评价。将制备的生物香料样品划线添加到卷烟上，然后对卷烟进行感官质量评定，结果见表 4-3。如表 4-3 所示，麦芽在 30℃下发酵 3h 后，制备的麦芽生物香料具有增甜、明晰烟香、改善口感以及增加烟香的成熟感等作用。

表 4-3　麦芽生物香料样品对卷烟感官质量的影响

处理	品质指标								特征指标		名次
	香气质	香气量	杂气	刺激性	透发性	柔细度	甜度	余味	浓度	劲头	
对照	中	中	中-	中	中	中	中-	中	中	中	2
麦芽	中	中+	中+	中+	中+	中+	中+	中+	中	中	1

注　对于品质指标，"+""-"表示该指标的优劣程度；对于特征指标，"+""-"表示该指标的变化趋势。

4.3.1.4　龙麦香Ⅰ号的工业化生产和应用

经过不断地优化和改进，在实验室条件下形成了稳定的麦芽生物发酵提取技术和工艺，将麦芽生物香料命名为龙麦香Ⅰ号。根据实验室优化好的生产工艺，将龙麦香Ⅰ号生产工艺技术转移到广西真龙实业有限责任公司进行批量化生产。每批投料 100kg 麦芽，可以生产获得 20kg 龙麦香Ⅰ号香料。经过多批次的生产实验，形成了稳定的工业化生产工艺技术，生产的龙麦香Ⅰ号产品，经过评价，优于实验室生产的小样，具有增甜、明晰烟香、改善口感以及增加烟香的成熟感等作用，该香料目前已经作为主香料之一在 15 元的真龙（状元）卷烟中使用，对龙麦香Ⅰ号香料进行了挥发性、半挥发性成分检测分析。

4.3.1.5　龙麦香Ⅰ号的化学成分分析

选择正常生产的龙麦香Ⅰ号香料，测定龙麦香Ⅰ号香料中的糖类物质以及挥发性、半挥发性成分（表 4-4、表 4-5）。如表 4-4 所示，龙麦香Ⅰ号香料中含有较多的蔗糖、麦芽糖、果糖以及葡糖糖等单糖、双糖类物质，这些单糖、双糖类物质可以增加卷烟烟气的甜润感以及改善口感。从表4-5可以看出，龙麦香Ⅰ号香料中检测出来的挥发性、半挥发性成分多达55种，这些挥发性、半挥发性成分表现出了与烟气相谐调、增加香气丰富性以及增加烟香的成熟感等作用。

表4-4 龙麦香Ⅰ号的单糖、双糖

序号	样品编号	样品名称	检测项目				
			水分/%	果糖/%	葡萄糖/%	麦芽糖/%	蔗糖/%
1	WT180306003	龙麦香Ⅰ号	—	1.04	2.34	1.66	8.11
2	WT180306004	龙麦香Ⅰ号	—	1.04	2.58	2.18	7.84

表4-5 龙麦香Ⅰ号挥发性、半挥发性成分

序号	中文名称	CAS号	匹配度	含量（归一化相对百分含量,%)
1	丙二醇	000057-55-6	91	39.50
2	氯苯	000108-90-7	94	0.16
3	2-糠醇	000098-00-0	95	0.06
4	癸烷	000124-18-5	91	0.48
5	苯乙醛	000122-78-1	93	0.12
6	5-甲基-十一烷	001632-70-8	87	0.18
7	麦芽酚	000118-71-8	96	0.18
8	磷酸三乙酯	000078-40-0	98	0.08
9	2,3-二氢-3,5二羟基-6-甲基-4(H)-吡喃-4-酮	028564-83-2	81	0.49
10	甲基环己基二甲氧基硅烷	017865-32-6	95	0.54
11	十二烷	000112-40-3	96	0.68
12	2,4,6-三甲基-癸烷	062108-27-4	80	0.07
13	2,6,11-三甲基-十二烷	031295-56-4	83	0.12
14	1,3-二叔丁基苯	001014-60-4	93	0.87
15	亚硫酸己二戊酯	1000309-13-7	80	0.22
16	1-碘代-2-甲基壬烷	1000101-47-9	89	0.08
17	3-羟基-4-甲氧基苯甲醛	000621-59-0	97	0.32
18	正十四烷	000629-59-4	98	0.67
19	4-乙基-十四烷	055045-14-2	91	0.12

续表

序号	中文名称	CAS 号	匹配度	含量（归一化相对百分含量，%）
20	正二十一烷	000629-94-7	86	0.38
21	正十五烷	000629-62-9	95	0.13
22	2,4-二叔丁基苯酚	000096-76-4	96	0.12
23	2-苯并唑啉酮	000059-49-4	96	0.08
24	十六烷	000544-76-3	98	0.51
25	丁香醛	000134-96-3	96	0.13
26	正十七烷	000629-78-7	94	0.12
27	二叔十二烷基二硫化物	027458-90-8	86	0.06
28	6-甲氧基-2-苯唑啉酮	000532-91-2	95	0.43
29	1-十九烯	018435-45-5	94	0.30
30	正十八烷	000593-45-3	91	0.39
31	油酸油酯	003687-45-4	90	0.07
32	六氢-3-(2-甲基丙基)-吡咯并[1,2-a]吡嗪-1,4-二酮	005654-86-4	89	10.33
33	棕榈酸	000057-10-3	99	0.59
34	二十五烷	000629-99-2	83	0.22
35	十六酸乙酯	000628-97-7	95	0.31
36	二十烷	000112-95-8	99	0.37
37	亚油酸	000060-33-3	99	0.49
38	亚油酸乙酯	007619-08-1	99	0.29
39	十六碳酰胺	000629-54-9	90	0.60
40	5-二十碳烯	074685-30-6	99	0.38
41	二十六烷	000630-01-3	93	0.21
42	油酸酰胺	000301-02-0	99	7.77
43	六氢-3-苯甲基-吡咯并[1,2-a]吡嗪-1,4-二酮	014705-60-3	98	8.32
44	二十四烷	000646-31-1	94	0.25
45	1,3,12-十九碳三烯	1000131-11-3	83	0.06
46	7-十五炔	022089-89-0	90	0.13
47	芥酸酰胺	000112-84-5	96	3.76

4.3.1.6 小结

利用酵母菌 GYC535 发酵麦芽,对发酵时间、发酵温度以及提取方式进行了优化,研究制备了麦芽烟用生物香料,命名为龙麦香Ⅰ号。龙麦香Ⅰ号具有增甜、明晰烟香、改善口感以及增加烟香的成熟感等作用,已将龙麦香Ⅰ号生产工艺技术转移到广西真龙实业有限责任公司进行批量化生产,并形成了稳定的工业化生产工艺技术,已经作为 15 元的真龙(状元)香料配方的主料之一并得到很好的应用。

4.3.2 甜玉米烟用香料的制备和工艺优化

4.3.2.1 甜玉米的发酵和甜玉米烟用香料的制备方法

从平板上分别取酿酒酵母 GYC531、异常威客汉姆酵母 GYC533、胶红酵母 GYC535 各一环至液体培养基中扩大培养,随后按 1%(体积分数)接种到 YPD 液体培养基中培养至对数生长期,并调整 OD_{600} 为 0.6。

取 200g 甜玉米打磨成浆并蒸煮 15min,蒸熟后放到密闭容器中。取 1mL 处于对数生长期中的菌液加到玉米浆中,放在 30℃恒温箱中发酵 24h。

向发酵好的玉米浆中加入 800mL、85% 的乙醇溶液,回流蒸馏萃取 3h,然后静置 24h,利用两层滤纸抽滤,将滤液浓缩至 10~15g,即为甜玉米香料成品。

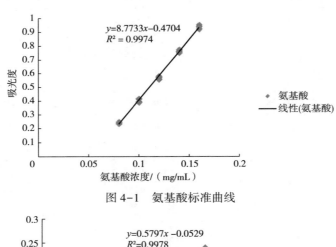

图 4-1 氨基酸标准曲线

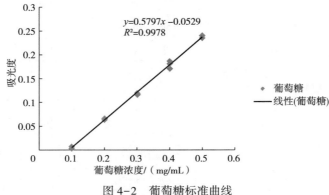

图 4-2 葡萄糖标准曲线

4.3.2.2　氨基酸以及葡萄糖标准曲线测定

4.3.2.3　气相色谱条件

色谱柱：HP-5M（30m×250μm×0.25μm）；载气 He，流速 1.0mL/min。升温程序：初始温度 40℃，保持 4min；以 10℃/min 的速率升温至 210℃。进样口温度：230℃，进样量：1μL，分流比：20：1，溶剂延迟：3min。

电离方式：EI 源；离子源温度：230℃；四极杆温度：150℃；电子能量：70eV；质量扫描范围（m/z）：50~600；扫描方式：scan。

4.3.2.4　接种量对甜玉米发酵的影响

接种酿酒酵母 GYC531、胶红酵母 GYC535、异常威客汉姆酵母 GYC533 到培养基中，培养至对数期。设置 0、0.5%、1% 以及 1.5% 等 4 种不同的接种量，往玉米浆中接种不同的菌量，置于 30℃恒温箱中发酵 24h，考察接种量为对氨基酸、还原糖、总糖含量的影响。

由图 4-3~图 4-5 可知，以氨基酸含量为标准，在接种量为 0.5% 和 1% 的发酵条件下氨基酸含量相差不大，但是接种量为 0.5% 的发酵条件下还原糖含量最高，异常威客汉姆酵母 GYC533 和胶红酵母 GYC535 在接种量为 1% 的发酵条件下氨基酸含量最高。所以，酿酒酵母 GYC531 的最优接种量为 0.5%；异常威客汉姆酵母 GYC533 和胶红酵母 GYC535 的最优接种量为 1%。

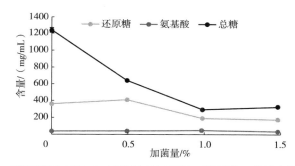

图 4-3　酿酒酵母 GYC531 接种量对氨基酸、还原糖、总糖含量的影响

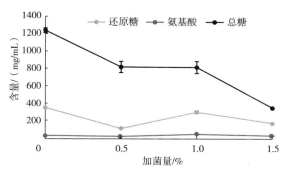

图 4-4　异常威客汉姆酵母 GYC533 接种量对氨基酸、还原糖、总糖含量的影响

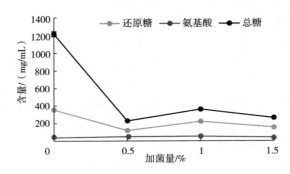

图 4-5　胶红酵母 GYC535 接种量对氨基酸、还原糖、总糖含量的影响

4.3.2.5　加水量对甜玉米发酵的影响

接种酿酒酵母 GYC531、异常威客汉姆酵母 GYC533、胶红酵母 GYC535 到培养基中，培养至对数期。根据前面对接种量的研究结果，设置酿酒酵母 GYC531 的接种量为 0.5%、异常威客汉姆酵母 GYC533 和胶红酵母 GYC535 的接种量为 1%。设置 0、25%、50% 以及 75% 等 4 种不同的加水量，往玉米浆中添加不同量的水，置于 30℃ 恒温箱中发酵 24h，考察加水量对氨基酸、还原糖、总糖含量的影响。

从图 4-6~图 4-8 可知，以氨基酸含量为标准，酿酒酵母 GYC531 在接种量为 0.5%、加水量为 50%、30℃、发酵 24h 的发酵条件下氨基酸含量最高；异常威客汉姆酵母 GYC533 和胶红酵母 GYC535 在接种量为 1%、不加水、30℃、发酵 24h 的发酵条件下氨基酸含量最高。所以，酿酒酵母 GYC531 的最优发酵条件是接种量为 0.5%、加水量为 50%；异常威客汉姆酵母 GYC533 和胶红酵母 GYC535 的最优发酵条件是接种量为 1%、不加水。

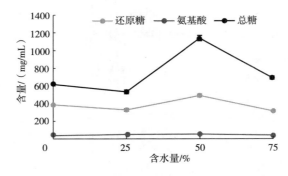

图 4-6　酿酒酵母 GYC531 加水量对氨基酸、还原糖、总糖含量的影响

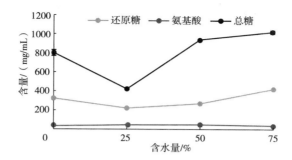

图 4-7　异常威客汉姆酵母 GYC533 加水量对氨基酸、还原糖、总糖含量的影响

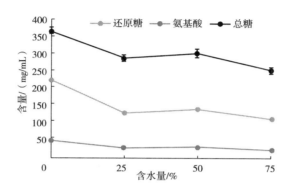

图 4-8　胶红酵母 GYC535 加水量对氨基酸、还原糖、总糖含量的影响

4.3.2.6　挥发性、半挥发性化学成分测定

酿酒酵母在接种量为 0.5%、30℃、发酵 24h 的条件下，加水量 50% 的时候发酵甜玉米制备了甜玉米生物香料 TYM531；异常威客汉姆酵母以及胶红酵母在接种量为 1%、不加水、30℃、发酵 24h 的条件下发酵甜玉米制备了甜玉米生物香料 TYM533 和 TYM535，测定所制备甜玉米香料中的挥发性、半挥发性成分，结果见表 4-6～表 4-8。3 株酵母菌发酵制备的甜玉米香料在成分上差异较大，酿酒酵母 GYC531 发酵产物测出来的挥发性、半挥发性化学成分较多，胶红酵母 GYC535 发酵产物测出来的挥发性、半挥发性化学成分较少。

表 4-6　酿酒酵母 GYC531 发酵产物中的挥发性、半挥发性化学成分

化合物名称	分子式	相对分子量	保留时间	相对含量	描述
甘油	$C_3H_8O_3$	92.047	10.962	8.3	无色无臭，味甜，澄明黏稠液体
2,3-二氢-3,5 二羟基-6-甲基-4 氢-吡喃-4-酮	$C_6H_8O_4$	144.042	12.895	1.4	白色晶体，加热后所得到的混合物具有焦甜和融熔黄油的香味

化合物名称	分子式	相对分子量	保留时间	相对含量	描述
5-羟甲基-2-呋喃甲醛	$C_6H_6O_3$	126.032	14.334	7.3	黄色油状物,易溶于乙醇,有菊花香味
丙二醛二乙缩醛	$C_5H_{10}O_4$	220.167	14.628	3.2	无色至淡黄色
3-甲基丁酸己酯	$C_{11}H_{22}O_2$	186.162	16.104	1.2	用于食用香料
2-氯-6-甲基-苯酚	C_7H_7ClO	142.019	17.493	0.2	无色至黄色
棕榈酸异丙酯	$C_{19}H_{38}O_2$	298.287	18.262	0.3	用作香精的增溶剂
D-半乳糖	$C_6H_{12}O_6$	180.063	18.412	2.1	白色晶体,用作甜味剂
十二酸	$C_{12}H_{24}O_2$	200.178	18.612	1.0	用于化妆品合成香料
十三烷酸	$C_{13}H_{26}CO_2$	214.193	18.725	0.5	白色粉末,易溶于乙醇
山梨糖醇	$C_6H_{14}O_6$	182.079	19.219	1.7	白色粉末,用作甜味剂
L-阿拉伯糖醇	$C_5H_{12}O_5$	152.068	19.532	2.1	白色固体,用作食品添加剂
D-葡萄糖酸,δ-内酯	$C_6H_{10}O_6$	178.048	19.576	1.5	用于食品添加剂、稳定剂
D-半乳糖酸,γ-内酯	$C_6H_{10}O_6$	178.048	19.907	4.2	用于食品添加剂、稳定剂
D-葡萄糖酸,γ-内酯	$C_6H_{10}O_6$	178.048	19.945	1.5	用于食品添加剂、稳定剂
D-葡萄糖醛酸内酯	$C_6H_8O_6$	176.032	20.095	6.1	可以作为解毒剂
D-甘露酸,γ-内酯	$C_6H_{10}O_6$	178.048	20.283	0.9	用于食品添加剂、稳定剂
D-甘油-D-甘露庚糖醇	$C_7H_{16}O_7$	212.09	20.408	1.8	可以作为甜味剂

表4-7　异常威客汉姆酵母 GYC533 发酵产物中的挥发性、半挥发性化学成分

化合物名称	分子式	相对分子量	保留时间	相对含量	描述
L-阿拉伯糖醇	$C_5H_{10}O_4$	152.068	10.387	3.1	白色固体,用作食品添加剂
2,3-二氢-3,5二羟基-6-甲基-4氢-吡喃-4-酮	$C_6H_8O_4$	144.042	12.901	0.7	白色晶体,加热后所得到的混合物具有焦甜和融熔黄油的香味
双甘油	$C_6H_{14}O_5$	166.084	13.671	0.4	黄色黏稠液体,无臭,溶于水和乙醇

化合物名称	分子式	相对分子量	保留时间	相对含量	描述
5-羟甲基-2-呋喃甲醛	$C_6H_6O_3$	126.032	14.34	8.4	黄色油状物,易溶于乙醇,有菊花香味
3-甲基丁酸己酯	$C_{11}H_{22}O_2$	186.162	14.615	1.7	用于食用香料
4-羟基-苯乙醇	$C_8H_{10}O_2$	138.068	17.468	0.1	具有玫瑰花香
棕榈酸异丙酯	$C_{19}H_{38}O_2$	298.287	18.056	1.5	用作香精的增溶剂
乳糖	$C_{12}H_{22}O_{11}$	342.116	18.418	3.4	用作营养型甜味剂
D-葡萄糖酸,δ-内酯	$C_6H_{10}O_6$	178.048	19.426	1.1	用于食品添加剂、稳定剂
D-半乳糖酸,γ-内酯	$C_6H_{10}O_6$	178.048	19.488	1.1	用于食品添加剂、稳定剂
十八烷酸	$C_{18}H_{36}O_2$	284.272	23.147	0.2	白色结晶体,存在于香料烟叶中
正十六烷酸	$C_{16}H_{32}O_2$	256.24	23.166	0.2	具有特殊香气的白色鳞片

表 4-8　胶红酵母 GYC535 发酵产物中的挥发性、半挥发性化学成分

化合物名称	分子式	相对分子量	保留时间	相对含量	描述
1-己烯-3-醇	$C_6H_{12}O$	100.089	4.832	2.4	可用作香料,琥珀色液体
双甘油	$C_6H_{14}O_5$	166.084	9.636	5.8	黄色黏稠液体,无臭,溶于水和乙醇
2,3-二氢-3,5 二羟基-6-甲基-4 氢-吡喃-4-酮	$C_6H_8O_4$	144.042	11.951	2.2	白色晶体,加热后所得到的混合物具有焦甜和融化黄油的香味
3-羟基十六烷酸甲酯	$C_{17}H_{34}O_3$	286.251	14.803	1.5	无色结晶,用于润湿剂,易溶于醇
2,4-二甲基-4-辛醇	$C_{10}H_{22}O$	158.167	15.785	1.9	芳香油状液体
蔗糖	$C_{12}H_{22}O_{11}$	342.116	16.53	0.2	易溶于水,可作为甜味剂
3-脱氧-D-甘露糖酸内酯	$C_6H_{10}O_5$	162.053	18.1	9.6	无色易挥发、芳香
葡庚糖酸内酯	$C_7H_{12}O_7$	208.058	18.488	9.6	有甜味的香气

化合物名称	分子式	相对分子量	保留时间	相对含量	描述
山梨糖	$C_6H_{12}O_6$	180.063	18.675	5.3	味甜,存在于果实中
D-甘露糖	$C_6H_{12}O_6$	180.063	18.782	12	味甜,易溶于水

4.3.2.7 甜玉米烟用香料感官质量评价

将不同酵母菌发酵甜玉米制备的生物香料样品添加到空白烟丝中,然后对卷烟进行感官质量评定,结果见表4-9。从表4-9中可以看出,利用酿酒酵母GYC531发酵甜玉米的效果最好,所制备的玉米香料具有增加香气量、透发性、增甜、减少杂气以及改善口感等作用;其次是利用异常威客汉姆酵母GYC533发酵甜玉米所制备的香料,也对卷烟烟气的柔细度、甜度以及余味等有改善作用,而利用胶红酵母GYC535发酵甜玉米所制备的香料则对卷烟烟气没有明显的改善作用。

表4-9 不同酵母菌发酵对甜玉米香料品质的影响

处理	品质指标								特征指标		名次
	香气质	香气量	杂气	刺激性	透发性	柔细度	甜度	余味	浓度	劲头	
对照	中	中	中-	中	中	中	中-	中	中	中	3
TYM531	中	中+	中	中	中+	中+	中	中+	中	中	1
TYM533	中	中	中-	中	中	中	中+	中+	中	中	2
TYM535	中-	中-	差+	中-	中	中-	中-	中-	中	中	4

4.3.2.8 小结

利用酿酒酵母GYC531、胶红酵母GYC535、异常威客汉姆酵母GYC533发酵甜玉米制备烟用香料,研究了接种量、加水量对发酵产物中氨基酸、还原糖以及总糖含量的影响,发现酿酒酵母GYC531在接种量为0.5%、30℃、发酵24h的条件下,加水量50%的时候发酵效果最好;胶红酵母以及异常威客汉姆酵母在接种量为1%、不加水、30℃、发酵24h的条件下发酵效果最好。对不同酵母菌发酵甜玉米制备的生物香料样品进行了化学成分检测以及感官质量评价,发现酿酒酵母GYC531发酵甜玉米制备的生物香料TYM531中的挥发性、半挥发性化学成分最多,对卷烟烟气具有增加香气量、透发性、增甜、减少杂气以及改善口感等作用。

4.3.3 柠檬烟用香料的制备和工艺优化

柠檬是一种具有很高营养价值的水果,含有丰富的维生素C,柠檬可祛痰,祛痰功效比橙和柑还要强,因此选择柠檬作为原料,研究开发一种新型的烟用发酵香料。生物发酵处理后得到的香料除自然香韵外,还能增加浓厚的酿香香韵,给予卷烟抽吸特殊的口感。

4.3.3.1 柠檬烟用香料 NM18 的制备

将 100g 柠檬洗净，室温晾干，利用植物捣碎机将柠檬打浆，向柠檬浆中添加 10% 的蔗糖，然后将在 75℃下灭菌 30min；在无菌条件下，按照 1% 的接种比例将酵母菌 GYC535 接种到柠檬浆中，置于 25℃培养箱中发酵 8d。

取发酵好的物料加入 2.5 倍 95% 乙醇，加热回流蒸馏提取 3h，静置 48h；先用快速定性滤纸抽滤提取液，然后用旋转蒸发仪浓缩滤液，去除酒精，得到烟用柠檬浸膏；在浸膏中加入 100mL、95% 食用乙醇溶解；然后用 10000r/min 离心 6min，取其上清液，用两层 0.2μm 滤膜过滤，得到澄清透明的柠檬发酵香料，命名为 NM18。

4.3.3.2 柠檬烟用香料 NM18 对卷烟感官质量的影响

用微型注射器往参比烟滤棒中注射进样 5μL 95% 食用乙醇，作为对照；用微型注射器往参比烟滤棒中分别注射进样 5μL、10μL、15μL 的 NM18 柠檬发酵香料。处理后的卷烟用密封袋密封，平衡后进行感官评吸，结果如下（表4-10）。

表4-10 NM18 对卷烟感官质量的影响

处理	品质指标								特征指标		名次
	香气质	香气量	杂气	刺激性	透发性	柔细度	甜度	余味	浓度	劲头	
对照	中	中	中−	中	中	中	中−	中	中	中	2
5μL	中	中+	中	中	中	中+	中+	中	中	中	1
10μL	中	中	中−	中−	中	中	中−	中	中	中	3
15μL	中	中	差+	中−	中	中−	中−	中−	中	中	4

注 对于品质指标，"+""−"表示该指标的优劣程度；对于特征指标，"+""−"表示该指标的变化趋势。

4.3.3.3 挥发性、半挥发性成分分析

对柠檬发酵香料 NM18 的 GC-MS 色谱数据进行分析，通过谱库检索（谱库：NIST08 谱库，以匹配度高于 70% 者定性），排除面积最大的溶剂峰乙醇后，共定性出挥发性、半挥发性成分 31 种（表4-11）。

表4-11 NM18 香料中的挥发性、半挥发性香味成分

序号	保留时间	面积比	中文名称	匹配度
1	5.921	0.83	2,3-丁二醇	86
2	7.137	6.67	糠醛	95
3	7.217	0.17	4-环戊烯-1,3-丁二烯	78
4	7.607	0.13	2-呋喃甲醇	98
5	8.008	0.12	5-甲基-2(3H)-呋喃酮	87
6	8.467	0.15	4-环戊烯-1,3-丁二烯	90
7	10.36	0.77	二氢-3-亚甲基-2,5-呋喃二酮	91
8	11.347	13.68	3-甲基-2,5-呋喃二酮	86
9	11.565	1.84	5-甲基糠醛	97

序号	保留时间	面积比	中文名称	匹配度
10	11.806	0.2	2,2-二甲基-戊酸乙酯	72
11	13.55	0.26	D-柠檬烯	95
12	15.833	2.35	5-甲基-2-吡嗪甲醇	72
13	16.877	0.41	左旋葡萄糖酮	72
14	18.448	2.16	2,3-二氢-3,5-二羟基-6-甲基-4H-吡喃-4-酮	87
15	20.341	1.23	甘油	72
16	21.489	38.47	5-羟甲基糠醛	86
17	24.001	0.93	2-甲氧基-乙烯基苯酚	87
18	30.563	0.13	5-[(5-甲基-2-呋喃基)甲基]-2-呋喃甲醛	95
19	31.848	0.47	二氢-3-羟基-4,4-二甲基-2(3H)-呋喃酮	87
20	33.271	0.77	1,6-脱水-β-D-吡喃(型)葡萄糖	83
21	33.902	3.48	阿洛糖	86
22	42.517	0.59	棕榈酸	99
23	42.942	0.22	5,7-二甲氧基香豆素	97
24	43.16	0.63	十六酸乙酯	98
25	46.429	0.34	亚油酸	99
26	46.567	0.37	油酸	99
27	46.98	0.17	亚油酸乙酯	99
28	47.129	0.24	油酸乙酯	92
29	51.259	0.07	油酸酰胺	96
30	54.609	0.09	2-羟基-1-(羟甲基)棕榈酸乙酯	81
31	66.208	0.81	4-羟基-1-甲基-2-氯代-1,2-二氢-1,8-萘,啶-3-羧酸乙酯	94

4.3.3.4 小结

利用酵母 GYC535 发酵柠檬，研究制备了柠檬发酵型烟用香料，所制备的 NM18 生物香料不仅具有柠檬特有的天然香韵，而且有浓厚的酿香香韵；将该香料进行卷烟滤棒加香实验，结果表明，该香原料能够丰富烟香，改善口感、余味好，使卷烟烟气变得柔和细腻，为新型香原料的开发提供了一条新途径。

4.3.4 板栗烟用香料的制备和工艺优化

板栗果实中含糖和淀粉高达 70.1%，蛋白质 7%。此外，还含脂肪、钙、磷、铁、多种维生素和微量元素，特别是维生素 C、维生素 B$_1$ 和胡萝卜素的含量较一般干果都高。

将干板栗去壳，粉碎，称取 20g 装入三角瓶中，加入 50mL 去离子水，用纱布和牛皮纸密封，置于 75℃灭菌 30min。然后在无菌条件下，按照 1%（体积分数）的比例加入发酵液。然后将三角瓶置于 25~35℃摇床上，在 150r/min 下发酵 3~12h。

4.3.4.1 板栗发酵的温度优化

（1）板栗发酵。按照前述方法，将灭菌板栗加入发酵液后，分别置于 25℃、30℃、35℃摇床上，在 150r/min 下发酵 3h。

（2）发酵液提取。发酵 3h 后，在三角瓶中加入 3 倍 95%食用酒精，密封，置于摇床上，在 180r/min 条件下，提取 6h，然后静置 24h。

（3）发酵液浓缩。先用快速定性滤纸抽滤提取液，然后用旋转蒸发仪浓缩滤液，去除酒精，按照 1:1 的比例加入食品级 1,2-丙二醇，即为生物香料样品。

（4）感官质量评价。将制备的生物香料样品添加到参比烟中，然后对卷烟进行感官质量评定，结果见表 4-12。从表 4-12 中可以看出，板栗在 25℃、30℃发酵 3h 后，提取制备的样品对卷烟有增甜、降低刺激性等作用，而在 35℃发酵 3h 后，提取制备的样品对卷烟没有明显的正面作用。

表 4-12　发酵温度对生物香料样品感官质量的影响

处理	品质指标								特征指标		名次
	香气质	香气量	杂气	刺激性	透发性	柔细度	甜度	余味	浓度	劲头	
对照	中	中	中-	中	中	中	中-	中	中	中	3
25℃	中	中	中-	中	中+	中	中	中	中	中	2
30℃	中	中	中-	中+	中+	中	中+	中	中	中	1
35℃	中	中-	中	中-	中	中-	中-	中-	中	中	4

注　对于品质指标，"+""-"表示该指标的优劣程度；对于特征指标，"+""-"表示该指标的变化趋势。

4.3.4.2 板栗发酵的时间优化

根据发酵温度优化的结果，30℃发酵 3h 提取制备的样品效果最好，因此选择发酵温度 30℃作为进一步优化的条件。

（1）板栗发酵。按照前述方法，将灭菌板栗加入发酵液后，在 30℃摇床、150r/min 条件下，分别发酵 3h、6h、12h。

（2）发酵液提取。发酵后，在三角瓶中加入 3 倍 95%食用酒精，密封，置于摇床上，在 180r/min 条件下，提取 6h，然后静置 24h。

（3）发酵液浓缩。先用快速定性滤纸抽滤提取液，然后用旋转蒸发仪浓缩滤液，去除酒精，按照 1:1 的比例加入食品级 1,2-丙二醇，即为生物香料样品。

（4）感官质量评价。将制备的生物香料样品添加到参比烟中，然后对卷烟进行感官质量评定，结果见表 4-13。从表 4-13 中可以看出，板栗在 30℃发酵 3h、6h

后提取制备的样品对卷烟有增甜、降低刺激性等作用，添加后卷烟的感官质量优于对照卷烟，而发酵12h提取制备的样品对卷烟没有明显的正面作用。

表4-13　发酵时间对生物香料样品品质的影响

处理	品质指标								特征指标		名次
	香气质	香气量	杂气	刺激性	透发性	柔细度	甜度	余味	浓度	劲头	
对照	中	中	中−	中	中	中	中−	中	中	中	3
3h	中	中	中−	中	中	中	中	中	中	中	2
6h	中	中	中−	中+	中+	中+	中	中	中	中	1
12h	中−	中−	差+	中−	中	中−	中−	中−	中	中	4

注　对于品质指标，"+""−"表示该指标的优劣程度；对于特征指标，"+""−"表示该指标的变化趋势。

4.3.4.3　最优工艺条件下板栗烟用香料的制备

根据发酵温度、时间优化的结果，30℃发酵6h提取制备的样品效果最好，因此优化后的发酵条件为发酵温度30℃，发酵时间为6h。

（1）板栗发酵。按照优化后的方法，将灭菌板栗加入发酵液后，在30℃摇床、150r/min条件下发酵6h。

（2）发酵液提取。取发酵好的发酵液，分别加入3倍、5倍95%食用酒精，密封，置于摇床上，在180r/min条件下，提取6h，然后静置24h。

（3）发酵液浓缩。先用快速定性滤纸抽滤提取液，然后用旋转蒸发仪浓缩滤液，去除酒精，按照1:1的比例加入食品级1,2-丙二醇，即为生物香料样品。将用3倍95%食用酒精提取制备的生物香料标记为BL82，用5倍95%食用酒精提取制备的生物香料标记为BL90。

（4）感官质量评价。将制备的生物香料样品BL90、BL82添加到参比烟中，然后对卷烟进行感官质量评定，结果见表4-14。如表4-14所示，用3倍乙醇提取的样品BL82和用5倍乙醇提取的样品BL90都有增甜作用，BL82比BL90增甜作用更明显，而BL90透发性更好，2个样品都能降低卷烟烟气的刺激性，卷烟香气的丰富性增加。

表4-14　提取工艺对生物香料品质的影响

处理	品质指标								特征指标		名次
	香气质	香气量	杂气	刺激性	透发性	柔细度	甜度	余味	浓度	劲头	
对照	中	中	中−	中	中	中	中−	中	中	中	3
BL90	中	中	中−	中+	中+	中	中	中	中	中	2
BL82	中	中	中−	中+	中	中	中+	中+	中	中	1

注　对于品质指标，"+""−"表示该指标的优劣程度；对于特征指标，"+""−"表示该指标的变化趋势。

（5）糖含量测定。对生物香料样品 BL90、BL82 进行葡萄糖、果糖、麦芽糖、蔗糖含量测定。结果如表 4-15 所示，从表 4-15 中可以看出，用 3 倍乙醇提取的样品 BL82 糖含量比用 5 倍乙醇提取的样品 BL90 糖含量高，这与 BL82 和 BL90 的增甜作用相符合，BL82 和 BL90 都有增甜作用，BL82 比 BL90 增甜作用更明显，而 BL90 透发性更好。

表 4-15　果糖、葡萄糖、蔗糖和麦芽糖含量（%）

样品	果糖	葡萄糖	蔗糖	麦芽糖
BL90	0.0683	1.9314	0	0.1474
BL82	0.1168	6.2636	0.3096	0.4005

（6）挥发性、半挥发性成分分析。对生物香料样品 BL90、BL82 进行了挥发性、半挥发性成分测定分析（表 4-16、表 4-17）。从表 4-16 可以看出，生物香料样品 BL90 所含的挥发性、半挥发性成分中六氢-3-（2-甲基丙基）-吡咯并［1,2-a］吡嗪-1,4-二酮、烟酰胺、六氢-3-苯甲基-吡咯并［1,2-a］吡嗪-1,4-二酮、六氢-吡咯［1,2-a］吡嗪-1,4-二酮、3-乙基-2,5-二甲基-吡嗪、5,10-二乙氧基-2,3,7,8-四氢-1H,6H-二吡咯［1,2-a：1′,2′-d］吡嗪、三甲基-吡嗪、2,5-二甲基-吡嗪、（S）-3-（1-甲基-2-吡咯烷基）-吡啶等是具有增甜作用的化合物。另外，这些挥发性、半挥发性成分有助于增加卷烟香气的丰富性。

表 4-17 的分析结果显示，生物香料样品 BL82 也含有许多可以增甜的挥发性、半挥发性成分，如 2,3-二羟基-3,5-二甲氧基-6 甲基-4 氢-吡喃-4-酮、2-十二烷基-5 甲基吡咯烷、六氢-3-（2-甲基丙基）-吡咯并［1,2-a］吡嗪-1,4-二酮、（S）-5-羟甲基二氢呋喃-2-酮、4-羟基-2,5-二甲基-3（2H）呋喃酮、5,10-二乙氧基-2,3,7,8-四氢-1H,6H-二吡咯［1,2-a：1′,2′-d］吡嗪、六氢-3-苯甲基-吡咯并［1,2-a］吡嗪-1,4-二酮、9H-吡啶［3,4-b］吲哚、5-氧代吡咯烷-2-甲酸甲酯等。另外，这些挥发性、半挥发性成分有助于增加卷烟香气的丰富性。

表 4-16　BL90 的挥发性、半挥发性成分分析

序号	面积比	中文名称	匹配度	CAS
1	22.43	六氢-3-（2-甲基丙基）-吡咯并［1,2-a］吡嗪-1,4-二酮	83	5654-86-4
2	9.32	烟酰胺	97	98-92-0
3	8.15	乙酸	90	64-19-7
4	4.12	六氢-3-苯甲基-吡咯并［1,2-a］吡嗪-1,4-二酮	93	14705-60-3
5	3.7	六氢-吡咯［1,2-a］吡嗪-1,4-二酮	97	19179-12-5
6	2.97	N,N-二甲氨乙醇	80	108-01-0
7	2.44	(Z)-9-硬脂酰胺	99	301-02-0

序号	面积比	中文名称	匹配度	CAS
8	2.09	腺嘌呤	91	73-24-5
9	1.77	5-氧代吡咯烷-2-甲酸甲酯	86	54571-66-3
10	1.39	3-乙基-2,5-二甲基-吡嗪	93	13360-65-1
11	1.21	四氢吡咯	86	123-75-1
12	1.03	1-甲基-尿嘧啶	76	615-77-0
13	1.02	5,10-二乙氧基-2,3,7,8-四氢-1H,6H-二吡咯[1,2-a:1′,2′-d]吡嗪	87	1000190-75-5
14	0.97	三甲基-吡嗪	90	14667-55-1
15	0.81	2,5-二甲基-吡嗪	93	123-32-0
16	0.51	六氢-3-(2-甲基丙基)-吡咯并[1,2-a]吡嗪-1,4-二酮	74	3922-40-5
17	0.46	3-苯基-6-异丙基-2,5-哌嗪二酮	93	14474-71-6
18	0.44	N-甲基-苯乙胺	74	589-08-2
19	0.42	吲哚	94	120-72-9
20	0.34	(S)-3-(1-甲基-2-吡咯烷基)-吡啶	96	54-11-5
21	0.33	3-甲基-4-苯基-1H-吡咯	96	367-24-9
22	0.26	十六酰胺	93	629-54-9
23	0.03	(S)-2-甲基-2-吡咯烷甲醇	72	115512-58-8

表4-17　BL82 的挥发性、半挥发性成分分析

序号	面积比	中文名称	匹配度	CAS
1	19.96	2,3-二羟基-3,5-二甲氧基-6甲基-4 氢-吡喃-4-酮	91	28564-83-2
2	4.62	(Z)-9-硬脂酰胺	98	301-02-0
3	4.52	1,1′-二氧-异丙醇	90	110-98-5
4	3.19	六氢-3-(2-甲基丙基)-吡咯并[1,2-a]吡嗪-1,4-二酮	70	5654-86-4
5	3.08	腺嘌呤	76	73-24-5
6	2.03	四氢-3-(2-甲基丙基)-吡咯并[1,2-a]吡嗪-1,4-二酮	83	5654-86-4
7	1.85	烟酰胺	98	98-92-0
8	1.83	(S)-5-羟甲基二氢呋喃-2-酮	86	32780-06-6
9	1.69	4-羟基-2,5-二甲基-3(2H)呋喃酮	74	3658-77-3
10	1.59	苯乙醛	86	122-78-1
11	1.29	2-甲基-2-丁烯醛	72	1115-11-3

序号	面积比	中文名称	匹配度	CAS
12	1.18	苯乙酸	92	103-82-2
13	1.15	氧脯氨酸	72	98-79-3
14	1.03	5,10-二乙氧基-2,3,7,8-四氢-1H,6H-二吡咯[1,2-a;1',2'-d]吡嗪	83	1000190-75-5
15	0.76	六氢-3-苯甲基-吡咯并[1,2-a]吡嗪-1,4-二酮	94	14705-60-3
16	0.66	邻苯二甲酸二丁酯	70	84-74-2
17	0.6	6-甲基-2(1H)-吡啶酮	87	3279-76-3
18	0.57	9H-吡啶[3,4-b]吲哚	97	244-63-3
19	0.57	十六酰胺	94	629-54-9
20	0.49	7-十五炔	80	22089-89-0
21	0.49	5-氧化吡咯烷-2-用酸甲酯	80	54571-66-3

4.3.4.4　小结

利用胶红酵母 GYC535 制备发酵液，用于发酵板栗，制备生物香料，对发酵时间、发酵温度以及提取方式等进行了研究，制备了 2 个生物香料样品 BL90、BL82。经过评价分析，发现 BL82 板栗生物香料样品对卷烟可以显著增甜、降低刺激性、增加卷烟香气的丰富性等，具有较大的应用价值。

4.4　结论

（1）从醇化烟叶中筛选到 12 株酵母菌菌株，经过发酵实验，将发酵效果最好的 5 株菌分别命名为酿酒酵母 GYC531、酿酒酵母 GYC532、异常威克汉姆酵母 GYC533、胶红酵母 GYC534、胶红酵母 GYC535。

（2）利用胶红酵母菌 GYC535 发酵液发酵麦芽，对发酵时间、发酵温度以及提取方式进行了优化，研究制备了麦芽烟用生物香料，命名为龙麦香Ⅰ号。龙麦香Ⅰ号具有增甜、明晰烟香、改善口感以及增加烟香的成熟感等作用，已将龙麦香Ⅰ号生产工艺技术转移到广西真龙实业有限责任公司进行批量化生产，已经作为 15 元的真龙（状元）香料配方的主料之一并得到很好的应用。

（3）利用酿酒酵母 GYC531、胶红酵母 GYC535 和异常威客汉姆酵母 GYC533 发酵甜玉米制备烟用香料，研究了接种量、加水量对发酵产物中氨基酸、还原糖以及总糖含量的影响。对不同酵母菌发酵甜玉米制备的生物香料样品进行了化学成分检测以及感官质量评价，发现酿酒酵母 GYC531 发酵甜玉米制备的生物香料中挥发性、半挥发性化学成分最多，对卷烟烟气具有增加香气量、透发性、增甜、减少杂气以及改善口感等作用。

（4）利用胶红酵母 GYC535 发酵柠檬，研究制备了柠檬发酵型烟用香料，所制备的 NM18 生物香料不仅具有柠檬特有的天然香韵，而且还有浓厚的酿香香韵；NM18 生物香料可以用于卷烟滤棒加香，实验结果表明，该香原料能够丰富烟香，改善口感、余味好，使卷烟烟气变得柔和细腻，为新型香原料的开发提供了一条新途径。

（5）利用胶红酵母 GYC535 制备发酵液，用于发酵板栗，制备生物香料，对发酵时间、发酵温度以及提取方式等进行了研究，制备了 2 个生物香料样品 BL90、BL82。经过评价分析，发现 BL82 板栗生物香料样品对卷烟可以显著增甜、降低刺激性、增加卷烟香气的丰富性等，具有较大的应用价值。

第5章　烟叶表面微生物多样性分析与菌种资源库建立

5.1　概述

5.1.1　背景及意义

烟草是世界上广泛种植的经济作物，其主要收获器官为叶片，鲜烟叶经历烘烤和打叶复烤过程后，烟叶质量虽有一定改善和提高，但仍然存在青杂气过重、刺激性高、香气质单调和香气不足等缺陷，只有经历陈化过程才能使烟叶品质得到进一步提升。目前，学术界普遍认为，烟叶表面微生物在陈化过程中起着及其重要的作用，其作用贯穿烟叶品质变化的整个过程。烟叶表面微生物主要包括细菌、真菌、放线菌，在发酵陈化过程中烟叶表面微生物种群数量及优势菌属是动态变化的，一般在陈化初期微生物种类较多，随着时间推移绝大多数微生物数量大量减少，总体上细菌为优势菌属，占比90%以上。在对烟叶表面微生物进行鉴定的基础上，人们挖掘了大量有应用价值的微生物资源，其中，有很多能够减少烟草中有害物质的微生物得到分离和应用，包括有效降解烟碱的微生物、降解大分子物质产生致香物质的微生物、降解类胡萝卜素的微生物以及微生物本身代谢产物发酵产生致香物质的菌株，此外，还有很多新的微生物和具有产酶特质的微生物被从烟叶中分离和研究。因此，陈化烟叶上的微生物有很高的潜在价值，对改善烟草品质和降低烟草有害物质方面有重要的意义。深入研究陈化烟叶微生物的多样性，有利于挖掘更多的微生物资源，调控烟叶加工过程，达到减害增香的目的。现代分子生物学技术的发展，为更全面地研究陈化烟叶中的微生物提供了技术支持。

烟草发酵过程中，烟叶表面存在大量的微生物，本研究通过烟叶叶面微生物多样性研究发现，细菌占绝对优势，真菌较少，这一结果与国内外学者研究相一致，而细菌中芽孢杆菌属为优势菌群，研究表明微生物是推动烟叶发酵，提高烟叶香气不可忽视的原因之一，对国内外从事烟叶香气研究的学者具有很大的吸引力，同时也是提升烟叶香气质的有效途径。国内外利用微生物增加烟叶香气，缩短发酵时间的研究多见报道，微生物在烟叶纯化过程中可有效提高烟叶整体品质，赋予烟叶醇香、柔和等特征。人工发酵因其时间短、投入少、条件可控，被许多卷烟企业所青睐，研究表明，有些细菌、真菌在烟叶发酵增香方面具有较好作用，促进烟叶中大分子化合物的降解和转化以及小分子物质的合成和积累，在烟叶发酵过程中还原糖、蛋白质、氨基酸、烟碱、类胡萝卜素和总脂含量均有不同程度的变化，微生物在发酵过程中产生的蛋白酶、淀粉酶、纤维素酶、果胶酶、木聚糖酶等多种酶可作用于烟叶加速大分子化合物降解，同时在酶的作用下促进了致香物质的合成，使芳香族氨基酸降解产物、烷烃类、类胡萝卜素降解产物、酮类、醛类等系列初级代谢产物大量产生和积累，生成呋喃酮、糠醛、麦芽酚、3-羟基-2-丁酮、乙酸、丁酸、苯乙醇、乙酸乙酯等致香物质，且在微生物的作用下小分子糖类及氨基酸得以释放，可作为美拉德反应生成糖-氨基酸缩合物等重要致香成分的前体物质，还原糖还可直接作为某些香味成分的前体物，这些物质多表现焦香、甜香、醇香等香韵特征。

烟叶陈化是将复烤后的烟叶陈放在仓库中，随着环境和季节的变化，使其香气显露。陈化后的烟叶颜色变深，青色减少，杂气和刺激都有所减弱，香味得到显现，余味有所体现，达到了烟叶生产的工业要求。陈化也是烟叶发酵或醇化的复杂生理生化过程，陈化一般分为自然陈化和人工陈化，自然陈化是在自然的温度和湿度中随季节变化而进行长时间陈化，时间越长，烟叶中香气物质含量越高，然而自然陈化所需要的时间长，仓储压力大，成本高。人工陈化是通过人为调控温度和湿度进行，可以在更短时间内得到陈化完全的烟叶，可加快陈化过程，减少仓储压力，降低成本。一般认为微生物、酶和化学氧化是烟叶陈化过程的主要原因，而微生物起着十分重要的作用，贯穿整个陈化过程的始终，一方面微生物生长过程中能够产生大量的不同种类的酶，可以诱发烟叶中多糖和蛋白质等多种大分子物质分解为小分子的香气物质，如酸类、醇类、酯类、酚类等，作为香味化合物的前体或中间产物等，显著增加香气作用；另一方面，微生物生长过程中吸收营养转化为自身能够利用的能量和物质，分解和转化烟叶中的糖类和蛋白质合成多种不同的代谢产物，诱发烟叶香气；此外微生物自身也能够产生一些香气物质，譬如小分子的醇类、酸类、酯类、酚类、氮杂环类等。

利用产香微生物进行烟叶发酵，不仅可以缩短烟叶陈化进程，而且能利用微生物强大的合成转化能力，利用烟叶中纤维素、蛋白质、糖类等营养成分代谢合成特征致香物质，进而改善烟叶质量。但是，菌种生长活力是影响微生物发酵效果的重要因素，而发酵温度、湿度、培养时间等因素是微生物生长过程中重要的影响因子，这些参数直接影响微生物发酵过程中复杂的物理、化学变化进程，从而影响烟叶吸味品质。

5.1.2 研究进展

开展了烟叶表面微生物群落结构及微生物多样性变化系统分析、可培养微生物纯化鉴定及评价、产香微生物菌种选育模型构建及菌株筛选、清甜香烟叶增香菌剂进一步优化实验研究、清甜香烟叶增香菌剂烟叶发酵工艺研究等方面的研发工作。明确了陈化烟叶清甜香优势菌群及其变化规律、完成了清甜香烟叶增香菌剂筛选、清甜香烟叶增香菌剂烟叶发酵工艺关键技术参数优化。建立了具有应用前景的菌种资源库 1 个，构建了菌种选育技术模型 1 个，选育了优良菌种 4 株，获得了木聚糖酶及纤维素酶合成能力强、具有烟叶增香发酵应用情景的自选微生物菌株 4 株。

烟叶表面微生物多样性分析与清甜香菌种资源库建立：本研究以曲靖陆良区的 C3F 陈化烟叶（Q2017 和 Q2019）及湖南永州区的陈化烟叶（H2017 和 H2019）为样本，基于细菌 16S rRNA 和真菌 ITS 克隆文库测序分析技术，对不同品种、不同陈化时间烟叶表面的微生物（细菌、真菌）进行多样性分析，并在第一阶段工作基础上，对烟叶表面分离纯化获得的 14 株综合酶活良好的细菌进行了分子鉴定、烟叶发酵及特征致香成分定量测定，为了解烟叶陈化过程中微生物的变化规律及进一步优化烟叶增香微生物菌种资源提供科学的研究数据。

5.2　实验及检测方法

5.2.1　材料与方法

5.2.1.1　材料

实验样品为产自曲靖陆良区的 C3F 等级陈化烟叶（Q2017 和 Q2019）及湖南永州区的 CCSF 等级陈化烟叶（H2017 和 H2019），两种烟叶陈化时间分别为 1 年、3 年，所有样品由内蒙古昆明卷烟厂提供，样本信息见表 5-1。

表 5-1　实验样本信息表

序号	重复样本编号	产地来源	等级	陈化时间/年
1	H201701	湖南永州	CCSF	3
2	H201702	湖南永州	CCSF	3
3	H201703	湖南永州	CCSF	3
4	H201901	湖南永州	CCSF	1
5	H201902	湖南永州	CCSF	1
6	H201903	湖南永州	CCSF	1
7	Q201701	曲靖陆良	C3F	3
8	Q201702	曲靖陆良	C3F	3
9	Q201703	曲靖陆良	C3F	3
10	Q201901	曲靖陆良	C3F	1
11	Q201902	曲靖陆良	C3F	1
12	Q201903	曲靖陆良	C3F	1

5.2.1.2 方法

(1) 烟叶微生物的收集。各称取 30g 样品，等分成 3 份，分别置于 500mL 的三角瓶中，加入 250mL 无菌水，置于 160r/min 的摇床上 1h，然后用双层纱布过滤烟叶渣，收集烟叶浸出液。烟叶浸出液于 8000r/min 高速离心 15min，收集沉淀，用 5mL TE 溶液洗涤沉淀 2 次，沉淀即为烟叶上的微生物菌体。

(2) 基因组提取。4 组 12 个样品的基因组提取实验在上海美吉生物医药科技有限公司进行，细菌基因组使用 E. Z. N. A. Soil DNA 试剂盒（OMEGA，美国），真菌基因组使用 E. Z. N. A. 真菌 DNA 试剂盒（OMEGA，美国），具体步骤按照使用操作手册进行，完成基因组提取后，利用 1% 琼脂糖凝胶电泳检测抽提基因组 DNA。

(3) 细菌 16S rRNA 及真菌 ITS 序列区段扩增。细菌 16S rRNA 及真菌 ITS 序列区段扩增反应在美吉生物医药科技有限公司进行，根据测序要求，采用带有测序段标签的融合引物作为 PCR 反应的引物，细菌 16S rRNA 引物为 338F（3′-ACTC-CTACGGAGGCAGCAG-5′）和 806R（3′-GGACTACHVGGGTWTCTAAT-5′）；真菌 ITS 序列引物为 ITS1F（3′-CTTGGTCATTTAGAGGAAGTAA-5′）和 ITS2R（3′-GCT-GCGTTCTTCATCGATGC-5′）。全部样本按照实验条件，每个样本重复 3 次，将同一样本的 PCR 产物混合后用 2% 琼脂糖凝胶电泳检测，使用 AxyPrep DNA 凝胶回收试剂盒（AXYGEN 公司）切胶回收 PCR 产物，Tris-HCl 洗脱；2% 琼脂糖凝胶电泳检测，将构建好的文库用 QuantiFluor™-8T 蓝色荧光定量系统进行检测定量，按照每个样本测序要求进行相应比例混合，通过 Illumlna 官方接头序列添加至目标区域外端构建 MiSeq 文库，并对 MiSeq 进行 Illumlna 测序平台进行上机测序。

(4) 数据分析。

1) 序列优化。在测序过程获得序列中，有部分并不带有测序标签的序列为无效序列，将无效序列过滤后得到的有效序列才能够进行后续的序列优化。使用 seqcln 软件进行接头检测和末端修剪，使用 Mothur 软件进行序列筛选，其有效序列的优化过程是首先去除序列末端的接头序列、后引物序列和多碱基 polyA/T 尾巴以及低质量序列；然后去除有效序列中的测序标签和前引物序列；最后丢弃长度小于 200bp、模糊碱基数大于 0、序列平均质量值低于 25 的序列。

2) OTU 聚类与稀释曲线。OTU（operational taxonomic units）是一个分类学单元。在系统发生学或群体遗传学的研究中，为了便于进行分析，人为地给某一个分类单元设置的同一标志。也就是说，归类到同一个 OTU 里面中的序列具有相似的特征或标志，属于同一个品系或属、种等。为了了解测序结果中的菌种、菌属等数据的信息，本文对每一个样品的序列数据都进行归类操作（Cluster），按照 97% 的相似度，将序列归到若干个小组，每个小组就是一个 OTU。本研究利用 Uparse（version 7. 0. 1090）软件，OTU 归类分析中设定的相似度为 97%，即任意两条序列的相似度均达到 97% 以上的序列聚类成一个 OTU。为了得到每个 OTU 对应的物种分类信息，采用 RDP 分类学贝叶斯算法对 97% 相似水平的 OTU 代表序列进行分类学分析，并分别在各个分类学水平：域（domain）、界（kingdom）、门（phylum）、纲（class）、目（order）、科（family）、属（genus）、种（species）统计各样本的群落物种组成，16S 细菌和古菌核糖体数据库：Silva；ITS 真菌：Unite（Release 8.0）的真菌数据库。

3）分类学分析与多样性指数。对 OTU 进行物种分类学注释，并统计各 OTU 注释结果在每个样本中对应丰度信息，将每条序列与 Silva Release138 数据库进行比对，通过单样本的多样性（Alpha 多样性）分析反映微生物群落的丰富度和多样性，反映群落丰富度（community richness）的指数有 sobs、chao、ace；反映群落多样性（community diversity）的指数有 shannon、simpson；反映群落覆盖度（community coverage）的指数有 coverage。

物种组成分析：根据分类学结果，按照各个分类水平进行统计和分析，得到每个样本中的各个种类微生物的存在情况，包括样本中微生物的种类；各微生物的序列数，即各微生物的相对丰富，用以检验样本在不同分类水平的群落结构，根据序列数量和分类学结果，以可视化形式加以展示。

4）物种进化分析。在分子进化研究中，系统发生进化树能够揭示有关生物进化过程顺序，了解生物进化历史和机制，通过某一分类水平上序列间的碱基差异构建进化树，以体现物种组成、分类地位及进化关系。

5）烟叶可培养细菌分子鉴定。对于烟叶表面微生物，选择几种通用细菌培养基进行分离、纯化，获得单菌落纯化菌株，通过平板培养基形态观察初步去除重复菌株后共获得 44 株细菌菌株，通过淀粉酶、蛋白酶、木聚糖酶、纤维素酶平板降解相应底物的降解圈评价各菌株的产酶情况，筛选出 14 株产 4 种酶且酶活力皆较高的菌株，进行了 16S rDNA 分子检测，将 PCR 产物送由生工生物工程（上海）股份有限公司进行 PCR 产物扩增及上机测序。

6）烟叶发酵实验。选择综合酶活优良的菌种 B34、B35、B36、B36、B37、B9、B28、B36、B10、B23、B26、B31、B33 为实验菌株，利用烟叶提取物培养基，在 28℃条件下，对烟叶发酵培养 48h，干燥后进行萃取、GC-MS 分析。

5.2.2　结果与分析

5.2.2.1　烟叶表面细菌多样性分析

（1）细菌测序与物种注释。在对 12 个样本进行测序后共获得原始测序数据 605900，经优化后获得优化序列共 592919，总序列利用率为 97.9%，序列平均长度约为 376 bp，各样品序列数在 41651~61276 之间，序列信息见表 5-2。

表 5-2　样本测序信息表

样本	序列数/个	有效序列数/个	平均长度/bp	最小长度/bp	最大长度/bp
H201701	41219	37378	377	254	442
H201702	55962	50616	377	212	501

样本	序列数/个	有效序列数/个	平均长度/bp	最小长度/bp	最大长度/bp
H201703	51098	46536	377	319	442
H201901	56033	51525	377	208	504
H201902	61276	56274	376	206	442
H201903	56421	53099	376	360	509
Q201701	41651	39127	376	326	442
Q201702	49044	44062	377	247	442
Q201703	46449	41912	376	354	442
Q201901	46863	40403	377	324	442
Q201902	44992	40046	377	217	458
Q201903	41911	37948	377	214	491

（2）聚类与物种注释统计分析。对12组样品进行OTU聚类分析，物种注释结果统计：域（domain）：1，界（kingdom）：1，门（phylum）：46，纲（class）：128，目（order）：281，科（family）：459，属（genus）：871，种（species）：1459，OTU：2330。门水平前5位的物种包括变形菌门（Proteobacteria）、放线菌门（Actinobacteriota）、厚壁菌门（Firmicutes）、B拟杆菌门（acteroidota）、脱硫菌门（Desulfobacterota）；属水平前5位的物种包括假单胞菌属（Pseudomonas）、鞘氨醇单胞菌属（Sphingomonas）、泛菌属（Pantoea）、丛毛单胞菌属（Comamonas）、芽孢杆菌属（Bacillus）。此外对不同产地、不同陈化时间的4种样品分别进行聚类分析，显示4组样品的OTU数目分别为1258、1177、872和1457，4组陈化烟叶样品皆具有较高的多样性指数，门水平物种数量在32~37之间，属水平物种数量在482~654之间，其中湖南永州陈化3年和陈化1年烟叶物种分类变化不显著，曲靖陆良陈化3年和一年的烟叶物种变化较显著，陈化1年物种多样性更丰富，总体来说陈化后期烟叶微生物多样性整体趋于稳定。

表5-3　细菌物种聚类分析

样本	OTU	域	界	门	纲	目	科	属	种
H2017	1258	1	1	37	99	209	340	596	908
H2019	1177	1	1	36	100	207	320	560	847
Q2017	872	1	1	32	76	167	271	482	681
Q2019	1457	1	1	35	99	212	349	654	1027

（3）多样性指数分析。在多样性指数分析中chao、ace、sobs代表种群丰富度

（图 5-1），计算多样性指数 shannon 和 simpson 的结果如表 5-4 所示，shannon 指数数值越大，种群的多样性越高，simpson 指数的值越小，种群的多样性越高。从表 5-4 中可以看出，各组陈化烟叶皆表现较大的种群丰度，其中与曲靖陆良烟叶相比，湖南永州不同陈化年限的物种多样性丰度差异更大，Q2019 表现出最大的多样性丰度。在 coverage 值方面，各组覆盖度数值都超过 99%，总的来说本研究选取的样本皆为陈化期较长的样品，其微生物种群数量比较丰富，且总体数量趋于稳定。

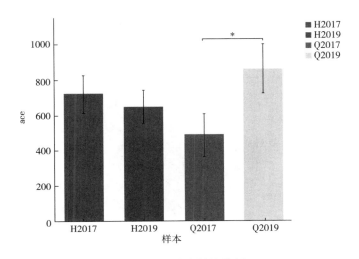

图 5-1　细菌多样性分析

注：0.01<P≤0.05 标记为 *

表 5-4　细菌多样性指数

样本	ace	chao	coverage	shannon	simpson	sobs
H2017	721	728	0.9992	4.73	0.039	708
H2019	649	663	0.9994	4.44	0.071	637
Q2017	490	497	0.9986	4.24	0.077	422
Q2019	860	860	0.9983	4.46	0.057	830

（4）物种组成分析。Venn（图 5-2）可用于统计多组或多个样本中所共有和独有的物种（如 OTU）数目，可以比较直观地展现不同环境样本中物种（如 OTU）组成相似性及重叠情况。本部分采用 OTU 数目分析各样本物种组成，其中 H2017 OTU 数目为 1258，H2019 OTU 数目为 1177，Q2017 OTU 数目为 872，Q2019 OTU 数目为 1457。4 种样品共有物种数目 414；H2017 和 H2019 共有物种数目 743；

Q2017 和 Q2019 共有物种数目 601；H2017 特有物种数目 273、H2019 特有物种数目 245、Q2017 特有物种数目 117、Q2019 特有物种数目 389。表明各个陈化烟叶样本微生物细菌类物种组成在具有一定相似性的同时，各组之间物种组成存在较大差异，其中 Q2019 物种数量最多，且特有微生物数量也最多。

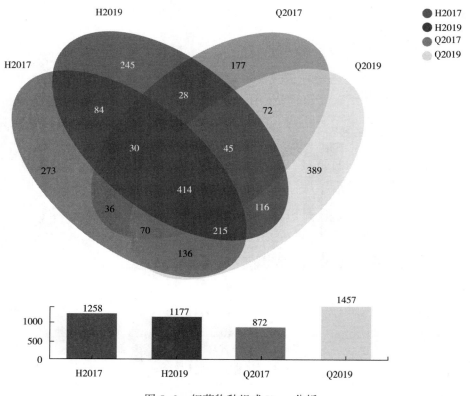

图 5-2　细菌物种组成 Venn 分析

群落组成门水平分析物种包括变形菌门（Proteobacteria）、放线菌门（Actinobacteriota）、厚壁菌门（Firmicutes）、拟杆菌门（Bacteroidota）、脱硫菌门（Desulfobacterota）、酸杆菌门（Acidobacteriota）、粘球菌门（Myxococcota）、疣菌门（Verrucomicrobiota）及其他。4 组样品鉴定所得到的所有细菌前 8 个门大致相同，且各组样品变形菌门为优势种群，在物种中占比在 60% 以上，其次是放线菌门占比 9.53%～14.18%；厚壁菌门占比 4.12%～12.92%；拟杆菌门占比 2.63%～6.97%。湖南永州烟叶拟杆菌门（Bacteroidota）相对占比较高，曲靖陆良放线菌门（Actinobacteriota）和厚壁菌门（Firmicutes）占比较高。可见，不同产地烟叶微生物种群存在一定差异，两个产地中优势菌群的差异可能与其香气物质的生产有关。

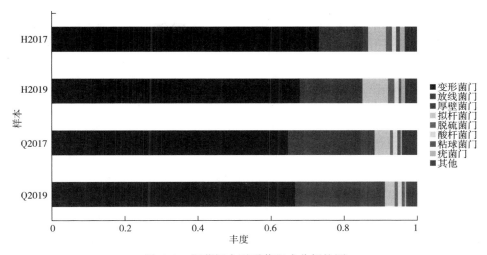

图 5-3　细菌门水平群落组成分析柱图

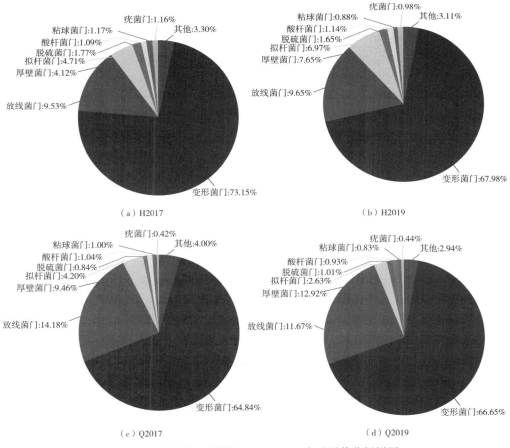

图 5-4　各组样本细菌门（phylum）水平群落分析饼图

（5）属水平系统发生进化分析。利用最大释然数法（Maximum Likelihood）进行物种属水平的进化分析（图5-5），4组烟叶样品微生物分类水平丰度前10的物种包括假单胞菌属（*Pseudomonas*）、鞘氨醇单胞菌属（*Sphingomonas*）、短链单胞菌属（*Brevundimonsa*）、芽孢杆菌属（*Bacillus*）、丛毛单胞菌属（*Comamonas*）、偶氮氢单胞菌属（*Azohydromonas*）、金黄杆菌属（*Chryseobacterium*）、泛菌属（*Pantoea*）、肠杆菌属（*Enterobacter*）、未分类的肠杆菌科内物种，其中H2017丰度水平前6的物种包括假单胞菌属（*Pseudomonas*）、偶氮氢单胞菌属（*Azohydromonas*）、丛毛单胞菌属（*Comamonas*）、肠杆菌属（*Enterobacter*）、鞘氨醇单胞菌属（*Sphingomonas*）、芽孢杆菌属（*Bacillus*）；H2019丰度水平前6的物种包括假单胞菌属（*Pseudomonas*）、丛毛单胞菌属（*Comamonas*）、鞘氨醇单胞菌属（*Sphingomonas*）、芽孢杆菌属（*Bacillus*）、金黄杆菌属（*Chryseobacterium*）、肠杆菌属（*Enterobacter*）；Q2017丰度水平前6的物种包括：假单胞菌属（*Pseudomonas*）、偶氮氢单胞菌属（*Azohydromonas*）、丛毛单胞菌属（*Comamonas*）、短链单胞菌属（*Brevundimonas*）、鞘氨醇单胞菌属（*Sphingomonas*）、芽孢杆菌属（*Bacillus*）；Q2019丰度水平前6的物种包括泛菌属（*Pantoea*）、假单胞菌属（*Pseudomonas*）、鞘氨醇单胞菌属（*Sphingomonas*）、芽孢杆菌属（*Bacillus*）、丛毛单胞菌属（*Comamonas*）、肠杆菌属（*Enterobacter*）。结果表明4组烟叶样品中物种分类丰度均较高的包括假单胞菌属（*Pseudomonas*）、丛毛单胞菌属（*Comamonas*）、鞘氨醇单胞菌属（*Sphingomonas*）和芽孢杆菌属（*Bacillus*）；不同产地的优势菌群中湖南永州烟叶金黄杆菌属（*Chryseobacterium*）物种丰度较高，而曲靖陆良烟叶泛菌属（*Pantoea*）、短链单胞菌属（*Brevundimonas*）物种丰度较高，表现出一定的产地微生物种群差异性；对不同陈化年限烟叶微生物多样性进行比较，在2017样本中偶氮氢单胞菌属（*Azohydromonas*）物种丰度较2019样本高，而鞘氨醇单胞菌属（*Sphingomonas*）和芽孢杆菌属（*Bacillus*）在2019样本中表现出较高的丰度水平。进一步说明在陈化过程中烟叶微生物菌群结构及丰度水平是一个动态变化的过程，其中假单胞菌属（*Pseudomonas*）为优势菌群，在整个陈化过程中表现较高的物种丰度，随着陈化时间的延长，鞘氨醇单胞菌属（*Sphingomonas*）和芽孢杆菌属（*Bacillus*）菌群丰度有所降低，而偶氮氢单胞菌属（*Azohydromonas*）物种丰度明显增高。

5.2.2.2　烟叶表面真菌多样性分析

（1）真菌ITS序列测序与物种注释。在对12个样本采用引物ITS1F_ITS2R进行测序后共获得原始测序数据1097303，经优化后获得优化序列共985033，总序列利用率为89.8%，序列平均长度约为229bp，各样品有效序列数在57905～82883之间，序列信息间表见表5-5。

图 5-5　细菌系统发育进化分析

表 5-5　样本真菌测序信息表

样本	序列数/个	有效序列数/个	平均长度/bp	最小长度/bp	最大长度/bp
H201701	82742	81735	226	143	484
H201702	79583	78562	225	163	446
H201703	58542	57905	228	155	507
H201901	81940	81229	232	141	495
H201902	77803	77701	225	154	498

续表

样本	序列数/个	有效序列数/个	平均长度/bp	最小长度/bp	最大长度/bp
H201903	79196	78808	226	155	444
Q201701	80986	80398	224	140	508
Q201702	75979	75827	223	140	520
Q201703	91686	91432	223	145	490
Q201901	94600	92883	239	140	494
Q201902	89476	87641	237	143	510
Q201903	92500	90589	239	155	524

（2）聚类与物种注释统计分析。对 12 组样品进行 OTU 聚类分析，物种注释结果统计：域：1，界：1，门：11，纲：36，目：85，科：212，属：415，种：666，OTU：1176。门水平 TOP5 的物种包括变形菌门、放线菌门、厚壁菌门、拟杆菌门、脱硫菌门；属水平 TOP5 的物种包括假单胞菌属、鞘氨醇单胞菌属、泛菌属、丛毛单胞菌属、芽孢杆菌属。此外对不同产地、不同陈化时间的 4 种样品分别进行聚类分析，显示 4 组样品的 OTU 数目分别为 553、355、191 和 720，4 组陈化烟叶样品皆具有较高的多样性指数，门水平物种数量在 6~9 之间，属水平物种数量在 106~290 之间。

表 5-6 真菌物种聚类分析

样本	OTU	域	界	门	纲	目	科	属	种
H2017	553	1	1	8	27	63	144	244	343
H2019	355	1	1	9	25	54	107	171	224
Q2017	191	1	1	7	21	40	67	106	132
Q2019	720	1	1	6	28	69	165	290	444

（3）多样性指数分析。从表 5-7 中可以看出，各组陈化烟叶皆表现一定的种群丰度，各个组之间种群多样性差异显著，且与细菌多样性变化方面呈现相同的态势；陈化年限长的样本 H2017、Q2017 的 shannon 数值在同类烟叶样本中最高、simpson 数值最小，在 coverage 数值方面，各组覆盖度数值都超过 99%，说明陈化期较长的烟叶样本，其真菌种群数量比较丰富。

表 5-7 真菌多样性指数

样本	sobs	shannon	simpson	ace	chao	coverage
H2017	294	2.479	0.319	304	307	0.9997
H2019	168	2.752	0.233	181	179	0.9998

续表

样本	sobs	shannon	simpson	ace	chao	coverage
Q2017	91	2.970	0.133	96	94	0.9999
Q2019	387	3.331	0.086	397	401	0.9997

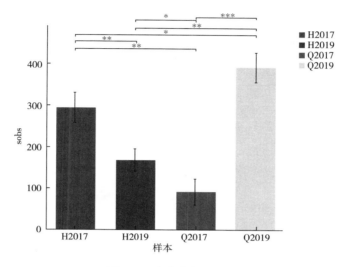

图 5-6　真菌多样性分析

注：$0.01 < P \leqslant 0.05$ 标记为 *，$0.001 < P \leqslant 0.01$ 标记为 **，$P \leqslant 0.001$ 标记为 ***

（4）物种组成分析。从图 5-7 可以看出，通过 Venn 图分析统计 4 组样品中所共有和独有的物种（OTU）数目，展现不同样本中物种（OTU）组成相似性及重叠情况。本部分采用 OTU 数目分析各样本物种组成，其中 H2017 OTU 数目为 553，H2017 OTU 数目为 355，Q2017 OTU 数目为 191，Q2019 OTU 数目为 720。4 种样品共有物种数目 76；H2017 和 H2019 共有物种数目 76；Q2017 和 Q2019 共有物种数目 25；H2017 特有物种数目 233、H2019 特有物种数目 115、Q2017 特有物种数目 44、Q2019 特有物种数目 396。表明各个陈化烟叶样本真菌类物种组成在具有一定相似性的同时，各组之间物种组成存在较大差异，其中 Q2019 物种数量最多，且特有真菌数量也最多。

群落组成门水平分析结果显示（图 5-8）：4 组样品 12 个样本真菌多样性门水平多样性较低，其中子囊菌门（Asconycota）和担子菌门（Basuduimycota）为优势菌群，两各门占比达 90% 以上，红藻门和毛霉菌门也有一定种群数量，此外为未被分类的真菌及其他种群；其中，湖南永州样品担子菌占比较高，而曲靖陆良样品子囊菌占比较高，体现了一定的区域品种差异型。可见不同产地烟叶真菌种群存在一定差异，这种差异可能与栽培环境、烟叶种类、香气特征等因素有关。

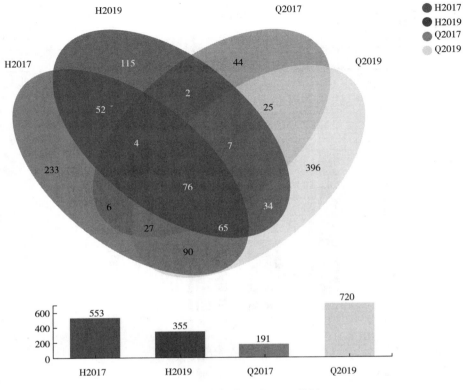

图 5-7　真菌群落组成 venn 分析

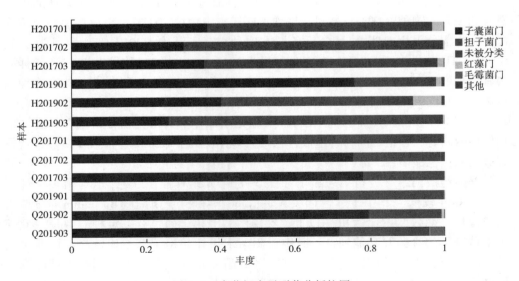

图 5-8　真菌门水平群落分析柱图

（5）属水平系统发生进化分析。利用最大释然数法进行物种属水平的进化分析，结果表明（图 5-9）：4 组烟叶样品真菌分类水平丰度前 10 的物种包括桑帕约氏酵母属（*Sampaiozyma*）、曲霉属（*Aspergillus*）、链格孢属（*Alternaria*）、枝孢属（*Cladosporium*）、*Boeremia* 菌属、线黑粉酵母属（*Filobasidium*）、未分类的亚隔孢壳科（*Didymellaceae*）、未被分类真菌、*Symmetrosp* 菌属。对 4 组样分类丰度高的属进行分别鉴定，并按丰度占比进行排序可知，H2017 的主要属为：桑帕约氏酵母属、曲霉属、链格孢属、尾孢属（*Cerosoora*）、枝孢属、镰胞菌属（*Fusarium*）和未分类的真菌。H2019 的主要属为桑帕约氏酵母属、链格孢属、曲霉属、双极霉属（*Bipolaris*）和未分类真菌、枝孢属；Q2017 的主要属为 *Boeremia* 菌属、桑帕约氏酵母属、曲霉属、*Apiotrichum* 菌属、枝孢属、未分类格孢菌科；Q2019 的主要属为曲霉属、链格孢属、枝孢属、桑帕约氏酵母属、未分类真菌、未分类亚隔孢壳科。其中，4 组样本中桑帕约氏酵母属、曲霉属在各样本中丰度较高，链格孢属除在 Q2017 样本中丰度较低外，其他 3 组丰度皆较高，而 Q2017 中 *Boeremia* 菌属物种丰度最高，可见烟叶真菌菌群丰度高度集中在几个主要种群中，真菌多样性相对细菌较低。

5.2.2.3　烟叶表面可培养细菌分子鉴定

基于 16S rDNA 分子测序及系统进化分析，对从烟叶表面分离、纯化获得的淀粉酶、蛋白酶、木聚糖酶、纤维素酶综合酶活力表现优良的 14 株菌株进行了分子鉴定［委托生工生物工程（上海）股份有限公司进行上机测序］，所获 DNA 序列逐一在 NCBI 数据库网站基因库中进行 bulstn 检索比对，初步对各菌株进行鉴定，根据鉴定结果在标准菌株数据库中筛选相应菌株序列号，并将序列下载，通过 MEGA-X 进化树分析软件进行 ClustalW 比对，去除冗余序列，采用最大释然树法构建系统发育树。结果显示（图 5-10）：14 株菌株皆为芽孢杆菌属，其中 B9、B26、B28、B31 为枯草芽孢杆菌（*Bacillus subbtilis*）；B16、B36 为贝莱斯芽孢杆菌（*Bacillus velezensis*）；B23、B33、B34、B38 为解淀粉芽孢杆菌（*Bacillus amyloliquefaciens*）；B30、B35 为高地芽胞杆菌（*Bacillus altitudinis*）；B37 为嗜糖土地芽孢杆菌（*Terribacillus saccharophilus*）；B41 为蜡状芽孢杆菌（*Bacillus cereus*）。

5.2.2.4　分离细菌烟叶发酵结果

利用分离鉴定的细菌对烟叶进行了发酵实验，并对发酵 48h 的烟叶样品进行了主要致香物质含量的定量分析，结果显示（图 5-11、表 5-8），各菌株发酵后烟叶致香物质总量均有一定程度的增加，不同菌株发酵烟叶致香物质变化不同，其总量增加比率在 2.43%～167.58%，差异显著，其中 B33、B31、B28、B26 发酵烟叶中致香物质含量增加 1 倍以上，分别增加了 167.58%、144.52%、123.58%、112.14%；B30、B16 含量增加超过 50%，含量分别增加了 78.89% 和 66.86%。筛选的 25 种致香物质中，含量占比较高的物质成分为 1,3-环己二酮、香叶基丙酮、5-甲基糠醛、二氢猕猴桃内酯、糠醛、呋喃酮、大马酮等，占所测物质总含量的 81%。焦甜香致香成分比较结果

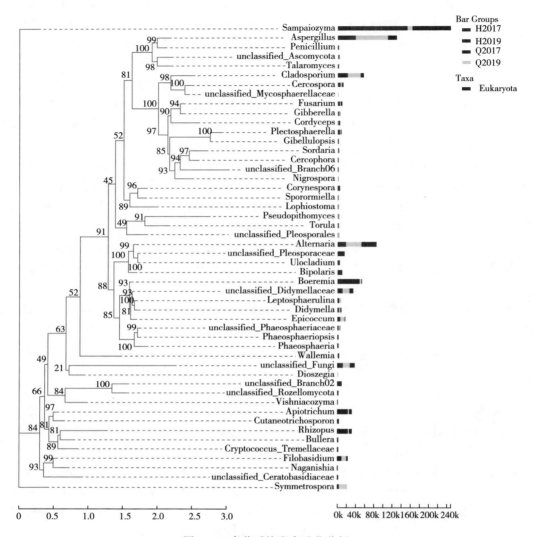

图 5-9 真菌系统发育进化分析

显示，B31、B33、B26、B28 含量最高，其次为 B30、B16；典型焦甜香致香物质甲基环戊烯醇酮、酱油酮、呋喃酮、5-甲基糠醛、5-羟甲基糠醛、乙基麦芽酚、香兰素、巨豆三烯酮在 B31 发酵烟叶中含量均最高；糠醛、β-环柠糠醛、2-正戊基呋喃、1,3-环己二酮在 B33 发酵烟叶中最高。典型清甜香致香物质含量比较结果显示 B33、B31、B28、B30、B16、B26 含量较高，其中二氢大马酮、甲基庚烯酮、乙酸芳樟酯、异佛尔酮在 B31 发酵烟叶中含量最高，大马酮、β-紫罗兰酮、氧化异佛尔酮、香叶基丙酮、在 B33 发酵烟叶中含量最高，α-紫罗兰酮在 B26 含量最高、二氢猕猴桃内酯在 B28 含量最高、芳樟醇在 B30 含量

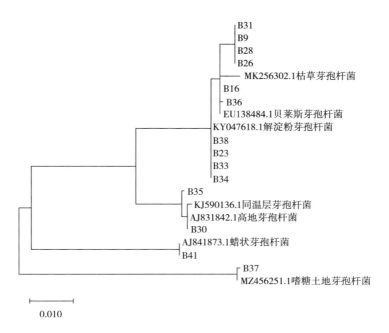

图 5-10　烟叶表面可培养细菌的系统进化树

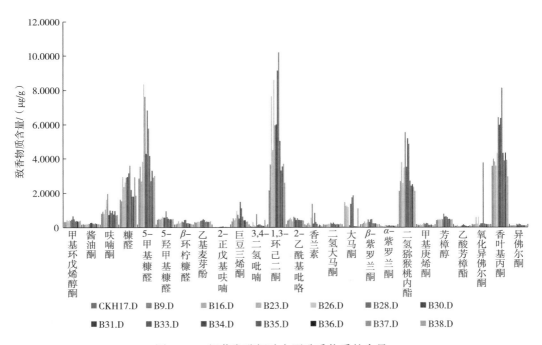

图 5-11　细菌发酵烟叶主要致香物质的含量

表 5-8　供试细菌发酵烟叶致香物质含量

供试菌株物质含量/（μg/g）

物质名称	CK	B34	B35	B36	B37	B9	B28	B16	B30	B23	B31	B26	B33
甲基环戊烯醇酮	0.3371	0.3665	0.3940	0.3641	0.3609	0.3305	0.4119	0.4492	0.4687	0.3841	0.6635	0.4293	0.4888
酱油酮	0.1995	0.2006	0.2495	0.2165	0.2055	0.1784	0.2195	0.1886	0.2644	0.1966	0.2859	0.2040	0.2424
呋喃酮	0.8056	0.9695	0.7576	0.9581	0.7099	0.9325	1.9561	0.7894	0.7341	1.0509	0.9824	1.6169	0.8442
糠醛	1.6242	2.1888	1.8048	1.8001	2.9314	1.5263	2.9122	2.9546	2.9467	2.3730	3.1626	2.6216	3.5994
5-甲基糠醛	2.8534	4.1684	2.7003	3.3055	2.9111	3.5433	7.6277	2.6830	4.2992	3.8305	6.8300	8.3574	5.7801
5-羟甲基糠醛	0.4502	0.5170	0.4722	0.4788	0.4634	0.4963	0.5778	0.4528	0.5809	0.5176	0.9430	0.6194	0.6010
β-环柠檬醛	0.1845	0.2411	0.2592	0.2292	0.2198	0.2375	0.3530	0.3624	0.3017	0.2394	0.4405	0.2836	0.4491
乙基麦芽酚	0.3065	0.3243	0.3466	0.3244	0.3286	0.2835	0.3896	0.3250	0.4132	0.3457	0.4784	0.3294	0.4357
2-正戊基呋喃	0.0215	0.0199	0.0334	0.0241	0.0280	0.0180	0.0279	0.0341	0.0385	0.0169	0.0361	0.0126	0.0614
巨豆三烯酮	0.3527	0.6252	0.4047	0.4263	0.3315	0.5298	0.7316	0.4177	0.5119	0.5328	1.4830	0.9500	1.1095
3,4-二氢吡喃	0.0917	0.1250	0.0993	0.0882	0.4381	0.0511	0.7766	0.2985	0.1293	0.1223	0.1768	0.0799	0.1699
1,3-环己二酮	2.1482	5.0457	3.3057	3.5444	3.6989	3.6635	5.9570	7.6455	6.0121	4.4988	9.1566	8.6111	10.2053
2-乙酰基吡咯	0.3921	0.4434	0.4227	0.4184	0.4130	0.4563	0.6133	0.5530	0.5506	0.4522	0.4222	0.3393	0.5296
香兰素	0.1245	0.2047	0.0548	0.1566	0.1211	0.2281	1.3728	0.2650	0.2184	0.1466	0.8377	0.5724	0.3106
二氢大马酮	0.1522	0.1600	0.1971	0.1726	0.1774	0.1524	0.2706	0.1692	0.2012	0.1965	0.2733	0.1988	0.2071
大马酮	0.0546	0.0668	0.0630	0.0477	1.0986	1.4677	0.1210	1.2520	1.3578	1.2036	1.7478	1.1628	1.8557

续表

物质名称	供试菌株物质含量/（μg/g）												
	CK	B34	B35	B36	B37	B9	B28	B16	B30	B23	B31	B26	B33
β-紫罗兰酮	0.1892	0.2387	0.2263	0.2253	0.2098	0.2430	0.4522	0.3421	0.3109	0.2247	0.4553	0.2851	0.4749
α-紫罗兰酮	0.1074	0.1008	0.0965	0.0889	0.0906	0.0676	0.1171	0.0650	0.0891	0.0811	0.1183	0.1274	0.0926
二氢猕猴桃内酯	2.1090	2.7129	2.4183	2.5096	2.3674	2.6904	5.5588	3.7918	3.5223	2.5795	5.2042	3.4645	4.8773
甲基庚烯酮	0.1465	0.1469	0.1309	0.1572	0.1211	0.1325	0.2451	0.1664	0.1890	0.1261	0.2476	0.1671	0.2325
芳樟醇	0.4159	0.5842	0.4687	0.4793	0.4391	0.4422	0.4556	0.4488	0.7810	0.4509	0.6119	0.4665	0.6506
乙酸芳樟酯	0.0778	0.0774	0.0559	0.0592	0.1084	0.0777	0.0716	0.1296	0.1070	0.0669	0.1648	0.0554	0.1248
氧化异佛尔酮	0.1562	0.2050	0.1892	0.1738	0.1738	0.1814	0.1296	0.5891	0.2113	0.1946	0.2166	0.5905	0.7683
香叶基丙酮	3.5712	4.3408	3.8916	4.3495	3.9231	3.9955	6.4231	3.8324	5.9817	3.5892	6.3732	4.3364	8.1438
异佛尔酮	0.1009	0.1096	0.1169	0.1082	0.1061	0.1040	0.1755	0.1156	0.1418	0.1160	0.1889	0.1237	0.1605

最高。可见 B33、B31、B28、B26、B30 中无论是焦甜香还是清甜香典型致香物质，在烟叶发酵过程中均有较好的提升效果，可作为发酵烟叶的产香微生物菌株资源应用在烟叶发酵中。

5.3　结论

（1）烟叶表面细菌多样性分析显示，在 4 组烟叶 12 个样本进行测序后共获得原始测序数据 605900，经优化后获得优化序列共 592919，总序列利用率为 97.9%，序列平均长度约为 376 bp，各样品序列数在 41651~61276 之间，分类地位包括 1 域，1 界，46 门，128 纲，281 目，459 科，871 属，1459 种，2330 OTU。门水平前 5 位的物种包括变形菌门、放线菌门、厚壁菌门、拟杆菌门、脱硫菌门；属水平前 5 位的物种包括假单胞菌属、鞘氨醇单胞菌属、泛菌属、丛毛单胞菌属、芽孢杆菌属。4 组烟叶样品中物种分类丰度均较高的包括假单胞菌属、丛毛单胞菌属、鞘氨醇单胞菌属和芽孢杆菌属；不同产地的优势菌群结果：湖南永州烟叶金黄杆菌属物种丰度较高，而曲靖陆良烟叶泛菌属、短链单胞菌属物种丰度较高，表现出一定的产地微生物种群差异性。不同陈化年限烟叶微生物多样性比较：偶氮氢单胞菌属物种丰度在 2017 样本中较 2019 样本高；而鞘氨醇单胞菌属和芽孢杆菌属在 2019 样本中表现出较高的丰度水平，进一步说明在陈化过程中烟叶微生物菌群结构及丰度水平是一个动态变化的过程。其中假单胞菌属为优势菌群在整个陈化过程中表现较高的物种丰度，随着陈化时间的延长鞘氨醇单胞菌属和芽孢杆菌属菌群丰度有所降低，而偶氮氢单胞菌属物种丰度明显增高。可见不同产地烟叶微生物细菌种群存在一定差异，两个产地中优势菌群的差异可能与烟叶生长环境、栽培条件、种类及香气特征等因素有关。

（2）在对 12 个样本采用引物 ITS1F_ ITS2R 进行测序后共获得原始测序数据 1097303，经优化后获得优化序列共 985033，总序列利用率为 89.8%，序列平均长度约为 229 bp，各样品有效序列数在 57905~82883 之间，分类地位包括 1 域，1 界，11 门，36 纲，85 目，212 科，415 属，666 种，1176 个 OTU。其中门水平的物种包括变形菌门、放线菌门、厚壁菌门、拟杆菌门、脱硫菌门；属水平的物种包括假单胞菌属、鞘氨醇单胞菌属、泛菌属、丛毛单胞菌属、芽孢杆菌属。此外对不同产地、不同陈化时间的 4 种样品分别进行聚类分析，显示 4 组样品的 OTU 数目分别为 553、355、191 和 720，4 组陈化烟叶样品皆具有较高的多样性指数，门水平物种数量在 6~9 之间，属水平物种数量在 106~290 之间。4 组样本中桑帕约氏酵母属、曲霉属在各样本中丰度较高，链格孢属除在 Q2017 样本中丰度较低外，其他 3 组丰度皆较高，而 Q2017 中 *Boeremia* 菌属物种丰度最高，可见烟叶真菌菌群丰度高度集中在几个主要种群中，真菌多样性相对细菌较低。

（3）14 株产淀粉酶、蛋白酶、果胶酶、纤维素酶较高的菌株通过分子测序后，结合 NCBI 比对结果与标准菌株进化树分析结果，初步判定 14 株菌皆为芽孢杆菌属，其中 B9、B26、B28、B31 为枯草芽孢杆菌；B16、B36 为贝莱斯芽孢杆菌；B23、B33、B34、B38 为解淀粉芽孢杆菌；B30、B35 为高地芽胞杆菌；B37 为嗜糖土地芽孢杆菌；B41 为蜡状芽孢杆菌。

（4）所分离的可培养菌株中综合酶活较高的 14 株菌株对烟叶致香物质含量具有明显影响，且不同菌株发酵烟叶致香物质变化不同，其总量增加比率在 2.43%～167.58%，差异显著；其中对清甜香特征致香物质含量提升比例较高的菌种主要有 B33、B31、B28、B30、B16、B266，以 B31 发酵烟叶中二氢大马酮、甲基庚烯酮、乙酸芳樟酯、巨豆三烯酮、异佛尔酮含量最高，大马酮、β-紫罗兰酮、氧化异佛尔酮、香叶基丙酮在 B33 发酵烟叶中含量最高，α-紫罗兰酮在 B26 最高、二氢猕猴桃内酯在 B28 最高、芳樟醇在 B30 最高，可作为清甜香烟叶增香微生物优良菌种资源进行下一步的评价及优化实验研究。

参考文献

［1］ 巩效伟，陈兴，申晓锋，等．利用果胶酶改善烟梗内在品质的研究［J］．安徽农业科学，2013，15：6889-6891．

［2］ 郑琴，程占刚，李会荣，等．卷烟纸对卷烟主流烟气中7种有害成分释放量的影响［J］．烟草科技，2010，12：49-51．

［3］ 彭艳，周冀衡，杨虹琦，等．不同部位烟叶和烟梗中主要挥发性、半挥发性有机酸的分析研究［J］．湖南农业科学，2009，12：43-46．

［4］ 彭艳．烤烟中挥发性和半挥发性有机酸含量及影响因素分析［D］．长沙：湖南农业大学，2009．

［5］ 彭黎明，闻质红，赵晓东，等．烤烟C3F叶片和烟梗中香味成分的对比分析［J］．烟草科技，2007（1）：44-46．

［6］ 周瑢，林翔，沈光林，等．一种处理烟叶梗丝的工艺：CN 101708070 A［P］．北京：中国标准出版社，2010．

［7］ 巩效伟，陈兴，申晓锋，等．利用果胶酶改善烟梗内在品质的研究［J］．安徽农业科学，2013，41（15）：6889-6891．

［8］ 林翔，陶红，沈光林，等．利用复合酶改善烟梗品质的研究［J］．安徽农业科学，2011，39（4）：2064-2066．

［9］ 肖瑞云，林凯，Rui-yun．不同复合酶对烟梗化学成分和感官评吸的影响［J］．江西农业学报，2010，22（10）．

［10］ 林凯．酶法对烟梗丝降解效果的研究［J］．安徽农业科学，2011，39（11）：6500-6501．

［11］ 周元清，周丽清，章新，等．用生物技术降解木质素提高烟梗使用价值初步研究［J］．玉溪师范学院学报，2006，22（6）：61-63．

［12］ 陈兴，申晓峰，巩效伟，等．利用微生物制剂提高梗丝品质的研究［J］．中国烟草学报，2013（3）：83-86．

［13］ 徐达，田耀伟，苏加坤，等．不同复合酶在改善梗丝品质中的研究［J］．中国酿造，2014，33（11）：113-117．

［14］ 陈兴，巩效伟，邱昌桂，等．复合酶处理对梗丝品质的影响［J］．食品工业，2014，35（2）：116-120．

［15］ 孙培健，彭斌，刘克建，等．一种改善梗丝品质的加工方法：CN104705779A［P］．北京：中国标准出版社，2015．

［16］ 巩效伟，段焰青，汪显国，等．产香微生物复合处理提升梗丝品质的研究［J］．

云南农业大学学报（自然科学），2016，31（5）：862-866.

［17］黄怀生，郑红发．茯砖茶中冠突散囊菌的代谢产物研究 I 冠突散囊菌的液体培养［J］．茶叶通讯，2010，37（2）：15-17.

［18］秦振宇，吴绍熙，Roy L Hopfer，等．玻璃珠—盐析法提取常见致病真菌 DNA 的研究［J］．中华皮肤科杂志，2000，33（5）：34-36.

［19］Glass N L, Donaldson G C. Development of primer sets designed for use with the PCR To amplify conserved genes from filamentous ascomycetes［J］. Applied and Environmental Microbiology, 1995, 61（4）：1323-1330.

［20］杨欣伟，张敏，李德允．红曲霉—中药合生元制剂中酶活力大小的研究［J］．饲料研究，2013（1）：25-26，31.

［21］齐祖同．中国真菌志 第 5 卷 曲霉属及其相关有性型［M］．北京：科学出版社．1997.

［22］宁振兴，陈皓睿，刘鸿，等．一株能高效降解梗丝果胶和纤维素的曲霉的筛选和鉴定［J］．基因组学与应用生物学，2016（8）：2077-2082.

［23］郝辉，陈芝飞，宋金勇，等．2015. 微紫青霉（*Penicillium janthinellum* sw 09）发酵产果胶酶降解烟梗果胶的条件优化及产物分析［J］．西南农业学报，28（6）：2756-2762.

［24］耿月华，张猛，李跃，等．河南郑州玉米田 4 种暗色丝孢真菌的鉴定［J］．安徽农业科学，2014，42（13）：3884-3886.

［25］Millerg L. Use of dinitrosalicylic acid reagent for determination of reducing sugar［J］. Analytical Chemistry, 1959, 31：426-428.

［26］张名爱，王宝维，岳斌，等．草酸青霉果胶酶分离纯化工艺及酶学性质研究［J］．食品科学，2013，34（9）：175-177.

［27］杨海健，丁红营，于国东，等．咔唑比色法测定造纸法再造烟叶中的果胶含量［J］．分析实验室，2012，3（16）：100-102.

［28］柯斧，孙莹莹．秦山巴区野生豆腐木叶片中果胶含量的测定［J］．陕西农业科学，2013，（5）：36-37.

［29］全国烟草标准化技术委员会．GB 5606—2005 卷烟［S］．北京：中国标准出版社，2005.

［30］贺磊，欧阳春，刘攀，等．国产与进口烟草薄片的对比分析［J］．中国造纸，2012，2：28-30.

［31］周顺，徐迎波，王程辉，等．比较研究纤维素、果胶和淀粉的燃烧行为和机理［J］．中国烟草学报，2011，5：1-9.

［32］杨琛琛．不同类型烟叶多糖的提取、结构及其性质研究［D］．郑州：郑州轻工业大学，2014.

［33］Kasperdl W, Tzianabos A. Biological chemistry of immunomodulation by zwitteronic polysaccharides[J]. Carbohydrate Research，2003，338：2531-2542.

[34] 巩伯梁，董冰雪，李长杰，等．响应面法优化蝙蝠蛾拟青霉发酵培养基配方[J].微生物学免疫学进展，2011，9（4）：17-23.

[35] 于鑫，徐敏．响应面法优化白扁豆多糖的提取条件[J].安徽农业科学，2014，42（2）：380-382.

[36] Erna Subroto，Robert Manurung，Hero Janheeres，et al. Optimization of mechanical oil extraction from Jatropha curcas L. kernel using response surface method[J]. Industrial Crops and Products，2015，63：249-302.

[37] 汤鸣强．黑曲霉产果胶酶的分离纯化和酶学特性研究[D].福州：福建师范大学，2004.

[38] 荆丽珍．鹅源草酸青霉产果胶酶工艺研究[D].青岛：青岛农业大学，2008.

[39] 林建城，杨文杰，朱丽华，等．商品果胶酶（Aspergillus niger）的催化动力学研究[J].甘肃农业大学学报，2006，4：81-85.

[40] 刘耀飞，常纪恒，于川芳．烟梗中果胶的酶法降解[J].烟草科技，2013，8：40-44.

[41] 杨慧芳．降解烟梗果胶质微生物筛选及产果胶酶的研究[D].无锡：江南大学，2012.

[42] 闫克玉．烟草化学[M].郑州：郑州大学出版社，2002：49-51.

[43] Schmeltz I，hoffmann D. Nitrogen-containing compounds in tobacco and tobacco smoke[J]. Chemical Reviews，1977，77（3）：295-311.

[44] 田玉霞．苹果果胶的结构、单糖组分和稳定性研究[J].食品工业科技，2009，（11）：160-163.

[45] 赵光远，刁华娟，荆利强．不同分子量和不同酯化度苹果果胶的研究[J].食品与机械，2011，27（6）：47-50.

[46] Jian L J，Chang J M，Ablise M，et a1. Isolation，purification，and structural elucidation of polysaccharides from Alhagi-honey[J]. J Asian Nat Prod Res，2014，16（7）：783-789.

[47] 万建华，顾正彪，洪雁．马铃薯渣果胶多糖分离纯化及结构初探[J].安徽农业科学，2008，36（19）：7970-7973.

[48] 严浪，张树明，张凡华，等．莲藕渣中多糖的提取及性质初步研究[J].食品科学，2007，28（12）：226-230.

[49] 李祖明，张洪勋，白志辉，等．微生物果胶酶研究进展[J].生物技术通报，2010，（3）：42-49.

[50] 李琦，李国高，刘绍，等．果胶酶应用的研究进展[J].中国农学通报，2014，30（21）：258-262.

[51] Christoph Ottenheim，Katharina A Werner，Wolfgang Zimmermann，et al. Improved

endoxylanase production and colony morphology of *Aspergillus niger* DSM 26641 by γ-ray induced mutagenesis[J]. Biochemical Engineering Journal，2015，94：9-14.

[52] 童娟. 果胶酶高产菌株 AspT7 的分离及筛选鉴定[J]. 西华大学学报，2012，31(6)：102-105.

[53] 胡慧磊. 产聚半乳糖醛酸酶菌株的筛选、发酵条件[D]. 武汉：华中农业大学食品科技学院，2010.